教科書ガイド　数研出

本書は，数研出版が発行する教科書「数学III［数III/708］」に沿って編集された，教科書の **公式ガイドブック** です。教科書のすべての問題の解き方と答えに加え，例と例題の解説動画も付いていますので，教科書の内容がすべてわかります。また，巻末には，オリジナルの演習問題も掲載していますので，これらに取り組むことで，更に実力が高まります。

本書の特徴と構成要素

1　**教科書の問題の解き方と答えがわかる。予習・復習にピッタリ！**

2　**オリジナル問題で演習もできる。定期試験対策もバッチリ！**

3　**例・例題の解説動画付き。教科書の理解はバンゼン！**

まとめ　各項目の冒頭に，公式や解法の要領，注意事項をまとめてあります。

指針　問題の考え方，解法の手がかり，解答の進め方を説明しています。

解答　指針に基づいて，できるだけ詳しい解答を示しています。

別解　解答とは別の解き方がある場合は，必要に応じて示しています。

注意　問題の考え方，解法の手がかり，解答の進め方で，特に注意すべきことを，必要に応じて示しています。

演習編　巻末に教科書の問題の類問を掲載しています。これらに取り組むことで，教科書で学んだ内容がいっそう身につきます。また，章ごとにまとめの問題も取り上げていますので，定期試験対策などにご利用ください。

デジタルコンテンツ　2次元コードを利用して，教科書の例・例題の解説動画や，巻末の演習編の問題の詳しい解き方などを見ることができます。

目　次

第5章　積分法

第1節　不定積分

第2節　定積分

第6章　積分法の応用

＜デジタルコンテンツ＞
次のものを用意しております。　　デジタルコンテンツ ➡

① 教科書「数学Ⅲ［数Ⅲ/708］」の例・例題の解説動画
② 演習編の詳解
③ 教科書「数学Ⅲ［数Ⅲ/708］」
と青チャート，黄チャートの対応表

第1章 関　数

1 分数関数

まとめ

1 $y=\dfrac{k}{x}$ のグラフ

① $y=\dfrac{2}{x}$，$y=\dfrac{2x-5}{x+1}$ のように，x についての分数式で表された関数を，x の **分数関数** という。

② 特に断りがない場合，分数関数の定義域は，分母を 0 にする x の値を除く実数全体である。

③ k を 0 でない定数とするとき，分数関数　$y=\dfrac{k}{x}$　…… Ⓐ　の定義域は $x \neq 0$ であり，値域は $y \neq 0$ である。また，そのグラフは，下の図のように，$k>0$ ならば第 1，第 3 象限にあり，$k<0$ ならば第 2，第 4 象限にある。

④ 曲線 Ⓐ は原点に関して対称である。また，その漸近線は x 軸と y 軸であり，2 つの漸近線は直交する。曲線 Ⓐ のように，直交する漸近線をもつ双曲線を **直角双曲線** という。

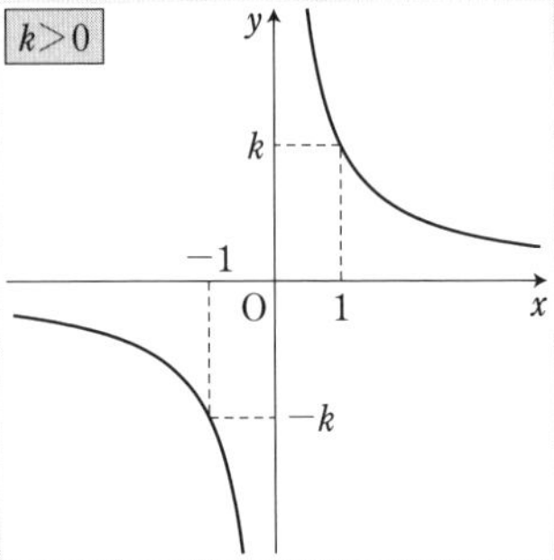

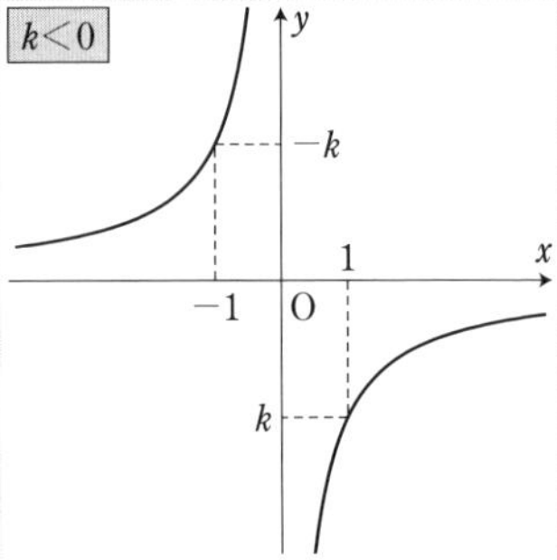

2 $y=\dfrac{k}{x-p}+q$ のグラフ

① 一般に，関数のグラフの平行移動について，次のことが成り立つ。

関数 $y=(x-p)+q$ のグラフは，$y=f(x)$ のグラフを
x 軸方向に p，y 軸方向に q だけ平行移動した曲線である。

② **分数関数 $y=\dfrac{k}{x-p}+q$ のグラフと性質**

1　分数関数 $y=\dfrac{k}{x-p}+q$ のグラフは，$y=\dfrac{k}{x}$ のグラフを

x 軸方向に p，y 軸方向に q だけ平行移動した直角双曲線で，
漸近線は 2 直線 $x=p$，$y=q$ である。
2　定義域は $x \neq p$，値域は $y \neq q$ である。

3　$y=\dfrac{ax+b}{cx+d}$ のグラフ

①　一般に，$c \neq 0$ のとき，関数 $y=\dfrac{ax+b}{cx+d}$ は $y=\dfrac{k}{x-p}+q$ の形に変形できる。

4　分数関数のグラフと直線の共有点

①　2 つの式から y を消去した方程式の解が，共有点の x 座標である。分母を払って得られる 2 次方程式を解く。必ず図をかいて共有点を確認しておく。

A　$y=\dfrac{k}{x}$ のグラフ

教 p.8

練習 1

次の関数のグラフをかけ。

(1)　$y=\dfrac{1}{x}$　　(2)　$y=\dfrac{2}{x}$　　(3)　$y=-\dfrac{3}{x}$　　(4)　$y=\dfrac{1}{2x}$

指針　**$y=\dfrac{k}{x}$ のグラフ**　$y=\dfrac{k}{x}$ のグラフは，$(1,\ k)$，$(-1,\ -k)$ を通り，原点に関して対称で，漸近線は x 軸と y 軸である。

(4)　$y=\dfrac{\frac{1}{2}}{x}$ と変形できるから直角双曲線である。

(1)，(2)，(4) は $k>0$ より，グラフは第 1，第 3 象限にあり，(3) は $k<0$ より，グラフは第 2，第 4 象限にある。

解答　(1)

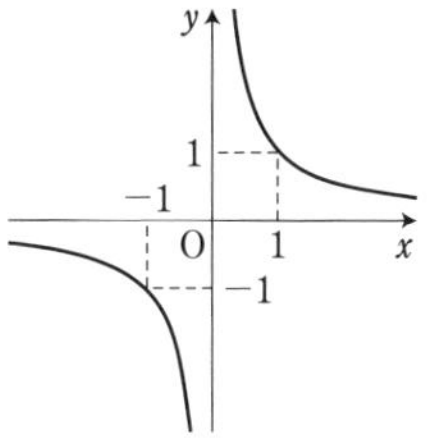

(2)

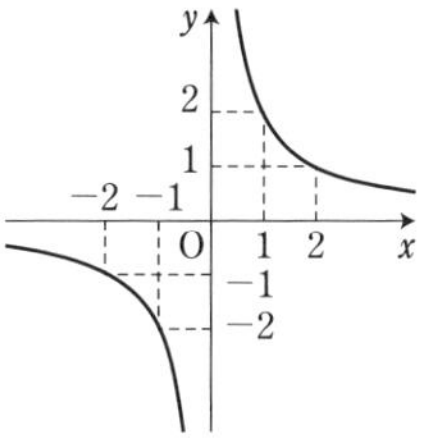

(3)

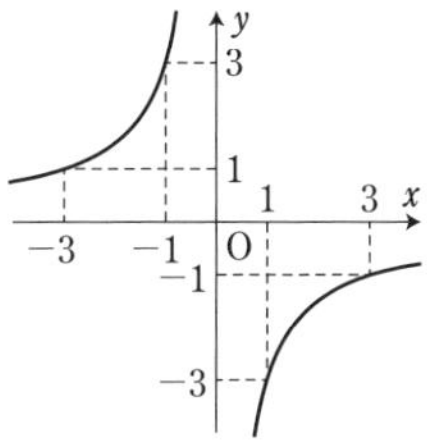

(4)

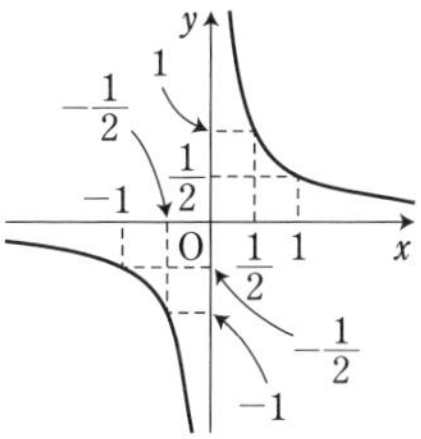

B $y=\dfrac{k}{x-p}+q$ のグラフ

教 p.9

練習 2

次の関数のグラフをかけ。また，その定義域と値域を求めよ。

(1) $y=-\dfrac{2}{x}-1$　　(2) $y=\dfrac{3}{x+2}$　　(3) $y=-\dfrac{1}{x-1}+2$

指針 **分数関数のグラフ**　分数関数 $y=\dfrac{k}{x-p}+q$ のグラフは，$y=\dfrac{k}{x}$ のグラフを，x 軸方向に p，y 軸方向に q だけ平行移動したものである。

x 軸との交点があれば，$y=0$ を代入して x の値を求める。

また，y 軸との交点があれば，$x=0$ を代入して y の値を求めて，それぞれ座標を記入しておく。

漸近線は 2 直線 $x=p$，$y=q$，定義域は $x \neq p$，値域は $y \neq q$ である。p または q の値が 0 の場合があるから注意すること。

解答 (1) 関数 $y=-\dfrac{2}{x}-1$ のグラフは，関数 $y=-\dfrac{2}{x}$ のグラフを y 軸方向に -1 だけ平行移動した直角双曲線で，図のようになる。

漸近線は　2 直線 $x=0$（y 軸），$y=-1$

また，**定義域は　$x \neq 0$，値域は　$y \neq -1$** 答

(2) 関数 $y=\dfrac{3}{x+2}$ のグラフは，関数 $y=\dfrac{3}{x}$ のグラフを x 軸方向に -2 だけ平行移動した直角双曲線で，図のようになる。

漸近線は　2 直線 $x=-2$，$y=0$（x 軸）

また，**定義域は　$x \neq -2$，値域は　$y \neq 0$** 答

(3) 関数 $y=-\dfrac{1}{x-1}+2$ のグラフは，関数 $y=-\dfrac{1}{x}$ のグラフを x 軸方向に 1，y 軸方向に 2 だけ平行移動した直角双曲線で，図のようになる。

漸近線は　2 直線 $x=1$，$y=2$

また，**定義域は　$x \neq 1$，値域は　$y \neq 2$** 答

(1)
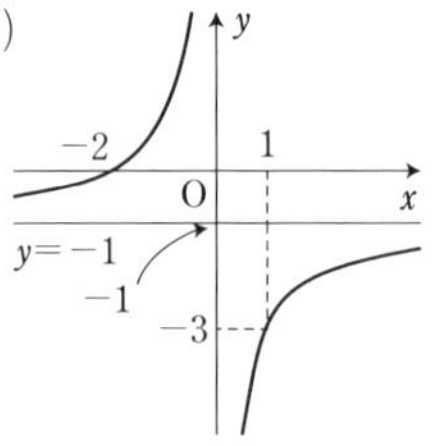

(2)
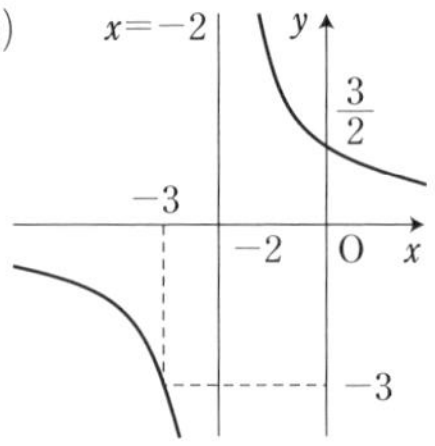

(3)
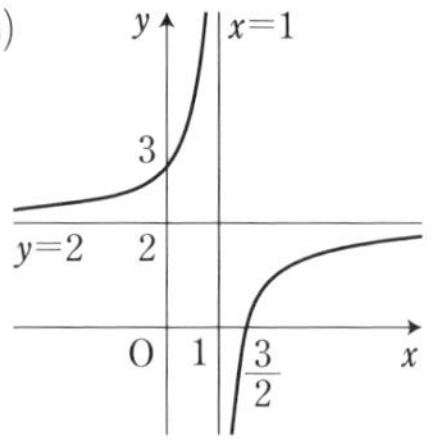

C $y=\dfrac{ax+b}{cx+d}$ のグラフ

教 p.10

問 1 関数 $y=\dfrac{3x-7}{x-2}$ のグラフをかけ。また，その定義域と値域を求めよ。

指針 **分数関数のグラフ**　分数関数 $y=\dfrac{ax+b}{cx+d}$ を $y=\dfrac{k}{x-p}+q$ の形に変形して，そのグラフをかく。
漸近線は 2 直線 $x=p$，$y=q$，定義域は $x \neq p$，値域は $y \neq q$

解答　$\dfrac{3x-7}{x-2}=\dfrac{3(x-2)-1}{x-2}=-\dfrac{1}{x-2}+3$

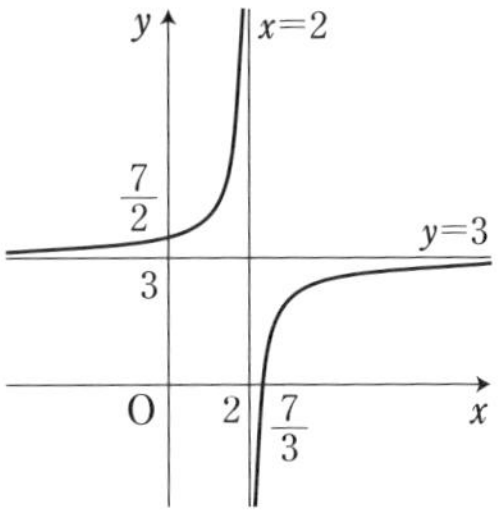

よって　$y=-\dfrac{1}{x-2}+3$
ゆえに，グラフは図の直角双曲線で，
漸近線は　2 直線 $x=2$，$y=3$
また，**定義域は　$x \neq 2$，値域は　$y \neq 3$**　答

教 p.10

練習 3 次の関数のグラフをかけ。また，その定義域と値域を求めよ。

(1)　$y=\dfrac{2x+7}{x+3}$　　(2)　$y=\dfrac{1-2x}{x-1}$　　(3)　$y=\dfrac{4x+3}{2x-1}$

指針 **分数関数のグラフ**　$y=\dfrac{k}{x-p}+q$　…… ① の形に変形する。

(2)　分子を $1-2x=-2(x-1)-1$ として変形する。

(3)　$4x+3=2(2x-1)+5$ より　$y=\dfrac{5}{2x-1}+2=\dfrac{5}{2\left(x-\dfrac{1}{2}\right)}+2$

このとき，① において　$k=\dfrac{5}{2}$，$p=\dfrac{1}{2}$，$q=2$

グラフは，直角双曲線 $y=\dfrac{k}{x}$ すなわち $y=\dfrac{5}{2x}$ を平行移動したものを考える。

解答 (1)　$\dfrac{2x+7}{x+3}=\dfrac{2(x+3)+1}{x+3}$

$=\dfrac{1}{x+3}+2$

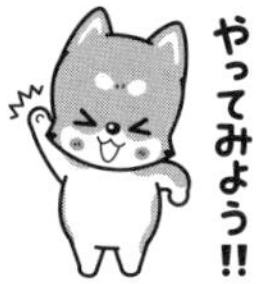

よって，グラフは直角双曲線 $y=\dfrac{1}{x}$ を x 軸方向に -3，y 軸方向に 2 だけ平行移動したもので，図のようになる。

漸近線は　2 直線 $x=-3$，$y=2$

また，**定義域は　$x \neq -3$，値域は　$y \neq 2$** 答

(2)
$$\frac{1-2x}{x-1}=\frac{-2(x-1)-1}{x-1}$$
$$=-\frac{1}{x-1}-2$$

よって，グラフは直角双曲線 $y=-\dfrac{1}{x}$ を x 軸方向に 1，y 軸方向に -2 だけ平行移動したもので，図のようになる。

漸近線は　2 直線 $x=1$，$y=-2$

また，**定義域は　$x \neq 1$，値域は　$y \neq -2$** 答

(3)
$$\frac{4x+3}{2x-1}=\frac{2(2x-1)+5}{2x-1}=\frac{5}{2x-1}+2$$
$$=\frac{5}{2\left(x-\frac{1}{2}\right)}+2$$

よって，グラフは直角双曲線 $y=\dfrac{5}{2x}$ を x 軸方向に $\dfrac{1}{2}$，y 軸方向に 2 だけ平行移動したもので，図のようになる。

漸近線は　2 直線 $x=\dfrac{1}{2}$，$y=2$

また，**定義域は　$x \neq \dfrac{1}{2}$，値域は　$y \neq 2$** 答

(1)
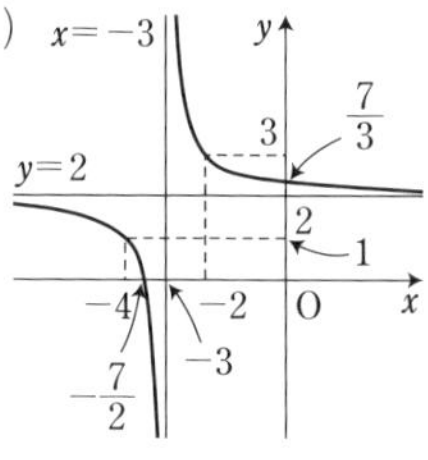

(2)
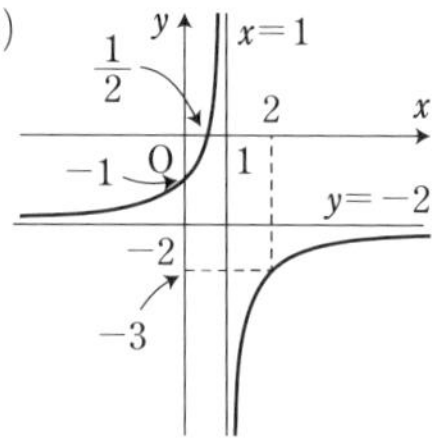

(3)
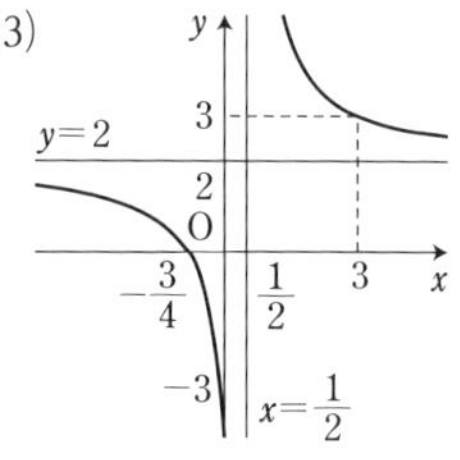

D 分数関数のグラフと直線の共有点

練習 4　教 p.11

次の 2 つの関数のグラフの共有点の座標を求めよ。

(1)　$y=\dfrac{2x}{x-1}$，$y=2x$　　(2)　$y=\dfrac{4x+1}{2x+3}$，$y=2x-1$

指針 **分数関数のグラフと直線の共有点**　まず，2 つの式から y を消去した方程式を解いて，共有点の x 座標を求める。分母を払って得られる 2 次方程式を解く。必ず図をかいて共有点を確認しておく。

解答 (1)　$y=\dfrac{2x}{x-1}=\dfrac{2(x-1)+2}{x-1}$

$=\dfrac{2}{x-1}+2$　…… ①

$y=2x$　…… ②

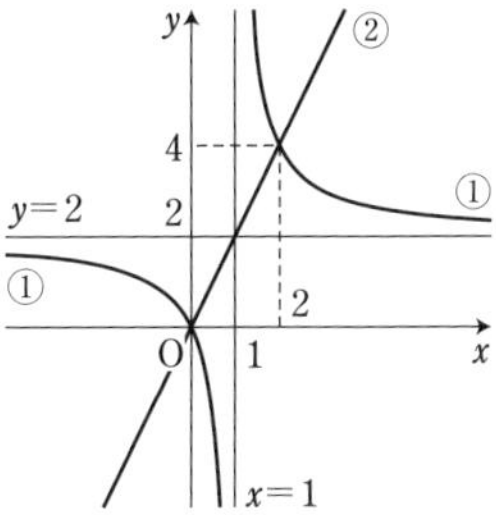

①，② のグラフは図のようになる。

$\dfrac{2x}{x-1}=2x$ とおき，両辺に $x-1$ を

掛けると　$2x=2x(x-1)$

整理して　$2x^2-4x=0$

よって　$2x(x-2)=0$

これを解いて　$x=0,\ 2$

② に代入して，$x=0$ のとき　$y=0$

$x=2$ のとき　$y=4$

したがって，共有点の座標は　**(0, 0)，(2, 4)**　答

(2)　$y=\dfrac{4x+1}{2x+3}=\dfrac{2(2x+3)-5}{2x+3}$

$=-\dfrac{5}{2x+3}+2$　…… ①

$y=2x-1$　…… ②

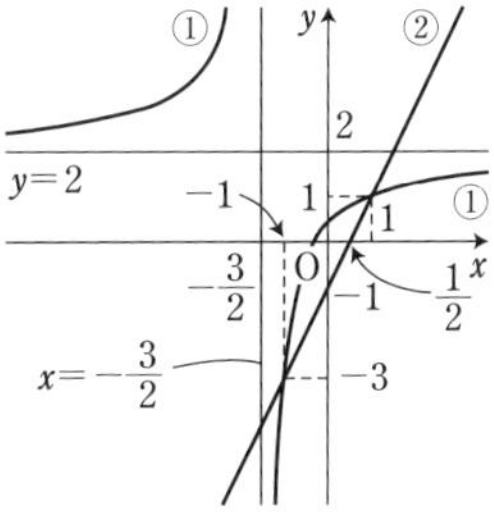

①，② のグラフは図のようになる。

$\dfrac{4x+1}{2x+3}=2x-1$ とおき，両辺に $2x+3$

を掛けると　$4x+1=(2x-1)(2x+3)$

整理して　$4x^2-4=0$

よって　$4(x+1)(x-1)=0$

これを解いて　$x=-1,\ 1$

② に代入して，$x=-1$ のとき　$y=-3$

$x=1$　のとき　$y=1$

したがって，共有点の座標は　**(−1, −3)，(1, 1)**　答

問 2　教 p.11

関数 $y=\dfrac{2}{x-1}$ のグラフを利用して，次の不等式を解け。

$$\frac{2}{x-1}>x$$

指針 **分数関数のグラフと不等式**　$y=\dfrac{2}{x-1}$ のグラフと直線 $y=x$ との共有点を求めて，$y=\dfrac{2}{x-1}$ のグラフが直線 $y=x$ より上側にあるような x の値の範囲を求める。$y=\dfrac{2}{x-1}$ のグラフが $x<1$，$x>1$ で分かれていることに注意する。

解答　$y=\dfrac{2}{x-1}$ ……①，　$y=x$ ……②

①，②のグラフは図のようになる。

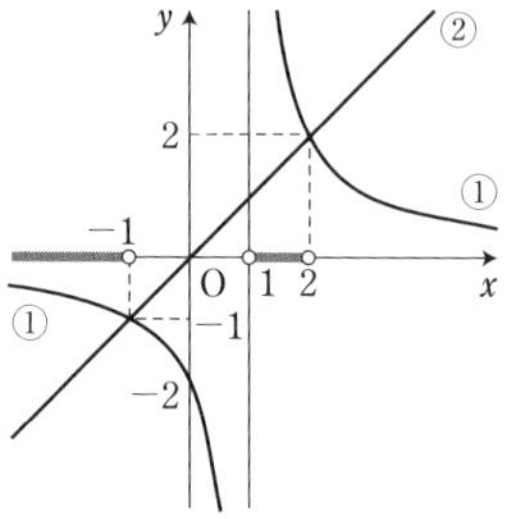

$\dfrac{2}{x-1}=x$ とおき，両辺に $x-1$ を掛けると

$$2=x(x-1)$$

これを解いて　$x=-1,\ 2$

よって，求める解は，$y=\dfrac{2}{x-1}$ のグラフが直線 $y=x$ より上側にある x の値の範囲であるから

　$x<-1$，$1<x<2$ 答

練習 5　教 p.11

次の方程式，不等式を解け。

(1) $\dfrac{3x}{x+2}=-x+2$　　(2) $\dfrac{3x}{x+2}<-x+2$

指針 **分数関数のグラフと方程式・不等式**

(1) $y=\dfrac{3x}{x+2}$ のグラフと直線 $y=-x+2$ との共有点の x 座標を求める。

(2) グラフの上下関係を考えて，不等式を満たす x の値の範囲を求める。

$y=\dfrac{3x}{x+2}$ のグラフが $x<-2$ と $x>-2$ で分かれていることに注意する。

解答 (1) $y=\dfrac{3x}{x+2}=\dfrac{3(x+2)-6}{x+2}$

$=-\dfrac{6}{x+2}+3$ ……①

$y=-x+2$ ……②

①，②のグラフは図のようになる。

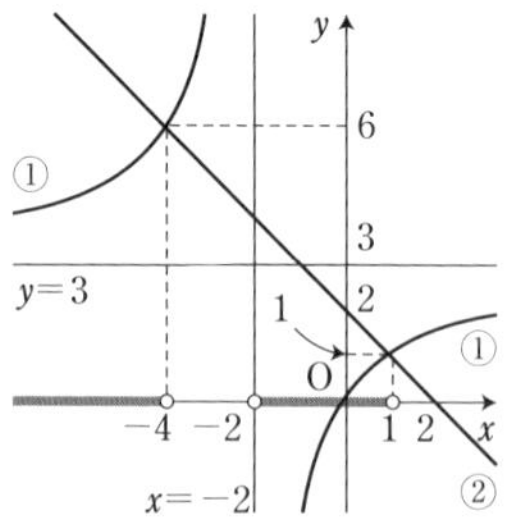

$\dfrac{3x}{x+2}=-x+2$ とおき，両辺に $x+2$ を掛けると　$3x=(-x+2)(x+2)$

整理すると　$x^2+3x-4=0$

これを解いて　**$x=-4,\ 1$** 答

(2) 求める解は，$y=\frac{3x}{x+2}$ のグラフが直線 $y=-x+2$ より下側にある x の値の範囲であるから

$$x<-4,\ -2<x<1$$ 答

深める 教 p.11

k は定数とする。関数 $y=\frac{2}{x-1}$ のグラフと直線 $x=k$ の共有点の個数を調べてみよう。

指針 **分数関数のグラフと x 軸に垂直な直線の共有点**
分数関数の定義域に着目する。

解答 関数 $y=\frac{2}{x-1}$ は $x\neq1$ を定義域とするから
$k\neq1$ のとき　共有点は 1 個
$k=1$ のとき　共有点は 0 個　終

2 無理関数

まとめ

1 $y=\sqrt{ax}$ のグラフ

① $\sqrt{x}$，$\sqrt{3x+1}$ のように，根号の中に文字を含む式を **無理式** といい，x についての無理式で表された関数を，x の **無理関数** という。

② 特に断りがない場合，無理関数の定義域は，根号の中を正または 0 にする実数全体である。

③ 無理関数　$y=\sqrt{x}$　…… Ⓐ
の定義域は $x\geqq0$，値域は $y\geqq0$ である。
Ⓐ の両辺を 2 乗すると
$y^2=x$　…… Ⓑ
となる。Ⓑ は，x 軸を軸とし，原点を頂点とする放物線を表す。
Ⓐ では $y\geqq0$ であるから，Ⓐ のグラフは放物線 Ⓑ の x 軸より上側の部分である。ただし，原点を含む。
同様に，$y=-\sqrt{x}$ のグラフは放物線 Ⓑ の x 軸より下側の部分である。ただし，原点を含む。

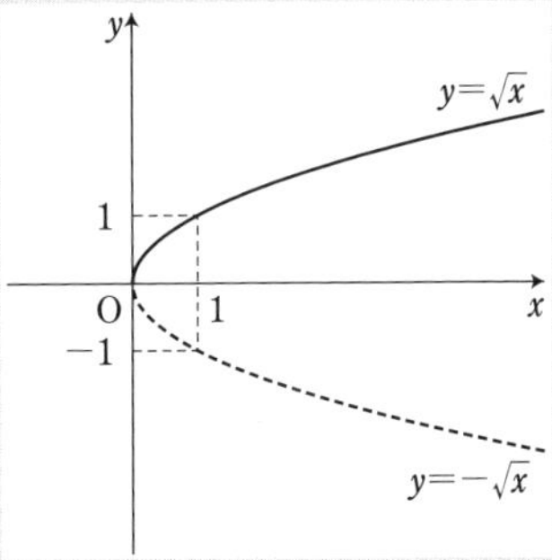

④ 一般に，無理関数 $y=\sqrt{ax}$ のグラフは，次の図のようになる。

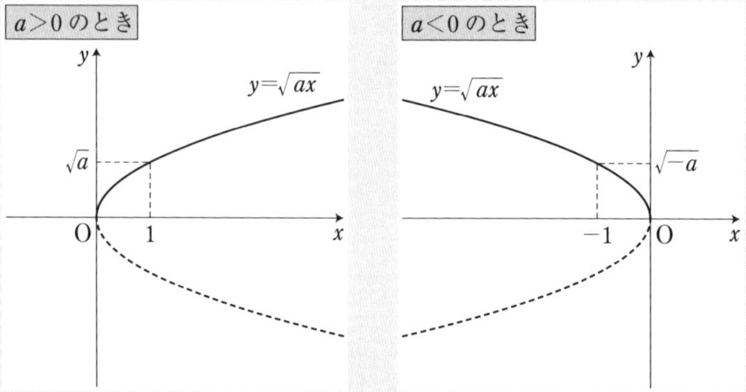

⑤ 無理関数 $y=\sqrt{ax}$ については，次のことがいえる。

$a>0$ のとき
　定義域は　$x \geqq 0$
　値域は　$y \geqq 0$
　単調に増加する

$a<0$ のとき
　定義域は　$x \leqq 0$
　値域は　$y \geqq 0$
　単調に減少する

注意 関数 $f(x)$ において，ある区間の任意の値 u，v について，$u<v$ ならば $f(u)<f(v)$ が成り立つとき，$f(x)$ はその区間で単調に増加するという。また，$u<v$ ならば $f(u)>f(v)$ が成り立つとき，$f(x)$ はその区間で単調に減少するという。

2 $y=\sqrt{ax+b}$ のグラフ

① 一般に，$a \neq 0$ のとき $\sqrt{ax+b}=\sqrt{a\left(x+\frac{b}{a}\right)}$ であるから，$y=\sqrt{ax+b}$ は $y=\sqrt{a(x-p)}$ の形に変形できる。

② 一般に，次のことが成り立つ。

無理関数 $y=\sqrt{a(x-p)}$ のグラフと性質

1 無理関数 $\boldsymbol{y=\sqrt{a(x-p)}}$ のグラフは，$\boldsymbol{y=\sqrt{ax}}$ のグラフを **x 軸方向に p** だけ平行移動したものである。

2 $a>0$ のとき，定義域は $\boldsymbol{x \geqq p}$，値域は $\boldsymbol{y \geqq 0}$ であり，
$a<0$ のとき，定義域は $\boldsymbol{x \leqq p}$，値域は $\boldsymbol{y \geqq 0}$ である。

3 無理関数のグラフと直線の共有点

① 2つの式から y を消去した方程式の解が共有点の x 座標である。両辺を2乗して得られる方程式を解く。

注意 両辺を2乗して得られた方程式の解は，もとの方程式の解になるとは限らないので，得られた x の値がもとの方程式を満たすかどうかを，必ず調べなければならない。

A $y=\sqrt{ax}$ のグラフ

教 p.13

問3 関数 $y=-\sqrt{x}$ のグラフと関数 $y=\sqrt{x}$ のグラフの位置関係をいえ。

指針 **無理関数のグラフ**　$y=\sqrt{x}$ のグラフと $y=-\sqrt{x}$ のグラフは，x 軸を軸とする放物線 $y^2=x$ のそれぞれ $y \geqq 0$ と $y \leqq 0$ の部分である。

解答 $y=\sqrt{x}$　の定義域は　$x \geqq 0$，
値域は　$y \geqq 0$
$y=-\sqrt{x}$ の定義域は　$x \geqq 0$，
値域は　$y \leqq 0$
であり，グラフは図のようになる。
関数 $y=-\sqrt{x}$ のグラフと関数 $y=\sqrt{x}$ のグラフは，**x 軸に関して対称** である。 答

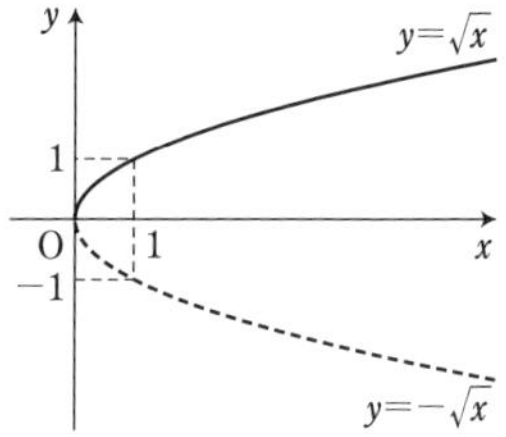

教 p.13

練習6 次の関数のグラフをかけ。また，そのグラフと関数 $y=\sqrt{x}$ のグラフの位置関係をいえ。

(1)　$y=\sqrt{-x}$　　(2)　$y=-\sqrt{-x}$

指針 **無理関数のグラフ**　根号の中は正または 0 の実数となることから，定義域と値域について調べる。

解答 (1)　定義域は，$-x \geqq 0$ より　$x \leqq 0$
値域は　$y \geqq 0$
放物線 $y^2=-x$ の $y \geqq 0$ の部分で，グラフは図のようになる。
関数 $y=\sqrt{x}$ のグラフと **y 軸に関して対称** である。 答

(2)　定義域は，$-x \geqq 0$ より　$x \leqq 0$
値域は　$y \leqq 0$
放物線 $y^2=-x$ の $y \leqq 0$ の部分で，グラフは図のようになる。
関数 $y=\sqrt{x}$ のグラフと **原点に関して対称** である。 答

(1)

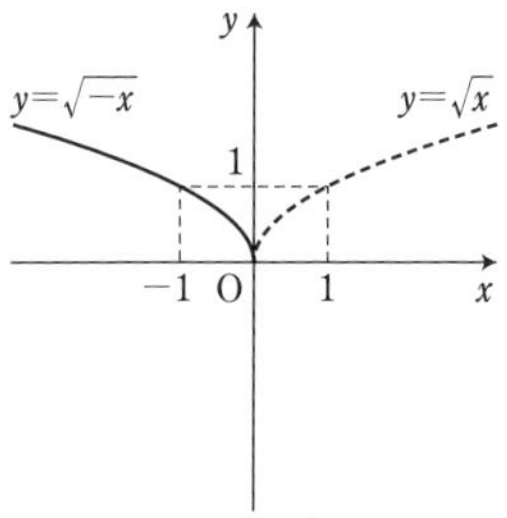

(2)

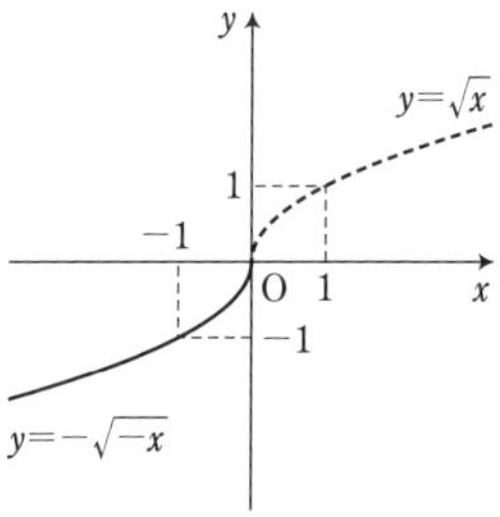

練習 7 教 p.13

次の関数のグラフをかけ。また，その定義域と値域を求めよ。

(1)　$y=\sqrt{2x}$　　(2)　$y=-\sqrt{2x}$　　(3)　$y=-\sqrt{-2x}$

指針　**無理関数のグラフ**　まず，関数 $y=\sqrt{2x}$ の定義域と値域を考えてグラフをかく。$y=-\sqrt{2x}$，$y=-\sqrt{-2x}$ のグラフは，$y=\sqrt{2x}$ のグラフとの位置関係を考えればよい。

解答　(1)　グラフは x 軸を軸とする放物線 $y^2=2x$ の $y\geqq 0$ の部分で，図のようになる。

また，**定義域は**　$\boldsymbol{x\geqq 0}$，**値域は**　$\boldsymbol{y\geqq 0}$　答

(2)　グラフは(1)のグラフと x 軸に関して対称であり，図のようになる。

また，**定義域は**　$\boldsymbol{x\geqq 0}$，**値域は**　$\boldsymbol{y\leqq 0}$　答

(3)　グラフは(1)のグラフと原点に関して対称であり，図のようになる。

また，**定義域は**　$\boldsymbol{x\leqq 0}$，**値域は**　$\boldsymbol{y\leqq 0}$　答

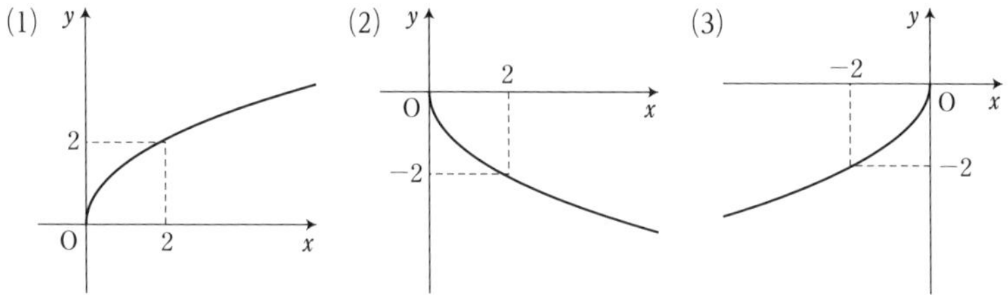

B　$\boldsymbol{y=\sqrt{ax+b}}$ のグラフ

練習 8 教 p.14

次の関数のグラフをかけ。また，その定義域と値域を求めよ。

(1)　$y=\sqrt{2x+4}$　　(2)　$y=-\sqrt{1-x}$

指針　$\boldsymbol{y=\sqrt{ax+b}}$ **のグラフ**　$y=\sqrt{ax+b}=\sqrt{a\left(x+\dfrac{b}{a}\right)}$ と変形して，$y=\sqrt{ax}$ のグラフを x 軸方向に $-\dfrac{b}{a}$ だけ平行移動したものとしてかく。

解答　(1)　$\sqrt{2x+4}=\sqrt{2(x+2)}$ であるから，グラフは関数 $y=\sqrt{2x}$ のグラフを x 軸方向に -2 だけ平行移動したもので，図のようになる。

また，**定義域は**　$\boldsymbol{x\geqq -2}$，**値域は**　$\boldsymbol{y\geqq 0}$　答

(2)　$-\sqrt{1-x}=-\sqrt{-(x-1)}$ であるから，グラフは関数 $y=-\sqrt{-x}$ のグラフを x 軸方向に 1 だけ平行移動したもので，図のようになる。

また，**定義域は**　$\boldsymbol{x\leqq 1}$，**値域は**　$\boldsymbol{y\leqq 0}$　答

(1)

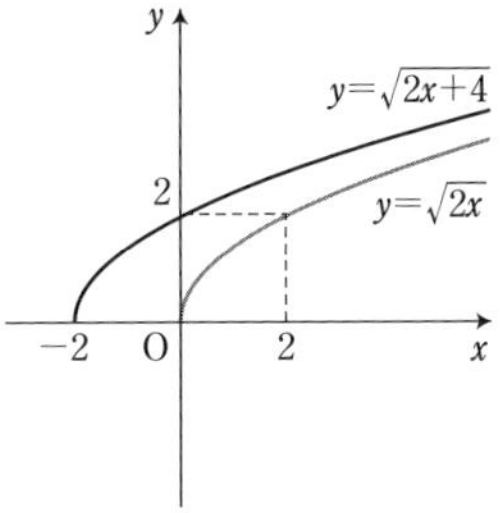

(2)

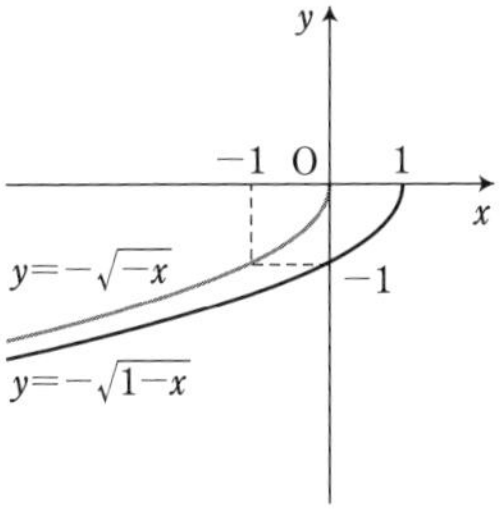

教 p.14

問 4　関数 $y=\sqrt{x+2}$　$(-1\leqq x\leqq 3)$ の値域を求めよ。

指針　**無理関数の値域**　関数の値域を求めるには x の変域内での関数の値の増減を調べてグラフの概形をかく。無理関数 $y=\sqrt{ax+b}$ は $a>0$ のとき単調に増加する。

解答　$x=-1$ のとき　$y=1$,

$x=3$　のとき　$y=\sqrt{5}$

であり，関数 $y=\sqrt{x+2}$　$(-1\leqq x\leqq 3)$

のグラフは図の実線部分である。

よって，この関数の値域は

$\mathbf{1\leqq y\leqq \sqrt{5}}$　答

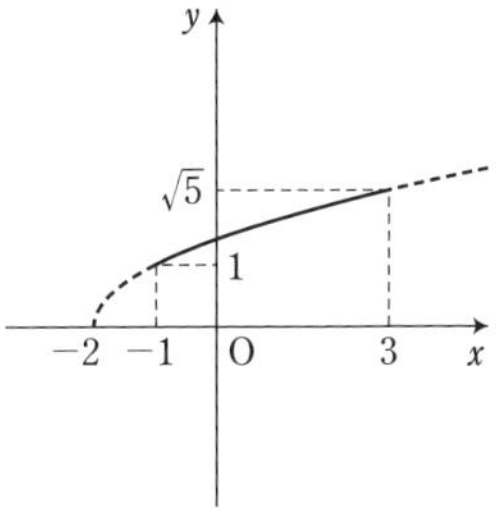

教 p.14

練習 9　関数 $y=\sqrt{6-3x}$　$(-1\leqq x<1)$ の値域を求めよ。

指針　**無理関数の値域**　x の変域内での増減を調べてグラフの概形をかく。

無理関数 $y=\sqrt{ax+b}$ は $a<0$ のとき単調に減少する。

解答　$x=-1$ のとき　$y=3$

$x=1$　のとき　$y=\sqrt{3}$　であり

$\sqrt{6-3x}=\sqrt{-3(x-2)}$

より，$y=\sqrt{6-3x}$ のグラフは $y=\sqrt{-3x}$

のグラフを x 軸方向に 2 だけ平行移動したもので，$-1\leqq x<1$ のとき，図の実線部分である。

よって，この関数の値域は　$\mathbf{\sqrt{3}<y\leqq 3}$　答

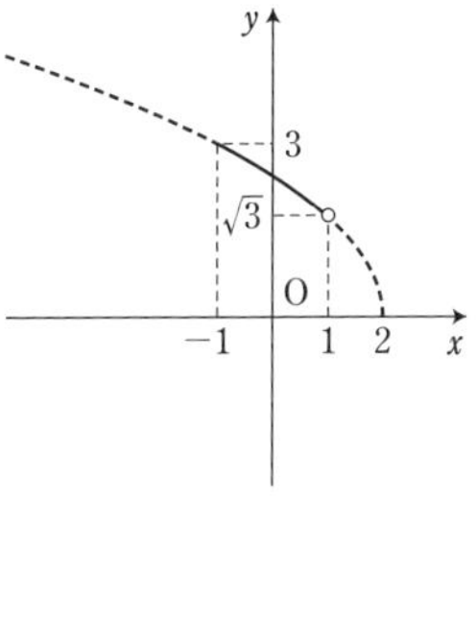

C 無理関数のグラフと直線の共有点

教 p.15

練習 10

次の 2 つの関数のグラフの共有点の座標を求めよ。

(1) $y=\sqrt{2x+3}$, $y=x$　　(2) $y=\sqrt{2x-1}$, $y=\dfrac{1}{2}x+\dfrac{1}{2}$

指針 **無理関数のグラフと直線の共有点**　無理関数のグラフと直線の共有点の座標は，連立方程式の解として求める。y を消去した方程式の両辺を 2 乗して得られる方程式を解く。この解については，もとの方程式を満たすかどうか調べなければならない。

解答 (1) 方程式 $\sqrt{2x+3}=x$ ……① の解が共有点の x 座標である。

①の両辺を 2 乗すると　$2x+3=x^2$

移項して　$x^2-2x-3=0$

よって　$(x+1)(x-3)=0$　　これを解いて　$x=-1,\ 3$

$x=-1$ のとき，① において

左辺 $=\sqrt{-2+3}=1$,　　右辺 $=-1$

ゆえに，$x=-1$ は ① を満たさない。

$x=3$ のとき，① において

左辺 $=\sqrt{6+3}=3$,　　右辺 $=3$

ゆえに，$x=3$ は ① を満たし，このとき　$y=3$

したがって，共有点の座標は　**(3, 3)**　答

(2) 方程式 $\sqrt{2x-1}=\dfrac{1}{2}x+\dfrac{1}{2}$ ……① の解が共有点の x 座標である。

①の両辺を 2 乗すると　$2x-1=\dfrac{1}{4}(x+1)^2$

整理すると　$x^2-6x+5=0$

よって　$(x-1)(x-5)=0$　　これを解いて　$x=1,\ 5$

$x=1$ のとき，① において

左辺 $=\sqrt{2-1}=1$,　　右辺 $=1$

ゆえに，$x=1$ は ① を満たし，このとき　$y=1$

$x=5$ のとき，① において

左辺 $=\sqrt{10-1}=3$,　　右辺 $=3$

ゆえに，$x=5$ は ① を満たし，このとき　$y=3$

したがって，共有点の座標は　**(1, 1), (5, 3)**　答

注意 グラフは図のようになる。(1) で得られる $x=-1$ は，$y=-\sqrt{2x+3}$ のグラフと直線 $y=x$ の共有点の x 座標であることがわかる。

(1)

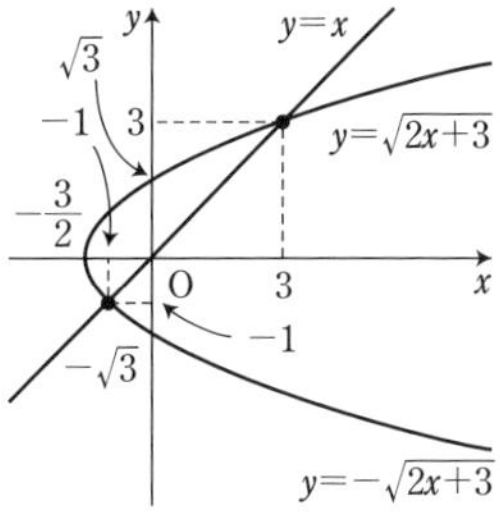

(2)

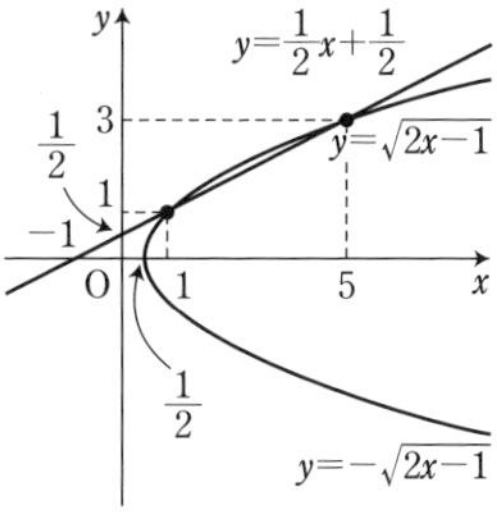

別解 (1)　$\sqrt{2x+3}=x \iff 2x+3=x^2$　かつ　$x \geqq 0$

$2x+3=x^2$ の解は $x=-1,\ 3$ であるから

$$\sqrt{2x+3}=x \iff x=3$$

(2)　$\sqrt{2x-1}=\dfrac{1}{2}x+\dfrac{1}{2}$

$\iff 2x-1=\dfrac{1}{4}(x+1)^2$　……①　かつ　$\dfrac{1}{2}x+\dfrac{1}{2} \geqq 0$　……②

方程式①を解くと　$x=1,\ 5$

不等式②を解くと　$x \geqq -1$

よって　$\sqrt{2x-1}=\dfrac{1}{2}x+\dfrac{1}{2} \iff x=1,\ 5$

教 p.15

問5　グラフを利用して，不等式 $\sqrt{x+2}>x$ を解け。

指針　**無理関数のグラフと不等式**　教科書 $p.15$ 例題4の解を利用して $y=\sqrt{x+2}$ のグラフが直線 $y=x$ の上側となる x の値の範囲を求める。

解答　$\sqrt{x+2}>x$ の解は，$y=\sqrt{x+2}$ のグラフが直線 $y=x$ より上側にある x の値の範囲である。
よって，図から，求める解は

$-2 \leqq x < 2$　答

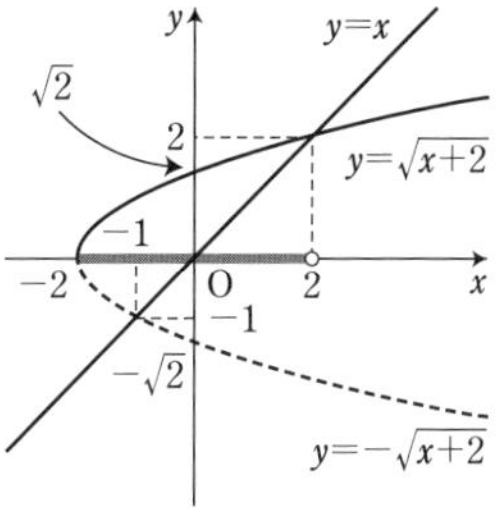

教 p.15

練習11　次の方程式，不等式を解け。

(1)　$\sqrt{x+1}=-x+1$　　(2)　$\sqrt{x+1}<-x+1$

指針 **無理関数のグラフと不等式**

(1) 方程式 $\sqrt{x+1}=-x+1$ を解く。

(2) グラフをかいて $y=\sqrt{x+1}$ のグラフが直線 $y=-x+1$ の下側にあるような x の値の範囲を求める。

解答 (1) $\sqrt{x+1}=-x+1$ …… ①

① の両辺を 2 乗すると　$x+1=(-x+1)^2$

整理すると　$x^2-3x=0$　よって　$x(x-3)=0$

これを解いて　$x=0,\ 3$

$x=0$ のとき，① において　左辺 $=\sqrt{0+1}=1$，　右辺 $=1$

ゆえに，$x=0$ は ① を満たす。

$x=3$ のとき，① において

左辺 $=\sqrt{3+1}=2$，　右辺 $=-2$

ゆえに，$x=3$ は ① を満たさない。

よって，求める解は　$\boldsymbol{x=0}$ 答

(2) $y=\sqrt{x+1}$ …… ②

$y=-x+1$ …… ③

のグラフは図のようになる。

$\sqrt{x+1}<-x+1$ の解は，② のグラフが直線 ③ の下側にある x の値の範囲である。

よって，図から，求める解は

$\boldsymbol{-1 \leqq x<0}$ 答

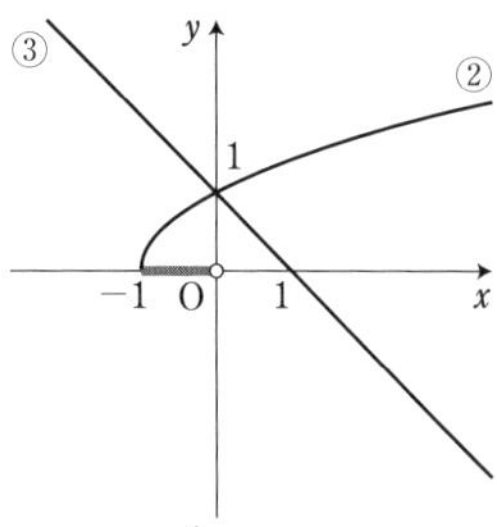

3 逆関数と合成関数

まとめ

1 逆関数

① 関数 $y=f(x)$ の値域に含まれる任意の y の値に対して，対応する x の値がただ 1 つ定まるとき，x は y の関数 $x=g(y)$ と考えられる。こうして決まる関数を，もとの関数 $y=f(x)$ の **逆関数** という。

② 逆関数も x と y を入れ替えて $y=g(x)$ のように，x の関数という形に書くことが多く，これを $\boldsymbol{y=f^{-1}(x)}$ とも書く。

③ 関数 $y=f(x)$ が単調に増加または単調に減少するとき，その逆関数が存在する。

④ 関数 $f(x)$ の逆関数 $f^{-1}(x)$ の定義域は $f(x)$ の値域に一致する。また，$f^{-1}(x)$ の値域は $f(x)$ の定義域に一致する。すなわち

$f(x)$ と $f^{-1}(x)$ とでは，定義域と値域が入れ替わる。

⑤　関数 $y=f(x)$ の逆関数 $y=g(x)$ は，次のようにして求められる。

1　関係式 $y=f(x)$ を変形して，$x=g(y)$ の形にする。

2　x と y を入れ替えて，$y=g(x)$ とする。

3　$g(x)$ の定義域は，$f(x)$ の値域と同じにとる。

2　逆関数の性質

①　関数 $f(x)$ が逆関数 $f^{-1}(x)$ をもつとき，次のことが成り立つ。

$$b=f(a) \iff a=f^{-1}(b)$$

②　一般に，次のことが成り立つ。

関数 $y=f(x)$ のグラフとその逆関数 $y=f^{-1}(x)$ のグラフは，直線 $y=x$ に関して対称である。

3　指数関数の逆関数

①　$a>0$ かつ $a\neq1$ のとき，実数 x と正の数 y について

$$y=a^x \iff x=\log_a y$$

よって，指数関数 $y=a^x$ の逆関数は対数関数 $y=\log_a x$ であり，逆に，対数関数 $y=\log_a x$ の逆関数は指数関数 $y=a^x$ である。また，それらのグラフは，直線 $y=x$ に関して対称である。

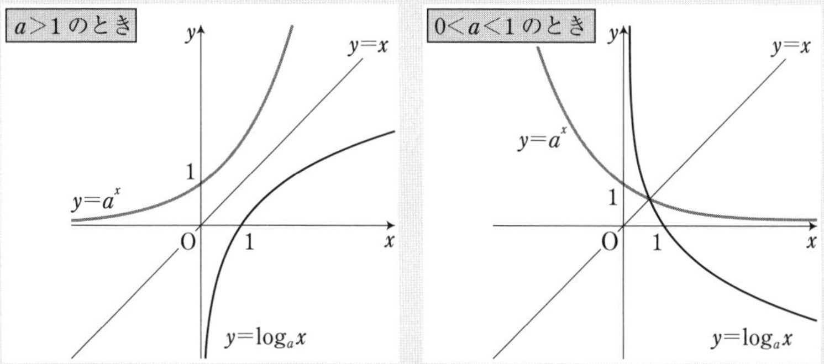

4　合成関数

①　2つの関数 $y=f(x)$，$z=g(y)$ があり，$f(x)$ の値域が $g(y)$ の定義域に含まれているとき，$g(y)$ に $y=f(x)$ を代入すると，新しい関数 $z=g(f(x))$ が得られる。この関数を $f(x)$ と $g(y)$ の **合成関数** といい，$(g\circ f)(x)$ と書くこともある。すなわち

$$(g\circ f)(x)=g(f(x))$$

②　一般に合成関数 $(g\circ f)(x)$ と $(f\circ g)(x)$ は一致しない。

注意　$f(x)=2x+3$，$g(x)=\sqrt{x-1}$ のとき，$f(x)$ の値域は実数全体で，$g(x)$ の定義域 $x\geqq1$ に含まれないが，$f(x)$ の定義域を $x\geqq-1$ に制限すると値域は $y\geqq1$ になり，$(g\circ f)(x)$ を求めることができる。

教科書 p.17

A 逆関数

練習 12 　教 p.17

次の関数の逆関数を求めよ。

(1)　$y=\frac{1}{2}x-2$　　　　(2)　$y=-3x+1$

指針　**逆関数**　与えられた関数を $x=g(y)$ と変形し，x と y を入れ替える。

解答　(1)　$y=\frac{1}{2}x-2$ を x について解くと

$$x=2y+4$$

よって，逆関数は，x と y を入れ替えて

$$\boldsymbol{y=2x+4}$$ 答

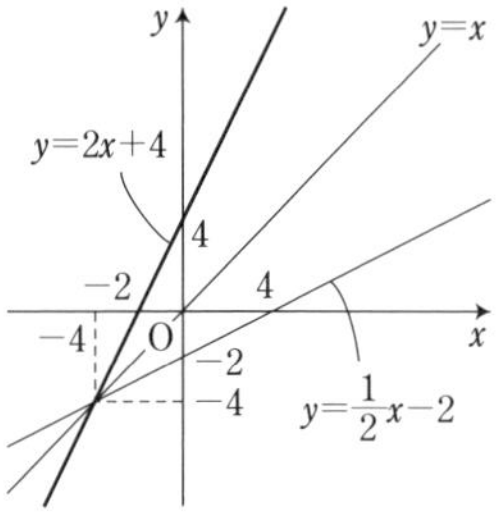

(2)　$y=-3x+1$ を x について解くと

$$x=-\frac{1}{3}y+\frac{1}{3}$$

よって，逆関数は，x と y を入れ替えて

$$\boldsymbol{y=-\frac{1}{3}x+\frac{1}{3}}$$ 答

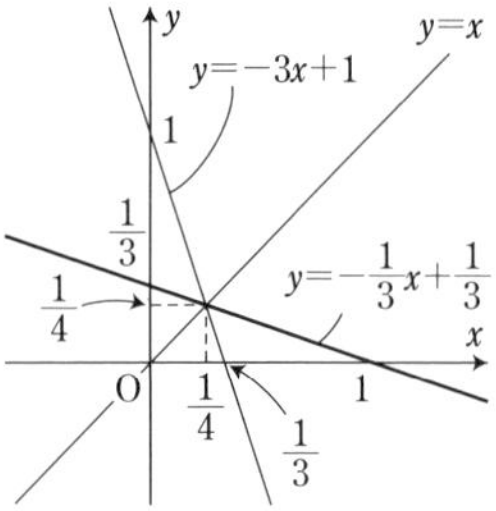

練習 13 　教 p.17

次の関数の逆関数を求めよ。

$$y=-3x+4 \quad (-1\leqq x\leqq 2)$$

指針　**逆関数**　教科書 17 ページの逆関数の求め方 **1**，**2**，**3** の手順に従って逆関数を求める。もとの関数の値域が逆関数の定義域になる。

解答　関数 $y=-3x+4$　$(-1\leqq x\leqq 2)$　…… ①

の値域は　$-2\leqq y\leqq 7$

① を x について解くと

$$x=-\frac{1}{3}y+\frac{4}{3}\quad(-2\leqq y\leqq 7)$$

よって，逆関数は，x と y を入れ替えて

$$\boldsymbol{y=-\frac{1}{3}x+\frac{4}{3}\quad(-2\leqq x\leqq 7)}$$　…… ②　答

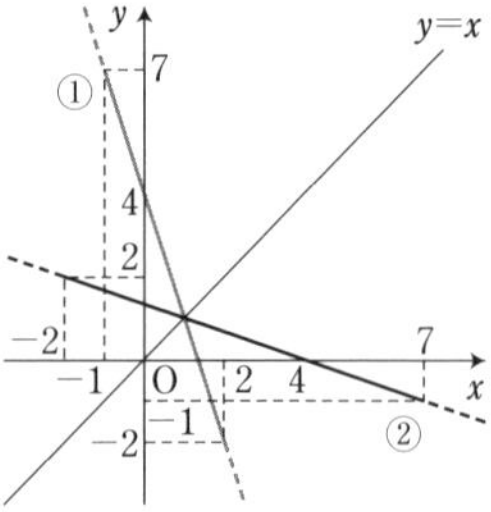

練習 14 教 p.18

次の関数の逆関数を求めよ。

(1)　$y=x^2$　$(x \leqq 0)$　　　(2)　$y=x^2-2$　$(x \geqq 0)$

指針　**2次関数の逆関数**　$y=x^2$ について，$x=\pm\sqrt{y}$ となり，$y>0$ である y の値に対して，対応する x の値がただ1つに定まらない。したがって，x は y の関数とはいえないから $y=x^2$ の逆関数は考えることができない。ただし，定義域を制限して，対応する x の値がただ1つに定まるようにしたときには，逆関数を求めることができる。

解答　(1)　関数 $y=x^2$　$(x \leqq 0)$　……①の値域は　$y \geqq 0$

①を x について解くと　　$x=-\sqrt{y}$　$(y \geqq 0)$

よって，逆関数は，x と y を入れ替えて　　$\boldsymbol{y=-\sqrt{x}}$　答

(2)　関数 $y=x^2-2$　$(x \geqq 0)$　……①の値域は　$y \geqq -2$

①を x について解くと　　$x=\sqrt{y+2}$　$(y \geqq -2)$

よって，逆関数は，x と y を入れ替えて　　$\boldsymbol{y=\sqrt{x+2}}$　答

注意　$y=-\sqrt{x}$，$y=\sqrt{x+2}$ のように表される関数は $\sqrt{\quad}$ の中が0以上となることが明らかであるから，定義域を示すことは省略してよい。

練習 15 教 p.18

次の関数の逆関数を求めよ。

(1)　$y=\dfrac{2x+1}{x+1}$　　　(2)　$y=\dfrac{-x+4}{x-3}$

指針　**分数関数の逆関数**　分数関数の逆関数についても，教科書17ページの逆関数の求め方**1**，**2**，**3**の手順に従って求める。

解答　(1)　$\dfrac{2x+1}{x+1}=-\dfrac{1}{x+1}+2$ であるから，

この関数の値域は $y \neq 2$ である。

$y=\dfrac{2x+1}{x+1}$　……①を変形すると，

$y(x+1)=2x+1$ より

$(y-2)x=-(y-1)$

$y \neq 2$ であるから

$x=-\dfrac{y-1}{y-2}$

よって，逆関数は，x と y を入れ替えて

$\boldsymbol{y=-\dfrac{x-1}{x-2}}$　……②　答

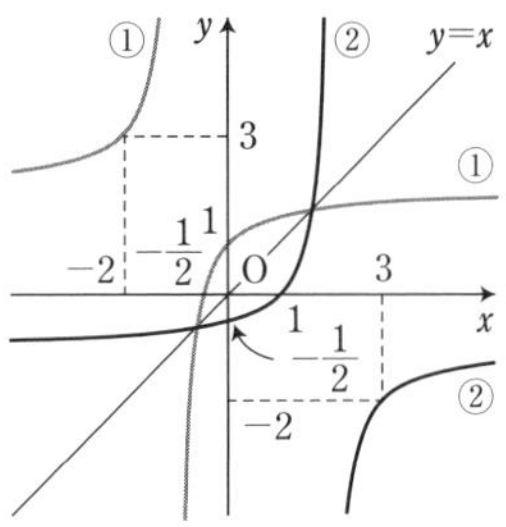

(2) $\dfrac{-x+4}{x-3}=\dfrac{1}{x-3}-1$ であるから，

この関数の値域は $y \neq -1$ である。

$y=\dfrac{-x+4}{x-3}$ …… ① を変形すると，

$y(x-3)=-x+4$ より

$(y+1)x=3y+4$

$y \neq -1$ であるから

$x=\dfrac{3y+4}{y+1}$

よって，逆関数は，x と y を入れ替えて

$\boldsymbol{y=\dfrac{3x+4}{x+1}}$ …… ② 答

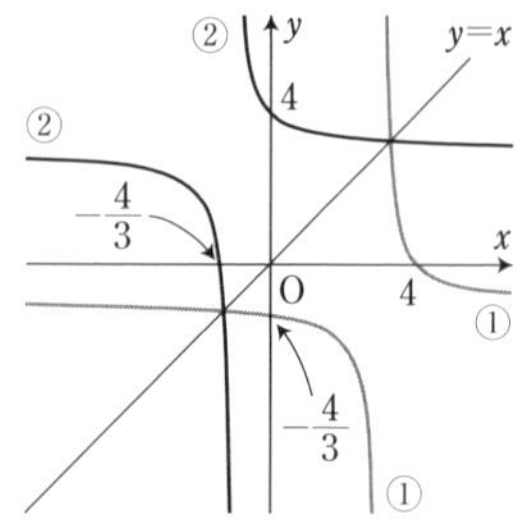

B 逆関数の性質

練習 16 教 p.19

1 次関数 $f(x)=ax+b$ について，$f(3)=5$，$f^{-1}(3)=2$ であるとき，定数 a，b の値を求めよ。

指針 **逆関数の性質** $q=f(p) \iff p=f^{-1}(q)$ を利用して，連立方程式を作る。

解答 $f(3)=5$ から $3a+b=5$ …… ①

$f^{-1}(3)=2 \iff f(2)=3$ よって $2a+b=3$ …… ②

連立方程式 ①，② を解いて $\boldsymbol{a=2,\ b=-1}$ 答

練習 17 教 p.19

次の関数の逆関数を求めよ。また，そのグラフをかけ。

(1) $y=\sqrt{-x}$　　(2) $y=\dfrac{1}{2}x^2$ $(2 \leqq x \leqq 4)$

指針 **逆関数の性質** まず，与えられている関数の値域を求めて，逆関数の定義域とする。グラフはもとの関数のグラフと直線 $y=x$ に関して対称になるグラフをかいてもよい。

解答 (1) $y=\sqrt{-x}$ …… ①　① の値域は $y \geqq 0$

① を x について解くと $x=-y^2$ $(y \geqq 0)$

よって，逆関数は，x と y を入れ替えて

$\boldsymbol{y=-x^2\ (x \geqq 0)}$ …… ② 答

グラフは図のようになる。

(2) $y=\dfrac{1}{2}x^2$ $(2 \leqq x \leqq 4)$ …… ①

$x=2$ のとき　$y=2$,　　$x=4$ のとき　$y=8$

よって，① の値域は　$2 \leqq y \leqq 8$

① を x について解くと　　$x=\sqrt{2y}$　　$(2 \leqq y \leqq 8)$

よって，逆関数は，x と y を入れ替えて

$\boldsymbol{y=\sqrt{2x}}$　　$\boldsymbol{(2 \leqq x \leqq 8)}$　…… ②　答

グラフは図のようになる。

(1)

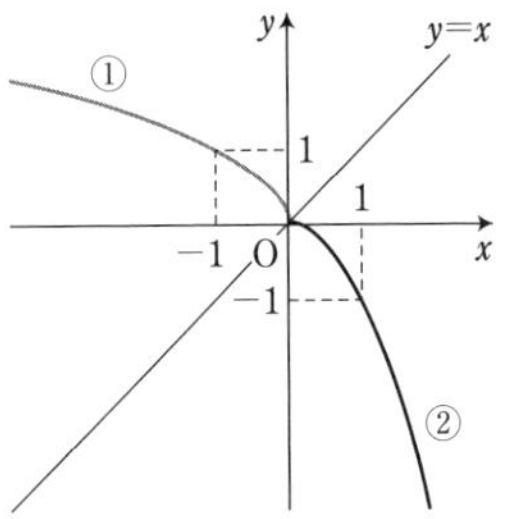

(2)

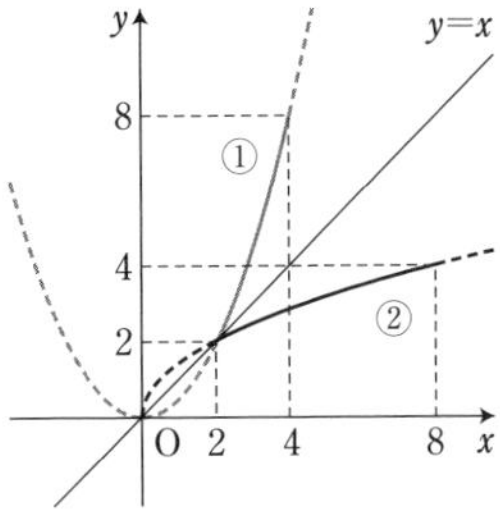

C 指数関数の逆関数

教 p.20

練習 18

次の関数の逆関数を求めよ。また，そのグラフをかけ。

(1)　$y=\left(\dfrac{1}{2}\right)^x$　　(2)　$y=\log_3 x$　　(3)　$y=\log_2 x+1$

指針　指数関数・対数関数と逆関数

(1)　$y=a^x \iff x=\log_a y$　$(y>0)$ を使う。

(2)　$y=\log_a x \iff x=a^y$　$(x>0)$ を使う。

(3)　$y-1=\log_2 x$ として (2) と同様に解く。

解答 (1)　関数 $y=\left(\dfrac{1}{2}\right)^x$ の値域は　$y>0$

$y=\left(\dfrac{1}{2}\right)^x$ を x について解くと　　$x=\log_{\frac{1}{2}} y$　$(y>0)$

よって，逆関数は，x と y を入れ替えて　$\boldsymbol{y=\log_{\frac{1}{2}} x}$　答

グラフは図のようになる。

(2)　関数 $y=\log_3 x$ の定義域は $x>0$，値域は実数全体である。

$y=\log_3 x$ を x について解くと　　$x=3^y$

よって，逆関数は，x と y を入れ替えて　$\boldsymbol{y=3^x}$　答

グラフは図のようになる。

(3)　関数 $y=\log_2 x+1$ の定義域は $x>0$，値域は実数全体である。

$y-1=\log_2 x$ として，x について解くと　　$x=2^{y-1}$

よって，逆関数は，x と y を入れ替えて　$\boldsymbol{y=2^{x-1}}$　答

グラフは図のようになる。

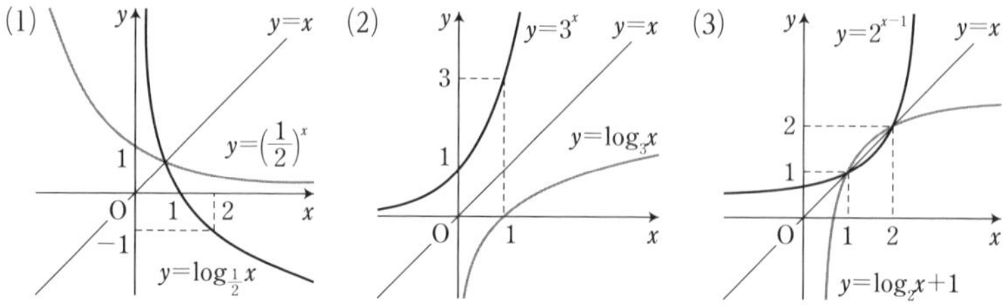

D 合成関数

練習 19 教 p.21

$f(x)=x+1$，$g(x)=|x|+1$，$h(x)=\log_2 x$ のとき，次の合成関数を求めよ。

(1) $(g\circ f)(x)$　　(2) $(f\circ g)(x)$　　(3) $(h\circ g)(x)$

指針 **合成関数**　$f(x)$ の値域が $g(x)$ の定義域に含まれているとき，合成関数 $(g\circ f)(x)=g(f(x))$ を考えることができる。(1) では $f(x)$ の値域と $g(x)$ の定義域，(2) では $g(x)$ の値域と $f(x)$ の定義域，(3) では $g(x)$ の値域と $h(x)$ の定義域を調べる必要がある。

解答 (1) $f(x)$ の値域は実数全体で，$g(x)$ の定義域と同じである。

よって　$\boldsymbol{(g\circ f)(x)}=g(f(x))=\boldsymbol{|x+1|+1}$　答

(2) $g(x)$ の値域は 1 以上の実数全体，$f(x)$ の定義域は実数全体であるから，$g(x)$ の値域は $f(x)$ の定義域に含まれる。

よって　$\boldsymbol{(f\circ g)(x)}=f(g(x))=(|x|+1)+1=\boldsymbol{|x|+2}$　答

(3) $g(x)$ の値域は 1 以上の実数全体，$h(x)$ の定義域は正の実数全体であるから，$g(x)$ の値域は $h(x)$ の定義域に含まれる。

よって　$\boldsymbol{(h\circ g)(x)}=h(g(x))=\boldsymbol{\log_2(|x|+1)}$　答

深める 教 p.21

練習 19 の関数 $f(x)$，$h(x)$ について，合成関数 $(h\circ f)(x)$ を作るためには，関数 $f(x)$ の定義域をどのように制限したらよいだろうか。

指針 **合成関数**　$h(x)$ の定義域に $f(x)$ の値域が含まれればよい。

解答 $h(x)=\log_2 x$ の定義域 $x>0$ に，$f(x)=x+1$ の値域が含まれるように $f(x)$ の定義域を制限すればよいから，

$x+1>0$　　よって，$\boldsymbol{x>-1}$ に制限する。　答

第1章　問題

教 p.22

1　$-2<x\leqq 0$ において，次の関数のグラフをかき，その値域を求めよ。

(1)　$y=-\dfrac{2x+3}{x+3}$　　(2)　$y=\dfrac{3x+2}{x+2}$

指針　**分数関数のグラフと値域**　$y=\dfrac{k}{x-p}+q$ の形に変形して，$y=\dfrac{k}{x}$ のグラフの平行移動を考える。漸近線は $x=p$，$y=q$ である。値域はグラフから判断する。

解答　(1)　$-\dfrac{2x+3}{x+3}=-\dfrac{2(x+3)-3}{x+3}$

$=\dfrac{3}{x+3}-2$

よって，この関数のグラフは，直角双曲線 $y=\dfrac{3}{x}$ を x 軸方向に -3，y 軸方向に -2 だけ平行移動したものであり，漸近線は 2 直線 $x=-3$，$y=-2$ である。

$x=-2$ のとき $y=1$，　$x=0$ のとき $y=-1$ であるから，グラフは図のようになる。

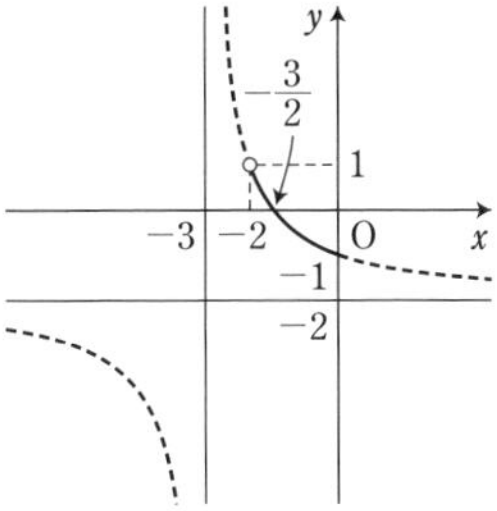

また，グラフから，この関数の値域は

$\boldsymbol{-1\leqq y<1}$　答

(2)　$\dfrac{3x+2}{x+2}=\dfrac{3(x+2)-4}{x+2}$

$=-\dfrac{4}{x+2}+3$

よって，この関数のグラフは，直角双曲線 $y=-\dfrac{4}{x}$ を x 軸方向に -2，y 軸方向に 3 だけ平行移動したものである。漸近線は 2 直線 $x=-2$，$y=3$ で，$x=0$ のとき $y=1$ であるから，グラフは図のようになる。

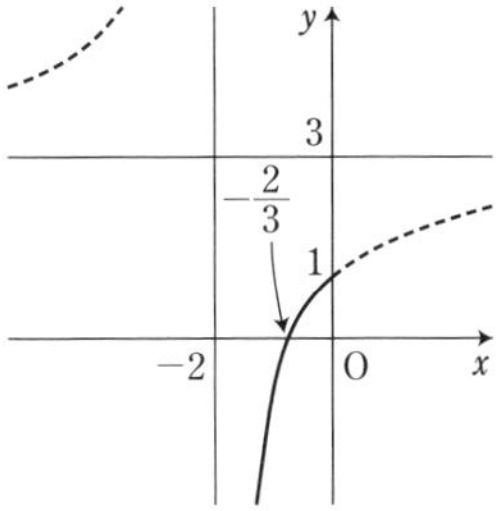

また，グラフから，この関数の値域は

$\boldsymbol{y\leqq 1}$　答

教 p.22

2 次の方程式，不等式を解け。

(1) $\dfrac{3x-6}{x-1}=-x+6$　　(2) $\dfrac{3x-6}{x-1}\geqq -x+6$

(3) $\dfrac{-x}{x+2}\leqq -x+1$　　(4) $\dfrac{x-3}{x-2}>x+1$

指針 **分数関数のグラフと方程式・不等式**

(1) 分母を払って得られる方程式を解き，分母$\neq 0$ に注意して解を求める。

(2) 共有点とグラフの上下関係に着目して解く。

(3), (4) (1), (2) と同様にして解く。

解答 (1) $y=\dfrac{3x-6}{x-1}=\dfrac{3(x-1)-3}{x-1}$

$=-\dfrac{3}{x-1}+3$ …… ①

より，グラフは図のようになる。

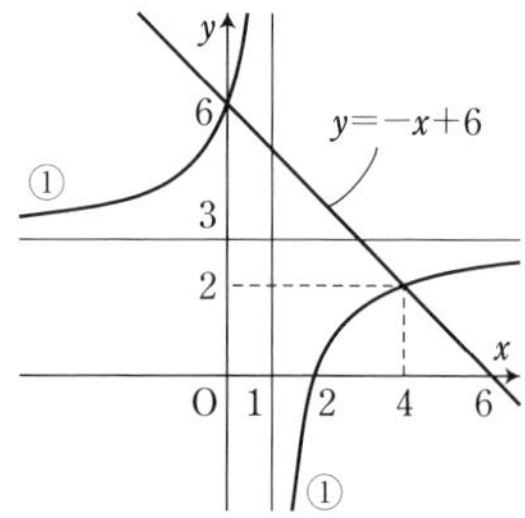

$\dfrac{3x-6}{x-1}=-x+6$ の両辺に $x-1$ を掛けると

$$3x-6=(-x+6)(x-1)$$

整理して　$x^2-4x=0$

これを解くと　$x=0,\ 4$

これらの値は $x-1\neq 0$ を満たす。したがって，求める解は　$\boldsymbol{x=0,\ 4}$ 答

(2) $\dfrac{3x-6}{x-1}\geqq -x+6$ の解は，① のグラフが直線 $y=-x+6$ の上側(共有点を含む)にあるような x の値の範囲である。

よって，図から，求める解は

$\boldsymbol{0\leqq x<1,\ 4\leqq x}$ 答

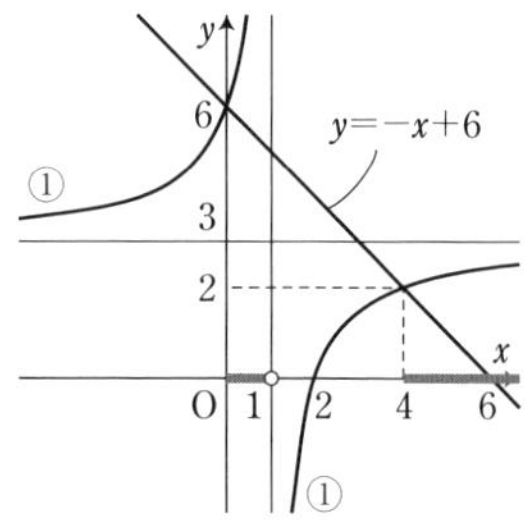

(3) $y=\dfrac{-x}{x+2}=\dfrac{-(x+2)+2}{x+2}$

$=\dfrac{2}{x+2}-1$ …… ①

より，グラフは図のようになる。

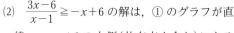

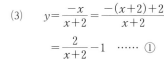

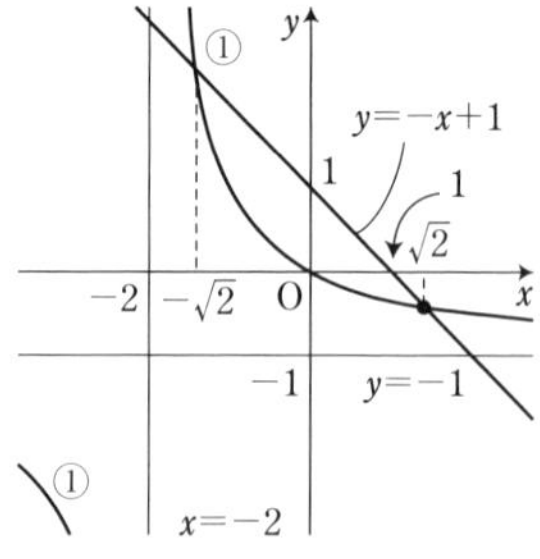

$\dfrac{-x}{x+2}=-x+1$ の両辺に $x+2$ を掛けると

$$-x=(-x+1)(x+2)$$

整理して　$x^2=2$

これを解くと　$x=\pm\sqrt{2}$

したがって，$\dfrac{-x}{x+2}\leqq -x+1$ の解は，① のグラフが直線 $y=-x+1$ の下側(共有点を含む)にあるような x の値の範囲である。

よって，図から，求める解は　$\boldsymbol{x<-2,\ -\sqrt{2}\leqq x\leqq\sqrt{2}}$　答

(4)　$y=\dfrac{x-3}{x-2}=\dfrac{(x-2)-1}{x-2}$

$=-\dfrac{1}{x-2}+1$　…… ①

より，グラフは図のようになる。

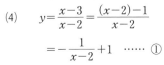

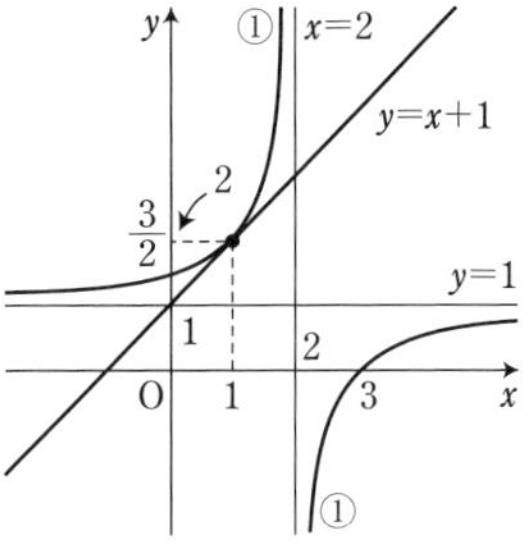

$\dfrac{x-3}{x-2}=x+1$ の両辺に $x-2$ を掛けると

$x-3=(x+1)(x-2)$

整理して　$x^2-2x+1=0$

これを解くと　$x=1$

したがって，$\dfrac{x-3}{x-2}>x+1$ の解は，① のグラフが直線 $y=x+1$ の上側(共有点を含まない)にあるような x の値の範囲である。

よって，図から，求める解は　$\boldsymbol{x<1,\ 1<x<2}$　答

教 p.22

3 次の関数のグラフをかき，その値域を求めよ。

(1)　$y=-\sqrt{x+1}$　$(-1\leqq x<2)$　(2)　$y=-2\sqrt{3-x}$　$(-2\leqq x\leqq 2)$

指針　**無理関数のグラフと値域**　無理関数 $y=\sqrt{ax+b}$ のグラフは，$y=\sqrt{ax}$ のグラフを x 軸方向に $-\dfrac{b}{a}$ だけ平行移動したものである。

まず基本となるグラフ((1) では $y=-\sqrt{x}$，(2) では $y=-2\sqrt{-x}$)をどのように平行移動したものかを調べる。

解答 (1)　$y=-\sqrt{x+1}=-\sqrt{x-(-1)}$ のグラフは，関数 $y=-\sqrt{x}$ のグラフを x 軸方向に -1 だけ平行移動したものである。

$x=-1$ のとき $y=0$，　$x=2$ のとき　$y=-\sqrt{3}$

よって，グラフは図のようになる。

また，グラフから，この関数の値域は　$\boldsymbol{-\sqrt{3}<y\leqq 0}$　答

(2)　$y=-2\sqrt{3-x}=-2\sqrt{-(x-3)}$ のグラフは，関数 $y=-2\sqrt{-x}$ のグラフを x 軸方向に 3 だけ平行移動したものである。

$x=-2$ のとき $y=-2\sqrt{5}$，　$x=2$ のとき $y=-2$

よって，グラフは図のようになる。

また，グラフから，この関数の値域は　$-2\sqrt{5} \leqq y \leqq -2$　答

(1)

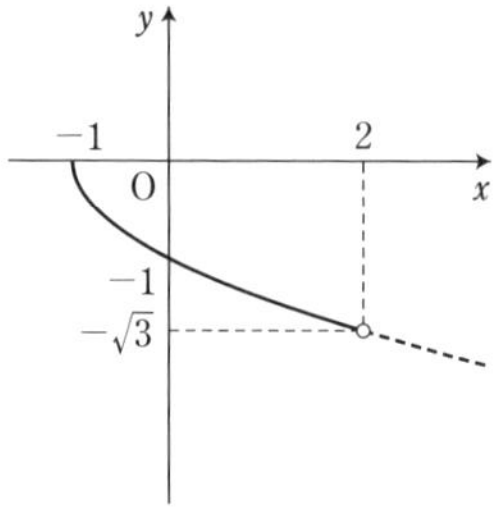

(2)

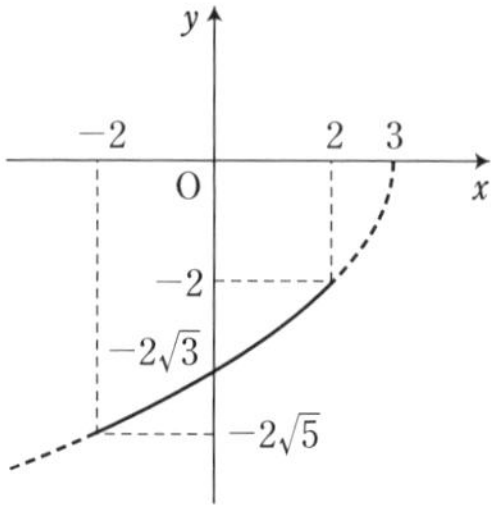

教 p.22

4 次の方程式，不等式を解け。

(1)　$\sqrt{3-2x}=-\dfrac{1}{2}x+\dfrac{3}{2}$　　(2)　$\sqrt{3-2x} \geqq -\dfrac{1}{2}x+\dfrac{3}{2}$

(3)　$\sqrt{3x+4}<\dfrac{1}{2}x+2$　　(4)　$\sqrt{1-2x} \geqq -x+1$

指針　**無理関数のグラフと方程式・不等式**

(1)　$y=\sqrt{3-2x}$　…… ① のグラフと直線 $y=-\dfrac{1}{2}x+\dfrac{3}{2}$　…… ② の共有点の x 座標が方程式の解である。両辺を 2 乗して得られる方程式の解がもとの方程式を満たすかどうか調べる。

(2)　(1) の ①，② のグラフの上下関係により不等式の解を求める。

(3)，(4) についても (1) と (2) と同様にして解く。(4) において，$y=\sqrt{1-2x}$ のグラフと直線 $y=-x+1$ は点 $(0,\ 1)$ で接していることに注意する。

解答　(1)　$y=\sqrt{3-2x}$

$$=\sqrt{-2\left(x-\frac{3}{2}\right)} \quad \cdots\cdots ①$$

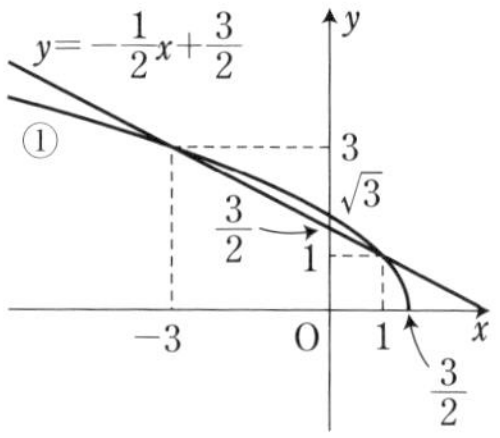

グラフは図のようになる。

$$\sqrt{3-2x}=-\frac{1}{2}x+\frac{3}{2} \quad \cdots\cdots ②$$

② の両辺に 2 を掛けると

$$2\sqrt{3-2x}=-x+3$$

両辺を 2 乗すると　$4(3-2x)=(-x+3)^2$　　整理すると　$x^2+2x-3=0$

よって　$(x-1)(x+3)=0$　　これを解いて　$x=1,\ -3$

$x=1$ のとき，② において　　左辺$=\sqrt{3-2}=1$，　　右辺$=1$

　ゆえに，$x=1$ は ② を満たす。

$x=-3$ のとき，② において　左辺$=\sqrt{3+6}=3$，　右辺$=3$

ゆえに，$x=-3$ は ② を満たす。

したがって，求める解は　$\boldsymbol{x=1,\ -3}$　答

(2)　$\sqrt{3-2x} \geqq -\dfrac{1}{2}x+\dfrac{3}{2}$ の解は，(1) の ① のグラフが直線 $y=-\dfrac{1}{2}x+\dfrac{3}{2}$ の上側(共有点を含む)にあるような x の値の範囲である。

よって，図から，求める解は　$\boldsymbol{-3 \leqq x \leqq 1}$　答

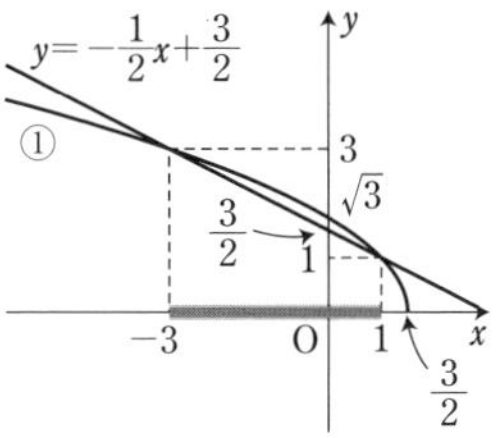

(3)　$y=\sqrt{3x+4}=\sqrt{3\left(x+\dfrac{4}{3}\right)}$　…… ①

グラフは図のようになる。

$\sqrt{3x+4}=\dfrac{1}{2}x+2$　…… ②

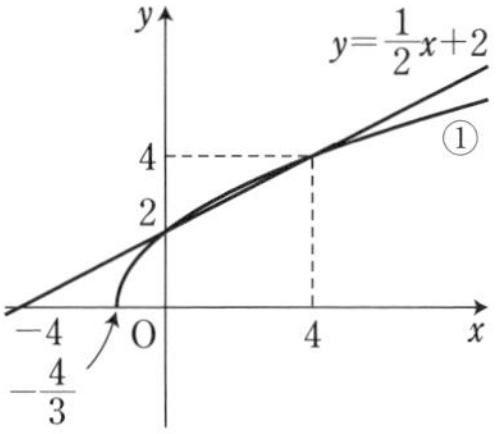

② の両辺に 2 を掛けると

$2\sqrt{3x+4}=x+4$

両辺を 2 乗すると　$4(3x+4)=(x+4)^2$

整理すると　$x^2-4x=0$

よって　$x(x-4)=0$　　これを解いて　$x=0,\ 4$

$x=0$ のとき，② において　左辺$=\sqrt{4}=2$，　右辺$=2$

ゆえに，$x=0$ は ② を満たす。

$x=4$ のとき，② において　左辺$=\sqrt{12+4}=4$，　右辺$=4$

ゆえに，$x=4$ は ② を満たす。

したがって，$\sqrt{3x+4}<\dfrac{1}{2}x+2$ の解は，① のグラフが直線 $y=\dfrac{1}{2}x+2$ の下側(共有点を含まない)にあるような x の値の範囲である。

よって，図から，求める解は　$\boldsymbol{-\dfrac{4}{3} \leqq x<0,\ 4<x}$　答

(4)　$y=\sqrt{1-2x}$

$=\sqrt{-2\left(x-\dfrac{1}{2}\right)}$　…… ①

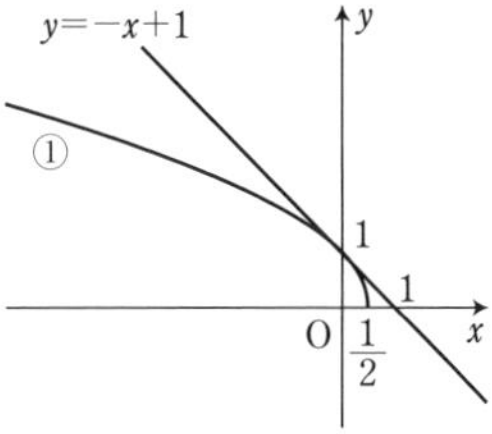

グラフは図のようになる。

$\sqrt{1-2x}=-x+1$　…… ②

② の両辺を 2 乗すると

$1-2x=(-x+1)^2$　　整理すると　$x^2=0$

よって　$x=0$　　$x=0$ は ② を満たす。

したがって，$\sqrt{1-2x} \geqq -x+1$ の解は，① のグラフが直線 $y=-x+1$ の上側(共有点を含む)にあるような x の値の範囲である。

図のように，① のグラフは直線 $y=-x+1$ に点 $(0,\ 1)$ で接しており，それ以外の点では直線の下側にある。

よって，求める解は　$\boldsymbol{x=0}$　答

教 p.22

5 次の関数の逆関数を求めよ。

(1)　$y=-\sqrt{1-x}$　　　(2)　$y=\dfrac{x+7}{x+1}$　$(0\leqq x\leqq 2)$

指針 **逆関数**　まず関数の値域を求めて，x について解き，x と y を入れ替える。もとの関数の値域が逆関数の定義域となる。

解答 (1)　関数 $y=-\sqrt{1-x}$　…… ① の値域は　$y\leqq 0$

① の両辺を 2 乗して　$y^2=1-x$

x について解くと

$$x=-y^2+1\quad (y\leqq 0)$$

よって，逆関数は，x と y を入れ替えて

$$\boldsymbol{y=-x^2+1\quad (x\leqq 0)}\quad \cdots\cdots ②$$　答

(2)　$\dfrac{x+7}{x+1}=\dfrac{6}{x+1}+1$ であるから，

関数 $y=\dfrac{x+7}{x+1}$　$(0\leqq x\leqq 2)$　…… ① の値域は　$3\leqq y\leqq 7$

$y=\dfrac{x+7}{x+1}$ を x について解くと，$y(x+1)=x+7$ より

$$x(y-1)=-y+7$$

$y\neq 1$ であるから

$$x=\frac{-y+7}{y-1}\quad (3\leqq y\leqq 7)$$

よって，逆関数は，x と y を入れ替えて

$$\boldsymbol{y=-\frac{x-7}{x-1}\quad (3\leqq x\leqq 7)}\quad \cdots\cdots ②$$　答

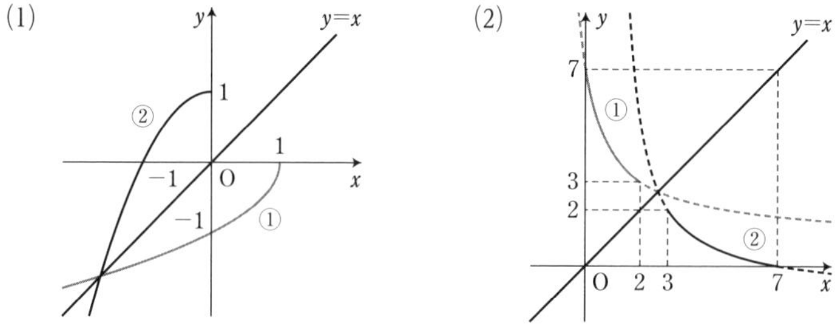

教 p.22

6 関数 $f(x)=\sqrt{x-1}$ とその逆関数 $f^{-1}(x)$ について，$(f^{-1}\circ f)(x)=x$ が成り立つことを示せ。

指針 **逆関数と合成関数**　逆関数 $f^{-1}(x)$ の定義域は，関数 $f(x)$ の値域に一致するから，合成関数 $(f^{-1}\circ f)(x)$ を求めることができる。

解答 関数 $y=\sqrt{x-1}$ …… ① の値域は　$y\geqq 0$

① の両辺を 2 乗して　$y^2=x-1$

x について解くと

$x=y^2+1$

よって，逆関数は，x と y を入れ替えて

$y=x^2+1$　$(x\geqq 0)$

ゆえに　$f^{-1}(x)=x^2+1$　$(x\geqq 0)$

したがって　$(f^{-1}\circ f)(x)=f^{-1}(f(x))$

$=(\sqrt{x-1})^2+1=x$　終

教 p.22

7 右の図は，x 軸を漸近線としてもつ指数関数 $y=f(x)$ と，y 軸を漸近線としてもつ対数関数 $y=g(x)$ のグラフである。合成関数 $y=(g\circ f)(x)$，$y=(f\circ g)(x)$ の説明として正しいものを，それぞれ次の ①～④ からすべて選べ。

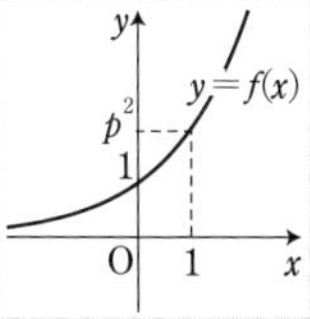

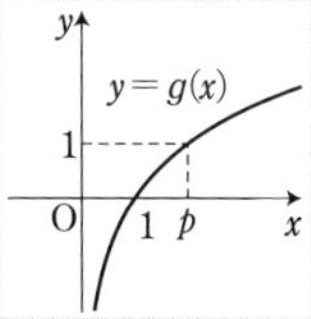

① 定義域は実数全体である　② 値域は実数全体である

③ グラフが原点を通る　④ グラフ全体が x 軸より上側にある

指針 **合成関数**　グラフから，$f(x)=p^{2x}$，$g(x)=\log_p x$　$(g\circ f)(x)=g(f(x))$，$(f\circ g)(x)=f(g(x))$ により，$y=(g\circ f)(x)$，$y=(f\circ g)(x)$ を求める。

解答 $f(x)=p^{2x}$，$g(x)=\log_p x$ より

$(g\circ f)(x)=g(f(x))=g(p^{2x})=\log_p p^{2x}=2x$

$(f\circ g)(x)=f(g(x))=f(\log_p x)=p^{2\log_p x}$

$=(p^{\log_p x})^2=x^2$　$(x>0)$

であるから

$y=(g\circ f)(x)$ の説明として正しいのは　①，②，③

$y=(f\circ g)(x)$ の説明として正しいのは　④　答

第1章　演習問題A

教 p.23

1. 関数 $y=\dfrac{x}{x+1}$ のグラフを平行移動すると，関数 $y=\dfrac{2-3x}{x-1}$ のグラフに重なる。どのように平行移動すればよいか。

指針 **分数関数のグラフ**　$y=\dfrac{k}{x-p}+q$ の形に変形して，$y=\dfrac{k}{x}$ のグラフの平行移動について調べる。

解答

$$y=\frac{x}{x+1}=\frac{(x+1)-1}{x+1}$$
$$=-\frac{1}{x+1}+1 \quad \cdots\cdots ①$$
$$y=\frac{2-3x}{x-1}=\frac{-3(x-1)-1}{x-1}$$
$$=-\frac{1}{x-1}-3 \quad \cdots\cdots ②$$

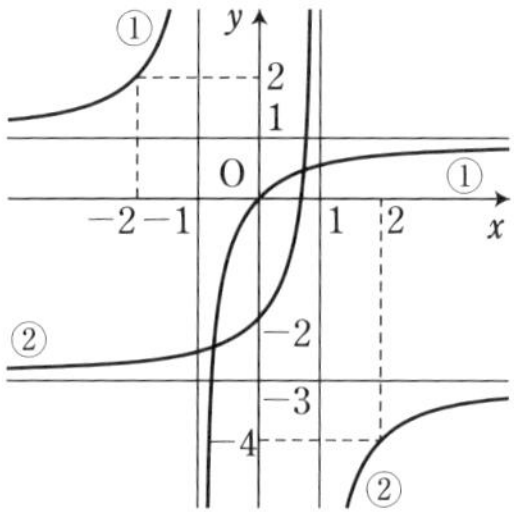

① のグラフは $y=-\dfrac{1}{x}$ のグラフを x 軸方向に -1，y 軸方向に 1 だけ平行移動したものである。② のグラフは $y=-\dfrac{1}{x}$ のグラフを x 軸方向に 1，y 軸方向に -3 だけ平行移動したものである。

よって，$1-(-1)=2$，$-3-1=-4$ より，① のグラフを

x 軸方向に 2，y 軸方向に -4

だけ平行移動すると，② のグラフに重なる。 答

教 p.23

2. 関数 $y=\dfrac{ax+b}{2x+1}$ のグラフが点 $(-1,\ 1)$ を通り，その漸近線の 1 つが直線 $y=2$ であるとき，定数 a，b の値を求めよ。また，この関数のグラフをかけ。

指針 **分数関数のグラフと漸近線**　$y=\dfrac{k}{x-p}+q$ の形に変形する。漸近線の 1 つが直線 $y=2$ であることから　$q=2$

解答 $\dfrac{ax+b}{2x+1}=\dfrac{b-\dfrac{a}{2}}{2x+1}+\dfrac{a}{2}$　……① から　$y=\dfrac{ax+b}{2x+1}$　……② の漸近線は

2 直線 $x=-\frac{1}{2}$, $y=\frac{a}{2}$

漸近線の 1 つは直線 $y=2$ であるから

$\frac{a}{2}=2$　すなわち　$a=4$

また, ② のグラフが点 $(-1,\ 1)$ を通るから

$1=\frac{-a+b}{-1}$　すなわち　$a-b=1$

よって　$b=3$

このとき, ② は ① から

$$y=\frac{1}{2x+1}+2=\frac{1}{2\left(x+\frac{1}{2}\right)}+2$$

グラフは図のようになる。

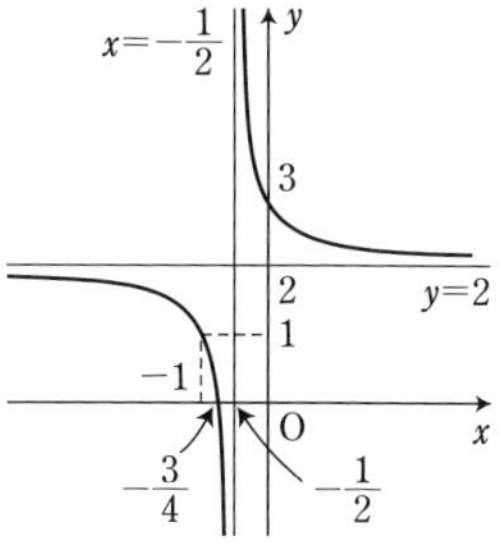

答　$\boldsymbol{a=4,\ b=3}$

教 p.23

3. 関数 $y=\sqrt{3x+6}$ が $0\leqq x\leqq a$ の範囲において最大値 $2\sqrt{3}$ をとるように, 定数 a の値を定めよ。

指針　**無理関数の定義域と最大値**　グラフをかき, $x=a$ で最大値をとることを示し, a の方程式を作って解く。

解答　$y=\sqrt{3(x+2)}$ であるから, この関数のグラフは, 関数 $y=\sqrt{3x}$ のグラフを x 軸方向に -2 だけ平行移動したもので, 図のようになる。

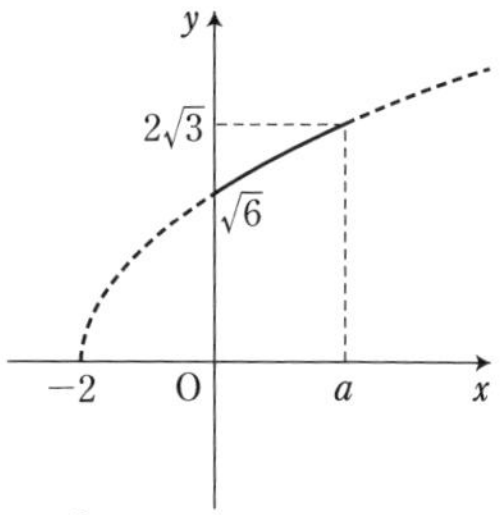

この関数は単調に増加するから,

$0\leqq x\leqq a$ の範囲において, $x=a$ で最大値をとる。

よって　$\sqrt{3a+6}=2\sqrt{3}$　…… ①

両辺を 2 乗して　$3a+6=12$

したがって　$a=2$　　これは ① を満たす。　答　$\boldsymbol{a=2}$

教 p.23

4. 関数 $f_1(x)=1-x$, $f_2(x)=\frac{1}{1-x}$, $f_3(x)=\frac{x}{x-1}$, $f_4(x)=\frac{x-1}{x}$ について, 次のことを示せ。

(1)　$(f_1\circ f_3)(x)=f_2(x)$　　(2)　$(f_4\circ f_2)(x)=(f_3\circ f_3)(x)$

(3)　$f_4{}^{-1}(x)=f_2(x)$

指針 **合成関数**　$f(x)$ の値域が $g(x)$ の定義域に含まれているとき，$g\circ f$ を考えることができる。

解答 (1)　$f_3(x)$ の値域は 1 以外の実数全体，$f_1(x)$ の定義域は実数全体であるから，$f_3(x)$ の値域は $f_1(x)$ の定義域に含まれる。

よって　$$(f_1\circ f_3)(x)=f_1(f_3(x))=1-\frac{x}{x-1}=\frac{-1}{x-1}$$
$$=\frac{1}{1-x}$$

したがって　$(f_1\circ f_3)(x)=f_2(x)$　終

(2)　$f_2(x)$ の値域は 0 以外の実数全体で，$f_4(x)$ の定義域と同じである。
また，$f_2(x)$ の定義域は 1 以外の実数全体である。

$f_4(x)=1-\dfrac{1}{x}$ より

$$(f_4\circ f_2)(x)=f_4(f_2(x))=1-\frac{1}{\dfrac{1}{1-x}}=1-(1-x)$$
$$=x\quad (x\neq 1)$$

$f_3(x)$ の値域，定義域はともに 1 以外の実数全体である。

$f_3(x)=1+\dfrac{1}{x-1}$ より

$$(f_3\circ f_3)(x)=f_3(f_3(x))=1+\frac{1}{1+\dfrac{1}{x-1}-1}$$
$$=1+x-1=x\quad (x\neq 1)$$

よって　$(f_4\circ f_2)(x)=(f_3\circ f_3)(x)$　終

(3)　$f_4(x)$ の定義域は　$x\neq 0$

$y=\dfrac{x-1}{x}$ とおくと　$y=1-\dfrac{1}{x}$　よって　$y\neq 1$

$y=\dfrac{x-1}{x}$ を x について解くと，$y\neq 1$ より

$$x=\frac{1}{1-y}$$

よって，逆関数は，x と y を入れ替えて

$$y=\frac{1}{1-x}\quad (x\neq 1)$$

すなわち　$f_4^{-1}(x)=\dfrac{1}{1-x}$　$(x\neq 1)$

したがって　$f_4^{-1}(x)=f_2(x)$　終

第1章　演習問題B

教 p.23

5. $y=\sqrt{x+1}$ のグラフと $y=x+k$ のグラフが異なる2つの共有点をもつような定数 k の値の範囲を求めよ。

指針 **無理関数のグラフと直線が共有点をもつ範囲**　2つの方程式から y を消去して2乗すると，x についての2次方程式が得られる。
判別式を D とすると，$D=0$ のときは，2つのグラフが接するときである。
グラフから2つの共有点をもつ k の値の範囲を求める。

解答 $y=\sqrt{x+1}$ …… ①，$y=x+k$ …… ② とする。
①，② から y を消去すると　$\sqrt{x+1}=x+k$
両辺を2乗して　$x+1=(x+k)^2$
整理して　$x^2+(2k-1)x+k^2-1=0$
判別式を D とすると

$$D=(2k-1)^2-4(k^2-1)$$
$$=-4k+5$$

①，② のグラフが接するときは
$D=0$ から　$k=\frac{5}{4}$

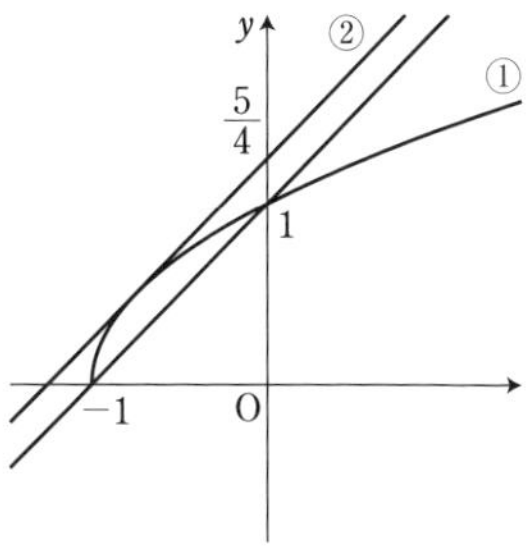

また，直線 ② が ① のグラフの端点 $(-1,\ 0)$ を通るとき，$0=-1+k$ より　$k=1$
したがって，求める k の値の範囲は

$$\boldsymbol{1 \leqq k < \frac{5}{4}}$$ 答

教 p.23

6. $a^2+bc\neq 0$，$c\neq 0$ のとき，関数 $f(x)=\dfrac{ax+b}{cx-a}$ の逆関数は，$f(x)$ に等しいことを証明せよ。

指針 **分数関数の逆関数**　実際に，関数 $f(x)$ の逆関数 $f^{-1}(x)$ を求めて，それが $f(x)$ に等しいことを示す。または，定義域に属するすべての x について，$f(f(x))=x$ が成り立つことをいってもよい。

解答 $a^2+bc\neq 0$，$c\neq 0$ のとき　$\dfrac{ax+b}{cx-a}=\dfrac{a^2+bc}{c^2\left(x-\dfrac{a}{c}\right)}+\dfrac{a}{c}$

よって，関数 $y=\dfrac{ax+b}{cx-a}$ の定義域は $x\neq\dfrac{a}{c}$，値域は $y\neq\dfrac{a}{c}$

$y=\dfrac{ax+b}{cx-a}$ を x について解くと，$y(cx-a)=ax+b$ より

$(cy-a)x=ay+b$　　$cy-a\neq0$ であるから　$x=\dfrac{ay+b}{cy-a}$

x と y を入れ替えて　$y=\dfrac{ax+b}{cx-a}$　　よって　$f^{-1}(x)=\dfrac{ax+b}{cx-a}$

ゆえに，関数 $f(x)=\dfrac{ax+b}{cx-a}$ の逆関数は，$f(x)$ に等しい。 終

別解　関数 $f(x)=\dfrac{ax+b}{cx-a}$ の定義域，値域はともに $\dfrac{a}{c}$ 以外の実数全体であるから

$$f(f(x))=\frac{a\cdot\dfrac{ax+b}{cx-a}+b}{c\cdot\dfrac{ax+b}{cx-a}-a}=\frac{(a^2+bc)x}{a^2+bc}=x\qquad よって\quad f^{-1}(x)=f(x)$$

ゆえに，関数 $f(x)=\dfrac{ax+b}{cx-a}$ の逆関数は，$f(x)$ に等しい。 終

教 p.23

7. a，b，p，q，r は定数で，$a\neq0$，$p\neq0$ とする。2 つの関数 $f(x)=ax+b$，$g(x)=px^2+qx+r$ について，合成関数 $(f\circ g)(x)$ と $(g\circ f)(x)$ が一致するとき，a，b，p，q，r の満たすべき条件を求めよ。

指針　**合成関数 $(f\circ g)(x)$ と $(g\circ f)(x)$ が一致する条件**　2 つの関数 $(f\circ g)(x)$ と $(g\circ f)(x)$ が一致するとは，$(f\circ g)(x)=(g\circ f)(x)$ が x についての恒等式で定義域も一致することである。そこで，まず，合成関数 $(f\circ g)(x)$，$(g\circ f)(x)$ を求め，$(f\circ g)(x)=(g\circ f)(x)$ を x についての恒等式とみる方針で進める。なお，$f(x)$，$g(x)$ の定義域は実数全体であるから，任意の関数 $h(x)$ について，合成関数 $(f\circ h)(x)$，$(g\circ h)(x)$ が考えられる。

解答

$$(f\circ g)(x)=f(g(x))=f(px^2+qx+r)$$
$$=a(px^2+qx+r)+b=apx^2+aqx+(ar+b)$$
$$(g\circ f)(x)=g(f(x))=g(ax+b)=p(ax+b)^2+q(ax+b)+r$$
$$=a^2px^2+(2abp+aq)x+(b^2p+bq+r)$$

これらが一致するから　$ap=a^2p$ …… ①

$aq=2abp+aq$ …… ②　$ar+b=b^2p+bq+r$ …… ③

$a\neq0$，$p\neq0$ より，① から　$a=1$　② から　$b=0$

このとき，③ は常に成り立つ。

よって，求める条件は　**$a=1$，$b=0$；p ($p\neq0$)，q，r は任意の定数**　答

第2章 極　限

第1節　数列の極限

1 数列の極限

まとめ

1　数列の収束と発散

① 項がどこまでも限りなく続く数列 a_1, a_2, a_3, ……, a_n, …… を
無限数列 といい，記号 $\{a_n\}$ で表す。
今後特に断らない限り，数列といえば無限数列を意味するものとする。

② 数列 $\{a_n\}$ において，n を限りなく大きくするとき，a_n が一定の値 α に限りなく近づくならば，

$$\lim_{n\to\infty} a_n=\alpha \quad \text{または} \quad n \longrightarrow \infty \text{ のとき } a_n \longrightarrow \alpha$$

と書き，この値 α を数列 $\{a_n\}$ の **極限値** という。また，このとき，数列 $\{a_n\}$ は α に **収束** するといい，$\{a_n\}$ の **極限** は α であるともいう。

注意 記号 ∞ は「無限大」と読む。∞ は，値すなわち数を表すものではない。

③ 数列 $\{a_n\}$ が収束しないとき，$\{a_n\}$ は **発散** するという。

④ n を限りなく大きくすると，a_n が限りなく大きくなる場合，$\{a_n\}$ は
正の無限大に発散 する，または $\{a_n\}$ の **極限は正の無限大** であるといい，次のように書き表す。

$$\lim_{n\to\infty} a_n=\infty \quad \text{または} \quad n \longrightarrow \infty \text{ のとき } a_n \longrightarrow \infty$$

⑤ n を限りなく大きくすると，a_n が負で，その絶対値が限りなく大きくなる場合，$\{a_n\}$ は **負の無限大に発散** する，または $\{a_n\}$ の **極限は負の無限大** であるといい，次のように書き表す。

$$\lim_{n\to\infty} a_n=-\infty \quad \text{または} \quad n \longrightarrow \infty \text{ のとき } a_n \longrightarrow -\infty$$

注意 $-\infty$ と区別する意味で，∞ を $+\infty$ と書くことがある。

⑥ 発散する数列が，正の無限大にも負の無限大にも発散しない場合，その数列は **振動** するという。

⑦ 数列の極限について分類すると，次のようになる。

数列の極限

収束	$\lim_{n\to\infty} \boldsymbol{a_n}=\alpha$		**極限値は α である**
発散	$\lim_{n\to\infty} \boldsymbol{a_n}=\infty$		**正の無限大に発散する**
	$\lim_{n\to\infty} \boldsymbol{a_n}=-\infty$		**負の無限大に発散する**
	振　動		**極限はない**

2 数列の極限の性質

① **数列の極限の性質**

数列 $\{a_n\}$，$\{b_n\}$ が収束して，$\lim_{n\to\infty} a_n=\alpha$，$\lim_{n\to\infty} b_n=\beta$ とする。

1 $\lim_{n\to\infty} \boldsymbol{ka_n=k\alpha}$　　ただし，k は定数

2 $\lim_{n\to\infty} \boldsymbol{(a_n+b_n)=\alpha+\beta}$,　　$\lim_{n\to\infty} \boldsymbol{(a_n-b_n)=\alpha-\beta}$

3 $\lim_{n\to\infty} \boldsymbol{(ka_n+lb_n)=k\alpha+l\beta}$　　ただし，k，l は定数

4 $\lim_{n\to\infty} \boldsymbol{a_nb_n=\alpha\beta}$

5 $\lim_{n\to\infty} \boldsymbol{\frac{a_n}{b_n}=\frac{\alpha}{\beta}}$　　ただし，$\beta \neq 0$

② 数列 $\{a_n\}$，$\{b_n\}$ について，$\lim_{n\to\infty} a_n=\infty$，$\lim_{n\to\infty} b_n=\infty$ であるとき

$$\lim_{n\to\infty}(a_n+b_n)=\infty,\quad \lim_{n\to\infty} a_nb_n=\infty,\quad \lim_{n\to\infty}\frac{1}{a_n}=0$$

は明らかに成り立つが，$\lim_{n\to\infty}(a_n-b_n)$，$\lim_{n\to\infty}\frac{a_n}{b_n}$ については，いろいろな場合がある。

③ **数列の極限と大小関係**

$\lim_{n\to\infty} a_n=\alpha$，$\lim_{n\to\infty} b_n=\beta$ とする。

6 すべての n について $\boldsymbol{a_n \leqq b_n}$ ならば　　$\boldsymbol{\alpha \leqq \beta}$

7 すべての n について $\boldsymbol{a_n \leqq c_n \leqq b_n}$ かつ $\boldsymbol{\alpha=\beta}$ ならば
数列 $\{c_n\}$ は収束し　　$\lim_{n\to\infty} \boldsymbol{c_n=\alpha}$

注意 上の 7 を「はさみうちの原理」ということがある。

④ 上の 6 において，常に $a_n<b_n$ であっても，$\alpha<\beta$ とは限らず，$\alpha=\beta$ になる場合がある。

⑤ また，$\lim_{n\to\infty} a_n=\infty$ のとき，次のことも成り立つ。

すべての n について $a_n \leqq b_n$ ならば　　$\lim_{n\to\infty} b_n=\infty$

A 数列の収束と発散

教 p.27

練習 1

次の数列の極限値を求めよ。

(1) $1+1,\ 1+\frac{1}{2},\ 1+\frac{1}{3},\ \cdots\cdots,\ 1+\frac{1}{n},\ \cdots\cdots$

(2) $1,\ -\frac{1}{2},\ \frac{1}{4},\ \cdots\cdots,\ \left(-\frac{1}{2}\right)^{n-1},\ \cdots\cdots$

指針 **数列の極限値** 数列 $\{a_n\}$ において，n を限りなく大きくするとき，a_n が一定の値 α に限りなく近づくとき，α を $\{a_n\}$ の極限値という。

解答 (1) $a_n=1+\frac{1}{n}$ より $\lim_{n\to\infty}a_n=\lim_{n\to\infty}\left(1+\frac{1}{n}\right)=\mathbf{1}$ 答

(2) $a_n=\left(-\frac{1}{2}\right)^{n-1}$ より $\lim_{n\to\infty}a_n=\lim_{n\to\infty}\left(-\frac{1}{2}\right)^{n-1}=\mathbf{0}$ 答

教 p.29

練習 2

第 n 項が次の式で表される数列の収束，発散について調べよ。

(1) $\sqrt{n}$ (2) $-n^2+3$ (3) $1+(-1)^n$ (4) $1-\frac{(-1)^n}{n}$

指針 **数列の極限** 教科書 29 ページの数列の極限の分類のうち，どれにあてはまるかを調べる。

解答 (1) $n\longrightarrow\infty$ のとき，$\sqrt{n}$ の値は限りなく大きくなる。

よって $\lim_{n\to\infty}\sqrt{n}=\infty$

したがって，この数列は **正の無限大に発散** する。 答

(2) $n\longrightarrow\infty$ のとき，$-n^2+3$ の値はあるところから先は負の数であり，その絶対値は限りなく大きくなる。

よって $\lim_{n\to\infty}(-n^2+3)=-\infty$

したがって，この数列は **負の無限大に発散** する。 答

(3) $(-1)^n$ は $-1,\ 1$ の値を交互にとるから，与えられた数列は，収束しない。また，正の無限大にも負の無限大にも発散しない。

よって，この数列は **振動** する。 答

(4) $n\longrightarrow\infty$ のとき，$\frac{(-1)^n}{n}$ の値は 0 に限りなく近づくから

$$\lim_{n\to\infty}\left\{1-\frac{(-1)^n}{n}\right\}=1$$

よって，この数列は **1 に収束** する。 答

B 数列の極限の性質

練習 3 教 p.30

$\lim_{n\to\infty} a_n=3$, $\lim_{n\to\infty} b_n=-2$ のとき，次の極限を求めよ。

(1) $\lim_{n\to\infty}(4a_n-5b_n)$　(2) $\lim_{n\to\infty}(a_n-1)$

(3) $\lim_{n\to\infty}\dfrac{a_n}{b_n}$　(4) $\lim_{n\to\infty}\dfrac{a_n+b_n}{a_n-b_n}$

指針 **数列の極限値の性質**　$\{a_n\}$, $\{b_n\}$ はともに収束する数列であるから，教科書 29 ページの性質 **1**～**5** を利用して極限を求める。

解答 (1) $\lim_{n\to\infty}(4a_n-5b_n)=4\lim_{n\to\infty}a_n-5\lim_{n\to\infty}b_n$

$=4\cdot3-5\cdot(-2)=\mathbf{22}$ 答

(2) $\lim_{n\to\infty}(a_n-1)=\lim_{n\to\infty}a_n-\lim_{n\to\infty}1$

$=3-1=\mathbf{2}$ 答

(3) $\lim_{n\to\infty}\dfrac{a_n}{b_n}=\dfrac{\lim_{n\to\infty}a_n}{\lim_{n\to\infty}b_n}$

$=\dfrac{3}{-2}=-\dfrac{\mathbf{3}}{\mathbf{2}}$ 答

(4) $\lim_{n\to\infty}\dfrac{a_n+b_n}{a_n-b_n}=\dfrac{\lim_{n\to\infty}(a_n+b_n)}{\lim_{n\to\infty}(a_n-b_n)}=\dfrac{\lim_{n\to\infty}a_n+\lim_{n\to\infty}b_n}{\lim_{n\to\infty}a_n-\lim_{n\to\infty}b_n}$

$=\dfrac{3+(-2)}{3-(-2)}=\dfrac{\mathbf{1}}{\mathbf{5}}$ 答

練習 4 教 p.30

第 n 項が次の式で表される数列の極限を求めよ。

(1) $\dfrac{2n-5}{n}$　(2) $\dfrac{4n^2-3n-5}{n^2}$　(3) $\dfrac{2n-1}{5n+1}$

(4) $\dfrac{3n^2-1}{2n^2+3}$　(5) $\dfrac{-4n^2-6n+1}{2n^2+5n-4}$　(6) $\dfrac{-3+7n}{4n+3n^2}$

指針 **極限 $\left(\dfrac{\infty}{\infty}\right.$ の形$\left.\right)$**　分母と分子の次数が同じか，分母の次数が分子より高いとき，分母の最高次の項で分母と分子を割ると極限が求められる。

解答 (1) $\lim_{n\to\infty}\dfrac{2n-5}{n}=\lim_{n\to\infty}\left(2-\dfrac{5}{n}\right)=2-0=\mathbf{2}$ 答

(2) $\lim_{n\to\infty}\dfrac{4n^2-3n-5}{n^2}=\lim_{n\to\infty}\left(4-\dfrac{3}{n}-\dfrac{5}{n^2}\right)=\mathbf{4}$ 答

(3) $\displaystyle\lim_{n\to\infty}\frac{2n-1}{5n+1}=\lim_{n\to\infty}\frac{2-\frac{1}{n}}{5+\frac{1}{n}}=\mathbf{\frac{2}{5}}$ 答

(4) $\displaystyle\lim_{n\to\infty}\frac{3n^2-1}{2n^2+3}=\lim_{n\to\infty}\frac{3-\frac{1}{n^2}}{2+\frac{3}{n^2}}=\mathbf{\frac{3}{2}}$ 答

(5) $\displaystyle\lim_{n\to\infty}\frac{-4n^2-6n+1}{2n^2+5n-4}=\lim_{n\to\infty}\frac{-4-\frac{6}{n}+\frac{1}{n^2}}{2+\frac{5}{n}-\frac{4}{n^2}}$

$\displaystyle=\frac{-4}{2}=\mathbf{-2}$ 答

(6) $\displaystyle\lim_{n\to\infty}\frac{-3+7n}{4n+3n^2}=\lim_{n\to\infty}\frac{-\frac{3}{n^2}+\frac{7}{n}}{\frac{4}{n}+3}=\frac{0}{3}=\mathbf{0}$ 答

問 1 教 p.31

次の極限を求めよ。

(1) $\displaystyle\lim_{n\to\infty}\frac{2n^2-3n}{n+1}$　(2) $\displaystyle\lim_{n\to\infty}\frac{2}{\sqrt{n^2+3n}-n}$

指針 **極限**

(1) 分子の次数が分母より大きいとき，分母の最高次の項で分母と分子を割って，極限が ∞ か $-\infty$ であることを示す。

(2) まず分母を有理化して，分母の最高次の項で，分母と分子を割る。

解答 (1) $\displaystyle\lim_{n\to\infty}\frac{2n^2-3n}{n+1}=\lim_{n\to\infty}\frac{2n-3}{1+\frac{1}{n}}$

において　$\displaystyle\lim_{n\to\infty}(2n-3)=\infty$,　$\displaystyle\lim_{n\to\infty}\left(1+\frac{1}{n}\right)=1$

ゆえに　$\displaystyle\lim_{n\to\infty}\frac{2n^2-3n}{n+1}=\infty$ 答

(2) $\displaystyle\lim_{n\to\infty}\frac{2}{\sqrt{n^2+3n}-n}=\lim_{n\to\infty}\frac{2(\sqrt{n^2+3n}+n)}{(\sqrt{n^2+3n}-n)(\sqrt{n^2+3n}+n)}$

$\displaystyle=\lim_{n\to\infty}\frac{2\sqrt{n^2+3n}+2n}{(\sqrt{n^2+3n})^2-n^2}=\lim_{n\to\infty}\frac{2\sqrt{n^2+3n}+2n}{n^2+3n-n^2}$

$\displaystyle=\lim_{n\to\infty}\frac{2\sqrt{n^2+3n}+2n}{3n}=\lim_{n\to\infty}\frac{2\sqrt{1+\frac{3}{n}}+2}{3}=\frac{2+2}{3}=\mathbf{\frac{4}{3}}$ 答

教 p.31

練習 5

次の極限を求めよ。

(1) $\lim_{n\to\infty}(2n^3-4n)$　　(2) $\lim_{n\to\infty}(7n^2-3n^3)$

(3) $\lim_{n\to\infty}(\sqrt{n^2+2n}-n)$　　(4) $\lim_{n\to\infty}(\sqrt{n^2+n+1}-\sqrt{n^2-n+1})$

(5) $\lim_{n\to\infty}\dfrac{n^2+1}{2n-3}$　　(6) $\lim_{n\to\infty}\dfrac{1}{n-\sqrt{n^2+n}}$

指針 **極限**

(1), (2) くくり出して，∞×定数　の形にする。

(3), (4) 分母を 1 とした分数と考えて，分子を有理化する。

(5) 分母の最高次の項で分母と分子を割る。

(6) 分母を有理化してから，分母の最高次の項で分母と分子を割る。

解答 (1) $\lim_{n\to\infty}(2n^3-4n)=\lim_{n\to\infty}n^3\left(2-\dfrac{4}{n^2}\right)=\infty$ 答

(2) $\lim_{n\to\infty}(7n^2-3n^3)=\lim_{n\to\infty}n^3\left(\dfrac{7}{n}-3\right)=-\infty$ 答

(3) $\lim_{n\to\infty}(\sqrt{n^2+2n}-n)=\lim_{n\to\infty}\dfrac{(\sqrt{n^2+2n}-n)(\sqrt{n^2+2n}+n)}{\sqrt{n^2+2n}+n}$

$$=\lim_{n\to\infty}\frac{(n^2+2n)-n^2}{\sqrt{n^2+2n}+n}$$

$$=\lim_{n\to\infty}\frac{2n}{\sqrt{n^2+2n}+n}$$

$$=\lim_{n\to\infty}\frac{2}{\sqrt{1+\dfrac{2}{n}}+1}=\frac{2}{1+1}=\mathbf{1}$$ 答

(4) $\lim_{n\to\infty}(\sqrt{n^2+n+1}-\sqrt{n^2-n+1})$

$$=\lim_{n\to\infty}\frac{(\sqrt{n^2+n+1})^2-(\sqrt{n^2-n+1})^2}{\sqrt{n^2+n+1}+\sqrt{n^2-n+1}}$$

$$=\lim_{n\to\infty}\frac{2n}{\sqrt{n^2+n+1}+\sqrt{n^2-n+1}}$$

$$=\lim_{n\to\infty}\frac{2}{\sqrt{1+\dfrac{1}{n}+\dfrac{1}{n^2}}+\sqrt{1-\dfrac{1}{n}+\dfrac{1}{n^2}}}$$

$$=\frac{2}{1+1}=\mathbf{1}$$ 答

(5) $\displaystyle\lim_{n\to\infty}\frac{n^2+1}{2n-3}=\lim_{n\to\infty}\frac{n+\frac{1}{n}}{2-\frac{3}{n}}=\infty$ 答

(6) $\displaystyle\lim_{n\to\infty}\frac{1}{n-\sqrt{n^2+n}}=\lim_{n\to\infty}\frac{n+\sqrt{n^2+n}}{(n-\sqrt{n^2+n})(n+\sqrt{n^2+n})}$

$\displaystyle=\lim_{n\to\infty}\frac{n+\sqrt{n^2+n}}{n^2-(n^2+n)}$

$\displaystyle=\lim_{n\to\infty}\frac{n+\sqrt{n^2+n}}{-n}$

$\displaystyle=\lim_{n\to\infty}\frac{1+\sqrt{1+\frac{1}{n}}}{-1}=\frac{1+1}{-1}=\mathbf{-2}$ 答

教 p.32

練習 6

θ を定数とするとき，極限 $\displaystyle\lim_{n\to\infty}\frac{1}{n}\cos n\theta$ を求めよ。

指針 **数列の極限（はさみうちの原理の利用）** $-1\leqq\cos n\theta\leqq1$ と教科書 32 ページの性質 7（はさみうちの原理）を利用する。

解答 $-1\leqq\cos n\theta\leqq1$ であるから $\displaystyle-\frac{1}{n}\leqq\frac{1}{n}\cos n\theta\leqq\frac{1}{n}$

ここで $\displaystyle\lim_{n\to\infty}\left(-\frac{1}{n}\right)=0$，$\displaystyle\lim_{n\to\infty}\frac{1}{n}=0$ であるから

$\displaystyle\lim_{n\to\infty}\frac{1}{n}\cos n\theta=\mathbf{0}$ 答

教 p.32

深める

不等式 $-|a_n|\leqq a_n\leqq|a_n|$ を用いて，次のことが成り立つことを示そう。

$\displaystyle\lim_{n\to\infty}|a_n|=0$ ならば $\displaystyle\lim_{n\to\infty}a_n=0$

指針 **はさみうちの原理** $\displaystyle\lim_{n\to\infty}|a_n|=0$ のとき $\displaystyle\lim_{n\to\infty}(-|a_n|)=0$ である。

解答 $-|a_n|\leqq a_n\leqq|a_n|$ であり，$\displaystyle\lim_{n\to\infty}(-|a_n|)=0$，$\displaystyle\lim_{n\to\infty}|a_n|=0$ であるから，教科書 32 ページの性質 7 により

$\displaystyle\lim_{n\to\infty}a_n=0$ 終

2 無限等比数列

まとめ

1 無限等比数列の極限

① 数列　$a,\ ar,\ ar^2,\ \cdots\cdots,\ ar^{n-1},\ \cdots\cdots$

を，初項 a，公比 r の **無限等比数列** という。

② **無限等比数列 $\{r^n\}$ の極限**

$r>1$ のとき　$\displaystyle\lim_{n\to\infty} r^n=\infty$

$r=1$ のとき　$\displaystyle\lim_{n\to\infty} r^n=1$　｝**収束する**

$|r|<1$ のとき　$\displaystyle\lim_{n\to\infty} r^n=0$　｝**収束する**

$r\leqq-1$ のとき　**振動する …… 極限はない**

2 無限等比数列の極限の応用

① 上の無限等比数列 $\{r^n\}$ の極限の性質から，次のことがわかる。

数列 $\{r^n\}$ が収束するための必要十分条件は $-1<r\leqq1$ である。

3 漸化式で定められる数列の極限

① 例えば，条件 $a_1=2,\ a_{n+1}=\dfrac{1}{2}a_n+3\ (n=1,\ 2,\ 3,\ \cdots\cdots)$ によって定められる数列 $\{a_n\}$ の極限を求める場合

数列 $\{a_n\}$ の極限値 α が存在するならば，$n\longrightarrow\infty$ のとき $a_{n+1}\longrightarrow\alpha$，$a_n\longrightarrow\alpha$ であるから $\alpha=\dfrac{1}{2}\alpha+3$ が成り立ち，これから $\alpha=6$ が得られる。

これを用いて漸化式を変形し，$\{a_n\}$ の一般項を求める。そして，数列の極限を求める。

A 無限等比数列の極限

教 p.34

問 2　次の無限等比数列の極限を調べよ。

(1) $3,\ 9,\ 27,\ 81,\ \cdots\cdots$　(2) $1,\ \dfrac{1}{\sqrt{3}},\ \dfrac{1}{3},\ \dfrac{1}{3\sqrt{3}},\ \cdots\cdots$

(3) $-\dfrac{2}{3},\ \dfrac{4}{9},\ -\dfrac{8}{27},\ \cdots\cdots$　(4) $8,\ -12,\ 18,\ -27,\ \cdots\cdots$

指針　**無限等比数列の極限**　第 n 項から公比を求めて，教科書 34 ページの無限等比数列 $\{r^n\}$ の極限により答える。

解答　(1) 一般項は 3^n であり　$3>1$

よって　$\displaystyle\lim_{n\to\infty} 3^n=\infty$　答

(2)　一般項は $1\cdot\left(\dfrac{1}{\sqrt{3}}\right)^{n-1}=\left(\dfrac{1}{\sqrt{3}}\right)^{n-1}$ であり　$\left|\dfrac{1}{\sqrt{3}}\right|<1$

よって　$\displaystyle\lim_{n\to\infty}\left(\frac{1}{\sqrt{3}}\right)^{n-1}=\mathbf{0}$　答

(3)　一般項は $\left(-\dfrac{2}{3}\right)^n$ であり　$\left|-\dfrac{2}{3}\right|<1$　　よって　$\displaystyle\lim_{n\to\infty}\left(-\frac{2}{3}\right)^n=\mathbf{0}$　答

(4)　一般項は $8\cdot\left(-\dfrac{3}{2}\right)^{n-1}$ であり　$-\dfrac{3}{2}<-1$

よって，この数列は振動して **極限はない。**　答

練習 7　教 p.34

第 n 項が次の式で表される数列の極限を調べよ。

(1)　$\left(\dfrac{2}{3}\right)^n$　　(2)　$\left(-\dfrac{7}{5}\right)^n$　　(3)　$3\left(-\dfrac{3}{4}\right)^{n-1}$

指針　**無限等比数列 $\{r^n\}$ の極限**　公比 r の値により，数列 $\{r^n\}$ の極限が決まる。教科書 34 ページの無限等比数列 $\{r^n\}$ の極限により答える。

解答　(1)　$\left|\dfrac{2}{3}\right|<1$ であるから　　$\displaystyle\lim_{n\to\infty}\left(\frac{2}{3}\right)^n=0$　答

(2)　$-\dfrac{7}{5}<-1$ であるから，この数列は振動して **極限はない。**　答

(3)　$\left|-\dfrac{3}{4}\right|<1$ であるから　$\displaystyle\lim_{n\to\infty}3\left(-\frac{3}{4}\right)^{n-1}=3\lim_{n\to\infty}\left(-\frac{3}{4}\right)^{n-1}=\mathbf{0}$　答

B　無限等比数列の極限の応用

練習 8　教 p.35

次の極限を求めよ。

(1)　$\displaystyle\lim_{n\to\infty}\frac{4^n+5^n}{3^n-5^{n+1}}$　　(2)　$\displaystyle\lim_{n\to\infty}\frac{5^n+2^n}{3^n}$　　(3)　$\displaystyle\lim_{n\to\infty}\frac{3^n-4^n}{2^{n+1}}$

指針　**無限等比数列を含む数列の極限**

(1)　分母にある指数の底のうち，絶対値の大きい方の項で分母と分子を割ることにより，無限等比数列 $\{r^n\}$ の極限を利用できるようにする。

(2), (3)　分子にある指数の底のうち，絶対値の大きい方の項をくくり出す。

解答　(1)　$\displaystyle\lim_{n\to\infty}\frac{4^n+5^n}{3^n-5^{n+1}}=\lim_{n\to\infty}\frac{\left(\frac{4}{5}\right)^n+1}{\left(\frac{3}{5}\right)^n-5}=-\frac{\mathbf{1}}{\mathbf{5}}$　答

(2) $\lim_{n\to\infty}\frac{5^n+2^n}{3^n}=\lim_{n\to\infty}\frac{5^n\left\{1+\left(\frac{2}{5}\right)^n\right\}}{3^n}=\lim_{n\to\infty}\left(\frac{5}{3}\right)^n\left\{1+\left(\frac{2}{5}\right)^n\right\}=\infty$ 答

(3) $\lim_{n\to\infty}\frac{3^n-4^n}{2^{n+1}}=\lim_{n\to\infty}\frac{4^n\left\{\left(\frac{3}{4}\right)^n-1\right\}}{2^{n+1}}=\lim_{n\to\infty}\frac{2^{2n}\left\{\left(\frac{3}{4}\right)^n-1\right\}}{2^{n+1}}$

$=\lim_{n\to\infty}2^{n-1}\left\{\left(\frac{3}{4}\right)^n-1\right\}=-\infty$ 答

問 3 教 p.35

無限等比数列 2, x, $\frac{x^2}{2}$, $\frac{x^3}{4}$, …… が収束するような x の値の範囲を求めよ。また，そのときの極限値を求めよ。

指針 **無限等比数列の収束条件**　公比 r を x で表し，収束するための必要十分条件 $-1<r\leqq 1$ により，x の値の範囲を求める。

解答 与えられた数列の一般項は　$2\left(\frac{x}{2}\right)^{n-1}$

この数列が収束するための必要十分条件は　$-1<\frac{x}{2}\leqq 1$

よって，求める **x の値の範囲は　$-2<x\leqq 2$** 答

また，**極限値は**

$-2<x<2$ のとき　$\lim_{n\to\infty}2\left(\frac{x}{2}\right)^{n-1}=\mathbf{0}$,

$x=2$ 　のとき　$\lim_{n\to\infty}2\cdot 1=\mathbf{2}$ 答

練習 9 教 p.35

数列 $\{(x-1)^n\}$ が収束するような x の値の範囲を求めよ。また，そのときの極限値を求めよ。

指針 **無限等比数列の収束条件**　数列 $\{r^n\}$ が収束するための必要十分条件 $-1<r\leqq 1$ により求める。

解答 数列 $\{(x-1)^n\}$ が収束するための必要十分条件は　$-1<x-1\leqq 1$

よって，求める **x の値の範囲は　$0<x\leqq 2$** 答

また，**極限値は**

$0<x<2$ のとき　$\lim_{n\to\infty}(x-1)^n=\mathbf{0}$,

$x=2$ 　のとき　$\lim_{n\to\infty}1=\mathbf{1}$ 答

教 p.36

練習 10

$r>0$ のとき，第 n 項が $\dfrac{2}{3+r^n}$ で表される数列の極限を求めよ。

指針 **r^n を含む数列の極限**　第 n 項に r^n を含む数列であるから，無限等比数列 $\{r^n\}$ の極限についての分類による場合分けが必要である。

解答 **$r>1$ のとき**　$\lim_{n\to\infty} r^n=\infty$　　よって　$\lim_{n\to\infty}\dfrac{2}{3+r^n}=\mathbf{0}$　答

$r=1$ のとき　$\lim_{n\to\infty} r^n=1$　　よって　$\lim_{n\to\infty}\dfrac{2}{3+r^n}=\dfrac{2}{3+1}=\mathbf{\dfrac{1}{2}}$　答

$0<r<1$ のとき　$\lim_{n\to\infty} r^n=0$　　よって　$\lim_{n\to\infty}\dfrac{2}{3+r^n}=\dfrac{2}{3+0}=\mathbf{\dfrac{2}{3}}$　答

教 p.36

練習 11

$r\neq-1$ のとき，次の極限を求めよ。

$$\lim_{n\to\infty}\frac{1-r^n}{1+r^n}$$

指針 **r^n を含む数列の極限**　$r>1$，$r=1$，$|r|<1$，$r<-1$ の場合に分けて求める。

解答 **$r>1$ のとき**

$\left|\dfrac{1}{r}\right|<1$ であるから　$\lim_{n\to\infty}\left(\dfrac{1}{r}\right)^n=0$

よって　$\lim_{n\to\infty}\dfrac{1-r^n}{1+r^n}=\lim_{n\to\infty}\dfrac{\left(\dfrac{1}{r}\right)^n-1}{\left(\dfrac{1}{r}\right)^n+1}=\dfrac{0-1}{0+1}=\mathbf{-1}$　答

$r=1$ のとき

$\lim_{n\to\infty}\dfrac{1-r^n}{1+r^n}=\dfrac{1-1}{1+1}=\mathbf{0}$　答

$|r|<1$ のとき

$\lim_{n\to\infty} r^n=0$ であるから　$\lim_{n\to\infty}\dfrac{1-r^n}{1+r^n}=\dfrac{1-0}{1+0}=\mathbf{1}$　答

$r<-1$ のとき

$\left|\dfrac{1}{r}\right|<1$ であるから　$\lim_{n\to\infty}\left(\dfrac{1}{r}\right)^n=0$

よって　$\lim_{n\to\infty}\dfrac{1-r^n}{1+r^n}=\lim_{n\to\infty}\dfrac{\left(\dfrac{1}{r}\right)^n-1}{\left(\dfrac{1}{r}\right)^n+1}=\dfrac{0-1}{0+1}=\mathbf{-1}$　答

C 漸化式で定められる数列の極限

教 p.37

練習 12

次の条件によって定められる数列 $\{a_n\}$ の極限を求めよ。

$$a_1=1,\ a_{n+1}=\frac{2}{3}a_n-1\quad(n=1,\ 2,\ 3,\ \cdots\cdots)$$

指針 **漸化式で定められる数列の極限**　数列 $\{a_n\}$ の極限値 α が存在するならば，$a_{n+1}\longrightarrow\alpha$，$a_n\longrightarrow\alpha$ であるから，$\alpha=\frac{2}{3}\alpha-1$ が成り立ち，$\alpha=-3$ となる。これを用いて漸化式を変形し，$\{a_n\}$ の一般項を求める。

解答 与えられた漸化式を変形すると　$a_{n+1}+3=\frac{2}{3}(a_n+3)$

また　　$a_1+3=1+3=4$

よって，数列 $\{a_n+3\}$ は初項 4，公比 $\frac{2}{3}$ の等比数列で

$a_n+3=4\left(\frac{2}{3}\right)^{n-1}$　　ゆえに　$a_n=4\left(\frac{2}{3}\right)^{n-1}-3$

ここで，$\lim_{n\to\infty}4\left(\frac{2}{3}\right)^{n-1}=0$ であるから　$\lim_{n\to\infty}a_n=\mathbf{-3}$　答

注意 教科書 p.37 と同様に 2 直線 $y=\frac{2}{3}x-1$ と $y=x$ の交点 P の x 座標が数列 $\{a_n\}$ の極限値を表しているとみることができる。

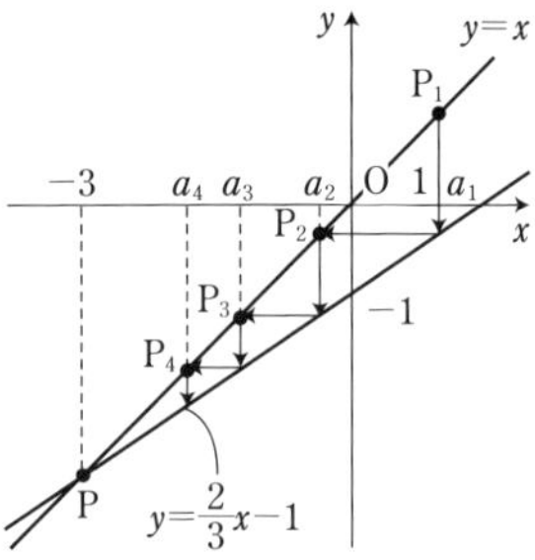

3 無限級数

まとめ

1　無限級数の収束と発散

① 無限数列　　$a_1,\ a_2,\ a_3,\ \cdots\cdots,\ a_n,\ \cdots\cdots$

において，各項を前から順に + の記号で結んで得られる式

$$a_1+a_2+a_3+\cdots\cdots+a_n+\cdots\cdots\qquad\cdots\cdots\text{Ⓐ}$$

を **無限級数** といい，a_1 をその **初項**，a_n を **第 n 項** という。この無限級数 Ⓐ を，和の記号 Σ を用いて，$\sum_{n=1}^{\infty}a_n$ と書き表すことがある。

② 無限級数 Ⓐ において，数列 $\{a_n\}$ の初項から第 n 項までの和

$$S_n=\sum_{k=1}^{n} a_k=a_1+a_2+a_3+\cdots\cdots+a_n$$

を，この無限級数の第 n 項までの **部分和** という。

③ 部分和の作る無限数列 $\{S_n\}$ が収束して，その極限値が S であるとき，すなわち $\lim_{n\to\infty} S_n=\lim_{n\to\infty}\sum_{k=1}^{n} a_k=S$ となるとき，無限級数 Ⓐ は **収束** するという。このとき，数列 $\{S_n\}$ の極限値 S を無限級数 Ⓐ の **和** という。この和 S も $\sum_{n=1}^{\infty} \boldsymbol{a_n}$ と書き表す。数列 $\{S_n\}$ が発散するとき，無限級数 Ⓐ は **発散** するという。

注意 教科書 39 ページ例題 5 のような場合，無限級数は正の無限大に発散するともいう。

2 無限等比級数

① 初項 a，公比 r の無限等比数列 $\{ar^{n-1}\}$ から作られる無限級数

$$a+ar+ar^2+\cdots\cdots+ar^{n-1}+\cdots\cdots\cdots \qquad \cdots\cdots \text{Ⓑ}$$

を，初項 a，公比 r の **無限等比級数** という。

② **無限等比級数の収束・発散**

無限等比級数 Ⓑ の収束，発散は，次のようになる。

$a\neq 0$ のとき　$|\boldsymbol{r}|<1$ ならば **収束** し，その和は $\dfrac{\boldsymbol{a}}{1-\boldsymbol{r}}$ である。

　　　　　　$|\boldsymbol{r}|\geqq 1$ ならば **発散** する。

$a=0$ のとき　収束し，その和は $\mathbf{0}$ である。

3 無限級数の性質

① **無限級数の和の性質**

$\sum_{n=1}^{\infty} a_n$，$\sum_{n=1}^{\infty} b_n$ が収束する無限級数で，$\sum_{n=1}^{\infty} a_n=S$，$\sum_{n=1}^{\infty} b_n=T$ とするとき，無限級数 $\sum_{n=1}^{\infty}(ka_n+lb_n)$ は収束して

$$\sum_{n=1}^{\infty}(\boldsymbol{ka_n+lb_n})=\boldsymbol{kS+lT} \qquad \text{ただし，}k,\ l\text{ は定数}$$

4 無限級数の収束・発散と項の極限

① **無限級数の収束と発散**

1　無限級数 $\sum_{n=1}^{\infty} \boldsymbol{a_n}$ が収束する $\Longrightarrow$ $\lim_{n\to\infty} \boldsymbol{a_n}=0$

2　数列 $\{\boldsymbol{a_n}\}$ が 0 に収束しない $\Longrightarrow$ 無限級数 $\sum_{n=1}^{\infty} \boldsymbol{a_n}$ は発散する

② 一般に，上の **1** の逆は成り立たない。すなわち $\lim_{n\to\infty} a_n=0$ であっても，無限級数 $\sum_{n=1}^{\infty} a_n$ が収束するとは限らない。

A 無限級数の収束と発散

教 p.39

練習 13

次の無限級数の収束，発散について調べ，収束すればその和を求めよ。

(1) $\displaystyle\sum_{n=1}^{\infty}\frac{1}{(2n-1)(2n+1)}$

(2) $\displaystyle\sum_{n=1}^{\infty}\frac{1}{\sqrt{2n+1}+\sqrt{2n-1}}$

指針 **無限級数の収束・発散**　無限級数 $\displaystyle\sum_{n=1}^{\infty}a_n$ の収束・発散を調べるには，

① 初項から第 n 項までの部分和 S_n を n の式で表す。

② 部分和 S_n の作る数列 $\{S_n\}$ の収束，発散を調べる。

すなわち　$\displaystyle\lim_{n\to\infty}S_n=S$(有限な定まった値) ⟶ 無限級数は収束($S$ は和)

$\displaystyle\lim_{n\to\infty}S_n$ が発散 ⟶ 無限級数は発散

この順序で計算を進める。

(1) は部分分数に分解して，(2) は分母の有理化をすることで，初項から第 n 項までの部分和 S_n を求める。

解答 (1) $\displaystyle\frac{1}{(2n-1)(2n+1)}=\frac{1}{2}\left(\frac{1}{2n-1}-\frac{1}{2n+1}\right)$

であるから，第 n 項までの部分和を S_n とすると

$$S_n=\frac{1}{1\cdot3}+\frac{1}{3\cdot5}+\frac{1}{5\cdot7}+\cdots\cdots+\frac{1}{(2n-1)(2n+1)}$$
$$=\frac{1}{2}\left\{\left(\frac{1}{1}-\frac{1}{3}\right)+\left(\frac{1}{3}-\frac{1}{5}\right)+\cdots\cdots+\left(\frac{1}{2n-1}-\frac{1}{2n+1}\right)\right\}$$
$$=\frac{1}{2}\left(1-\frac{1}{2n+1}\right)$$

よって　$\displaystyle\lim_{n\to\infty}S_n=\lim_{n\to\infty}\frac{1}{2}\left(1-\frac{1}{2n+1}\right)=\frac{1}{2}$

ゆえに，この無限級数は **収束** して，その和は $\boldsymbol{\frac{1}{2}}$ である。 答

(2) $\displaystyle\frac{1}{\sqrt{2n+1}+\sqrt{2n-1}}=\frac{\sqrt{2n+1}-\sqrt{2n-1}}{(\sqrt{2n+1}+\sqrt{2n-1})(\sqrt{2n+1}-\sqrt{2n-1})}$

$\displaystyle=\frac{\sqrt{2n+1}-\sqrt{2n-1}}{(2n+1)-(2n-1)}=\frac{1}{2}(\sqrt{2n+1}-\sqrt{2n-1})$

であるから，第 n 項までの部分和を S_n とすると

$$S_n=\frac{1}{\sqrt{3}+1}+\frac{1}{\sqrt{5}+\sqrt{3}}+\cdots\cdots+\frac{1}{\sqrt{2n+1}+\sqrt{2n-1}}$$

$$=\frac{1}{2}\{(\sqrt{3}-1)+(\sqrt{5}-\sqrt{3})+\cdots\cdots+(\sqrt{2n+1}-\sqrt{2n-1})\}$$

$$=\frac{1}{2}(-1+\sqrt{2n+1})$$

よって　$\lim_{n\to\infty}S_n=\lim_{n\to\infty}\frac{1}{2}(-1+\sqrt{2n+1})=\infty$

ゆえに，この無限級数は **正の無限大に発散** する。 答

B 無限等比級数

教 p.41

練習 14

次の無限等比級数の収束，発散について調べ，収束する場合は，その和を求めよ。

(1)　$1+\sqrt{2}+2+\cdots\cdots$　　(2)　$1-\frac{2}{3}+\frac{4}{9}-\cdots\cdots$

(3)　$(2+\sqrt{3})-(3+\sqrt{3})+6-\cdots\cdots$

(4)　$(1+\sqrt{2})+\sqrt{2}+(2\sqrt{2}-2)+\cdots\cdots$

指針　**無限等比級数の収束・発散**　初項 $a\neq 0$，公比 r の無限等比級数

$a+ar+ar^2+\cdots\cdots+ar^{n-1}+\cdots\cdots$ は，$|r|<1$ のとき収束し，その和は $\frac{a}{1-r}$，$|r|\geqq 1$ のとき発散する。したがって，まず公比 r を求めて，$|r|$ と 1 との大小関係により，収束か発散をいう。

解答　初項を a，公比を r とする。

(1)　$a=1$，$r=\sqrt{2}$ であり，$|r|\geqq 1$ であるから，この無限等比級数は **発散** する。 答

(2)　$a=1$，$r=-\frac{2}{3}$ であり，$|r|<1$ であるから，この無限等比級数は **収束** し，その和 S は　$S=\frac{1}{1-\left(-\frac{2}{3}\right)}=\mathbf{\frac{3}{5}}$ 答

(3)　$a=2+\sqrt{3}$，$r=\frac{-(3+\sqrt{3})}{2+\sqrt{3}}=-\frac{(3+\sqrt{3})(2-\sqrt{3})}{(2+\sqrt{3})(2-\sqrt{3})}=-3+\sqrt{3}$

$|r|>1$ であるから，この無限等比級数は **発散** する。 答

(4)　$a=1+\sqrt{2}$，$r=\frac{\sqrt{2}}{1+\sqrt{2}}=\frac{\sqrt{2}(\sqrt{2}-1)}{2-1}=2-\sqrt{2}$

$|r|<1$ であるから，この無限等比級数は **収束** し，その和 S は

$$S=\frac{1+\sqrt{2}}{1-(2-\sqrt{2})}=\frac{\sqrt{2}+1}{\sqrt{2}-1}=\mathbf{3+2\sqrt{2}}$$ 答

教 p.41

問4 次の無限等比級数は，$0 \leqq x < 2$ のとき収束することを示せ。また，そのときの和を求めよ。

$$x + x(1-x) + x(1-x)^2 + \cdots\cdots$$

指針 **無限等比級数の収束条件**　初項 a，公比 r の無限等比級数は $a=0$ のとき 0 に収束，$a \neq 0$ のとき $|r|<1$ ならば $\dfrac{a}{1-r}$ に収束する。初項が x であるから，$x=0$ と $x \neq 0$ で場合分けをする。

解答 この無限等比級数の初項を a，公比を r とする。

[1]　$x=0$ のとき　$a=0$ であるから，この無限等比級数は収束する。

[2]　$x \neq 0$ のとき　$a=x$，$r=1-x$ であるから　$a \neq 0$

　$0<x<2$ のとき　$-1<1-x<1$　　よって　$|r|<1$

　ゆえに，この無限等比級数は収束する。

以上から，この無限等比級数は，$0 \leqq x < 2$ のとき収束する。 終

また，和を S とすると

[1] のとき　$S=0$　　　[2] のとき　$S = \dfrac{a}{1-r} = \dfrac{x}{1-(1-x)} = 1$

よって　**$x=0$ のとき和は 0，$0<x<2$ のとき和は 1**　答

教 p.41

練習 15 次の無限等比級数が収束するような実数 x の値の範囲を求めよ。また，そのときの和を求めよ。

$$x + x(1-x)^2 + x(1-x)^4 + \cdots\cdots$$

指針 **無限等比級数の収束条件**　初項が x であるから，$x=0$ と $x \neq 0$ で場合分けをする。$x \neq 0$ のとき，公比 r を求めて，$|r|<1$ を満たす x の値の範囲を不等式を解いて求める。

解答 初項は x，公比は $(1-x)^2$ である。

[1]　$x=0$ のとき，この無限等比級数は収束する。

[2]　$x \neq 0$ のとき，収束するための条件は　$|(1-x)^2|<1$

　よって　$0 \leqq (1-x)^2 < 1$

　整理すると　$x(x-2)<0$　　ゆえに　$0<x<2$

[1]，[2] より，求める　**x の値の範囲は　$0 \leqq x < 2$**　答

この無限等比級数が収束するとき，その和を S とすると

[1] のとき　$S=0$　　　[2] のとき　$S = \dfrac{x}{1-(1-x)^2} = \dfrac{1}{2-x}$

よって　**$x=0$ のとき和は 0，$0<x<2$ のとき和は $\dfrac{1}{2-x}$**　答

教 p.42

練習 16

数直線上で，点Pが原点Oから出発して，正の向きに1だけ進み，次に負の向きに $\frac{1}{3}$ だけ進む。更に，正の向きに $\frac{1}{3^2}$ だけ進み，次に負の向きに $\frac{1}{3^3}$ だけ進む。以下，このような運動を限りなく続けるとき，点Pが近づいていく点の座標を求めよ。

指針 **無限等比級数の図形への応用**　点Pの近づいていく点の座標は無限等比級数で表される。まず順にPの座標を和の形で表して，初項と公比を求める。

解答 点Pの座標は，順に次のようになる。

$$1,\quad 1-\frac{1}{3},\quad 1-\frac{1}{3}+\frac{1}{3^2},\quad 1-\frac{1}{3}+\frac{1}{3^2}-\frac{1}{3^3},\quad \cdots\cdots$$

ゆえに，点Pが近づいていく点の座標を x とすると，x は初項1，公比 $-\frac{1}{3}$ の無限等比級数で表される。

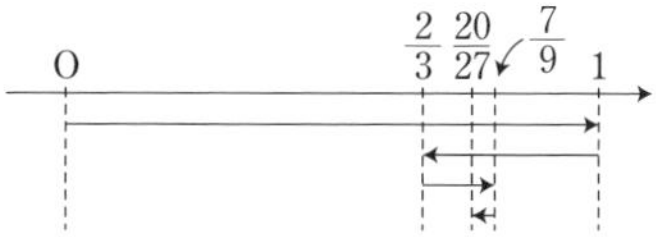

$\left|-\frac{1}{3}\right|<1$ であるから，この無限等比級数は収束して

$$x=\frac{1}{1-\left(-\frac{1}{3}\right)}=\frac{3}{4}$$

よって，求める点の座標 x は　$x=\mathbf{\frac{3}{4}}$　答

教 p.43

練習 17

教科書の応用例題4において，$\triangle P_1Q_1R_1$ の周の長さが b であるとき，$\triangle P_1Q_1R_1$，$\triangle P_2Q_2R_2$，$\triangle P_3Q_3R_3$，……，$\triangle P_nQ_nR_n$，…… の周の長さの総和 l を求めよ。

指針 **無限等比級数の図形への応用**　$\triangle P_{n+1}Q_{n+1}R_{n+1} \backsim \triangle P_nQ_nR_n$ で相似比は $1:2$ であることから，$\triangle P_nQ_nR_n$ の周の長さを l_n として，l_n が等比数列であることを示す。これから，l は無限等比級数となり，収束することを示して和を求める。

解答 $\triangle P_nQ_nR_n$ の周の長さを l_n とすると，$\triangle P_{n+1}Q_{n+1}R_{n+1} \backsim \triangle P_nQ_nR_n$ で，相似比は $1:2$ であるから，周の長さの比も $1:2$ で

$$l_{n+1}=\frac{1}{2}l_n,\quad l_1=b$$

よって，数列 $\{l_n\}$ は初項 b，公比 $\frac{1}{2}$ の無限等比数列である。

ゆえに，周の長さの総和 l は，初項 b，公比 $\frac{1}{2}$ の無限等比級数で表され，

$\left|\frac{1}{2}\right|<1$ であるから収束して　　$l=\dfrac{b}{1-\frac{1}{2}}=\boldsymbol{2b}$ 答

C 循環小数と無限等比級数

練習 18　教 p.44

次の循環小数を分数に直せ。

(1)　$0.\dot{6}$　　(2)　$0.\dot{4}\dot{5}$　　(3)　$0.3\dot{5}\dot{4}$　　(4)　$0.4\dot{7}0\dot{2}$

指針　**循環小数と無限等比級数**　無限等比級数の考えを用いることで，循環小数を分数に直すことができる。

解答　(1)　$0.\dot{6}=0.6+0.06+0.006+\cdots\cdots$

これは，初項 0.6，公比 0.1 の無限等比級数で，$|0.1|<1$ であるから，収束して　　$0.\dot{6}=\dfrac{0.6}{1-0.1}=\dfrac{0.6}{0.9}=\boldsymbol{\dfrac{2}{3}}$ 答

(2)　$0.\dot{4}\dot{5}=0.45+0.0045+0.000045+\cdots\cdots$

これは，初項 0.45，公比 0.01 の無限等比級数で，$|0.01|<1$ であるから，収束して　　$0.\dot{4}\dot{5}=\dfrac{0.45}{1-0.01}=\dfrac{0.45}{0.99}=\boldsymbol{\dfrac{5}{11}}$ 答

(3)　$0.3\dot{5}\dot{4}=0.3+0.054+0.00054+0.0000054+\cdots\cdots$

第 2 項以下は，初項 0.054，公比 0.01 の無限等比級数で，

$|0.01|<1$ であるから，収束して

$$0.3\dot{5}\dot{4}=0.3+\frac{0.054}{1-0.01}=\frac{3}{10}+\frac{0.054}{0.99}=\frac{3}{10}+\frac{6}{110}=\boldsymbol{\frac{39}{110}}$$ 答

(4)　$0.4\dot{7}0\dot{2}=0.4+0.0702+0.0000702+\cdots\cdots$

第 2 項以下は，初項 0.0702，公比 0.001 の無限等比級数で，

$|0.001|<1$ であるから，収束して

$$0.4\dot{7}0\dot{2}=0.4+\frac{0.0702}{1-0.001}=\frac{4}{10}+\frac{0.0702}{0.999}=\frac{4}{10}+\frac{26}{370}=\boldsymbol{\frac{87}{185}}$$ 答

D 無限級数の性質

練習 19　教 p.45

次の無限級数の和を求めよ。

(1)　$\displaystyle\sum_{n=1}^{\infty}\left(\frac{3}{4^n}+\frac{1}{2^n}\right)$　　(2)　$\displaystyle\sum_{n=1}^{\infty}\left(\frac{2}{3^{n-1}}-\frac{1}{2^{n-1}}\right)$　　(3)　$\displaystyle\sum_{n=1}^{\infty}\frac{2^{n+1}+1}{3^n}$

指針 **無限級数の和の性質**　無限級数の和 $\sum_{n=1}^{\infty}(ka_n+lb_n)$ …… ① について $\sum_{n=1}^{\infty}a_n$, $\sum_{n=1}^{\infty}b_n$ がそれぞれ |公比|<1 の無限等比級数のときは収束するので，無限級数の和の性質を利用して ① の和が求められる。

解答 (1)　$\sum_{n=1}^{\infty}\frac{3}{4^n}=\sum_{n=1}^{\infty}\frac{3}{4}\left(\frac{1}{4}\right)^{n-1}$ は，初項 $\frac{3}{4}$，公比 $\frac{1}{4}$ の無限等比級数，

$\sum_{n=1}^{\infty}\frac{1}{2^n}=\sum_{n=1}^{\infty}\frac{1}{2}\left(\frac{1}{2}\right)^{n-1}$ は，初項 $\frac{1}{2}$，公比 $\frac{1}{2}$ の無限等比級数

であり，公比の絶対値がともに 1 より小さいから，この 2 つの無限等比級数はともに収束して

$$\sum_{n=1}^{\infty}\frac{3}{4^n}=\frac{\frac{3}{4}}{1-\frac{1}{4}}=1,\quad \sum_{n=1}^{\infty}\frac{1}{2^n}=\frac{\frac{1}{2}}{1-\frac{1}{2}}=1$$

よって　$\sum_{n=1}^{\infty}\left(\frac{3}{4^n}+\frac{1}{2^n}\right)=\sum_{n=1}^{\infty}\frac{3}{4^n}+\sum_{n=1}^{\infty}\frac{1}{2^n}=1+1=\mathbf{2}$　答

(2)　$\sum_{n=1}^{\infty}\frac{2}{3^{n-1}}=\sum_{n=1}^{\infty}2\left(\frac{1}{3}\right)^{n-1}$ は，初項 2，公比 $\frac{1}{3}$ の無限等比級数，

$\sum_{n=1}^{\infty}\frac{1}{2^{n-1}}=\sum_{n=1}^{\infty}\left(\frac{1}{2}\right)^{n-1}$ は，初項 1，公比 $\frac{1}{2}$ の無限等比級数

であり，公比の絶対値がともに 1 より小さいから，この 2 つの無限等比級数はともに収束して

$$\sum_{n=1}^{\infty}\frac{2}{3^{n-1}}=\frac{2}{1-\frac{1}{3}}=3,\quad \sum_{n=1}^{\infty}\frac{1}{2^{n-1}}=\frac{1}{1-\frac{1}{2}}=2$$

よって　$\sum_{n=1}^{\infty}\left(\frac{2}{3^{n-1}}-\frac{1}{2^{n-1}}\right)=\sum_{n=1}^{\infty}\frac{2}{3^{n-1}}-\sum_{n=1}^{\infty}\frac{1}{2^{n-1}}=3-2=\mathbf{1}$　答

(3)　$\sum_{n=1}^{\infty}\frac{2^{n+1}+1}{3^n}=\sum_{n=1}^{\infty}2\left(\frac{2}{3}\right)^n+\sum_{n=1}^{\infty}\left(\frac{1}{3}\right)^n$

$\sum_{n=1}^{\infty}2\left(\frac{2}{3}\right)^n=\sum_{n=1}^{\infty}\frac{4}{3}\left(\frac{2}{3}\right)^{n-1}$ は，初項 $\frac{4}{3}$，公比 $\frac{2}{3}$ の無限等比級数，

$\sum_{n=1}^{\infty}\left(\frac{1}{3}\right)^n=\sum_{n=1}^{\infty}\frac{1}{3}\left(\frac{1}{3}\right)^{n-1}$ は，初項 $\frac{1}{3}$，公比 $\frac{1}{3}$ の無限等比級数

であり，公比の絶対値がともに 1 より小さいから，この 2 つの無限等比級数はともに収束して

$$\sum_{n=1}^{\infty}2\left(\frac{2}{3}\right)^n=\frac{\frac{4}{3}}{1-\frac{2}{3}}=4,\quad \sum_{n=1}^{\infty}\left(\frac{1}{3}\right)^n=\frac{\frac{1}{3}}{1-\frac{1}{3}}=\frac{1}{2}$$

よって　$\sum_{n=1}^{\infty}\frac{2^{n+1}+1}{3^n}=\sum_{n=1}^{\infty}2\left(\frac{2}{3}\right)^n+\sum_{n=1}^{\infty}\left(\frac{1}{3}\right)^n=4+\frac{1}{2}=\mathbf{\frac{9}{2}}$　答

E 無限級数の収束・発散と項の極限

問 5 教 p.46

次の無限級数は発散することを示せ。

(1) $\sum_{n=1}^{\infty}(-1)^{n-1}(2n-1)$　　(2) $\sum_{n=1}^{\infty}\frac{n}{n+1}$

指針 **無限級数の発散**　$\lim_{n\to\infty}a_n\neq 0$ を示して，教科書 46 ページの **2** を利用する。

解答 (1) 第 n 項を a_n とすると　$a_n=(-1)^{n-1}(2n-1)$

$n\longrightarrow\infty$ のとき，振動して極限がない。

すなわち，数列 $\{a_n\}$ は 0 に収束しない。

よって，この無限級数は発散する。 終

(2) 第 n 項を a_n とすると　$a_n=\frac{n}{n+1}$

$$\lim_{n\to\infty}a_n=\lim_{n\to\infty}\frac{n}{n+1}=\lim_{n\to\infty}\frac{1}{1+\frac{1}{n}}=1\neq 0$$

数列 $\{a_n\}$ は 0 に収束しないから，この無限級数は発散する。 終

練習 20 教 p.46

次の無限級数の収束，発散を調べよ。

(1) $\sum_{n=1}^{\infty}(-1)^{n-1}n$　　(2) $\sum_{n=1}^{\infty}\frac{2n-1}{3n}$

指針 **無限級数の収束・発散**　$\lim_{n\to\infty}a_n$ または部分和 S_n を求めて $\lim_{n\to\infty}S_n$ を調べる。

本問の場合は，問 5 と同様に $\lim_{n\to\infty}a_n\neq 0$ から発散となることをいえばよい。

解答 (1) 第 n 項を a_n とすると　$a_n=(-1)^{n-1}n$

$n\longrightarrow\infty$ のとき，振動して極限はない。

すなわち，数列 $\{a_n\}$ は 0 に収束しない。

よって，この無限級数は **発散** する。 答

(2) 第 n 項を a_n とすると　$a_n=\frac{2n-1}{3n}$

$$\lim_{n\to\infty}a_n=\lim_{n\to\infty}\frac{2n-1}{3n}=\lim_{n\to\infty}\frac{2-\frac{1}{n}}{3}=\frac{2}{3}\neq 0$$

よって，数列 $\{a_n\}$ は 0 に収束しないから，この無限級数は **発散** する。 答

第2章 第1節　問　題

教 p.48

1 次の数列の収束，発散について調べ，極限があれば，その極限を求めよ。

(1) $\{\sqrt{n}(\sqrt{n+1}-\sqrt{n})\}$　　(2) $\left\{\dfrac{\sqrt{n+2}-\sqrt{n-1}}{\sqrt{n+1}-\sqrt{n}}\right\}$

(3) $\{4^n-3^n\}$　　(4) $\left\{\dfrac{(-2)^{n+1}-3^n}{4^n}\right\}$

指針 **数列の収束・発散**

(1) 分母を1とした分数と考えて，分子を有理化する。

(2) 分母と分子に $(\sqrt{n+2}+\sqrt{n-1})(\sqrt{n+1}+\sqrt{n})$ を掛ける。

(3) 指数の底が大きい方の項である 4^n でくくる。

(4) 分母と分子を 4^n で割る。

解答 (1) $\lim\limits_{n\to\infty}\{\sqrt{n}(\sqrt{n+1}-\sqrt{n})\}$

$$=\lim_{n\to\infty}\frac{\sqrt{n}(\sqrt{n+1}-\sqrt{n})(\sqrt{n+1}+\sqrt{n})}{\sqrt{n+1}+\sqrt{n}}$$

$$=\lim_{n\to\infty}\frac{\sqrt{n}}{\sqrt{n+1}+\sqrt{n}}=\lim_{n\to\infty}\frac{1}{\sqrt{1+\frac{1}{n}}+1}=\frac{1}{2}$$

よって，この数列は **収束** し，極限値は $\boldsymbol{\frac{1}{2}}$ 答

(2) $\lim\limits_{n\to\infty}\dfrac{\sqrt{n+2}-\sqrt{n-1}}{\sqrt{n+1}-\sqrt{n}}$

$$=\lim_{n\to\infty}\frac{(\sqrt{n+2}-\sqrt{n-1})(\sqrt{n+2}+\sqrt{n-1})(\sqrt{n+1}+\sqrt{n})}{(\sqrt{n+1}-\sqrt{n})(\sqrt{n+2}+\sqrt{n-1})(\sqrt{n+1}+\sqrt{n})}$$

$$=\lim_{n\to\infty}\frac{3(\sqrt{n+1}+\sqrt{n})}{\sqrt{n+2}+\sqrt{n-1}}=\lim_{n\to\infty}\frac{3\left(\sqrt{1+\frac{1}{n}}+1\right)}{\sqrt{1+\frac{2}{n}}+\sqrt{1-\frac{1}{n}}}=3$$

よって，この数列は **収束** し，極限値は **3** 答

(3) $$\lim_{n\to\infty}(4^n-3^n)=\lim_{n\to\infty}4^n\left\{1-\left(\frac{3}{4}\right)^n\right\}$$

ここで　$\lim\limits_{n\to\infty}4^n=\infty$，$\lim\limits_{n\to\infty}\left\{1-\left(\frac{3}{4}\right)^n\right\}=1$　　ゆえに　$\lim\limits_{n\to\infty}(4^n-3^n)=\infty$

したがって，この数列は **発散** し，極限は ∞　答

(4) $$\lim_{n\to\infty}\frac{(-2)^{n+1}-3^n}{4^n}=\lim_{n\to\infty}\left\{-2\left(-\frac{1}{2}\right)^n-\left(\frac{3}{4}\right)^n\right\}$$

において $\displaystyle\lim_{n\to\infty}\left\{-2\left(-\frac{1}{2}\right)^n\right\}=-2\lim_{n\to\infty}\left(-\frac{1}{2}\right)^n=0,\quad \lim_{n\to\infty}\left(\frac{3}{4}\right)^n=0$

ゆえに $\displaystyle\lim_{n\to\infty}\frac{(-2)^{n+1}-3^n}{4^n}=0$

したがって，この数列は **収束** し，極限値は **0** 答

教 p.48

2 数列 $\left\{\dfrac{r^{2n}-1}{r^{2n}+1}\right\}$ の極限を求めよ。

指針 **$\{r^n\}$ を含む数列の極限**　r の値によって，異なる場合がある。$r^{2n}=(r^2)^n$ であり，$r^2\geqq 0$ であるから $0\leqq r^2<1$，$r^2=1$，$1<r^2$ の場合分けになる。

解答 [1] **$|r|<1$ のとき**，$0\leqq r^2<1$ であるから $\displaystyle\lim_{n\to\infty}r^{2n}=\lim_{n\to\infty}(r^2)^n=0$

よって $\displaystyle\lim_{n\to\infty}\frac{r^{2n}-1}{r^{2n}+1}=\frac{0-1}{0+1}=\mathbf{-1}$ 答

[2] **$|r|=1$ のとき**，$r^2=1$ であるから $r^{2n}=(r^2)^n=1$

よって $\displaystyle\lim_{n\to\infty}\frac{r^{2n}-1}{r^{2n}+1}=\frac{1-1}{1+1}=\mathbf{0}$ 答

[3] **$|r|>1$ のとき**，$0<\dfrac{1}{r^2}<1$ であるから $\displaystyle\lim_{n\to\infty}\frac{1}{r^{2n}}=\lim_{n\to\infty}\left(\frac{1}{r^2}\right)^n=0$

よって $\displaystyle\lim_{n\to\infty}\frac{r^{2n}-1}{r^{2n}+1}=\lim_{n\to\infty}\frac{1-\dfrac{1}{r^{2n}}}{1+\dfrac{1}{r^{2n}}}=\frac{1-0}{1+0}=\mathbf{1}$ 答

教 p.48

3 次の条件によって定義される数列 $\{a_n\}$ の極限を求めよ。

(1) $a_1=1,\ a_{n+1}=4-\dfrac{1}{3}a_n\quad(n=1,\ 2,\ 3,\ \cdots\cdots)$

(2) $a_1=3,\ a_{n+1}=2a_n-6\quad(n=1,\ 2,\ 3,\ \cdots\cdots)$

指針 **漸化式で定められる数列の極限**　漸化式を変形して等比数列の形として一般項 a_n を求める。漸化式 $a_{n+1}=pa_n+q$ について，$\alpha=p\alpha+q$ を満たす α を用いて $a_{n+1}-\alpha=p(a_n-\alpha)$ と変形できる。数列 $\{a_n-\alpha\}$ は初項 $a_1-\alpha$，公比 p の等比数列である。

解答 (1) 与えられた漸化式を変形すると　$a_{n+1}-3=-\dfrac{1}{3}(a_n-3)$

また　$a_1-3=1-3=-2$

よって，数列 $\{a_n-3\}$ は初項 -2，公比 $-\dfrac{1}{3}$ の等比数列で

$$a_n-3=-2\left(-\frac{1}{3}\right)^{n-1} \quad ゆえに \quad a_n=-2\left(-\frac{1}{3}\right)^{n-1}+3$$

ここで，$\displaystyle\lim_{n\to\infty}\left(-\frac{1}{3}\right)^{n-1}=0$ であるから　$\displaystyle\lim_{n\to\infty}a_n=\mathbf{3}$ 答

(2) 与えられた漸化式を変形すると　$a_{n+1}-6=2(a_n-6)$

また　$a_1-6=3-6=-3$

よって，数列 $\{a_n-6\}$ は初項 -3，公比 2 の等比数列で

$$a_n-6=-3\cdot2^{n-1} \quad ゆえに \quad a_n=-3\cdot2^{n-1}+6$$

ここで，$\displaystyle\lim_{n\to\infty}(-3\cdot2^{n-1})=-\infty$ であるから　$\displaystyle\lim_{n\to\infty}a_n=-\infty$ 答

教 p.48

4 初項 1，公比 0.5 の無限等比級数において，和 S と，初項から第 n 項までの部分和 S_n の差が，初めて 0.001 より小さくなるような n の値を求めよ。

指針 **無限等比級数の和と部分和**　初項 a，公比 r の無限等比級数において，

$a\neq0$，$|r|<1$ のとき，その和は　$\dfrac{a}{1-r}$

また，初項から第 n 項までの和は　$\dfrac{a(1-r^n)}{1-r}$

$S-S_n<0.001$ より，不等式を作り n を求める。

解答 この無限等比級数は公比 r が $\left|\dfrac{1}{2}\right|<1$ であるから収束し，その和 S は

$$S=\frac{1}{1-\frac{1}{2}}=2$$

また，初項から第 n 項までの部分和 S_n は

$$S_n=\frac{1-\left(\frac{1}{2}\right)^n}{1-\frac{1}{2}}=2\left\{1-\left(\frac{1}{2}\right)^n\right\}$$

よって　$S-S_n=2-2\left\{1-\left(\dfrac{1}{2}\right)^n\right\}=2\left(\dfrac{1}{2}\right)^n=\dfrac{1}{2^{n-1}}$

ゆえに，$\dfrac{1}{2^{n-1}}<\dfrac{1}{1000}$ より　$2^{n-1}>1000$

ここで，$2^9=512$，$2^{10}=1024$ であるから　$2^9<1000<2^{10}$

したがって，$n-1=10$ より　$\boldsymbol{n=11}$　答

教 p.48

5 次の無限等比級数の収束，発散について調べ，収束する場合は，その和を求めよ。

$$(\sqrt{3}-1)+2(2-\sqrt{3})+2(3\sqrt{3}-5)+\cdots\cdots$$

指針 **無限等比級数の収束・発散**　無限等比級数 $\sum_{n=1}^{\infty} ar^{n-1}$ は $|r|<1$ または $a=0$ のとき収束する。無限等比数列が $-1<r\leqq 1$ または $a=0$ のとき収束するのと区別しておく。

解答 無限等比級数の公比を r とする。

$$r=\frac{2(2-\sqrt{3})}{\sqrt{3}-1}=\frac{2(2-\sqrt{3})(\sqrt{3}+1)}{2}=\sqrt{3}-1$$

$1<\sqrt{3}<2$ であるから　$0<\sqrt{3}-1<1$　　よって　$|r|<1$

したがって，この無限等比級数は **収束** し，その和は

$$\frac{\sqrt{3}-1}{1-(\sqrt{3}-1)}=\frac{\sqrt{3}-1}{2-\sqrt{3}}=\frac{(\sqrt{3}-1)(2+\sqrt{3})}{(2-\sqrt{3})(2+\sqrt{3})}=\boldsymbol{\sqrt{3}+1}$$　答

教 p.48

6 座標平面上で，点Pが原点Oから出発して，x 軸の正の向きに1だけ進み，次に y 軸の正の向きに $\frac{1}{2}$ だけ進み，次に x 軸の正の向きに $\frac{1}{2^2}$ だけ進み，次に y 軸の正の向きに $\frac{1}{2^3}$ だけ進む。以下，このような運動を限りなく続けるとき，点Pが近づいていく点の座標を求めよ。

指針 **無限等比級数の図形への応用**　点Pの近づいていく点の座標の x 座標，y 座標をともに無限等比級数で表し，それぞれその和を求める。

解答 点Pが近づいていく点の座標を $(x,\ y)$ とすると

$$x=1+\frac{1}{2^2}+\frac{1}{2^4}+\cdots\cdots=\sum_{n=1}^{\infty}1\cdot\left(\frac{1}{2^2}\right)^{n-1}=\sum_{n=1}^{\infty}\left(\frac{1}{4}\right)^{n-1}$$

$$y=\frac{1}{2}+\frac{1}{2^3}+\frac{1}{2^5}+\cdots\cdots=\sum_{n=1}^{\infty}\frac{1}{2}\cdot\left(\frac{1}{2^2}\right)^{n-1}=\sum_{n=1}^{\infty}\frac{1}{2}\left(\frac{1}{4}\right)^{n-1}$$

x は，初項1，公比 $\frac{1}{4}$ の無限等比級数であり，y は，初項 $\frac{1}{2}$，公比 $\frac{1}{4}$ の無限等比級数であるから，ともに収束して

$$x=\frac{1}{1-\frac{1}{4}}=\frac{4}{3},\qquad y=\frac{\frac{1}{2}}{1-\frac{1}{4}}=\frac{2}{3}$$

よって，求める点の座標は $\left(\frac{4}{3}, \frac{2}{3}\right)$ 答

教 p.48

7 無限等比数列 $\{r^{n-1}\}$ が収束する条件と，無限等比級数 $\sum_{n=1}^{\infty} r^{n-1}$ が収束する条件を，それぞれ r の値で場合分けして求めよ。

指針 **無限等比数列と無限等比級数の収束条件**
無限等比数列 $\{r^{n-1}\}$ は，$r>1$，$r=1$，$-1<r<1$，$r\leqq -1$
無限等比級数 $\sum_{n=1}^{\infty} r^{n-1}$ は，$r=1$，$r\neq 1$ で場合分けする。

解答 無限等比数列 $\{r^{n-1}\}$ について

$r>1$ のとき　$\lim_{n\to\infty} r^{n-1}=\infty$

$r=1$ のとき　$\lim_{n\to\infty} r^{n-1}=1$

$-1<r<1$ のとき　$\lim_{n\to\infty} r^{n-1}=0$

$r\leqq -1$ のとき　$\{r^{n-1}\}$ は振動する(極限はない)。

よって，**$\{r^{n-1}\}$ が収束する条件は　$-1<r\leqq 1$** 答

無限等比級数 $\sum_{n=1}^{\infty} r^{n-1}$ について，第 n 項までの部分和を S_n とすると

$$S_n=1+r+r^2+\cdots\cdots+r^{n-1}$$

[1]　$r=1$ のとき

$S_n=n$ で $\lim_{n\to\infty} S_n=\infty$ となるから，$\sum_{n=1}^{\infty} r^{n-1}$ は発散する。

[2]　$r\neq 1$ のとき

$$S_n=\frac{1-r^n}{1-r}=\frac{1}{1-r}-\frac{r}{1-r}\cdot r^{n-1}$$

$\{S_n\}$ が収束する条件は，$\{r^{n-1}\}$ が収束することである。すなわち

$$-1<r<1$$

よって，**$\sum_{n=1}^{\infty} r^{n-1}$ が収束する条件は，**

$-1<r<1$　すなわち　**$|r|<1$** 答

教科書 p.49〜58

第2節 関数の極限

4 関数の極限

まとめ

1 $x \longrightarrow a$ のときの関数の極限とその性質

① 関数 $f(x)$ において，変数 x が a と異なる値をとりながら a に限りなく近づくとき，それに応じて，$f(x)$ の値が一定の値 α に限りなく近づく場合

$\lim_{x \to a} f(x)=\alpha$ または $x \longrightarrow a$ **のとき** $f(x) \longrightarrow \alpha$

と書き，この値 α を $x \longrightarrow a$ のときの関数 $f(x)$ の **極限値** または **極限** という。また，このとき，$f(x)$ は α に **収束** するという。

② **関数の極限の性質**

$\lim_{x \to a} f(x)=\alpha$，$\lim_{x \to a} g(x)=\beta$ とする。

1 $\lim_{x \to a}\{kf(x)+lg(x)\}=k\alpha+l\beta$ ただし，k，l は定数

2 $\lim_{x \to a} f(x)g(x)=\alpha\beta$

3 $\lim_{x \to a} \dfrac{f(x)}{g(x)}=\dfrac{\alpha}{\beta}$ ただし，$\beta \neq 0$

2 極限の計算

① x の多項式で表される関数，分数関数，無理関数，三角関数，指数関数，対数関数などの関数 $f(x)$ については，a が関数の定義域に属するとき，次のことが成り立つ。

$$\lim_{x \to a} f(x)=f(a)$$

注意 定数関数 $f(x)=c$ については，$\lim_{x \to a} f(x)=c$ である。

② 関数 $f(x)$ が $x=a$ のとき定義されていなくても，極限値 $\lim_{x \to a} f(x)$ は存在することがある。

3 極限が有限な値でない場合

① 関数 $f(x)$ において，x が a と異なる値をとりながら a に限りなく近づくとき，$f(x)$ の値が限りなく大きくなるならば，

$x \longrightarrow a$ のとき $f(x)$ は **正の無限大に発散** する

といい，次のように書き表す。

$\lim_{x \to a} f(x)=\infty$ または $x \longrightarrow a$ **のとき** $f(x) \longrightarrow \infty$

また，x が a と異なる値をとりながら a に限りなく近づくとき，$f(x)$ の値が負で，その絶対値が限りなく大きくなるならば，

$x \longrightarrow a$ のとき $f(x)$ は **負の無限大に発散** する

といい，次のように書き表す。

$$\lim_{x \to a} f(x) = -\infty \quad \text{または} \quad x \longrightarrow a \text{ のとき } f(x) \longrightarrow -\infty$$

② $f(x)$ が正の無限大に発散することを，$f(x)$ の **極限は** ∞ であるともいい，$f(x)$ が負の無限大に発散することを，$f(x)$ の **極限は** $-\infty$ であるともいう。

4 関数の片側からの極限

① 関数 $f(x)$ において，$\lim_{x \to a} f(x) = \alpha$，$\lim_{x \to a} f(x) = \infty$，$\lim_{x \to a} f(x) = -\infty$ のいずれでもない場合，$x \longrightarrow a$ のときの $f(x)$ の **極限はない** という。

② 変数 x が，a より大きい値をとりながら a に限りなく近づくとき，$f(x)$ の値が α に限りなく近づくならば，α を x が a に近づくときの $f(x)$ の **右側極限** といい，$\lim_{x \to a+0} f(x) = \alpha$ と表す。

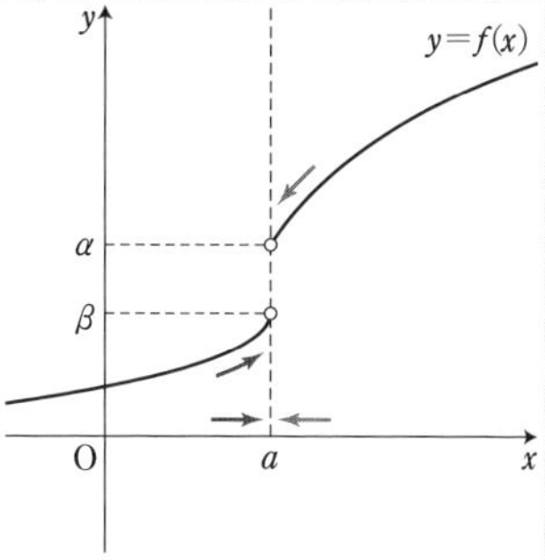

変数 x が，a より小さい値をとりながら a に限りなく近づくときの $f(x)$ の **左側極限** も同様に定義され，その極限値が β ならば，$\lim_{x \to a-0} f(x) = \beta$ と表す。

特に $a=0$ の場合，$x \longrightarrow 0+0$，$x \longrightarrow 0-0$ を，それぞれ次のように書く。

$$x \longrightarrow +0, \qquad x \longrightarrow -0$$

③ 次のことが成り立つ。

$$\lim_{x \to a+0} f(x) = \lim_{x \to a-0} f(x) = \alpha \iff \lim_{x \to a} f(x) = \alpha$$

④ $\lim_{x \to a+0} f(x)$ と $\lim_{x \to a-0} f(x)$ が存在しても，それらが一致しないとき，$x \longrightarrow a$ のときの $f(x)$ の極限はない。

⑤ 実数 x に対して，$n \leqq x$ を満たす最大の整数 n を $[x]$ で表す。この記号 [ ] を **ガウス記号** という。

5 $x \longrightarrow \infty$，$x \longrightarrow -\infty$ のときの関数の極限

① $x \longrightarrow \infty$ のとき，関数 $f(x)$ がある一定の値 α に限りなく近づく場合，この値 α を $x \longrightarrow \infty$ のときの関数 $f(x)$ の **極限値** または **極限** といい，記号で $\lim_{x \to \infty} f(x) = \alpha$ と書き表す。

$x \longrightarrow -\infty$ のときについても同様に考える。

② $\lim_{x \to \infty} f(x) = \infty$，$\lim_{x \to \infty} f(x) = -\infty$，

$\lim_{x \to -\infty} f(x) = \infty$，$\lim_{x \to -\infty} f(x) = -\infty$ の意味も，

$\lim_{x \to a} f(x) = \infty$，$\lim_{x \to a} f(x) = -\infty$ のときと同様に考える。

6 指数関数，対数関数の極限

① 指数関数 $y=a^x$ において

$a>1$ のとき

$\lim_{x\to\infty} a^x=\infty$, $\lim_{x\to-\infty} a^x=0$

$0<a<1$ のとき

$\lim_{x\to\infty} a^x=0$, $\lim_{x\to-\infty} a^x=\infty$

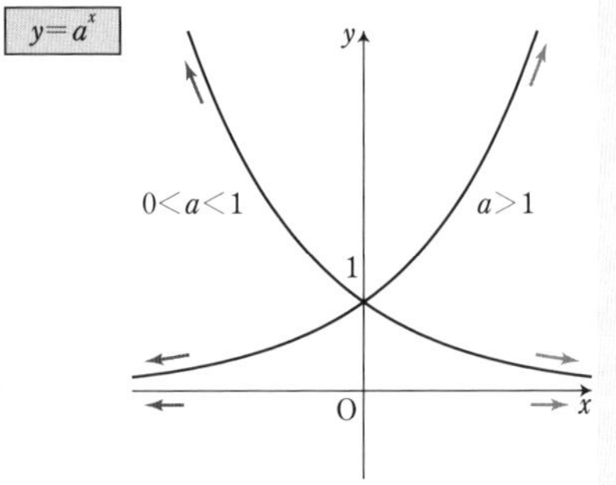

② 対数関数 $y=\log_a x$ については，次のようになる。

$a>1$ のとき

$\lim_{x\to\infty} \log_a x=\infty$, $\lim_{x\to+0} \log_a x=-\infty$

$0<a<1$ のとき

$\lim_{x\to\infty} \log_a x=-\infty$, $\lim_{x\to+0} \log_a x=\infty$

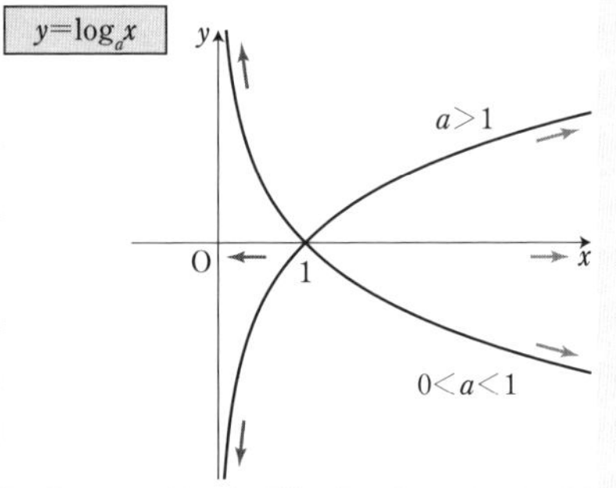

A $x \longrightarrow a$ のときの関数の極限とその性質　B 極限の計算

教 p.50

練習 21

次の極限を求めよ。

(1) $\lim_{x\to1}(x^3-2x^2)$　(2) $\lim_{x\to-2}\dfrac{x+3}{(x-1)(x^2+3)}$　(3) $\lim_{x\to-1}\sqrt{-3x+5}$

指針 **関数の極限**　極限値の計算の公式を利用する。

解答 (1) $\lim_{x\to1}(x^3-2x^2)=1^3-2\cdot1^2=\mathbf{-1}$ 答

(2) $\lim_{x\to-2}\dfrac{x+3}{(x-1)(x^2+3)}=\dfrac{-2+3}{(-2-1)\cdot\{(-2)^2+3\}}$

$=\mathbf{-\dfrac{1}{21}}$ 答

(3) $\lim_{x\to-1}\sqrt{-3x+5}=\sqrt{-3\cdot(-1)+5}$

$=\sqrt{8}=\mathbf{2\sqrt{2}}$ 答

練習 22 教 p.51

次の極限を求めよ。

(1) $\displaystyle\lim_{x\to1}\frac{x-1}{x^3-1}$　(2) $\displaystyle\lim_{x\to-2}\frac{x^3+8}{x^2-4x-12}$　(3) $\displaystyle\lim_{x\to0}\frac{1}{x}\left(\frac{4}{x+2}-2\right)$

指針 **関数の極限**　関数 $f(x)$ が $x=a$ のとき定義されていなくても，極限値 $\displaystyle\lim_{x\to a}f(x)$ が存在することがある。例えば，(1) で $x=1$ のとき，$f(x)=\dfrac{x-1}{x^3-1}$ は定義されていないが，$x\neq1$ のとき，分母，分子を $x-1$ で約分した式により x が 1 とは異なる値をとりながら 1 に限りなく近づくときの極限値を求めることができる。

(2)，(3) も同様に約分して求める。

解答 (1) $\displaystyle\lim_{x\to1}\frac{x-1}{x^3-1}=\lim_{x\to1}\frac{x-1}{(x-1)(x^2+x+1)}=\lim_{x\to1}\frac{1}{x^2+x+1}$

$\displaystyle=\frac{1}{1^2+1+1}=\mathbf{\frac{1}{3}}$ 答

(2) $\displaystyle\lim_{x\to-2}\frac{x^3+8}{x^2-4x-12}=\lim_{x\to-2}\frac{(x+2)(x^2-2x+4)}{(x+2)(x-6)}=\lim_{x\to-2}\frac{x^2-2x+4}{x-6}$

$\displaystyle=\frac{(-2)^2-2(-2)+4}{-2-6}=-\mathbf{\frac{3}{2}}$ 答

(3) $\displaystyle\lim_{x\to0}\frac{1}{x}\left(\frac{4}{x+2}-2\right)=\lim_{x\to0}\frac{1}{x}\cdot\frac{4-2(x+2)}{x+2}=\lim_{x\to0}\frac{1}{x}\cdot\frac{-2x}{x+2}$

$\displaystyle=\lim_{x\to0}\left(-\frac{2}{x+2}\right)=-\frac{2}{0+2}=\mathbf{-1}$ 答

練習 23 教 p.51

次の極限を求めよ。

(1) $\displaystyle\lim_{x\to0}\frac{\sqrt{x+9}-3}{x}$　(2) $\displaystyle\lim_{x\to1}\frac{x-1}{\sqrt{x}-1}$　(3) $\displaystyle\lim_{x\to1}\frac{x-1}{\sqrt{2x}-\sqrt{x+1}}$

指針 **関数の極限**　分子または分母を有理化してから約分することにより極限値は求められる。

解答 (1) $\displaystyle\lim_{x\to0}\frac{\sqrt{x+9}-3}{x}=\lim_{x\to0}\frac{(\sqrt{x+9}-3)(\sqrt{x+9}+3)}{x(\sqrt{x+9}+3)}=\lim_{x\to0}\frac{(x+9)-9}{x(\sqrt{x+9}+3)}$

$\displaystyle=\lim_{x\to0}\frac{x}{x(\sqrt{x+9}+3)}=\lim_{x\to0}\frac{1}{\sqrt{x+9}+3}=\frac{1}{\sqrt{0+9}+3}=\mathbf{\frac{1}{6}}$ 答

(2) $\displaystyle\lim_{x\to1}\frac{x-1}{\sqrt{x}-1}=\lim_{x\to1}\frac{(x-1)(\sqrt{x}+1)}{(\sqrt{x}-1)(\sqrt{x}+1)}=\lim_{x\to1}\frac{(x-1)(\sqrt{x}+1)}{x-1}$

$\displaystyle=\lim_{x\to1}(\sqrt{x}+1)=1+1=\mathbf{2}$ 答

(3) $\lim_{x \to 1}\frac{x-1}{\sqrt{2x}-\sqrt{x+1}}=\lim_{x \to 1}\frac{(x-1)(\sqrt{2x}+\sqrt{x+1})}{(\sqrt{2x}-\sqrt{x+1})(\sqrt{2x}+\sqrt{x+1})}$

$=\lim_{x \to 1}\frac{(x-1)(\sqrt{2x}+\sqrt{x+1})}{2x-(x+1)}=\lim_{x \to 1}\frac{(x-1)(\sqrt{2x}+\sqrt{x+1})}{x-1}$

$=\lim_{x \to 1}(\sqrt{2x}+\sqrt{x+1})=\sqrt{2}+\sqrt{2}=\mathbf{2\sqrt{2}}$ 答

教 p.52

練習 24

等式 $\lim_{x \to 0}\frac{a\sqrt{x+4}+b}{x}=1$ が成り立つように，定数 a，b の値を定めよ。

指針 **極限値と係数の決定**　分母 $\longrightarrow 0$ ならば分子 $\longrightarrow 0$ であることから a，b の関係を求める。

解答 $\lim_{x \to 0}\frac{a\sqrt{x+4}+b}{x}=1$ …… ① において，$\lim_{x \to 0}x=0$ であるから

$\lim_{x \to 0}(a\sqrt{x+4}+b)=0$　すなわち　$2a+b=0$

ゆえに　$b=-2a$ …… ②

このとき　$\lim_{x \to 0}\frac{a\sqrt{x+4}+b}{x}=\lim_{x \to 0}\frac{a(\sqrt{x+4}-2)}{x}=\lim_{x \to 0}\frac{a}{\sqrt{x+4}+2}=\frac{a}{4}$

よって，$\frac{a}{4}=1$ のとき ① が成り立つ。ゆえに　$a=4$　　② から　$b=-8$

したがって　$\boldsymbol{a=4}$，$\boldsymbol{b=-8}$ 答

C 極限が有限な値でない場合

教 p.53

問 6

次の極限を求めよ。

(1) $\lim_{x \to 2}\frac{1}{(x-2)^2}$　　(2) $\lim_{x \to 0}\left(1-\frac{1}{x^2}\right)$

指針 **関数の極限**　$x \longrightarrow a$ のとき，$f(x)$ の値が限りなく大きくなるならば $\lim_{x \to a}f(x)=\infty$，$x \longrightarrow a$ のとき，$f(x)$ の値が負で，その絶対値が限りなく大きくなるならば，$\lim_{x \to a}f(x)=-\infty$ と書き表す。

解答 (1) $x \longrightarrow 2$ のとき，$(x-2)^2>0$ で，$(x-2)^2 \longrightarrow 0$ となるから

$$\lim_{x \to 2}\frac{1}{(x-2)^2}=\infty \quad \text{答}$$

(2) $x \longrightarrow 0$ のとき，$x^2>0$ で，$x^2 \longrightarrow 0$ となるから

$$\lim_{x \to 0}\left(1-\frac{1}{x^2}\right)=-\infty \quad \text{答}$$

注意 関数のグラフは図のようになる。

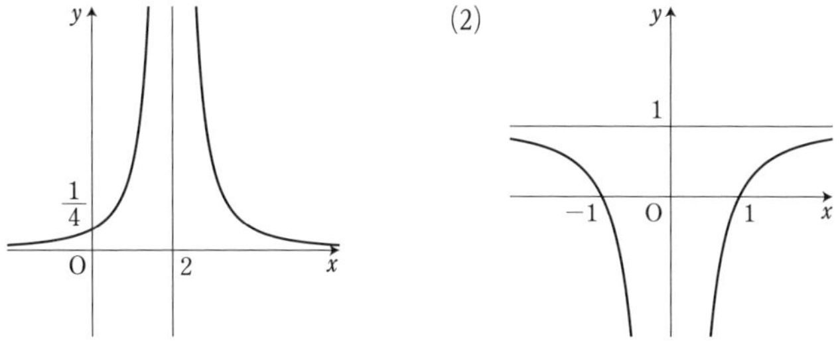

D 関数の片側からの極限

練習 25 〈教 p.55〉

次の極限を求めよ。

(1) $\displaystyle\lim_{x\to+0}\frac{|x|}{x}$　　(2) $\displaystyle\lim_{x\to2-0}\frac{x^2-4}{|x-2|}$　　(3) $\displaystyle\lim_{x\to-2+0}[x]$

指針 **片側からの極限**

(1), (2) 絶対値記号の中が正か負かを考える。

(3) わかりにくいときはグラフをかいてみる。

解答 (1) $x>0$ のとき $\dfrac{|x|}{x}=\dfrac{x}{x}=1$ であるから $\displaystyle\lim_{x\to+0}\frac{|x|}{x}=\lim_{x\to+0}1=\mathbf{1}$ 答

(2) $x<2$ のとき $\dfrac{x^2-4}{|x-2|}=\dfrac{(x+2)(x-2)}{-(x-2)}=-x-2$ であるから

$$\lim_{x\to2-0}\frac{x^2-4}{|x-2|}=\lim_{x\to2-0}(-x-2)=\mathbf{-4}$$ 答

(3) $-2\leqq x<-1$ のとき $[x]=-2$ であるから

$$\lim_{x\to-2+0}[x]=\mathbf{-2}$$ 答

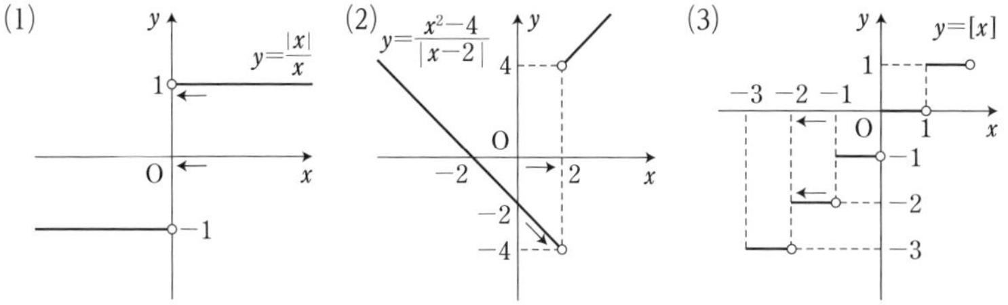

練習 26 〈教 p.55〉

次の極限を求めよ。

(1) $\displaystyle\lim_{x\to1+0}\frac{x}{x-1}$　　(2) $\displaystyle\lim_{x\to1-0}\frac{x}{x-1}$

指針 **片側からの極限**　右側極限，左側極限が ∞ や $-\infty$ になる場合も同様に表す。

$f(x)=\dfrac{x}{x-1}$ は分数関数で $x=1$ のとき定義されない。

解答 (1)　$x>1$ のとき，$x-1>0$ で

$\displaystyle\lim_{x\to1+0}x=1,\ \lim_{x\to1+0}(x-1)=0$

であるから　$\displaystyle\lim_{x\to1+0}\frac{x}{x-1}=\infty$ 答

(2)　$x<1$ のとき，$x-1<0$ で

$\displaystyle\lim_{x\to1-0}x=1,\ \lim_{x\to1-0}(x-1)=0$

であるから　$\displaystyle\lim_{x\to1-0}\frac{x}{x-1}=-\infty$ 答

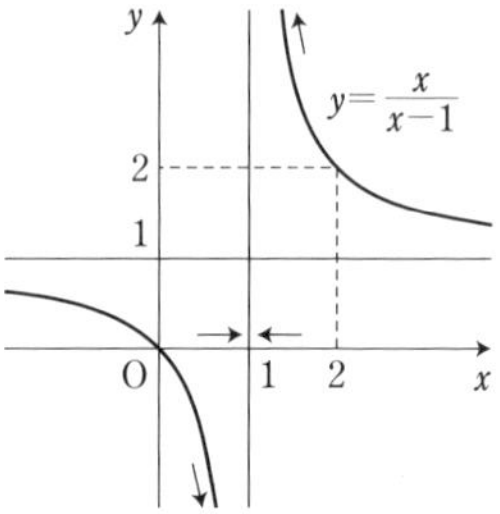

E　$x\longrightarrow\infty$，$x\longrightarrow-\infty$ のときの関数の極限

練習 27　教 p.56

次の極限を求めよ。

(1)　$\displaystyle\lim_{x\to\infty}\frac{1}{x+1}$　(2)　$\displaystyle\lim_{x\to-\infty}\left(1-\frac{1}{x}\right)$　(3)　$\displaystyle\lim_{x\to-\infty}\frac{1}{x^3+1}$

(4)　$\displaystyle\lim_{x\to\infty}(1-x^2)$　(5)　$\displaystyle\lim_{x\to-\infty}(x^3+1)$　(6)　$\displaystyle\lim_{x\to-\infty}(x^4-2)$

指針 **$x\longrightarrow\infty$，$x\longrightarrow-\infty$ のときの関数の極限**　$x\longrightarrow\infty$ または $x\longrightarrow-\infty$ のとき　$\dfrac{1}{x^n}\longrightarrow0$

解答 (1)　$x\longrightarrow\infty$　のとき　$x+1\longrightarrow\infty$ から　$\displaystyle\lim_{x\to\infty}\frac{1}{x+1}=\mathbf{0}$ 答

(2)　$x\longrightarrow-\infty$ のとき　$\dfrac{1}{x}\longrightarrow0$　から　$\displaystyle\lim_{x\to-\infty}\left(1-\frac{1}{x}\right)=\mathbf{1}$ 答

(3)　$x\longrightarrow-\infty$ のとき　$x^3\longrightarrow-\infty$ から　$\displaystyle\lim_{x\to-\infty}\frac{1}{x^3+1}=\mathbf{0}$ 答

(4)　$x\longrightarrow\infty$　のとき　$x^2\longrightarrow\infty$　から　$\displaystyle\lim_{x\to\infty}(1-x^2)=-\infty$ 答

(5)　$x\longrightarrow-\infty$ のとき　$x^3\longrightarrow-\infty$ から　$\displaystyle\lim_{x\to-\infty}(x^3+1)=-\infty$ 答

(6)　$x\longrightarrow-\infty$ のとき　$x^4\longrightarrow\infty$　から　$\displaystyle\lim_{x\to-\infty}(x^4-2)=\infty$ 答

練習 28　教 p.57

次の極限を求めよ。

(1)　$\displaystyle\lim_{x\to\infty}\frac{2x^2+3x-4}{x^2+x-5}$　(2)　$\displaystyle\lim_{x\to\infty}\frac{x^2+1}{x-1}$　(3)　$\displaystyle\lim_{x\to-\infty}\frac{3x}{x^2+1}$

教科書 p.57

指針 **$x \longrightarrow \infty$, $x \longrightarrow -\infty$ のときの関数の極限**　関数の極限の性質は $x \longrightarrow \infty$, $x \longrightarrow -\infty$ のときも成り立つ。分母と分子を分母の最高次の項で割って，極限の性質を利用して求める。

解答 (1) $\displaystyle\lim_{x\to\infty}\frac{2x^2+3x-4}{x^2+x-5}=\lim_{x\to\infty}\frac{2+\frac{3}{x}-\frac{4}{x^2}}{1+\frac{1}{x}-\frac{5}{x^2}}=\mathbf{2}$ 答

(2) $\displaystyle\lim_{x\to\infty}\frac{x^2+1}{x-1}=\lim_{x\to\infty}\frac{x+\frac{1}{x}}{1-\frac{1}{x}}=\infty$ 答

(3) $\displaystyle\lim_{x\to-\infty}\frac{3x}{x^2+1}=\lim_{x\to-\infty}\frac{\frac{3}{x}}{1+\frac{1}{x^2}}=\mathbf{0}$ 答

練習 29 教 p.57

次の極限を求めよ。

(1) $\displaystyle\lim_{x\to\infty}(\sqrt{x^2-2x+2}-x)$　　(2) $\displaystyle\lim_{x\to-\infty}(\sqrt{4x^2+2x}+2x)$

指針 **無理関数の極限**　$(\sqrt{a}+\sqrt{b})(\sqrt{a}-\sqrt{b})=a-b$ を利用することにより分母が 1 の分数と考えて分子を有理化し，分母の最高次の項で分母と分子を割る。(2)は，$x=-t$ とおき換えて計算する。$x \longrightarrow -\infty$ のとき，$t \longrightarrow \infty$ となる。

解答 (1) $\displaystyle\lim_{x\to\infty}(\sqrt{x^2-2x+2}-x)=\lim_{x\to\infty}\frac{x^2-2x+2-x^2}{\sqrt{x^2-2x+2}+x}=\lim_{x\to\infty}\frac{-2x+2}{\sqrt{x^2-2x+2}+x}$

$$=\lim_{x\to\infty}\frac{-2+\frac{2}{x}}{\sqrt{1-\frac{2}{x}+\frac{2}{x^2}}+1}=\mathbf{-1}\ \text{答}$$

(2) $x=-t$ とおくと，$x \longrightarrow -\infty$ のとき $t \longrightarrow \infty$ であるから

$$\lim_{x\to-\infty}(\sqrt{4x^2+2x}+2x)=\lim_{t\to\infty}(\sqrt{4t^2-2t}-2t)$$

$$=\lim_{t\to\infty}\frac{(\sqrt{4t^2-2t}-2t)(\sqrt{4t^2-2t}+2t)}{\sqrt{4t^2-2t}+2t}$$

$$=\lim_{t\to\infty}\frac{-2t}{\sqrt{4t^2-2t}+2t}=\lim_{t\to\infty}\frac{-2}{\sqrt{4-\frac{2}{t}}+2}=-\frac{\mathbf{1}}{\mathbf{2}}\ \text{答}$$

別解 (2) $\displaystyle\lim_{x\to-\infty}(\sqrt{4x^2+2x}+2x)=\lim_{x\to-\infty}\frac{(\sqrt{4x^2+2x}+2x)(\sqrt{4x^2+2x}-2x)}{\sqrt{4x^2+2x}-2x}$

$$=\lim_{x\to-\infty}\frac{2x}{\sqrt{x^2\left(4+\frac{2}{x}\right)}-2x}=\lim_{x\to-\infty}\frac{2}{-\sqrt{4+\frac{2}{x}}-2}=-\frac{\mathbf{1}}{\mathbf{2}}\ \text{答}$$

F 指数関数，対数関数の極限

練習 30 教 p.58

次の極限を求めよ。

(1) $\lim_{x \to -\infty} 2^x$　(2) $\lim_{x \to \infty} 3^{-x}$　(3) $\lim_{x \to \infty} \log_2 x$　(4) $\lim_{x \to +0} \log_{\frac{1}{3}} x$

指針 **指数関数，対数関数の極限**　底と 1 の大小に注意して求める。グラフをかいて求めるとよい。

解答 (1) 底 $2>1$ であるから $\lim_{x \to -\infty} 2^x = \mathbf{0}$ 答

(2) $3^{-x} = \left(\dfrac{1}{3}\right)^x$，底 $\dfrac{1}{3}<1$ であるから

$$\lim_{x \to \infty} 3^{-x} = \lim_{x \to \infty} \left(\frac{1}{3}\right)^x = \mathbf{0}$$ 答

(3) 底 $2>1$ であるから $\lim_{x \to \infty} \log_2 x = \infty$ 答

(4) 底 $\dfrac{1}{3}<1$ であるから $\lim_{x \to +0} \log_{\frac{1}{3}} x = \infty$ 答

(2)

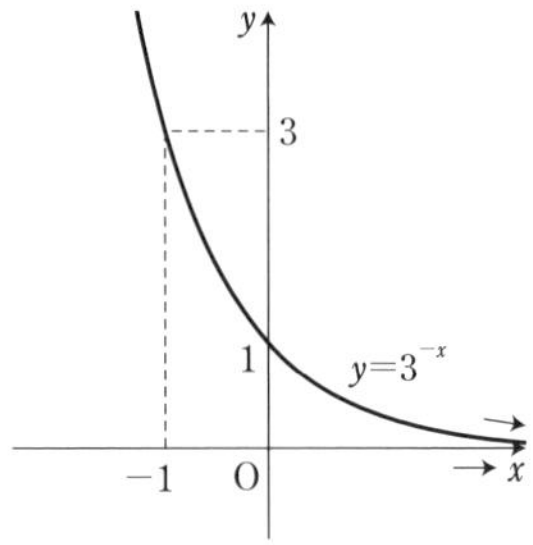

(4)

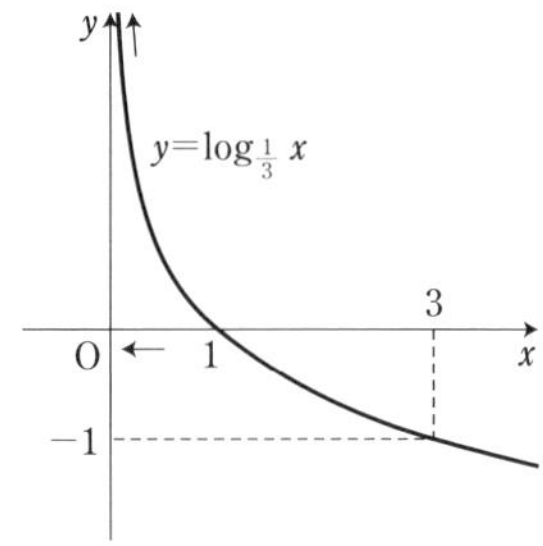

練習 31 教 p.58

次の極限を求めよ。

(1) $\lim_{x \to \infty} (3^x - 2^{2x})$　(2) $\lim_{x \to \infty} \{\log_2(4x+1) - \log_2(x-1)\}$

指針 **指数関数，対数関数の極限**

(1) 不定形 $(\infty-\infty)$ の極限。底の大きい関数でくくり出して求める。

(2) 対数の性質を利用して，$\log_2 A$ の形にまとめて A の極限を求める。

解答 (1) $\lim_{x \to \infty} (3^x - 2^{2x}) = \lim_{x \to \infty} (3^x - 4^x)$

$$= \lim_{x \to \infty} 4^x \left\{\left(\frac{3}{4}\right)^x - 1\right\}$$

$= -\infty$ 答

(2) $\lim_{x\to\infty}\{\log_2(4x+1)-\log_2(x-1)\}$

$$=\lim_{x\to\infty}\log_2\frac{4x+1}{x-1}=\lim_{x\to\infty}\log_2\frac{4+\frac{1}{x}}{1-\frac{1}{x}}=\log_2 4=\mathbf{2}$$ 答

5 三角関数と極限

まとめ

1 三角関数の極限

① 三角関数 $y=\sin x$ において，$x\longrightarrow\infty$ のとき，y は -1 と 1 の間のすべての値を繰り返しとるから，y は一定の値に近づかない。

したがって，$x\longrightarrow\infty$ のとき $\sin x$ の極限はない。

同様に，$x\longrightarrow\infty$ のとき $\cos x$ の極限もない。

② $y=\tan x$ については

$$\lim_{x\to\frac{\pi}{2}+0}\tan x=-\infty,\quad \lim_{x\to\frac{\pi}{2}-0}\tan x=\infty$$

よって，$x\longrightarrow\dfrac{\pi}{2}$ のときの $\tan x$ の極限はない。

③ **関数の極限と大小関係**

$\lim_{x\to a}f(x)=\alpha$，$\lim_{x\to a}g(x)=\beta$ とする。

1 x が a に近いとき，常に $\boldsymbol{f(x)\leqq g(x)}$ ならば　$\boldsymbol{\alpha\leqq\beta}$

2 x が a に近いとき，常に $\boldsymbol{f(x)\leqq h(x)\leqq g(x)}$ かつ $\boldsymbol{\alpha=\beta}$ ならば

$$\boldsymbol{\lim_{x\to a}h(x)=\alpha}$$

注意 上の **2** を「はさみうちの原理」ということがある。

④ 上の ③ のことは，「x が a に近いとき」を「十分大きい x で」と読み替えると，$x\longrightarrow\infty$ の場合にも成り立つ。$x\longrightarrow-\infty$ の場合も同様である。

⑤ $\lim_{x\to\infty}f(x)=\infty$ のとき，次のことも成り立つ。

十分大きい x で常に $f(x)\leqq g(x)$ ならば　$\lim_{x\to\infty}g(x)=\infty$

2 $\dfrac{\sin x}{x}$ の極限

① **$\dfrac{\sin x}{x}$ の極限**　$\boldsymbol{\lim_{x\to 0}\dfrac{\sin x}{x}=1}$

ただし，角の単位は弧度法によるものとする。

A 三角関数の極限

教 p.59

問 7 $\displaystyle\lim_{x\to\infty}\sin\frac{1}{x}$ を求めよ。

指針 **三角関数の極限** $x \longrightarrow \infty$ のとき $\dfrac{1}{x} \longrightarrow +0$ となるから，$\sin\dfrac{1}{x}$ は $\sin 0$ に近づく。

解答 $x \longrightarrow \infty$ のとき $\dfrac{1}{x} \longrightarrow +0$ であるから，$\sin\dfrac{1}{x}$ は限りなく $\sin 0=0$ に近づく。

よって　$\displaystyle\lim_{x\to\infty}\sin\frac{1}{x}=\mathbf{0}$ 答

教 p.59

練習 32 次の極限を求めよ。

(1) $\displaystyle\lim_{x\to-\infty}\sin\frac{1}{x}$　　(2) $\displaystyle\lim_{x\to\infty}\cos\frac{1}{x}$

指針 **三角関数の極限** $\dfrac{1}{x}=\theta$ とおくと，$x \longrightarrow -\infty$ のとき $\theta \longrightarrow -0$，$x \longrightarrow \infty$ のとき $\theta \longrightarrow +0$ である。

解答 (1) $\displaystyle\lim_{x\to-\infty}\sin\frac{1}{x}=\sin 0=\mathbf{0}$ 答

(2) $\displaystyle\lim_{x\to\infty}\cos\frac{1}{x}=\cos 0=\mathbf{1}$ 答

教 p.60

練習 33 次の極限を求めよ。

(1) $\displaystyle\lim_{x\to 0}x\cos\frac{1}{x}$　　(2) $\displaystyle\lim_{x\to\infty}\frac{\sin x}{x}$　　(3) $\displaystyle\lim_{x\to-\infty}\frac{\cos x}{x}$

指針 **三角関数の極限と不等式の利用** 与えられた式の絶対値を，(1) では 0 と $|x|$，(2)，(3) では 0 と $\dfrac{1}{|x|}$ ではさむ形の不等式を作り，教科書 60 ページのまとめの **2** を利用する。

解答 (1) $0\leqq\left|\cos\dfrac{1}{x}\right|\leqq 1$ であるから　$0\leqq\left|x\cos\dfrac{1}{x}\right|=|x|\left|\cos\dfrac{1}{x}\right|\leqq|x|$

$\displaystyle\lim_{x\to 0}|x|=0$ であるから

$$\lim_{x\to 0}\left|x\cos\frac{1}{x}\right|=0 \qquad \text{ゆえに} \quad \lim_{x\to 0}x\cos\frac{1}{x}=\mathbf{0} \quad \text{答}$$

(2) $0 \leqq |\sin x| \leqq 1$ であるから $0 \leqq \left|\dfrac{\sin x}{x}\right| = \dfrac{|\sin x|}{|x|} \leqq \dfrac{1}{|x|}$

$\lim_{x\to\infty}\dfrac{1}{|x|}=0$ であるから $\lim_{x\to\infty}\left|\dfrac{\sin x}{x}\right|=0$ ゆえに $\lim_{x\to\infty}\dfrac{\sin x}{x}=\mathbf{0}$ 答

(3) $0 \leqq |\cos x| \leqq 1$ であるから $0 \leqq \left|\dfrac{\cos x}{x}\right| = \dfrac{|\cos x|}{|x|} \leqq \dfrac{1}{|x|}$

$\lim_{x\to-\infty}\dfrac{1}{|x|}=0$ であるから $\lim_{x\to-\infty}\left|\dfrac{\cos x}{x}\right|=0$ ゆえに $\lim_{x\to-\infty}\dfrac{\cos x}{x}=\mathbf{0}$ 答

B $\dfrac{\sin x}{x}$ の極限

教 p.62

問 8 次の極限を求めよ。

(1) $\lim_{x\to 0}\dfrac{\sin 2x}{\sin 3x}$　　(2) $\lim_{x\to 0}\dfrac{\tan x}{x}$

指針 **$\dfrac{\sin x}{x}$ の極限** $\lim_{x\to 0}\dfrac{kx}{\sin kx}=\lim_{x\to 0}\dfrac{1}{\dfrac{\sin kx}{kx}}=\dfrac{1}{1}=1$ が成り立つ。

式を $\dfrac{\sin kx}{kx}$ または $\dfrac{kx}{\sin kx}$ の形を作るように変形する。

解答 (1) $\lim_{x\to 0}\dfrac{\sin 2x}{\sin 3x}=\lim_{x\to 0}\dfrac{2x}{3x}\cdot\dfrac{\sin 2x}{2x}\cdot\dfrac{3x}{\sin 3x}$

$=\dfrac{2}{3}\lim_{x\to 0}\dfrac{\sin 2x}{2x}\cdot\dfrac{3x}{\sin 3x}=\dfrac{2}{3}\cdot 1\cdot 1=\mathbf{\dfrac{2}{3}}$ 答

(2) $\lim_{x\to 0}\dfrac{\tan x}{x}=\lim_{x\to 0}\dfrac{\sin x}{\cos x}\cdot\dfrac{1}{x}=\lim_{x\to 0}\dfrac{\sin x}{x}\cdot\dfrac{1}{\cos x}$

$=1\cdot 1=\mathbf{1}$ 答

教 p.62

練習 34 次の極限を求めよ。

(1) $\lim_{x\to 0}\dfrac{\sin 3x}{2x}$　　(2) $\lim_{x\to 0}\dfrac{\sin 3x}{\sin 5x}$　　(3) $\lim_{x\to 0}\dfrac{1-\cos x}{x\sin x}$

指針 **$\dfrac{\sin x}{x}$ の極限** $\dfrac{\sin kx}{kx}$ または $\dfrac{kx}{\sin kx}$ の形を作る。

解答 (1) $\lim_{x\to 0}\dfrac{\sin 3x}{2x}=\lim_{x\to 0}\dfrac{3}{2}\cdot\dfrac{\sin 3x}{3x}=\dfrac{3}{2}\lim_{x\to 0}\dfrac{\sin 3x}{3x}=\dfrac{3}{2}\cdot 1=\mathbf{\dfrac{3}{2}}$ 答

(2) $\lim_{x\to 0}\dfrac{\sin 3x}{\sin 5x}=\lim_{x\to 0}\dfrac{3x}{5x}\cdot\dfrac{\sin 3x}{3x}\cdot\dfrac{5x}{\sin 5x}$

$=\dfrac{3}{5}\lim_{x\to 0}\dfrac{\sin 3x}{3x}\cdot\dfrac{5x}{\sin 5x}=\dfrac{3}{5}\cdot 1\cdot 1=\mathbf{\dfrac{3}{5}}$ 答

(3) $\lim_{x\to 0}\frac{1-\cos x}{x\sin x}=\lim_{x\to 0}\frac{(1-\cos x)(1+\cos x)}{x\sin x(1+\cos x)}=\lim_{x\to 0}\frac{1-\cos^2 x}{x\sin x(1+\cos x)}$

$=\lim_{x\to 0}\frac{\sin^2 x}{x\sin x(1+\cos x)}=\lim_{x\to 0}\frac{\sin x}{x}\cdot\frac{1}{1+\cos x}=1\cdot\frac{1}{1+1}=\boldsymbol{\frac{1}{2}}$ 答

問 9 教 p.62

$x-\pi=\theta$ とおくことにより，極限 $\lim_{x\to\pi}\frac{(x-\pi)^2}{1+\cos x}$ を求めよ。

指針 **$\frac{\sin x}{x}$ の極限** $x-\pi=\theta$ とおくと，$x \longrightarrow \pi$ のとき $\theta \longrightarrow 0$ となる。

$\lim_{\theta\to 0}\frac{\sin\theta}{\theta}=1$ を使える形に変形する。$\cos(\pi+\theta)=-\cos\theta$ である。

解答 $x-\pi=\theta$ とおくと　$x=\pi+\theta$

このとき　$\frac{(x-\pi)^2}{1+\cos x}=\frac{\theta^2}{1+\cos(\pi+\theta)}=\frac{\theta^2}{1-\cos\theta}$

$=\frac{\theta^2(1+\cos\theta)}{(1-\cos\theta)(1+\cos\theta)}=\frac{\theta^2(1+\cos\theta)}{\sin^2\theta}$

$x \longrightarrow \pi$ のとき $\theta \longrightarrow 0$ であるから

$\lim_{x\to\pi}\frac{(x-\pi)^2}{1+\cos x}=\lim_{\theta\to 0}\frac{\theta^2(1+\cos\theta)}{\sin^2\theta}=\lim_{\theta\to 0}\left(\frac{\theta}{\sin\theta}\right)^2\cdot(1+\cos\theta)$

$=1\cdot 2=\boldsymbol{2}$ 答

練習 35 教 p.62

次の極限を求めよ。

(1) $\lim_{x\to\frac{\pi}{2}}\frac{\cos x}{x-\frac{\pi}{2}}$　　(2) $\lim_{x\to\infty}x\sin\frac{1}{x}$

指針 **$\frac{\sin x}{x}$ の極限** $\lim_{\theta\to 0}\frac{\sin\theta}{\theta}=1$ を使えるような θ のおき方を考える。

(1) $x-\frac{\pi}{2}=\theta$ とおく。　(2) $\frac{1}{x}=\theta$ とおく。

解答 (1) $x-\frac{\pi}{2}=\theta$ とおくと　$x=\frac{\pi}{2}+\theta$

$x \longrightarrow \frac{\pi}{2}$ のとき　$\theta \longrightarrow 0$

よって　$\lim_{x\to\frac{\pi}{2}}\frac{\cos x}{x-\frac{\pi}{2}}=\lim_{\theta\to 0}\frac{\cos\left(\frac{\pi}{2}+\theta\right)}{\theta}=\lim_{\theta\to 0}\frac{-\sin\theta}{\theta}$

$$=-\lim_{\theta\to 0}\frac{\sin\theta}{\theta}=\mathbf{-1}$$ 答

(2) $\dfrac{1}{x}=\theta$ とおくと　$x=\dfrac{1}{\theta}$

$x\longrightarrow\infty$ のとき　$\theta\longrightarrow +0$

よって　$\displaystyle\lim_{x\to\infty}x\sin\frac{1}{x}=\lim_{\theta\to+0}\frac{\sin\theta}{\theta}=\mathbf{1}$ 答

C 三角関数の極限の応用

教 p.63

練習 36

教科書の応用例題 7 において，中心角 θ に対する弧 PA の長さを $\overset{\frown}{\mathrm{PA}}$ で表すとき，$\displaystyle\lim_{\theta\to+0}\frac{\overset{\frown}{\mathrm{PA}}^2}{\mathrm{PQ}}$ を求めよ。

指針 **図形に関する極限**　半径 r，中心角 θ の扇形の弧の長さを l とすると，$l=r\theta$ より，$\overset{\frown}{\mathrm{PA}}$ を θ で表す。また，$\mathrm{PQ}=1-\cos\theta$ であるから，$\dfrac{\overset{\frown}{\mathrm{PA}}^2}{\mathrm{PQ}}$ は θ で表される。

解答

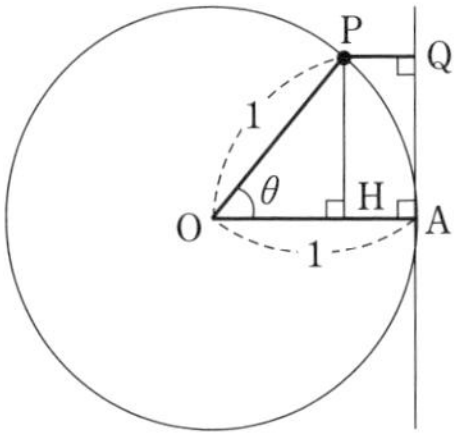

$\overset{\frown}{\mathrm{PA}}=1\cdot\theta=\theta$

$\mathrm{PQ}=\mathrm{HA}=\mathrm{OA}-\mathrm{OH}=1-\cos\theta$

よって
$$\lim_{\theta\to+0}\frac{\overset{\frown}{\mathrm{PA}}^2}{\mathrm{PQ}}=\lim_{\theta\to+0}\frac{\theta^2}{1-\cos\theta}$$
$$=\lim_{\theta\to+0}\frac{\theta^2(1+\cos\theta)}{(1-\cos\theta)(1+\cos\theta)}$$
$$=\lim_{\theta\to+0}\frac{\theta^2(1+\cos\theta)}{1-\cos^2\theta}=\lim_{\theta\to+0}\frac{\theta^2(1+\cos\theta)}{\sin^2\theta}$$
$$=\lim_{\theta\to+0}\left(\frac{\theta}{\sin\theta}\right)^2\cdot(1+\cos\theta)=1\cdot 2=\mathbf{2}$$ 答

6 関数の連続性

まとめ

1　関数の連続性

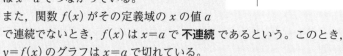

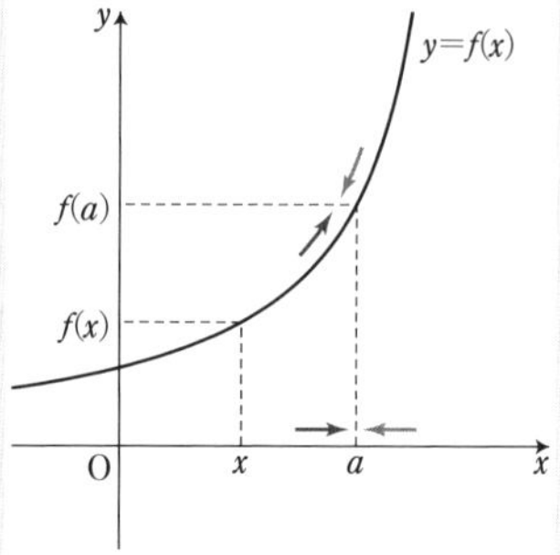

① 関数 $f(x)$ において，その定義域の x の値 a に対して，極限値 $\lim_{x \to a} f(x)$ が存在し，かつ

$$\lim_{x \to a} f(x) = f(a)$$

が成り立つとき，$f(x)$ は $x=a$ で **連続** であるという。このとき，$y=f(x)$ のグラフは $x=a$ でつながっている。

また，関数 $f(x)$ がその定義域の x の値 a で連続でないとき，$f(x)$ は $x=a$ で **不連続** であるという。このとき，$y=f(x)$ のグラフは $x=a$ で切れている。

② **関数の連続性**

a を関数 $f(x)$ の定義域に属する値とするとき，関数 $f(x)$ が $x=a$ で連続であるとは，次の 2 つのことが満たされていることである。

1　極限値 $\lim_{x \to a} f(x)$ が存在する。

2　$\lim_{x \to a} f(x) = f(a)$ が成り立つ。

③ a が $f(x)$ の定義域に属し，定義域の左端または右端である場合には，それぞれ

$$\lim_{x \to a+0} f(x) = f(a) \qquad または \qquad \lim_{x \to a-0} f(x) = f(a)$$

が成り立つとき，$f(x)$ は $x=a$ で連続であるという。

④ 関数 $f(x)$，$g(x)$ が定義域の x の値 a で連続ならば，次の各関数も $x=a$ で連続である。

1　$\boldsymbol{kf(x)+lg(x)}$　　ただし，k，l は定数

2　$\boldsymbol{f(x)g(x)}$

3　$\boldsymbol{\dfrac{f(x)}{g(x)}}$　　ただし，$g(a) \neq 0$

⑤ 関数 $f(x)$ が定義域のすべての x の値で連続であるとき，$f(x)$ は **連続関数** であるという。多項式で表される関数や分数関数は連続関数である。また，無理関数，三角関数，指数関数，対数関数なども連続関数である。

⑥ 区間 $a \leqq x \leqq b$ を **閉区間** といい，区間 $a<x<b$ を **開区間** という。これらの区間を，それぞれ $[\boldsymbol{a},\ \boldsymbol{b}]$，$(\boldsymbol{a},\ \boldsymbol{b})$ で表す。

更に，区間 $a \leqq x < b$，$a < x \leqq b$ や $a<x$，$x \leqq b$ を，それぞれ

$[a, b)$, $(a, b]$, (a, ∞), $(-\infty, b]$ で表す。

⑦　ある区間を関数 $f(x)$ の定義域と考えたとき，その区間のすべての点で $f(x)$ が連続であるとき，$f(x)$ はその **区間で連続** であるという。

2　連続関数の性質

①　**閉区間で連続な関数は，その閉区間で最大値および最小値をもつ。**

②　開区間で連続な関数は，その開区間で，最大値や最小値をもつことも，もたないこともある。

③　**中間値の定理**

関数 $f(x)$ が閉区間 $[a, b]$ で連続で，$f(a) \neq f(b)$ ならば，$f(a)$ と $f(b)$ の間の任意の値 k に対して

$$f(c)=k$$

を満たす実数 c が，a と b の間に少なくとも1つある。

④　中間値の定理から，次のことが成り立つ。

関数 $f(x)$ が閉区間 $[a, b]$ で連続で，$f(a)$ と $f(b)$ が異符号ならば，方程式 $f(x)=0$ は $a<x<b$ の範囲に少なくとも1つの実数解をもつ。

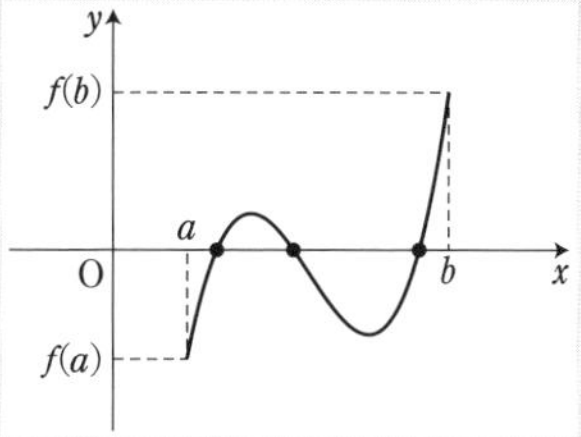

A 関数の連続性

教 p.65

練習 37

次の関数 $f(x)$ が，$x=0$ で連続であるか不連続であるかを調べよ。

(1)　$f(x)=1-\sqrt{x}$　　(2)　$f(x)=[x]$

(3)　$f(x)=[\cos x]$

指針　**$x=0$ における関数 $f(x)$ の連続・不連続**　$\lim_{x\to+0} f(x)$, $\lim_{x\to-0} f(x)$, $f(0)$ を調べてみる。また，$y=f(x)$ のグラフが定義域の端以外の $x=a$ で切れているときは，$f(x)$ は $x=a$ で不連続である。

解答　(1)　関数 $f(x)=1-\sqrt{x}$ の定義域は $x \geqq 0$ である。

$x=0$ において

$$\lim_{x\to+0} f(x)=1, \quad f(0)=1$$

よって，$\lim_{x\to+0} f(x)=f(0)$ であるから，関数 $f(x)$ は $x=0$ で **連続** である。 答

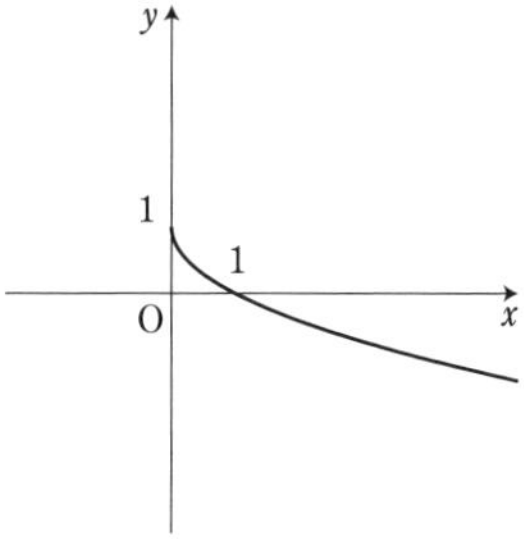

(2) 関数 $f(x)=[x]$ において

$-1\leqq x<0$ のとき　　$f(x)=-1$

$0\leqq x<1$ のとき　　$f(x)=0$

$\displaystyle\lim_{x\to-0}f(x)=-1,\quad \lim_{x\to+0}f(x)=0$

したがって，$\displaystyle\lim_{x\to0}f(x)$ が存在しないから，

$f(x)=[x]$ は $x=0$ で **不連続** である。 答

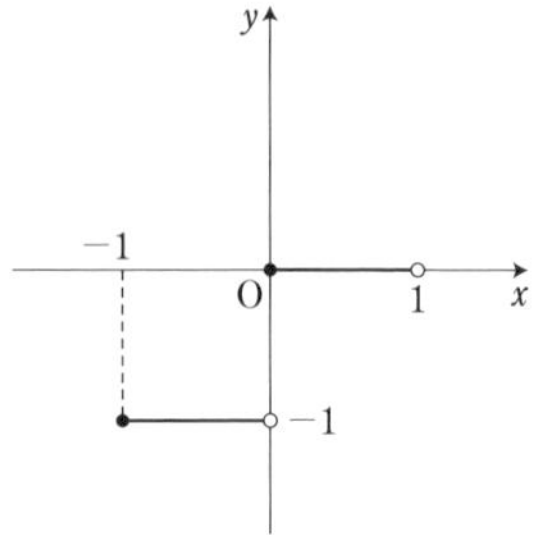

(3) 関数 $f(x)=[\cos x]$ において

$-\dfrac{\pi}{2}\leqq x<0,\ 0<x\leqq\dfrac{\pi}{2}$ のとき　　$0\leqq\cos x<1$

よって　　$f(x)=[\cos x]=0$

ゆえに　　$\displaystyle\lim_{x\to0}f(x)=0$

また　　$f(0)=[\cos 0]=1$

したがって，$\displaystyle\lim_{x\to0}f(x)\neq f(0)$ であるから，

$f(x)=[\cos x]$ は $x=0$ で **不連続** である。 答

B 連続関数の性質

教 p.67

練習 38

次の関数は最大値，最小値をもつか。もしもつならば，その値を求めよ。

(1) $y=2x-x^2\quad(0\leqq x\leqq3)$　　(2) $y=\cos x\quad(0<x<2\pi)$

指針 **連続関数の性質** (1) は閉区間で，(2) は開区間で連続な関数である。グラフをかいて調べるとわかりやすい。

解答 図から，求める最大値，最小値は次のようになる。

(1) **$x=1$ で最大値 1，$x=3$ で最小値 -3** をとる。 答

(2) **$x=\pi$ で最小値 -1** をとる。**最大値はない。** 答

(1)

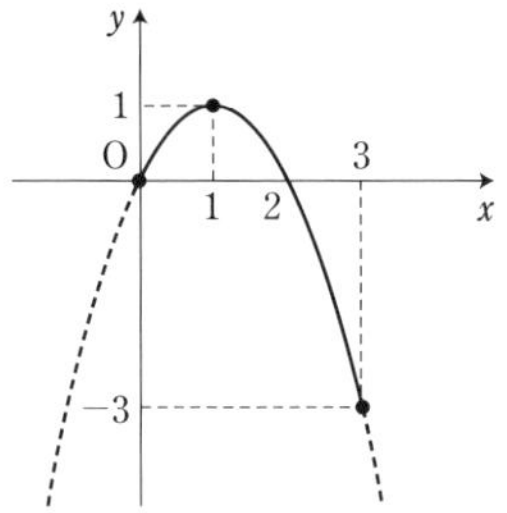

(2)

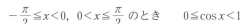

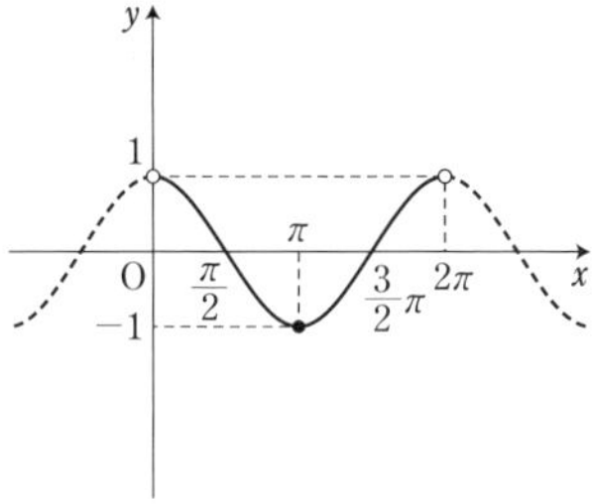

教 p.68

練習 39

方程式 $2^x-3x=0$ は，$3<x<4$ の範囲に少なくとも 1 つの実数解をもつことを示せ。

指針 **方程式の実数解(中間値の定理の利用)** 教科書 p.68 のまとめのことがらを利用する。閉区間で連続であることを示し，$f(3)$ と $f(4)$ の符号を調べる。

解答 $f(x)=2^x-3x$ とおくと，関数 $f(x)$ は区間 $[3,\ 4]$ で連続であり，かつ

$$f(3)=8-9=-1<0$$
$$f(4)=16-12=4>0$$

したがって，方程式 $f(x)=0$ は $3<x<4$ の範囲に少なくとも 1 つの実数解をもつ。 終

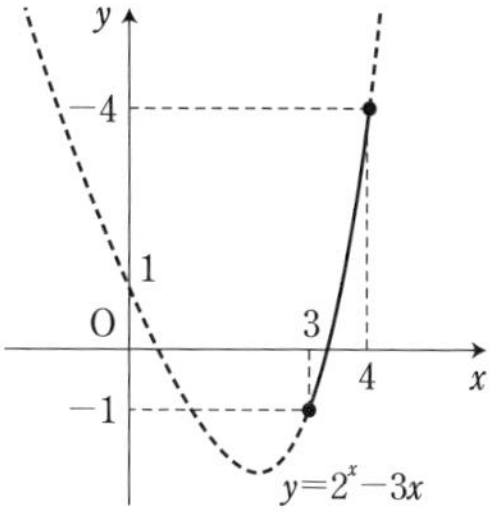

注意 $f(0)=1>0$, $f(1)=-1<0$ より，$f(x)=0$ は $0<x<1$ でも実数解をもつ。

教 p.68

深める

方程式 $\dfrac{x+1}{x-1}=0$ の実数解について次のように考えるのは誤りである。その理由を説明してみよう。

> $f(x)=\dfrac{x+1}{x-1}$ とおくと
>
> $f(0)=-1<0,\quad f(2)=3>0$
>
> よって，方程式 $f(x)=0$ は $0<x<2$ の範囲に少なくとも 1 つの実数解をもつ。

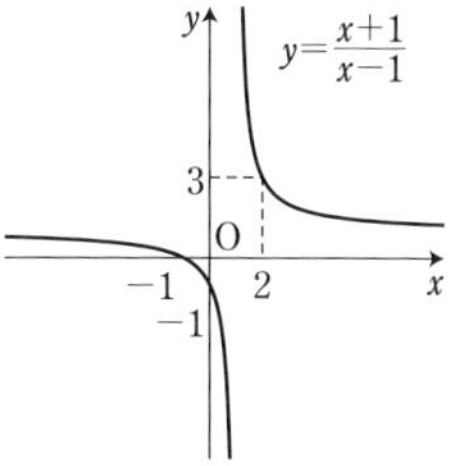

指針 **方程式の実数解** 関数 $f(x)=\dfrac{x+1}{x-1}$ の定義域に着目する。

解答 (例) 関数 $f(x)=\dfrac{x+1}{x-1}$ は $x=1$ が定義域から除かれるため，$0\leqq x\leqq 2$ で連続ではなく，この範囲において中間値の定理を用いることができないから。 終

第2章 第2節　問　題

教 p.70

8 次の極限を求めよ。

(1) $\displaystyle\lim_{x\to1}\frac{x^3-2x^2+1}{x^2-3x+2}$　　(2) $\displaystyle\lim_{x\to0}\frac{x}{\sqrt{1+x}-\sqrt{1-x}}$

(3) $\displaystyle\lim_{x\to1}\frac{\sqrt{x+3}-2}{x^2-1}$

指針 **関数の極限**

(1) $x\longrightarrow1$ のとき，分母 $\longrightarrow0$，分子 $\longrightarrow0$ となるから，分母と分子はともに $x-1$ を因数にもつことがわかる。分母，分子を因数分解して約分する。分子は因数定理により因数分解する。

(2), (3) 分母または分子を有理化すると約分できる。

解答 (1) $f(x)=x^3-2x^2+1$ とすると

$$f(1)=1^3-2\cdot1^2+1=0$$

ゆえに，$f(x)$ は $x-1$ を因数にもつ。

右の割り算から

$$f(x)=(x-1)(x^2-x-1)$$

$$\begin{array}{r|l} & x^2-x\quad-1 \\ \hline x-1 & x^3-2x^2\quad+1 \\ & x^3-\ x^2 \\ \hline & -\ x^2 \\ & -\ x^2+x \\ \hline & -x+1 \\ & -x+1 \\ \hline & 0 \end{array}$$

よって

$$\lim_{x\to1}\frac{x^3-2x^2+1}{x^2-3x+2}=\lim_{x\to1}\frac{(x-1)(x^2-x-1)}{(x-1)(x-2)}$$

$$=\lim_{x\to1}\frac{x^2-x-1}{x-2}$$

$$=\frac{-1}{-1}=\mathbf{1}\quad\text{答}$$

(2) $$\lim_{x\to0}\frac{x}{\sqrt{1+x}-\sqrt{1-x}}=\lim_{x\to0}\frac{x(\sqrt{1+x}+\sqrt{1-x})}{(\sqrt{1+x}-\sqrt{1-x})(\sqrt{1+x}+\sqrt{1-x})}$$

$$=\lim_{x\to0}\frac{x(\sqrt{1+x}+\sqrt{1-x})}{(1+x)-(1-x)}$$

$$=\lim_{x\to0}\frac{\sqrt{1+x}+\sqrt{1-x}}{2}=\frac{2}{2}=\mathbf{1}\quad\text{答}$$

(3) $$\lim_{x\to1}\frac{\sqrt{x+3}-2}{x^2-1}=\lim_{x\to1}\frac{(\sqrt{x+3}-2)(\sqrt{x+3}+2)}{(x^2-1)(\sqrt{x+3}+2)}$$

$$=\lim_{x\to1}\frac{(x+3)-4}{(x^2-1)(\sqrt{x+3}+2)}=\lim_{x\to1}\frac{x-1}{(x+1)(x-1)(\sqrt{x+3}+2)}$$

$$=\lim_{x\to1}\frac{1}{(x+1)(\sqrt{x+3}+2)}=\frac{1}{2\cdot4}=\mathbf{\frac{1}{8}}\quad\text{答}$$

教 p.70

9 関数 $f(x)=\dfrac{\sqrt{ax+1}-3}{x-2}$ が $x \longrightarrow 2$ のとき収束するように，定数 a の値を定めよ。また，そのときの極限値を求めよ。

指針 **極限値と係数の決定**　まず $\displaystyle\lim_{x\to 2} f(x)$ が極限値をもつとき，$x \longrightarrow 2$ のとき分母 $\longrightarrow 0$ ならば分子 $\longrightarrow 0$ であることを示して a の値を求める。また，極限値は分子を有理化して求める。

解答 関数 $f(x)=\dfrac{\sqrt{ax+1}-3}{x-2}$ が $x \longrightarrow 2$ で収束するとき，その極限値を α とする。

すなわち　$\displaystyle\lim_{x\to 2}\frac{\sqrt{ax+1}-3}{x-2}=\alpha$

$\displaystyle\lim_{x\to 2}(x-2)=0$ であるから　$\displaystyle\lim_{x\to 2}(\sqrt{ax+1}-3)=0$

よって　　$\sqrt{2a+1}-3=0$

ゆえに　　$2a+1=9$　すなわち　$a=4$

このとき

$$\alpha=\lim_{x\to 2}\frac{\sqrt{4x+1}-3}{x-2}=\lim_{x\to 2}\frac{(\sqrt{4x+1}-3)(\sqrt{4x+1}+3)}{(x-2)(\sqrt{4x+1}+3)}$$

$$=\lim_{x\to 2}\frac{4(x-2)}{(x-2)(\sqrt{4x+1}+3)}$$

$$=\lim_{x\to 2}\frac{4}{\sqrt{4x+1}+3}=\frac{2}{3}$$

したがって　　$\boldsymbol{a=4}$，**極限値は** $\boldsymbol{\dfrac{2}{3}}$　答

教 p.70

10 次の極限を求めよ。

(1) $\displaystyle\lim_{x\to -\infty}(x^3-2x+3)$　　(2) $\displaystyle\lim_{x\to\infty}\frac{2^x-1}{2^x+1}$

(3) $\displaystyle\lim_{x\to\infty}(\sqrt{x^2+2x-1}-x+1)$　　(4) $\displaystyle\lim_{x\to -\infty}(\sqrt{x^2+1}+x)$

指針 **関数の極限**

(1) 最高次の項 x^3 でくくる。

(2) 分母と分子を 2^x で割る。

(3) 分母を 1 とした分数と考えて，分子を有理化する。

(4) $x=-t$ とおくと　$x \longrightarrow -\infty$ のとき　$t \longrightarrow \infty$

解答 (1) $\displaystyle\lim_{x\to-\infty}(x^3-2x+3)=\lim_{x\to-\infty}x^3\left(1-\frac{2}{x^2}+\frac{3}{x^3}\right)=-\infty$ 答

(2) $\displaystyle\lim_{x\to\infty}\frac{2^x-1}{2^x+1}=\lim_{x\to\infty}\frac{1-\frac{1}{2^x}}{1+\frac{1}{2^x}}=\frac{1}{1}=\mathbf{1}$ 答

(3) $$\lim_{x\to\infty}(\sqrt{x^2+2x-1}-x+1)=\lim_{x\to\infty}\frac{(x^2+2x-1)-(x-1)^2}{\sqrt{x^2+2x-1}+(x-1)}$$
$$=\lim_{x\to\infty}\frac{4x-2}{\sqrt{x^2+2x-1}+x-1}$$
$$=\lim_{x\to\infty}\frac{4-\frac{2}{x}}{\sqrt{1+\frac{2}{x}-\frac{1}{x^2}}+1-\frac{1}{x}}$$
$$=\frac{4}{2}=\mathbf{2}$$ 答

(4) $x=-t$ とおくと，$x\longrightarrow-\infty$ のとき $t\longrightarrow\infty$ であるから
$$\lim_{x\to-\infty}(\sqrt{x^2+1}+x)=\lim_{t\to\infty}(\sqrt{t^2+1}-t)$$
$$=\lim_{t\to\infty}\frac{(t^2+1)-t^2}{\sqrt{t^2+1}+t}$$
$$=\lim_{t\to\infty}\frac{1}{\sqrt{t^2+1}+t}=\mathbf{0}$$ 答

教 p.70

11 次の極限を求めよ。

(1) $\displaystyle\lim_{x\to0}\frac{\tan x}{\sin 3x}$　　(2) $\displaystyle\lim_{x\to0}\frac{1-\cos x}{x}$

指針 **三角関数の極限**

(1) $\tan x=\dfrac{\sin x}{\cos x}$，$\displaystyle\lim_{x\to0}\frac{\sin ax}{x}=\lim_{x\to0}a\cdot\frac{\sin ax}{ax}=a$ を利用する。

(2) 分母，分子に $1+\cos x$ を掛ける。または，半角の公式

$\sin^2\dfrac{x}{2}=\dfrac{1-\cos x}{2}$ を使う。

解答 (1) $$\lim_{x\to0}\frac{\tan x}{\sin 3x}=\lim_{x\to0}\frac{\sin x}{\cos x}\cdot\frac{1}{\sin 3x}$$
$$=\lim_{x\to0}\frac{\sin x}{x}\cdot\frac{3x}{\sin 3x}\cdot\frac{1}{3}\cdot\frac{1}{\cos x}$$
$$=1\cdot1\cdot\frac{1}{3}\cdot1=\mathbf{\frac{1}{3}}$$ 答

(2) $\displaystyle\lim_{x\to0}\frac{1-\cos x}{x}=\lim_{x\to0}\frac{(1-\cos x)(1+\cos x)}{x(1+\cos x)}$

$\displaystyle=\lim_{x\to0}\frac{\sin^2 x}{x(1+\cos x)}$

$\displaystyle=\lim_{x\to0}\frac{\sin x}{x}\cdot\frac{\sin x}{1+\cos x}$

$\displaystyle=1\cdot\frac{0}{2}=\mathbf{0}$ 答

別解 (2) $1-\cos x=2\sin^2\frac{x}{2}$ であるから

$$\lim_{x\to0}\frac{1-\cos x}{x}=\lim_{x\to0}\frac{2\sin^2\frac{x}{2}}{x}$$

$$=\lim_{x\to0}\frac{2}{x}\left(\frac{x}{2}\right)^2\left(\frac{\sin\frac{x}{2}}{\frac{x}{2}}\right)^2=\lim_{x\to0}\frac{x}{2}\left(\frac{\sin\frac{x}{2}}{\frac{x}{2}}\right)^2$$

$=0\cdot1^2=\mathbf{0}$ 答

教 p.70

12 半径 r の円 O の周上に，中心角 θ に対する弧 AB をとり，弧 AB を 2 等分する点を C とする。また，線分 OC と弦 AB の交点を D とする。次の極限を求めよ。

(1) $\displaystyle\lim_{\theta\to+0}\frac{\overset{\frown}{\mathrm{AB}}}{\mathrm{AB}}$ (2) $\displaystyle\lim_{\theta\to+0}\frac{\mathrm{CD}}{\mathrm{AB}}$

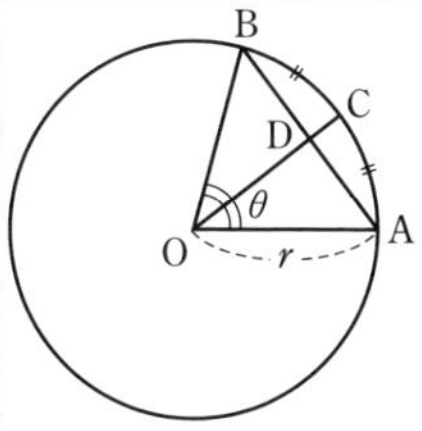

指針 **図形に関する極限** まず，AB，$\overset{\frown}{\mathrm{AB}}$，CD を，$r$，$\theta$ で表して，三角関数の極限 $\displaystyle\lim_{\theta\to0}\frac{\sin\theta}{\theta}=1$ を利用する。

解答 $\overset{\frown}{\mathrm{AB}}=r\theta$

半径 OC は ∠AOB の二等分線であり，点 D は線分 OC 上にある。

また，OA=OB であるから $\angle\mathrm{ODA}=\dfrac{\pi}{2}$

よって $\mathrm{AB}=2\mathrm{AD}=2r\sin\dfrac{\theta}{2}$，

$\mathrm{CD}=\mathrm{OC}-\mathrm{OD}=r-r\cos\dfrac{\theta}{2}=r\left(1-\cos\dfrac{\theta}{2}\right)$

(1) $\displaystyle\lim_{\theta\to+0}\frac{\overset{\frown}{\mathrm{AB}}}{\mathrm{AB}}=\lim_{\theta\to+0}\frac{r\theta}{2r\sin\frac{\theta}{2}}=\lim_{\theta\to+0}\frac{\frac{\theta}{2}}{\sin\frac{\theta}{2}}=\mathbf{1}$ 答

(2) $\displaystyle\lim_{\theta\to+0}\frac{\mathrm{CD}}{\mathrm{AB}}=\lim_{\theta\to+0}\frac{r\left(1-\cos\frac{\theta}{2}\right)}{2r\sin\frac{\theta}{2}}=\lim_{\theta\to+0}\frac{\left(1-\cos\frac{\theta}{2}\right)\left(1+\cos\frac{\theta}{2}\right)}{2\sin\frac{\theta}{2}\left(1+\cos\frac{\theta}{2}\right)}$

$\displaystyle=\lim_{\theta\to+0}\frac{\sin^2\frac{\theta}{2}}{2\sin\frac{\theta}{2}\left(1+\cos\frac{\theta}{2}\right)}$

$\displaystyle=\lim_{\theta\to+0}\frac{\sin\frac{\theta}{2}}{2\left(1+\cos\frac{\theta}{2}\right)}=\frac{0}{2\cdot 2}=\mathbf{0}$ 答

教 p.70

13 方程式 $(x^2-1)\cos x+\sqrt{2}\sin x-1=0$ は，$0<x<\dfrac{\pi}{2}$ の範囲に少なくとも 1 つの実数解をもつことを示せ。

指針 **方程式の実数解（中間値の定理の利用）**　関数 $f(x)$ が閉区間 $[a,\ b]$ で連続で，$f(a)$ と $f(b)$ が異符号ならば，方程式 $f(x)=0$ は $a<x<b$ の範囲に少なくとも 1 つの実数解をもつ。
多項式で表される関数，三角関数は連続関数であり，関数 $f(x)$，$g(x)$ が定義域の x の値 a で連続ならば，$kf(x)+lg(x)$ (k，l は定数)，$f(x)g(x)$ も $x=a$ で連続である。
以上のことを使って示す。

解答 $f(x)=(x^2-1)\cos x+\sqrt{2}\sin x-1$ とおくと，関数 $f(x)$ は区間 $\left[0,\ \dfrac{\pi}{2}\right]$ で連続であり，かつ

$$f(0)=-2<0,\quad f\left(\frac{\pi}{2}\right)=\sqrt{2}-1>0$$

よって，$f(c)=0$，$0<c<\dfrac{\pi}{2}$ を満たす実数 c が少なくとも 1 つある。

したがって，方程式 $f(x)=0$ は $0<x<\dfrac{\pi}{2}$ の範囲に少なくとも 1 つの実数解をもつ。 終

教 p.70

14 半径 r の円に内接する正 n 角形の面積を S_n とする。

(1) S_n を n を用いて表せ。　　(2) 極限 $\lim_{n\to\infty} S_n$ を求めよ。

指針 **図形に関する極限**

(1) 正 n 角形を，円の中心を頂点にもつ n 個の三角形に分割して考える。

(2) 三角関数の極限を利用する。

解答 (1) 円の中心をOとし，円Oに内接する正 n 角形の頂点を A_1, A_2, A_3, ……, A_n とする。

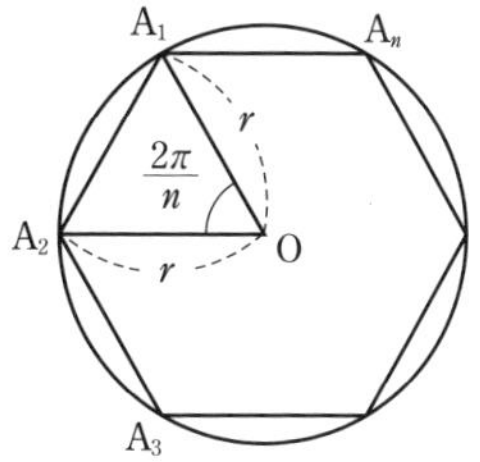

$OA_1=OA_2=r$,

$\angle A_1OA_2=\dfrac{2\pi}{n}$

であるから

$$\triangle A_1OA_2=\frac{1}{2}OA_1\cdot OA_2\sin\angle A_1OA_2$$
$$=\frac{1}{2}r^2\sin\frac{2\pi}{n}$$

よって　　$S_n=n\times\triangle A_1OA_2=\boldsymbol{\dfrac{r^2}{2}n\sin\dfrac{2\pi}{n}}$　答

(2) $$\lim_{n\to\infty}S_n=\lim_{n\to\infty}\frac{r^2}{2}n\sin\frac{2\pi}{n}=\lim_{n\to\infty}\left(\pi r^2\cdot\frac{\sin\frac{2\pi}{n}}{\frac{2\pi}{n}}\right)$$

$\theta=\dfrac{2\pi}{n}$ とおくと，$n\longrightarrow\infty$ のとき $\theta\longrightarrow+0$ であるから

$$\lim_{n\to\infty}S_n=\lim_{\theta\to+0}\left(\pi r^2\cdot\frac{\sin\theta}{\theta}\right)=\boldsymbol{\pi r^2}$$　答

第2章　演習問題A

教 p.71

1. 次の極限を求めよ。

(1) $\displaystyle\lim_{n\to\infty}\frac{1+2+2^2+\cdots\cdots+2^{n-1}}{3^n}$　　(2) $\displaystyle\lim_{n\to\infty}\frac{n^3}{1^2+2^2+3^2+\cdots\cdots+n^2}$

指針　数列の極限

(1) 分子は，初項1，公比2の等比数列の第 n 項までの和になっている。分子の和を求めてから極限を考える。

(2) 数列の和の公式 $\displaystyle\sum_{k=1}^{n}k^2=\frac{n(n+1)(2n+1)}{6}$ を用いて分母の和を求める。

分母と分子を分母の最高次の項 n^3 で割る。

解答 (1) $1+2+2^2+\cdots\cdots+2^{n-1}=\dfrac{1\cdot(2^n-1)}{2-1}=2^n-1$ であるから

$$\lim_{n\to\infty}\frac{1+2+2^2+\cdots\cdots+2^{n-1}}{3^n}=\lim_{n\to\infty}\frac{2^n-1}{3^n}$$

$$=\lim_{n\to\infty}\frac{2^n\left\{1-\left(\frac{1}{2}\right)^n\right\}}{3^n}$$

$$=\lim_{n\to\infty}\left(\frac{2}{3}\right)^n\left\{1-\left(\frac{1}{2}\right)^n\right\}=\mathbf{0}$$ 答

(2) $1^2+2^2+3^2+\cdots\cdots+n^2=\displaystyle\sum_{k=1}^{n}k^2=\frac{n(n+1)(2n+1)}{6}$ であるから

$$\lim_{n\to\infty}\frac{n^3}{1^2+2^2+3^2+\cdots\cdots+n^2}=\lim_{n\to\infty}\frac{n^3}{\dfrac{n(n+1)(2n+1)}{6}}$$

$$=\lim_{n\to\infty}\frac{6}{\left(1+\frac{1}{n}\right)\left(2+\frac{1}{n}\right)}=\mathbf{3}$$ 答

教 p.71

2. n を自然数とするとき，不等式 $2^n\geqq1+n+\dfrac{n(n-1)}{2}$ が成り立つことを用いて，極限 $\displaystyle\lim_{n\to\infty}\frac{n}{2^n}$ を求めよ。

指針　数列 $\left\{\dfrac{n}{r^n}\right\}$ の極限　　与えられた不等式から $2^n>\dfrac{n(n-1)}{2}$ として，$\dfrac{n}{2^n}$ を不等式で表す。そして，はさみうちの原理を利用する。

解答 n は自然数であるから，$2^n \geqq 1+n+\dfrac{n(n-1)}{2}$ より　$2^n > \dfrac{n(n-1)}{2}$

$n \geqq 2$ において　　$0 < \dfrac{n}{2^n} < \dfrac{2}{n-1}$

$\displaystyle\lim_{n\to\infty}\frac{2}{n-1}=0$ であるから　$\displaystyle\lim_{n\to\infty}\frac{n}{2^n}=\mathbf{0}$　答

注意 二項定理により，$h>0$ として

$(1+h)^n = 1+nh+\dfrac{n(n-1)}{2}h^2+\cdots\cdots+h^n$ より

$(1+h)^n \geqq 1+nh+\dfrac{n(n-1)}{2}h^2$　（n は 2 以上の自然数）

$h=1$ とすれば，与えられた不等式が得られる。

教 p.71

3. $a>0$，$a \neq 1$ のとき，次の極限を求めよ。

(1) $\displaystyle\lim_{x\to\infty}\frac{a^{x-1}}{1+a^x}$　　(2) $\displaystyle\lim_{x\to\infty}\{\log_a x - \log_a(x-1)\}$

指針 **指数関数，対数関数の極限**

(1) $0<a<1$ のとき　$\displaystyle\lim_{x\to\infty}a^x=0$，　$a>1$ のとき　$\displaystyle\lim_{x\to\infty}a^x=\infty$

であるから，場合分けをして求める。

(2) $\log_a b - \log_a c = \log_a \dfrac{b}{c}$ を利用する。

解答 (1) **$0<a<1$ のとき**　$\displaystyle\lim_{x\to\infty}a^x=0$，$\displaystyle\lim_{x\to\infty}a^{x-1}=0$ であるから

$$\lim_{x\to\infty}\frac{a^{x-1}}{1+a^x}=\frac{0}{1+0}=\mathbf{0}\quad 答$$

$a>1$ のとき　$\displaystyle\lim_{x\to\infty}a^x=\infty$ であるから

$$\lim_{x\to\infty}\frac{a^{x-1}}{1+a^x}=\lim_{x\to\infty}\frac{\frac{1}{a}}{\frac{1}{a^x}+1}=\frac{\frac{1}{a}}{0+1}=\boldsymbol{\frac{1}{a}}\quad 答$$

(2) $$\lim_{x\to\infty}\{\log_a x-\log_a(x-1)\}=\lim_{x\to\infty}\log_a\frac{x}{x-1}$$

$$=\lim_{x\to\infty}\log_a\frac{1}{1-\frac{1}{x}}=\log_a 1=\mathbf{0}\quad 答$$

注意 (1) $a>1$ のとき $\dfrac{1}{\frac{1}{a^{x-1}}+a}$ と変形してもよい。

教 p.71

4. 放物線 $y=x^2$ 上の点 P と x 軸上の正の部分にある点 Q が，OP=OQ の関係を保ちながら動くとき，直線 PQ が y 軸と交わる点を R とする。点 P が第 1 象限にあって原点 O に限りなく近づくとき，点 R が近づいていく点の座標を求めよ。

指針 **極限と点の座標**　点 P の座標を $(t,\ t^2)$ として点 Q の座標を t で表す。更に直線 PQ の式から点 R の座標を t で表して $t \longrightarrow +0$ とする。

解答 点 P の x 座標を t とすると，P は第 1 象限にあるから，$t>0$ で　$\mathrm{P}(t,\ t^2)$

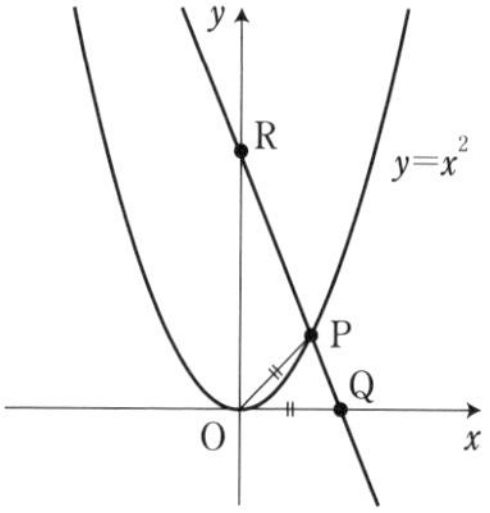

$$\mathrm{OQ}=\mathrm{OP}=\sqrt{t^2+(t^2)^2}=\sqrt{t^4+t^2}$$

から　$\mathrm{Q}(\sqrt{t^4+t^2},\ 0)$

直線 PQ の方程式は

$$y-t^2=\frac{0-t^2}{\sqrt{t^4+t^2}-t}(x-t)$$

よって　$y=\dfrac{t}{1-\sqrt{t^2+1}}x+t^2-\dfrac{t^2}{1-\sqrt{t^2+1}}$

$x=0$ とすると

$$y=t^2-\frac{t^2}{1-\sqrt{t^2+1}}=t^2-\frac{t^2(1+\sqrt{t^2+1})}{(1-\sqrt{t^2+1})(1+\sqrt{t^2+1})}$$

$$=t^2-\frac{t^2(1+\sqrt{t^2+1})}{1-(\sqrt{t^2+1})^2}$$

$$=t^2-\frac{t^2(1+\sqrt{t^2+1})}{-t^2}$$

$$=t^2+1+\sqrt{t^2+1}$$

したがって，点 R の座標は　$\mathrm{R}(0,\ t^2+1+\sqrt{t^2+1})$

点 P が第 1 象限にあって原点 O に近づくとき

$\displaystyle\lim_{t\to+0}(t^2+1+\sqrt{t^2+1})=2$ であるから，点 R が近づいていく点の座標は

(0, 2)　答

第2章　演習問題B

教 p.71

5. 数列 $\{a_n\}$ は，$a_1=\dfrac{3}{2}$，$a_{n+1}=\dfrac{2}{3-a_n}$　$(n=1,\ 2,\ 3,\ \cdots\cdots)$ で定義されている。

(1)　$a_n=\dfrac{2^{n-1}+2}{2^{n-1}+1}$ であることを，数学的帰納法によって証明せよ。

(2)　数列 $\{a_n\}$ の極限を求めよ。

指針　**漸化式で定められる数列の極限**

(1)　数学的帰納法は，次の [1]，[2] を証明すればよい。

[1]　$n=1$ のとき，命題が成り立つ。

[2]　$n=k$ のとき命題が成り立つと仮定すると，
$n=k+1$ のときにも成り立つ。

(2)　分母と分子を 2^{n-1} で割ってから極限値を求める。

解答 (1)　$a_n=\dfrac{2^{n-1}+2}{2^{n-1}+1}$　…… ①

[1]　$n=1$ のとき　① の右辺は　$\dfrac{2^0+2}{2^0+1}=\dfrac{3}{2}$

初項は $a_1=\dfrac{3}{2}$ なので，$n=1$ のとき，① は成り立つ。

[2]　$n=k$ のとき ① が成り立つ，すなわち

$$a_k=\frac{2^{k-1}+2}{2^{k-1}+1}\quad\cdots\cdots\ ②$$

と仮定する。$n=k+1$ のときを考えると ② から，

$$a_{k+1}=\frac{2}{3-a_k}=\frac{2}{3-\dfrac{2^{k-1}+2}{2^{k-1}+1}}$$

$$=\frac{2(2^{k-1}+1)}{3(2^{k-1}+1)-(2^{k-1}+2)}$$

$$=\frac{2^k+2}{2^k+1}=\frac{2^{(k+1)-1}+2}{2^{(k+1)-1}+1}$$

よって，$n=k+1$ のときにも ① は成り立つ。

[1]，[2] から，すべての自然数 n について ① は成り立つ。 終

(2)　$\displaystyle\lim_{n\to\infty}a_n=\lim_{n\to\infty}\frac{2^{n-1}+2}{2^{n-1}+1}=\lim_{n\to\infty}\frac{1+\dfrac{2}{2^{n-1}}}{1+\dfrac{1}{2^{n-1}}}=\frac{1}{1}=\mathbf{1}$　答

教 p.71

6. 次の無限級数はすべての実数 x に対して収束することを示せ。また，その和を $f(x)$ として，関数 $y=f(x)$ のグラフをかけ。また，$y=f(x)$ が不連続となる x の値を求めよ。

$$x^2+\frac{x^2}{1+x^2}+\frac{x^2}{(1+x^2)^2}+\cdots\cdots+\frac{x^2}{(1+x^2)^{n-1}}+\cdots\cdots$$

指針 **無限等比級数と関数**　無限等比級数 $\sum_{n=1}^{\infty} ar^{n-1}$ について $a=0$ のとき収束して和は 0，$a \neq 0$ のとき $|r|<1$ ならば収束してその和は $\frac{a}{1-r}$ である。与えられた級数について，$x=0$ と $x \neq 0$ に分けて考える。

解答 この無限級数は初項 x^2，公比 $\frac{1}{1+x^2}$ の無限等比級数である。

[1]　$x=0$ のとき　初項は 0 であるから，無限等比級数は 0 に収束する。

[2]　$x \neq 0$ のとき　$0<\frac{1}{1+x^2}<1$ から無限等比級数は収束し

$$\frac{x^2}{1-\frac{1}{1+x^2}}=\frac{x^2(1+x^2)}{(1+x^2)-1}=x^2+1$$

よって，この無限級数はすべての実数 x に対して収束する。 終

$$f(x)=\begin{cases} 0 & (x=0) \\ x^2+1 & (x \neq 0) \end{cases}$$

であるから，関数 $y=f(x)$ のグラフは右の図のようになる。
ただし，点 $(0,\ 1)$ は含まず，原点 $(0,\ 0)$ を含む。
右の図から，

$y=f(x)$ が不連続となる x の値は　0 答

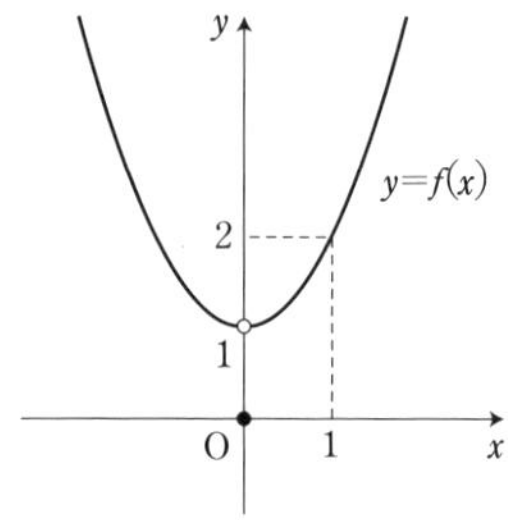

教科書 p.74〜76

第3章 微分法

第1節 導関数

1 微分係数と導関数

まとめ

1 微分係数

① 関数 $f(x)$ について，極限値 $\lim_{h \to 0} \dfrac{f(a+h)-f(a)}{h}$ が存在するとき，これを $f(x)$ の $x=a$ における **微分係数** または変化率といい，$\boldsymbol{f'(a)}$ で表す。
ここで，$a+h=x$ とおくと，$h=x-a$ であり，$h \longrightarrow 0$ と $x \longrightarrow a$ は同じことであるから，$f'(a)$ の定義は次のようにまとめられる。

微分係数

$$\boldsymbol{f'(a)=\lim_{h \to 0} \frac{f(a+h)-f(a)}{h}=\lim_{x \to a} \frac{f(x)-f(a)}{x-a}}$$

② 関数 $f(x)$ について，$x=a$ における微分係数 $f'(a)$ が存在するならば，$f(x)$ は $x=a$ で **微分可能** であるという。

③ 関数 $y=f(x)$ が $x=a$ で微分可能であるとき，曲線 $y=f(x)$ 上の点 $\mathrm{A}(a,\ f(a))$ における接線が存在し，微分係数 $f'(a)$ は曲線 $y=f(x)$ の点 A における接線の傾きを表している。

注意 関数 $y=f(x)$ が $x=a$ で微分可能でないとき，曲線 $y=f(x)$ 上の点 $\mathrm{A}(a,\ f(a))$ における接線は存在しないか，または接線は x 軸に垂直な直線である。

2 微分可能と連続

① **微分可能と連続**

関数 $f(x)$ が $x=a$ で微分可能ならば，
$x=a$ で連続である。

② 関数 $f(x)$ が $x=a$ で連続であっても，$f(x)$ は $x=a$ で微分可能とは限らない。

3 導関数

① 関数 $f(x)$ が，ある区間のすべての x の値で微分可能であるとき，$f(x)$ はその **区間で微分可能** であるという。

② 関数 $f(x)$ がある区間で微分可能であるとき，その区間における x のおのおのの値 a に対して微分係数 $f'(a)$ を対応させると，1つの新しい関数が得られる。この新しい関数を関数 $f(x)$ の **導関数** といい，記号 $\boldsymbol{f'(x)}$ で表す。

また，関数 $f(x)$ からその導関数 $f'(x)$ を求めることを，$f(x)$ を **微分する** という。

③ 関数 $f(x)$ の導関数 $f'(x)$ は，次の式で定義される。

導関数 $\boldsymbol{f'(x)=\lim_{h\to 0}\frac{f(x+h)-f(x)}{h}}$

④ 関数 $y=f(x)$ の導関数は，$\boldsymbol{y'}$，$\boldsymbol{\frac{dy}{dx}}$，$\boldsymbol{\frac{d}{dx}f(x)}$ などの記号でも表す。

⑤ 関数 $y=f(x)$ において，x の増分 Δx に対する y の増分 $f(x+\Delta x)-f(x)$ を Δy とすると，$f'(x)$ は次のように表される。

$$\boldsymbol{f'(x)=\lim_{\Delta x\to 0}\frac{\Delta y}{\Delta x}=\lim_{\Delta x\to 0}\frac{f(x+\Delta x)-f(x)}{\Delta x}}$$

A 微分係数

教 p.74

練習 1

関数 $f(x)=x^3-2x$ のグラフ上の点 $(1,\ -1)$ における接線の傾きを求めよ。

指針 **微分係数と接線の傾き**　数学Ⅱで学んだように，導関数の公式を用いればすぐに接線の傾き $f'(1)$ が求められるが，ここでは定義に従って微分係数を求めておく。$f'(a)=\lim_{h\to 0}\frac{f(a+h)-f(a)}{h}$ を用いる。

解答

$$\begin{aligned}
f'(1)&=\lim_{h\to 0}\frac{f(1+h)-f(1)}{h}\\
&=\lim_{h\to 0}\frac{\{(1+h)^3-2(1+h)\}-(1^3-2\cdot 1)}{h}\\
&=\lim_{h\to 0}\frac{\{(1+3h+3h^2+h^3)-2(1+h)\}-(1-2)}{h}\\
&=\lim_{h\to 0}\frac{h+3h^2+h^3}{h}=\lim_{h\to 0}(1+3h+h^2)=\mathbf{1}
\end{aligned}$$
答

B 微分可能と連続

教 p.75

練習 2

関数 $f(x)=|x^2-1|$ は $x=1$ で微分可能でないことを示せ。

指針 **微分可能**　$x=1$ で微分可能でないことをいうには，$\lim_{h\to +0}\frac{f(1+h)-f(1)}{h}$ と $\lim_{h\to -0}\frac{f(1+h)-f(1)}{h}$ が異なることを示せばよい。

解答 $\dfrac{f(1+h)-f(1)}{h}=\dfrac{|(1+h)^2-1|-0}{h}=\dfrac{|2h+h^2|}{h}=\dfrac{|h(2+h)|}{h}$

であるから

$$\lim_{h\to+0}\frac{f(1+h)-f(1)}{h}=\lim_{h\to+0}\frac{h(2+h)}{h}=\lim_{h\to+0}(2+h)=2$$

$$\lim_{h\to-0}\frac{f(1+h)-f(1)}{h}=\lim_{h\to-0}\frac{-h(2+h)}{h}$$

$$=\lim_{h\to-0}(-2-h)=-2$$

よって，$\displaystyle\lim_{h\to0}\frac{f(1+h)-f(1)}{h}$

すなわち $f'(1)$ は存在しない。

ゆえに，関数 $f(x)=|x^2-1|$ は

$x=1$ で微分可能ではない。 終

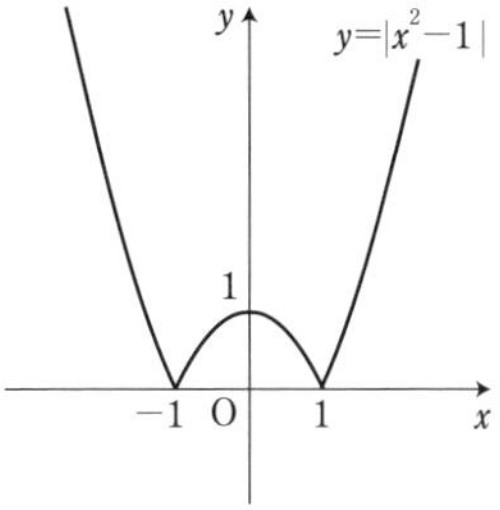

注意 $y=f(x)$ のグラフは図のようになり，関数 $f(x)=|x^2-1|$ は $x=1$ で連続である。

教 p.75

深める

関数 $f(x)=|x^2-1|$ は $x=1$ 以外にも微分可能でない x の値が存在する。このことを確かめよう。

指針 **微分可能** 練習 2 の $x=1$ は $|x^2-1|=0$ すなわち $x^2-1=0$ の解である。$x^2-1=0$ のもう 1 つの解 $x=-1$ について調べてみる。

解答 $\dfrac{f(-1+h)-f(-1)}{h}=\dfrac{|(-1+h)^2-1|-0}{h}=\dfrac{|h^2-2h|}{h}=\dfrac{|h(2-h)|}{h}$

であるから

$$\lim_{h\to+0}\frac{f(-1+h)-f(-1)}{h}=\lim_{h\to+0}\frac{h(2-h)}{h}=\lim_{h\to+0}(2-h)=2$$

$$\lim_{h\to-0}\frac{f(-1+h)-f(-1)}{h}=\lim_{h\to-0}\frac{-h(2-h)}{h}=\lim_{h\to-0}(-2+h)=-2$$

よって，$\displaystyle\lim_{h\to0}\frac{f(-1+h)-f(-1)}{h}$ すなわち $f'(-1)$ は存在しない。

したがって，$f(x)$ は $x=1$ 以外にも $x=-1$ で微分可能でない。 終

C 導関数

教 p.76

練習 3

次の関数を，導関数の定義に従って微分せよ。

(1) $f(x)=\dfrac{1}{x}$　　(2) $f(x)=\sqrt{2x-1}$

教科書 p.76〜85

指針 **導関数の定義**　$f'(x)=\lim_{h\to 0}\frac{f(x+h)-f(x)}{h}$ により求める。

解答 (1)　$$\boldsymbol{f'(x)}=\lim_{h\to 0}\frac{\frac{1}{x+h}-\frac{1}{x}}{h}=\lim_{h\to 0}\frac{\frac{x-(x+h)}{x(x+h)}}{h}$$

$$=\lim_{h\to 0}\frac{-h}{hx(x+h)}$$

$$=\lim_{h\to 0}\left\{-\frac{1}{x(x+h)}\right\}=\boldsymbol{-\frac{1}{x^2}}$$ 答

(2)　$$\boldsymbol{f'(x)}=\lim_{h\to 0}\frac{\sqrt{2(x+h)-1}-\sqrt{2x-1}}{h}$$

$$=\lim_{h\to 0}\frac{\{2(x+h)-1\}-(2x-1)}{h\{\sqrt{2(x+h)-1}+\sqrt{2x-1}\}}$$

$$=\lim_{h\to 0}\frac{2h}{h\{\sqrt{2(x+h)-1}+\sqrt{2x-1}\}}$$

$$=\lim_{h\to 0}\frac{2}{\sqrt{2(x+h)-1}+\sqrt{2x-1}}$$

$$=\boldsymbol{\frac{1}{\sqrt{2x-1}}}$$ 答

2 導関数の計算

まとめ

1　導関数の性質

① 関数 $f(x)$, $g(x)$ が微分可能であるとき，その導関数について，次のことが成り立つ。

導関数の性質

k, l は定数とする。

1　$\{kf(x)\}'=kf'(x)$

2　$\{f(x)+g(x)\}'=f'(x)+g'(x)$

3　$\{kf(x)+lg(x)\}'=kf'(x)+lg'(x)$

② 上の性質 3 において，$k=1$, $l=-1$ とすると，次の性質が得られる。

$$\{f(x)-g(x)\}'=f'(x)-g'(x)$$

2　積の導関数

① 関数 $f(x)$, $g(x)$ が微分可能であるとき，次の公式が成り立つ。

積の導関数

4　$\{f(x)g(x)\}'=f'(x)g(x)+f(x)g'(x)$

② **x^n の導関数**　　n が自然数のとき　　$(x^n)'=nx^{n-1}$

3　商の導関数

①　関数 $f(x)$，$g(x)$ が微分可能であるとき，次の公式が成り立つ。

商の導関数

5　$$\left\{\frac{f(x)}{g(x)}\right\}'=\frac{f'(x)g(x)-f(x)g'(x)}{\{g(x)\}^2}$$

特に　$$\left\{\frac{1}{g(x)}\right\}'=-\frac{g'(x)}{\{g(x)\}^2}$$

②　**x^n の導関数**　n が整数のとき　$(x^n)'=nx^{n-1}$

4　合成関数の微分法

①　$y=f(u)$ が u の関数として微分可能，$u=g(x)$ が x の関数として微分可能であるとき，関数 $y=f(u)$，$u=g(x)$ の合成関数 $y=f(g(x))$ も微分可能で，次の公式が成り立つ。

合成関数の微分法　6　$$\frac{dy}{dx}=\frac{dy}{du}\cdot\frac{du}{dx}$$

②　上の公式 6 は次のようにも表される。

$$\frac{d}{dx}f(g(x))=f'(g(x))g'(x)$$

5　逆関数の微分法

①　**逆関数の微分法**　7　$$\frac{dy}{dx}=\frac{1}{\dfrac{dx}{dy}}$$

②　**x^p の導関数**　p が有理数のとき　$(x^p)'=px^{p-1}$

A 導関数の性質

問 1　教 p.77

教科書 77 ページの 1 を証明せよ。また，1，2 を用いて，3 を証明せよ。

指針　**導関数の性質**　導関数の定義において，$f(x)$ を $kf(x)$ におき換えて 1 を証明する。また，$f(x)+g(x)$ の導関数を $\{f(x)+g(x)\}'$ と書き表す。これにより，2，1 の順に用いて，3 を証明する。

解答　1 の証明

$f(x)$ は微分可能であるから

$$f'(x)=\lim_{h\to0}\frac{f(x+h)-f(x)}{h}$$

よって　$$\{kf(x)\}'=\lim_{h\to0}\frac{kf(x+h)-kf(x)}{h}=\lim_{h\to0}\frac{k\{f(x+h)-f(x)\}}{h}$$

$$=k\lim_{h\to0}\frac{f(x+h)-f(x)}{h}=kf'(x)$$　終

3の証明

性質2により　$\{kf(x)+lg(x)\}'=\{kf(x)\}'+\{lg(x)\}'$

性質1により　$\{kf(x)\}'=kf'(x)$，$\{lg(x)\}'=lg'(x)$

したがって　$\{kf(x)+lg(x)\}'=kf'(x)+lg'(x)$　終

練習 4　教 p.77

次の関数を微分せよ。

(1)　$y=-x^3-7x^2+2x+4$　　(2)　$y=2x^4-3x^2+1$

指針　**導関数の計算**　導関数の性質3を用いて，各項ごとに微分する。
数学Ⅱで学んだように，n が自然数のとき，$y=x^n$ の導関数は $y'=nx^{n-1}$ である。

解答　(1)　$y'=-(x^3)'-7(x^2)'+2(x)'+(4)'$

$=-3x^2-7\cdot 2x+2\cdot 1$

$\boldsymbol{=-3x^2-14x+2}$　答

(2)　$y'=2(x^4)'-3(x^2)'+(1)'$

$=2\cdot 4x^3-3\cdot 2x$

$\boldsymbol{=8x^3-6x}$　答

B　積の導関数

練習 5　教 p.79

次の関数を微分せよ。

(1)　$y=(2x+1)(x^2-x+3)$　　(2)　$y=(2x^3+1)(3x^4-1)$

指針　**積の導関数**　公式 $\{f(x)g(x)\}'=f'(x)g(x)+f(x)g'(x)$ を用いる。

解答　(1)　$y'=(2x+1)'(x^2-x+3)+(2x+1)(x^2-x+3)'$

$=2(x^2-x+3)+(2x+1)(2x-1)$

$=2x^2-2x+6+4x^2-1$

$\boldsymbol{=6x^2-2x+5}$　答

(2)　$y'=(2x^3+1)'(3x^4-1)+(2x^3+1)(3x^4-1)'$

$=6x^2(3x^4-1)+(2x^3+1)\cdot 12x^3$

$=(18x^6-6x^2)+(24x^6+12x^3)$

$\boldsymbol{=42x^6+12x^3-6x^2}$　答

別解　右辺を展開してから微分する。

(1)　$y=2x^3-x^2+5x+3$ であるから　$\boldsymbol{y'=6x^2-2x+5}$　答

(2)　$y=6x^7+3x^4-2x^3-1$ であるから　$\boldsymbol{y'=42x^6+12x^3-6x^2}$　答

C 商の導関数

練習 6 教 p.81

次の関数を微分せよ。

(1) $y=\dfrac{2}{2x-1}$　　(2) $y=\dfrac{x}{x^2-1}$　　(3) $y=\dfrac{x^2+2x+2}{x+1}$

指針 **商の導関数**　商の導関数の公式を利用する。

解答 (1) $y'=-\dfrac{2(2x-1)'}{(2x-1)^2}=-\dfrac{\mathbf{4}}{\mathbf{(2x-1)^2}}$ 答

(2) $y'=\dfrac{1\cdot(x^2-1)-x\cdot 2x}{(x^2-1)^2}=\dfrac{x^2-1-2x^2}{(x^2-1)^2}=-\dfrac{\boldsymbol{x^2+1}}{\boldsymbol{(x^2-1)^2}}$ 答

(3) $y'=\dfrac{(2x+2)(x+1)-(x^2+2x+2)\cdot 1}{(x+1)^2}=\dfrac{\boldsymbol{x(x+2)}}{\boldsymbol{(x+1)^2}}$ 答

問 2 教 p.81

教科書 81 ページの公式を用いて，関数 $y=\dfrac{1}{x}$ を微分せよ。

指針 **x^n の導関数**　$\dfrac{1}{x}=x^{-1}$ として，公式 $(x^n)'=nx^{n-1}$ を使う。

解答 $y=x^{-1}$ であるから　$y'=(x^{-1})'=-1\cdot x^{-1-1}=-x^{-2}=-\dfrac{\mathbf{1}}{\boldsymbol{x^2}}$ 答

練習 7 教 p.81

次の関数を微分せよ。

(1) $y=\dfrac{1}{x^2}$　　(2) $y=\dfrac{1}{3x^3}$　　(3) $y=x+\dfrac{1}{x}$

指針 **x^n の導関数**　(1) では $n=-2$，(2) では $n=-3$，(3) では $n=1$ と $n=-1$ として，公式 $(x^n)'=nx^{n-1}$ を用いる。

解答 (1) $y=x^{-2}$ であるから

$y'=-2x^{-2-1}=-2x^{-3}=-\dfrac{\mathbf{2}}{\boldsymbol{x^3}}$ 答

(2) $y=\dfrac{1}{3}x^{-3}$ であるから

$y'=\dfrac{1}{3}\cdot(-3)x^{-3-1}=-x^{-4}=-\dfrac{\mathbf{1}}{\boldsymbol{x^4}}$ 答

(3) $y=x+x^{-1}$ であるから

$y'=1+(-1)x^{-1-1}=\mathbf{1}-\dfrac{\mathbf{1}}{\boldsymbol{x^2}}$ 答

D 合成関数の微分法

教 p.83

問3 微分可能な関数 $f(x)$，$g(x)$ について，次の等式を証明せよ。

(1) $\boldsymbol{\dfrac{d}{dx}f(ax+b)=af'(ax+b)}$　　ただし，a，b は定数

(2) $\boldsymbol{\dfrac{d}{dx}\{g(x)\}^n=n\{g(x)\}^{n-1}g'(x)}$　ただし，n は整数

指針 **合成関数の微分法**

(1) $u=ax+b$ とおくと，関数 $y=f(ax+b)$ は，関数 $y=f(u)$，$u=ax+b$ の合成関数になっている。

(2) $u=g(x)$ とおくと，関数 $y=\{g(x)\}^n$ は，関数 $y=u^n$ と $u=g(x)$ の合成関数になっている。

解答 (1) $y=f(ax+b)$，$u=ax+b$ とおくと $y=f(u)$ となり

$$\frac{dy}{du}=f'(u),\quad \frac{du}{dx}=a$$

よって
$$\frac{dy}{dx}=\frac{dy}{du}\cdot\frac{du}{dx}=f'(u)\cdot a$$
$$=af'(ax+b)$$

すなわち　$\dfrac{d}{dx}f(ax+b)=af'(ax+b)$　終

(2) $y=\{g(x)\}^n$，$u=g(x)$ とおくと $y=u^n$ となり

$$\frac{dy}{du}=nu^{n-1},\quad \frac{du}{dx}=g'(x)$$

よって
$$\frac{dy}{dx}=\frac{dy}{du}\cdot\frac{du}{dx}=nu^{n-1}\cdot g'(x)$$
$$=n\{g(x)\}^{n-1}g'(x)$$

すなわち　$\dfrac{d}{dx}\{g(x)\}^n=n\{g(x)\}^{n-1}g'(x)$　終

別解 (1) 公式 $\dfrac{d}{dx}f(g(x))=f'(g(x))g'(x)$ を使うと

$$\frac{d}{dx}f(ax+b)=f'(ax+b)\cdot(ax+b)'=f'(ax+b)\cdot a$$
$$=af'(ax+b)$$　終

練習 8 教 p.83

次の関数を微分せよ。

(1) $y=(3x+1)^4$　(2) $y=(3-2x^2)^3$　(3) $y=\dfrac{1}{(x^2+1)^3}$

指針 **合成関数の導関数**　まず，$y=f(u)$，$u=g(x)$ とおいて，$\dfrac{dy}{dx}=\dfrac{dy}{du}\cdot\dfrac{du}{dx}$ により求める。問 3 の公式を利用してもよい。

解答 (1) $u=3x+1$ とおくと $y=u^4$ となり

$$\frac{dy}{du}=4u^3,\qquad \frac{du}{dx}=3$$

よって $\boldsymbol{\dfrac{dy}{dx}}=\dfrac{dy}{du}\cdot\dfrac{du}{dx}=4u^3\cdot3$

$$=4(3x+1)^3\cdot3$$

$$\boldsymbol{=12(3x+1)^3}$$ 答

(2) $u=3-2x^2$ とおくと $y=u^3$ となり

$$\frac{dy}{du}=3u^2,\qquad \frac{du}{dx}=-4x$$

よって $\boldsymbol{\dfrac{dy}{dx}}=\dfrac{dy}{du}\cdot\dfrac{du}{dx}=3u^2\cdot(-4x)$

$$=3(3-2x^2)^2\cdot(-4x)$$

$$\boldsymbol{=-12x(3-2x^2)^2}$$ 答

(3) $u=x^2+1$ とおくと $y=u^{-3}$ となり

$$\frac{dy}{du}=-3u^{-4},\qquad \frac{du}{dx}=2x$$

よって $\boldsymbol{\dfrac{dy}{dx}}=\dfrac{dy}{du}\cdot\dfrac{du}{dx}=-3u^{-4}\cdot2x$

$$=-6x(x^2+1)^{-4}$$

$$\boldsymbol{=-\frac{6x}{(x^2+1)^4}}$$ 答

参考 合成関数の導関数についてよく理解してから，公式を利用する。
(1)について，公式を利用すると次のようになる。

[1] $\dfrac{d}{dx}f(g(x))=f'(g(x))g'(x)$ を用いた場合

$$\boldsymbol{y'}=\{(3x+1)^4\}'=f'(3x+1)\cdot(3x+1)'=4(3x+1)^{4-1}\cdot3$$

$$\boldsymbol{=12(3x+1)^3}$$

[2] $\dfrac{d}{dx}f(ax+b)=af'(ax+b)$ を用いた場合

$$\boldsymbol{y'}=\frac{d}{dx}f(3x+1)=3f'(3x+1)=3\cdot4(3x+1)^{4-1}$$

$=\mathbf{12(3x+1)^3}$

[3] $\dfrac{d}{dx}\{g(x)\}^n=n\{g(x)\}^{n-1}g'(x)$ を用いた場合

$\boldsymbol{y'}=\dfrac{d}{dx}(3x+1)^4=4(3x+1)^{4-1}\cdot(3x+1)'=4(3x+1)^3\cdot 3$

$=\mathbf{12(3x+1)^3}$

[1], [2] での $f'(3x+1)$ とは，$f(u)=u^4$ より $f'(u)=4u^3$ に $u=3x+1$ を代入したものであることに注意する。

(2), (3) については $\dfrac{d}{dx}\{g(x)\}^n=n\{g(x)\}^{n-1}g'(x)$ が利用しやすい。

(2) $\boldsymbol{y'}=\{(3-2x^2)^3\}'=3(3-2x^2)^{3-1}\cdot(3-2x^2)'$

$=3(3-2x^2)^2\cdot(-4x)$

$=\mathbf{-12x(3-2x^2)^2}$

(3) $\boldsymbol{y'}=\left\{\dfrac{1}{(x^2+1)^3}\right\}'=\{(x^2+1)^{-3}\}'$

$=-3(x^2+1)^{-3-1}\cdot(x^2+1)'$

$=-3(x^2+1)^{-4}\cdot 2x$

$=-\dfrac{\mathbf{6x}}{\mathbf{(x^2+1)^4}}$

E 逆関数の微分法

教 p.84

練習 9

教科書 84 ページの公式 7 を用いて，次の関数を微分せよ。

(1) $y=x^{\frac{1}{6}}$ 　　　(2) $y=\sqrt{x}$

指針 **逆関数の微分法**　与えられた式を x について解き，x を y の関数と考えて微分して，公式 7 を利用する。

解答 (1) $y=x^{\frac{1}{6}}$ を x について解くと

$$x=y^6$$

x を y の関数と考えて微分すると

$$\frac{dx}{dy}=6y^5$$

よって　$\dfrac{\boldsymbol{dy}}{\boldsymbol{dx}}=\dfrac{1}{\dfrac{dx}{dy}}=\dfrac{1}{6y^5}=\dfrac{1}{6\left(x^{\frac{1}{6}}\right)^5}=\dfrac{\mathbf{1}}{\mathbf{6}}\boldsymbol{x}^{-\frac{5}{6}}$ 答

(2) $y=\sqrt{x}$ を x について解くと

$$x=y^2$$

x を y の関数と考えて微分すると

$$\frac{dx}{dy}=2y$$

よって　$$\boldsymbol{\frac{dy}{dx}}=\frac{1}{\frac{dx}{dy}}=\frac{1}{2y}=\boldsymbol{\frac{1}{2\sqrt{x}}}$$ 答

教 p.85

練習 10

次の関数を微分せよ。

(1)　$y=\sqrt{x^3}$　　(2)　$y=\sqrt[4]{2x-3}$　　(3)　$y=\sqrt[3]{x^2+x+1}$

指針　**x^p の導関数**　m が整数，n が正の整数であるとき　$\sqrt[n]{x^m}=x^{\frac{m}{n}}$

また，r が有理数のとき $\frac{1}{x^r}=x^{-r}$ であることを用いる。

教科書 $p.85$ の x^p の導関数の公式により微分して，計算した結果は，問題に与えられた形で表す。

解答 (1)　$y=\sqrt{x^3}$ は $y=x^{\frac{3}{2}}$ と表されるから

$$\boldsymbol{y'}=\left(x^{\frac{3}{2}}\right)'=\frac{3}{2}x^{\frac{3}{2}-1}=\frac{3}{2}x^{\frac{1}{2}}=\boldsymbol{\frac{3}{2}\sqrt{x}}$$ 答

(2)　$y=\sqrt[4]{2x-3}$ は $y=(2x-3)^{\frac{1}{4}}$ と表される。

$u=2x-3$ とおくと，$y=u^{\frac{1}{4}}$ となり

$$\frac{dy}{du}=\frac{1}{4}u^{\frac{1}{4}-1}=\frac{1}{4}u^{-\frac{3}{4}},\qquad \frac{du}{dx}=2$$

よって　$$\boldsymbol{y'}=\frac{dy}{du}\cdot\frac{du}{dx}=\frac{1}{4}u^{-\frac{3}{4}}\cdot 2$$

$$=\frac{1}{2}u^{-\frac{3}{4}}=\frac{1}{2}(2x-3)^{-\frac{3}{4}}$$

$$=\boldsymbol{\frac{1}{2\sqrt[4]{(2x-3)^3}}}$$ 答

(3)　$y=\sqrt[3]{x^2+x+1}$ は $y=(x^2+x+1)^{\frac{1}{3}}$ と表される。

$u=x^2+x+1$ とおくと，$y=u^{\frac{1}{3}}$ となり

$$\frac{dy}{du}=\frac{1}{3}u^{\frac{1}{3}-1}=\frac{1}{3}u^{-\frac{2}{3}},\qquad \frac{du}{dx}=2x+1$$

よって　$$\boldsymbol{y'}=\frac{dy}{du}\cdot\frac{du}{dx}=\frac{1}{3}u^{-\frac{2}{3}}(2x+1)$$

$$=\frac{1}{3}(x^2+x+1)^{-\frac{2}{3}}(2x+1)$$

$$=\boldsymbol{\frac{2x+1}{3\sqrt[3]{(x^2+x+1)^2}}}$$ 答

第3章 第1節 問題

教 p.86

1 関数 $y=x\sqrt{x}$ を，導関数の定義に従って微分せよ。

指針 **導関数の定義**　関数 $y=f(x)$ の導関数 $f'(x)$ は

$f'(x)=\lim_{h\to 0}\dfrac{f(x+h)-f(x)}{h}$ により定義される。

解答

$$y'=\lim_{h\to 0}\frac{(x+h)\sqrt{x+h}-x\sqrt{x}}{h}$$

$$=\lim_{h\to 0}\left\{\frac{x(\sqrt{x+h}-\sqrt{x})}{h}+\sqrt{x+h}\right\}$$

ここで

$$\frac{x(\sqrt{x+h}-\sqrt{x})}{h}=\frac{x(\sqrt{x+h}-\sqrt{x})(\sqrt{x+h}+\sqrt{x})}{h(\sqrt{x+h}+\sqrt{x})}$$

$$=\frac{x\{(x+h)-x\}}{h(\sqrt{x+h}+\sqrt{x})}=\frac{x}{\sqrt{x+h}+\sqrt{x}}$$

であるから

$$\boldsymbol{y'}=\lim_{h\to 0}\left(\frac{x}{\sqrt{x+h}+\sqrt{x}}+\sqrt{x+h}\right)$$

$$=\frac{x}{2\sqrt{x}}+\sqrt{x}$$

$$=\frac{\sqrt{x}}{2}+\sqrt{x}=\boldsymbol{\frac{3}{2}\sqrt{x}}$$ 答

教 p.86

2 次の関数を微分せよ。

(1) $y=(x^3-1)(x^2-2)$　　(2) $y=(2x+1)(3x^4-x^3+2)$

(3) $y=\dfrac{1}{x^2+1}$　　(4) $y=\dfrac{x^2}{x^2-4}$

(5) $y=\dfrac{x^2}{x+2}$　　(6) $y=\dfrac{3x^2-2x+5}{\sqrt{x}}$

指針 **導関数の計算**　$f(x)$ を f，$f'(x)$ を f' 等で表すと

(1)，(2) 積の導関数 $(fg)'=f'g+fg'$　　(3) 商の導関数 $\left(\dfrac{1}{g}\right)'=-\dfrac{g'}{g^2}$

(4)～(6) 商の導関数 $\left(\dfrac{f}{g}\right)'=\dfrac{f'g-fg'}{g^2}$ 公式に従って計算する。

解答 (1) $\boldsymbol{y'}=(x^3-1)'(x^2-2)+(x^3-1)(x^2-2)'$

$=3x^2(x^2-2)+(x^3-1)\cdot 2x$

$=(3x^4-6x^2)+(2x^4-2x)$

$\boldsymbol{=5x^4-6x^2-2x}$ 答

(2) $\boldsymbol{y'}=(2x+1)'(3x^4-x^3+2)+(2x+1)(3x^4-x^3+2)'$

$=2(3x^4-x^3+2)+(2x+1)(12x^3-3x^2)$

$=(6x^4-2x^3+4)+(24x^4+6x^3-3x^2)$

$\boldsymbol{=30x^4+4x^3-3x^2+4}$ 答

(3) $\boldsymbol{y'}=-\dfrac{(x^2+1)'}{(x^2+1)^2}=\boldsymbol{-\dfrac{2x}{(x^2+1)^2}}$ 答

(4) $\boldsymbol{y'}=\dfrac{(x^2)'(x^2-4)-x^2(x^2-4)'}{(x^2-4)^2}$

$=\dfrac{2x(x^2-4)-x^2\cdot 2x}{(x^2-4)^2}=\boldsymbol{-\dfrac{8x}{(x^2-4)^2}}$ 答

(5) $\boldsymbol{y'}=\dfrac{(x^2)'(x+2)-x^2(x+2)'}{(x+2)^2}$

$=\dfrac{2x(x+2)-x^2\cdot 1}{(x+2)^2}=\boldsymbol{\dfrac{x^2+4x}{(x+2)^2}}$ 答

(6) $\boldsymbol{y'}=\dfrac{(3x^2-2x+5)'\sqrt{x}-(3x^2-2x+5)(\sqrt{x})'}{(\sqrt{x})^2}$

$=\dfrac{(6x-2)\cdot\sqrt{x}-(3x^2-2x+5)\cdot\dfrac{1}{2\sqrt{x}}}{x}$

$=\dfrac{(6x-2)\cdot 2x-(3x^2-2x+5)}{2x\sqrt{x}}$

$=\boldsymbol{\dfrac{9x^2-2x-5}{2x\sqrt{x}}}$ 答

別解 (5) $y=x-2+\dfrac{4}{x+2}$ であるから

$\boldsymbol{y'}=1-\dfrac{4}{(x+2)^2}=\boldsymbol{\dfrac{x^2+4x}{(x+2)^2}}$ 答

(6) $y=3x^{\frac{3}{2}}-2x^{\frac{1}{2}}+5x^{-\frac{1}{2}}$ であるから

$\boldsymbol{y'}=3\cdot\dfrac{3}{2}x^{\frac{1}{2}}-2\cdot\dfrac{1}{2}x^{-\frac{1}{2}}+5\cdot\left(-\dfrac{1}{2}x^{-\frac{3}{2}}\right)$

$=\dfrac{9}{2}\sqrt{x}-\dfrac{1}{\sqrt{x}}-\dfrac{5}{2x\sqrt{x}}$

$=\boldsymbol{\dfrac{9x^2-2x-5}{2x\sqrt{x}}}$ 答

教 p.86

3 関数 $f(x)$，$g(x)$，$h(x)$ が微分可能であるとき，関数 $y=f(x)g(x)h(x)$ の導関数は，次の式で与えられることを示せ。

$$y'=f'(x)g(x)h(x)+f(x)g'(x)h(x)+f(x)g(x)h'(x)$$

また，この等式を用いて，次の関数を微分せよ。

$$y=(x+1)(x-2)(x+3)$$

指針 **3つの関数の積の導関数**　$y=f(x)\{g(x)h(x)\}$ のように，まず y を2つの関数 $f(x)$，$g(x)h(x)$ の積と考え，導関数を求める。

解答 $y'=\{f(x)\cdot g(x)h(x)\}'$

$$=f'(x)\{g(x)h(x)\}+f(x)\{g(x)h(x)\}'$$
$$=f'(x)g(x)h(x)+f(x)\{g'(x)h(x)+g(x)h'(x)\}$$
$$=f'(x)g(x)h(x)+f(x)g'(x)h(x)+f(x)g(x)h'(x)$$ 終

$\boldsymbol{y'}=(x+1)'(x-2)(x+3)+(x+1)(x-2)'(x+3)+(x+1)(x-2)(x+3)'$

$$=(x-2)(x+3)+(x+1)(x+3)+(x+1)(x-2)$$
$$=(x^2+x-6)+(x^2+4x+3)+(x^2-x-2)$$
$$=\boldsymbol{3x^2+4x-5}$$ 答

別解 両辺の絶対値の自然対数をとって

$$\log|y|=\log|f(x)|+\log|g(x)|+\log|h(x)|$$

両辺を x で微分して

$$\frac{y'}{y}=\frac{f'(x)}{f(x)}+\frac{g'(x)}{g(x)}+\frac{h'(x)}{h(x)}$$

ゆえに

$$y'=f(x)g(x)h(x)\left\{\frac{f'(x)}{f(x)}+\frac{g'(x)}{g(x)}+\frac{h'(x)}{h(x)}\right\}$$
$$=f'(x)g(x)h(x)+f(x)g'(x)h(x)+f(x)g(x)h'(x)$$ 終

教 p.86

4 次の関数を微分せよ。

(1) $y=(x^2+2x-1)^2$　(2) $y=\dfrac{1}{(3x-2)^2}$　(3) $y=\sqrt[3]{2x^2+5}$

指針 **合成関数の導関数**　$\dfrac{d}{dx}f(g(x))=f'(g(x))\cdot g'(x)$ により微分する。

解答 (1) $\boldsymbol{y'}=2(x^2+2x-1)(x^2+2x-1)'=2(x^2+2x-1)(2x+2)$

$$=\boldsymbol{4(x+1)(x^2+2x-1)}$$ 答

(2) $y'=\dfrac{-2}{(3x-2)^3}\cdot(3x-2)'=-\dfrac{6}{(3x-2)^3}$ 答

(3) $y'=\dfrac{1}{3}(2x^2+5)^{\frac{1}{3}-1}\cdot(2x^2+5)'=\dfrac{1}{3}(2x^2+5)^{-\frac{2}{3}}\cdot 4x$

$=\dfrac{4x}{3\sqrt[3]{(2x^2+5)^2}}$ 答

別解 (3) $y^3=2x^2+5$ の両辺を x で微分すると $3y^2\dfrac{dy}{dx}=4x$

よって，$y\neq 0$ より $\dfrac{dy}{dx}=\dfrac{4x}{3y^2}$

したがって $y'=\dfrac{4x}{3\sqrt[3]{(2x^2+5)^2}}$ 答

教 p.86

5 a は定数とする。関数 $f(x)$ が $x=a$ で微分可能であるとき，次の極限値を $f'(a)$ を用いて表せ。

(1) $\displaystyle\lim_{h\to 0}\frac{f(a+2h)-f(a)}{h}$ (2) $\displaystyle\lim_{h\to 0}\frac{f(a-h)-f(a)}{h}$

(3) $\displaystyle\lim_{h\to 0}\frac{f(a+h)-f(a-h)}{h}$

指針 **微分係数** 次の微分係数の定義を利用する。

$$f'(a)=\lim_{h\to 0}\frac{f(a+h)-f(a)}{h}$$

解答 (1) $\displaystyle\lim_{h\to 0}\frac{f(a+2h)-f(a)}{h}=\lim_{h\to 0}\left\{2\cdot\frac{f(a+2h)-f(a)}{2h}\right\}$

$=2f'(a)$ 答

(2) $\displaystyle\lim_{h\to 0}\frac{f(a-h)-f(a)}{h}=\lim_{h\to 0}\left\{-\frac{f(a-h)-f(a)}{-h}\right\}$

$=-f'(a)$ 答

(3) $\displaystyle\lim_{h\to 0}\frac{f(a+h)-f(a-h)}{h}$

$\displaystyle=\lim_{h\to 0}\left(\frac{f(a+h)-f(a)}{h}+\frac{f(a-h)-f(a)}{-h}\right)$

$=f'(a)+f'(a)$

$=2f'(a)$ 答

教科書 p.87〜93

第2節　いろいろな関数の導関数

3　いろいろな関数の導関数

まとめ

1　三角関数の導関数

①　**三角関数の導関数**

$$(\sin x)'=\cos x \qquad (\tan x)'=\frac{1}{\cos^2 x}$$
$$(\cos x)'=-\sin x$$

2　対数関数の導関数

①　$k \longrightarrow 0$ のとき $(1+k)^{\frac{1}{k}}$ の極限値が存在し，その値を e で表す。すなわち

$$e=\lim_{k\to 0}(1+k)^{\frac{1}{k}}$$

②　e は無理数で，その値は　2.718281828459045……　であることが知られている。

③　10 を底とする対数 $\log_{10} x$ を常用対数と呼んだのに対して，e を底とする対数 $\log_e x$ を **自然対数** という。微分法や積分法では，底 e を省略して，これを単に $\log x$ と書くことが多い。

④　**対数関数の導関数 I**

$$(\log x)'=\frac{1}{x} \qquad (\log_a x)'=\frac{1}{x\log a}$$

⑤　**対数関数の導関数 II**

$$(\log|x|)'=\frac{1}{x} \qquad (\log_a|x|)'=\frac{1}{x\log a}$$

⑥　合成関数の微分法により，次の等式が成り立つ。

$$\{\log|f(x)|\}'=\frac{f'(x)}{f(x)}$$

⑦　**x^α の導関数**

α が実数のとき　　$(x^\alpha)'=\alpha x^{\alpha-1}$

注意 両辺の自然対数をとって微分する計算を **対数微分法** という。

3　指数関数の導関数

①　**指数関数の導関数**

$a>0$，$a\neq 1$ とする。

$$(e^x)'=e^x, \qquad (a^x)'=a^x\log a$$

A 三角関数の導関数

教 p.88

練習 11

次の関数を微分せよ。

(1) $y=\sin^2 x$　(2) $y=\cos\left(\dfrac{x}{2}+\dfrac{\pi}{6}\right)$　(3) $y=\tan 3x$

(4) $y=\sqrt{1+\sin x}$　(5) $y=\dfrac{1}{1+\cos x}$　(6) $y=\tan^2 2x$

指針 **三角関数の導関数**　合成関数の導関数の公式と三角関数の導関数の公式を用いる。

解答 (1) $y'=2\sin x\cdot(\sin x)'=2\sin x\cos x=\boldsymbol{\sin 2x}$ 答

(2) $y'=-\sin\left(\dfrac{x}{2}+\dfrac{\pi}{6}\right)\cdot\left(\dfrac{x}{2}+\dfrac{\pi}{6}\right)'=\boldsymbol{-\dfrac{1}{2}\sin\left(\dfrac{x}{2}+\dfrac{\pi}{6}\right)}$ 答

(3) $y'=\dfrac{1}{\cos^2 3x}\cdot(3x)'=\boldsymbol{\dfrac{3}{\cos^2 3x}}$ 答

(4) $y'=\dfrac{(1+\sin x)'}{2\sqrt{1+\sin x}}=\boldsymbol{\dfrac{\cos x}{2\sqrt{1+\sin x}}}$ 答

(5) $y'=-\dfrac{(1+\cos x)'}{(1+\cos x)^2}=-\dfrac{-\sin x}{(1+\cos x)^2}=\boldsymbol{\dfrac{\sin x}{(1+\cos x)^2}}$ 答

(6) $y'=2\tan 2x\cdot(\tan 2x)'=2\tan 2x\cdot\dfrac{1}{\cos^2 2x}\cdot(2x)'=\boldsymbol{\dfrac{4\tan 2x}{\cos^2 2x}}$ 答

教 p.88

練習 12

関数 $y=x\cos x-\sin x$ を微分せよ。

指針 **三角関数の導関数**　次の公式を用いる。

$$\{f(x)-g(x)\}'=f'(x)-g'(x)$$
$$\{f(x)g(x)\}'=f'(x)g(x)+f(x)g'(x)$$

解答 $y'=(x\cos x)'-(\sin x)'=\{1\cdot\cos x+x\cdot(-\sin x)\}-\cos x$

$=\boldsymbol{-x\sin x}$ 答

B 対数関数の導関数

教 p.89

深める

次のことが成り立つことを証明しよう。

$$e=\lim_{x\to\infty}\left(1+\frac{1}{x}\right)^x=\lim_{x\to-\infty}\left(1+\frac{1}{x}\right)^x$$

指針 **$e=\lim_{k\to0}(1+k)^{\frac{1}{k}}$ を利用する証明**

$e=\lim_{k\to0}(1+k)^{\frac{1}{k}}$ において，$\dfrac{1}{k}=x$ とおく。

解答 $e=\lim_{k\to0}(1+k)^{\frac{1}{k}}$ において，$\dfrac{1}{k}=x$ とおくと，

$k\longrightarrow\pm0$ のとき $x\longrightarrow\pm\infty$（複号同順）

よって　$e=\lim_{x\to\infty}\left(1+\dfrac{1}{x}\right)^x$，$e=\lim_{x\to-\infty}\left(1+\dfrac{1}{x}\right)^x$ 終

練習 13　教 p.90

次の関数を微分せよ。

(1) $y=\log 5x$　(2) $y=\log_3(2x-1)$

(3) $y=x^2\log x$　(4) $y=(\log x)^2$

指針 **対数関数の導関数**　自然対数かどうかに注意して公式を用いる。

(1)，(2)，(4) は合成関数の導関数の公式，(3) については積の導関数の公式も利用する。

解答 (1) $y'=\dfrac{1}{5x}\cdot(5x)'=\dfrac{5}{5x}=\boldsymbol{\dfrac{1}{x}}$ 答

(2) $y'=\dfrac{(2x-1)'}{(2x-1)\log 3}=\boldsymbol{\dfrac{2}{(2x-1)\log 3}}$ 答

(3) $y'=(x^2)'\cdot\log x+x^2\cdot(\log x)'=2x\log x+x^2\cdot\dfrac{1}{x}=\boldsymbol{2x\log x+x}$ 答

(4) $y'=2\log x\cdot(\log x)'=2\log x\cdot\dfrac{1}{x}=\boldsymbol{\dfrac{2\log x}{x}}$ 答

問 4　教 p.91

次の関数を微分せよ。

(1) $y=\log|2x+3|$　(2) $y=\log_2|x^2-4|$

(3) $y=\log|\sin x|$

指針 **対数関数の導関数**　$y=\log|x|$ の導関数は，$y=\log x$ の導関数と同じであり，

$(\log|x|)'=\dfrac{1}{x}$，$(\log_a|x|)'=\dfrac{1}{x\log a}$ により求められる。

解答 (1) $y'=\dfrac{(2x+3)'}{2x+3}=\boldsymbol{\dfrac{2}{2x+3}}$ 答

(2) $y'=\dfrac{(x^2-4)'}{(x^2-4)\log 2}=\boldsymbol{\dfrac{2x}{(x^2-4)\log 2}}$ 答

(3) $y'=\dfrac{(\sin x)'}{\sin x}=\boldsymbol{\dfrac{\cos x}{\sin x}}$ 答

教 p.91

練習 14

次の関数を微分せよ。

(1) $y=\log|3x-1|$　　(2) $y=\log_{10}|2x|$

(3) $y=\log_3|x^2-9|$　　(4) $y=\log|\cos x|$

(5) $y=\log\left|\dfrac{x-1}{x+1}\right|$

指針 **対数関数の導関数**　自然対数かどうかに注意して公式を用いる。このとき，絶対値記号について場合分けの必要はない。

(5) $\log\left|\dfrac{x-1}{x+1}\right|=\log|x-1|-\log|x+1|$ と変形してから微分する。

解答 (1) $y'=\dfrac{(3x-1)'}{3x-1}=\boldsymbol{\dfrac{3}{3x-1}}$ 答

(2) $y'=\dfrac{(2x)'}{2x\log 10}=\dfrac{2}{2x\log 10}$

$=\boldsymbol{\dfrac{1}{x\log 10}}$ 答

(3) $y'=\dfrac{(x^2-9)'}{(x^2-9)\log 3}=\boldsymbol{\dfrac{2x}{(x^2-9)\log 3}}$ 答

(4) $y'=\dfrac{(\cos x)'}{\cos x}=\boldsymbol{-\dfrac{\sin x}{\cos x}}$ 答

(5) $\log\left|\dfrac{x-1}{x+1}\right|=\log|x-1|-\log|x+1|$

であるから

$$y'=\frac{(x-1)'}{x-1}-\frac{(x+1)'}{x+1}=\frac{1}{x-1}-\frac{1}{x+1}$$

$$=\frac{(x+1)-(x-1)}{(x-1)(x+1)}$$

$$=\boldsymbol{\frac{2}{(x-1)(x+1)}}$$ 答

教 p.92

練習 15

次の関数を微分せよ。

(1) $y=\dfrac{(x+1)^3}{(x-1)(x+2)^2}$　　(2) $y=\dfrac{\sqrt{x+2}}{x+1}$

指針 **対数微分法**　両辺の絶対値の自然対数をとり，x で微分する。このとき，左辺は $\dfrac{y'}{y}$ となるから両辺に y を掛けて，右辺の y に x の式を代入する。

解答 (1)　両辺の絶対値の自然対数をとって

$$\log|y|=3\log|x+1|-\log|x-1|-2\log|x+2|$$

両辺を x で微分して

$$\frac{y'}{y}=\frac{3}{x+1}-\frac{1}{x-1}-\frac{2}{x+2}$$
$$=\frac{3(x-1)(x+2)-(x+1)(x+2)-2(x+1)(x-1)}{(x+1)(x-1)(x+2)}$$
$$=\frac{-6}{(x+1)(x-1)(x+2)}$$

よって　$\boldsymbol{y'}=\dfrac{-6}{(x+1)(x-1)(x+2)}\cdot\dfrac{(x+1)^3}{(x-1)(x+2)^2}$

$$=-\boldsymbol{\frac{6(x+1)^2}{(x-1)^2(x+2)^3}}$$ 答

(2)　両辺の絶対値の自然対数をとって

$$\log|y|=\frac{1}{2}\log|x+2|-\log|x+1|$$

両辺を x で微分して

$$\frac{y'}{y}=\frac{1}{2}\cdot\frac{1}{x+2}-\frac{1}{x+1}=\frac{(x+1)-2(x+2)}{2(x+2)(x+1)}=-\frac{x+3}{2(x+2)(x+1)}$$

ゆえに　$\boldsymbol{y'}=\dfrac{\sqrt{x+2}}{x+1}\left\{-\dfrac{x+3}{2(x+2)(x+1)}\right\}=-\boldsymbol{\dfrac{x+3}{2(x+1)^2\sqrt{x+2}}}$ 答

別解 積と商の導関数の公式により解く。

(1)　$\boldsymbol{y'}=\dfrac{\{(x+1)^3\}'(x-1)(x+2)^2-(x+1)^3\{(x-1)(x+2)^2\}'}{\{(x-1)(x+2)^2\}^2}$

$$=\frac{(x+1)^2\{3(x-1)(x+2)^2-3x(x+1)(x+2)\}}{(x-1)^2(x+2)^4}$$
$$=-\boldsymbol{\frac{6(x+1)^2}{(x-1)^2(x+2)^3}}$$ 答

(2)　$y=(x+2)^{\frac{1}{2}}(x+1)^{-1}$ であるから

$$\boldsymbol{y'}=\frac{1}{2}(x+2)^{-\frac{1}{2}}(x+1)^{-1}+(x+2)^{\frac{1}{2}}\{-(x+1)^{-2}\}$$
$$=\frac{1}{2(x+1)\sqrt{x+2}}-\frac{\sqrt{x+2}}{(x+1)^2}=\frac{(x+1)-2(x+2)}{2(x+1)^2\sqrt{x+2}}$$
$$=-\boldsymbol{\frac{x+3}{2(x+1)^2\sqrt{x+2}}}$$ 答

注意 対数をとることにより，積や商が和，差になり，微分の計算がしやすくなる。累乗の形や積，商で表された関数は，対数微分法(解答のような方法)で計算した方が計算がしやすい場合がある。

C 指数関数の導関数

教 p.93

練習 16

次の関数を微分せよ。

(1) $y=e^{3x}$　　(2) $y=3^{-x}$

(3) $y=e^{x^2}$　　(4) $y=(x-1)e^x$

指針 **指数関数の微分**　e^x は微分しても変わらず e^x のままであり，a^x の導関数は a^x と $\log a$ の積であることに注意すること。(1)～(3) は合成関数の導関数，(4) は積の導関数の公式を利用する。

(1) $y=e^u$，$u=3x$，(2) $y=3^u$，$u=-x$

(3) $y=e^u$，$u=x^2$　とする。

解答 (1) $y'=e^{3x}\cdot(3x)'=e^{3x}\cdot 3=\boldsymbol{3e^{3x}}$ 答

(2) $y'=3^{-x}\log 3\cdot(-x)'$

$=3^{-x}\log 3\cdot(-1)=\boldsymbol{-3^{-x}\log 3}$ 答

(3) $y'=e^{x^2}\cdot(x^2)'=e^{x^2}\cdot(2x)=\boldsymbol{2xe^{x^2}}$ 答

(4) $y'=(x-1)'e^x+(x-1)(e^x)'=1\cdot e^x+(x-1)e^x$

$=e^x+(x-1)e^x=\boldsymbol{xe^x}$ 答

4 第 *n* 次導関数

まとめ

① 関数 $y=f(x)$ の導関数 $f'(x)$ は，x の関数である。この $f'(x)$ が微分可能であるとき，これを更に微分して得られる導関数を，関数 $y=f(x)$ の **第 2 次導関数** といい，記号で次のように表す。

$$y'',\quad f''(x),\quad \frac{d^2y}{dx^2},\quad \frac{d^2}{dx^2}f(x)$$

② 第 2 次導関数 $f''(x)$ の導関数を，関数 $y=f(x)$ の **第 3 次導関数** といい，記号で次のように表す。

$$y''',\quad f'''(x),\quad \frac{d^3y}{dx^3},\quad \frac{d^3}{dx^3}f(x)$$

これに対して，$f'(x)$ を $y=f(x)$ の **第 1 次導関数** ということがある。

③ 関数 $y=f(x)$ を n 回微分して得られる関数を，$y=f(x)$ の **第 n 次導関数** といい，記号で次のように表す。

$$y^{(n)},\quad f^{(n)}(x),\quad \frac{d^ny}{dx^n},\quad \frac{d^n}{dx^n}f(x)$$

なお，$y^{(1)}$，$y^{(2)}$，$y^{(3)}$ は，それぞれ y'，y''，y''' を表す。

教 p.94

練習 17

次の関数の第 2 次導関数，第 3 次導関数を求めよ。

(1)　$y=2x^3-3x^2+4x-1$　　(2)　$y=\sin x$

(3)　$y=e^x$　　(4)　$y=\log x$

指針　**第 2 次導関数，第 3 次導関数**

(1)　$y=f(x)$ が 3 次関数であるから $f'(x)$ は 2 次関数，$f''(x)$ は 1 次関数で，$f'''(x)$ は定数となる。

(2)～(4) のような場合は規則性をつかむことも必要である。

解答 (1)　$y'=6x^2-6x+4$

よって，第 2 次導関数は　$\boldsymbol{y''=12x-6}$　答

第 3 次導関数は　$\boldsymbol{y'''=12}$　答

(2)　$y'=\cos x$

よって，第 2 次導関数は　$\boldsymbol{y''=-\sin x}$　答

第 3 次導関数は　$\boldsymbol{y'''=-\cos x}$　答

(3)　$y'=e^x$

よって，第 2 次導関数は　$\boldsymbol{y''=e^x}$　答

第 3 次導関数は　$\boldsymbol{y'''=e^x}$　答

(4)　$y'=\dfrac{1}{x}$

よって，第 2 次導関数は　$\boldsymbol{y''=-\dfrac{1}{x^2}}$　答

第 3 次導関数は　$\boldsymbol{y'''=\dfrac{2}{x^3}}$　答

教 p.95

練習 18

次の関数の第 n 次導関数を求めよ。

(1)　$y=e^{2-x}$　　(2)　$y=x^n$　　(3)　$y=xe^x$

指針　**第 n 次導関数**　教科書の例 6 と同様に，y'，y''，y'''，…… を求めてから，推測できる $y^{(n)}$ を答えてよい。厳密には，n は自然数であるから数学的帰納法による。

解答 (1)　$y'=-e^{2-x}$，$y''=(-1)^2e^{2-x}$，

$y'''=(-1)^3e^{2-x}$，……

よって，求める第 n 次導関数は　$\boldsymbol{y^{(n)}=(-1)^ne^{2-x}}$　答

(2)　$y'=nx^{n-1}$，$y''=n(n-1)x^{n-2}$，

$y'''=n(n-1)(n-2)x^{n-3}$，……

よって，求める第 n 次導関数は　$\boldsymbol{y^{(n)}=n!}$　答

(3) $y'=e^x+xe^x=(x+1)e^x$,
$y''=e^x+(x+1)e^x=(x+2)e^x$,
$y'''=e^x+(x+2)e^x=(x+3)e^x$, ……
よって，求める第 n 次導関数は　$\boldsymbol{y^{(n)}=(x+n)e^x}$　答

別解 (3) $y'=(x+1)e^x$, $y''=(x+2)e^x$, $y'''=(x+3)e^x$, ……
より，$y^{(n)}=(x+n)e^x$　…… ① と推測できる。
$n=1$ のとき，① は成り立つ。
$n=k$ のとき，① が成り立つと仮定すると　$y^{(k)}=(x+k)e^x$
この両辺を x で微分すると

$$y^{(k+1)}=\{(x+k)e^x\}'=e^x+(x+k)e^x=\{x+(k+1)\}e^x$$

よって，$n=k+1$ のときにも ① は成り立つ。
数学的帰納法により，すべての自然数について
$\boldsymbol{y^{(n)}=(x+n)e^x}$　答

教 p.95

練習 19　関数 $y=e^{-x}\cos x$ は，次の等式を満たすことを示せ。

$$y''+2y'+2y=0$$

指針　**第2次導関数と等式の証明**　y', y'' を求めて，$y''+2y'+2y$ を計算して 0 になることを示す。

解答

$$y'=(e^{-x})'\cdot\cos x+e^{-x}\cdot(\cos x)'$$
$$=-e^{-x}\cos x-e^{-x}\sin x$$
$$=-e^{-x}(\cos x+\sin x)$$
$$y''=-(e^{-x})'\cdot(\cos x+\sin x)-e^{-x}\cdot(\cos x+\sin x)'$$
$$=e^{-x}(\cos x+\sin x)-e^{-x}(-\sin x+\cos x)$$
$$=2e^{-x}\sin x$$

よって

$$y''+2y'+2y=2e^{-x}\sin x-2e^{-x}(\cos x+\sin x)+2e^{-x}\cos x$$
$$=0$$　終

5 関数のいろいろな表し方と導関数

まとめ

1 x, y の方程式で定められる関数の導関数

① y を x の関数と考えて，$x^2+y^2=4$ の両辺を x について微分すると

$y\neq0$ のとき　$\dfrac{dy}{dx}=-\dfrac{x}{y}$

■ x, y の方程式で表されるいろいろな曲線

① **放物線の方程式**

$p \neq 0$ のとき，方程式

$y^2=4px$

の表す曲線を **放物線** という。

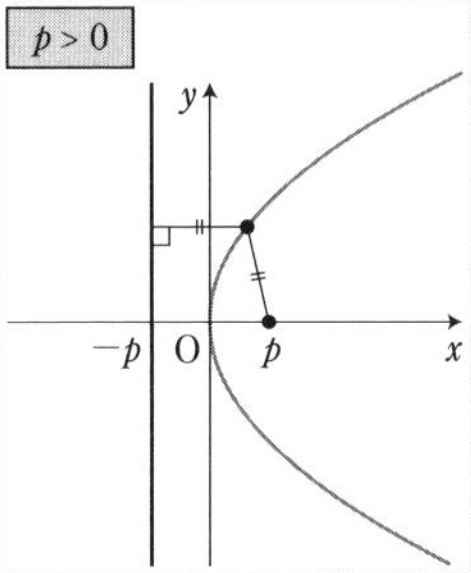

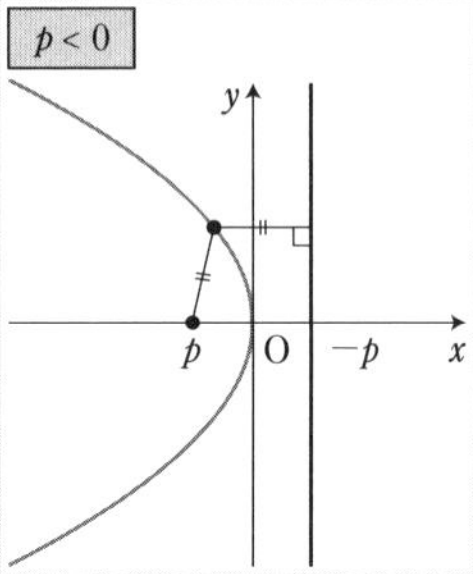

② **楕円の方程式**

$a>0$, $b>0$ のとき，

方程式　$\dfrac{x^2}{a^2}+\dfrac{y^2}{b^2}=1$

の表す曲線を **楕円** という。$a=b$ のときは，原点を中心とする半径 a の円になる。

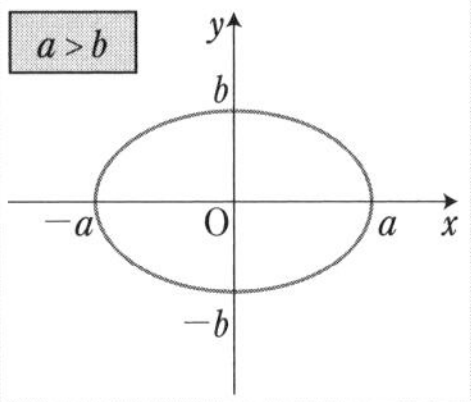

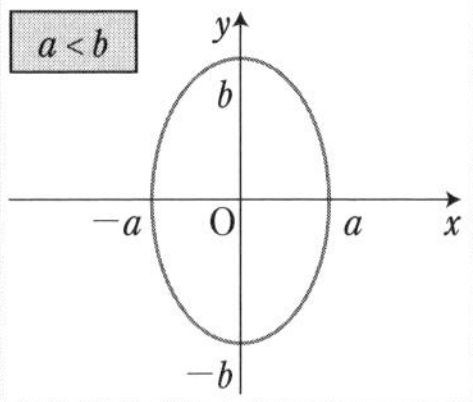

③ **双曲線の方程式**

$a>0$, $b>0$ のとき，

方程式　$\dfrac{x^2}{a^2}-\dfrac{y^2}{b^2}=1$,

$\dfrac{x^2}{a^2}-\dfrac{y^2}{b^2}=-1$

の表す曲線を，いずれも **双曲線** という。

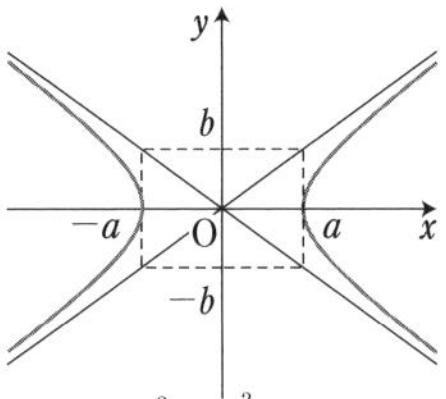

$\dfrac{x^2}{a^2}-\dfrac{y^2}{b^2}=1$

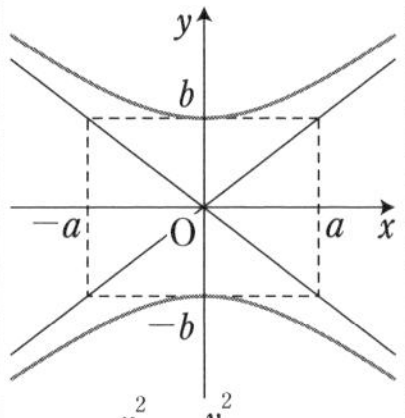

$\dfrac{x^2}{a^2}-\dfrac{y^2}{b^2}=-1$

注意 これらの曲線については，数学 C で学習する。

2　媒介変数表示と導関数

① 平面上の曲線 F が 1 つの変数，例えば t によって

$$\boldsymbol{x=f(t),\ y=g(t)}$$

の形に表されたとき，これを曲線 F の **媒介変数表示** または **パラメータ表示** という。また，変数 t を **媒介変数** または **パラメータ** という。

例えば，原点を中心とする半径 r の円は，θ を媒介変数として，次のように表される。

$$x=r\cos\theta,\ y=r\sin\theta$$

② **媒介変数で表された関数の導関数**

$x=f(t)$, $y=g(t)$ のとき　$\boldsymbol{\dfrac{dy}{dx}=\dfrac{\frac{dy}{dt}}{\frac{dx}{dt}}=\dfrac{g'(t)}{f'(t)}}$

A　x，y の方程式で定められる関数の導関数

教 p.98

問 5　$y^2=4x$ のとき，$\dfrac{dy}{dx}$ を求めよ。

指針　**x，y の方程式で定められる関数の導関数**　$y^2=4x$ を $y=\pm2\sqrt{x}$ と変形して微分してもよいが，$y^2=4x$ の両辺を x で微分して

$$\frac{d}{dx}y^2=\frac{d}{dy}y^2\cdot\frac{dy}{dx}=2y\cdot\frac{dy}{dx}$$

また　$\dfrac{d}{dx}4x=4$

これより，$\dfrac{dy}{dx}$ を求めることができる。

解答　$y^2=4x$ の両辺を x について微分すると　$2y\cdot\dfrac{dy}{dx}=4$

よって，$y\neq0$ のとき　$\boldsymbol{\dfrac{dy}{dx}}=\dfrac{4}{2y}=\boldsymbol{\dfrac{2}{y}}$　答

教 p.98

問 6　$\dfrac{x^2}{9}-\dfrac{y^2}{4}=1$ のとき，$\dfrac{dy}{dx}$ を求めよ。

指針　**x，y の方程式で定められる関数の導関数**　問 5 と同様に，両辺を x で微分して求める。

解答　$\dfrac{x^2}{9}-\dfrac{y^2}{4}=1$ の両辺を x について微分すると　$\dfrac{2x}{9}-\dfrac{2y}{4}\cdot\dfrac{dy}{dx}=0$

よって，$y\neq0$ のとき　$\boldsymbol{\dfrac{dy}{dx}=\dfrac{4x}{9y}}$　答

教 p.98

練習 20　次の方程式で定められる x の関数 y について，$\dfrac{dy}{dx}$ を求めよ。

(1)　$x^2+y^2+2x-4=0$　　(2)　$\dfrac{x^2}{16}+\dfrac{y^2}{9}=1$

(3)　$9x^2-4y^2=-36$

指針　**x，y の方程式で定められる関数の導関数**　y を x の関数と考えて，両辺を x について微分した式から $\dfrac{dy}{dx}$ を求める。$\dfrac{dy}{dx}$ は y を含む式で表してよい。

解答 (1) $x^2+y^2+2x-4=0$ の両辺を x について微分すると

$2x+2y\cdot\dfrac{dy}{dx}+2=0$　　よって，$y\neq 0$ のとき $\boldsymbol{\dfrac{dy}{dx}=-\dfrac{x+1}{y}}$ 答

(2) $\dfrac{x^2}{16}+\dfrac{y^2}{9}=1$ の両辺を x について微分すると

$\dfrac{2x}{16}+\dfrac{2y}{9}\cdot\dfrac{dy}{dx}=0$　　よって，$y\neq 0$ のとき $\boldsymbol{\dfrac{dy}{dx}=-\dfrac{9x}{16y}}$ 答

(3) $9x^2-4y^2=-36$ の両辺を x について微分すると

$18x-8y\cdot\dfrac{dy}{dx}=0$　　よって，$y\neq 0$ のとき $\boldsymbol{\dfrac{dy}{dx}=\dfrac{9x}{4y}}$ 答

B 媒介変数表示と導関数

練習 21　教 p.101

x の関数 y が，t を媒介変数として，次の式で表されるとき，導関数 $\dfrac{dy}{dx}$ を t の関数として表せ。

(1) $x=3t-2$，$y=t^2+1$　　(2) $x=2\cos t$，$y=2\sin t$

(3) $x=\dfrac{2}{\cos t}$，$y=\tan t$

指針 **媒介変数で表された関数の導関数** $\dfrac{dx}{dt}$，$\dfrac{dy}{dt}$ をそれぞれ求めて $\dfrac{dy}{dx}=\dfrac{\frac{dy}{dt}}{\frac{dx}{dt}}$ に代入する。結果は t の式で表したままでよい。

解答 (1) $\dfrac{dx}{dt}=3$，$\dfrac{dy}{dt}=2t$ であるから

$$\frac{dy}{dx}=\frac{2t}{3}=\boldsymbol{\frac{2}{3}t}$$ 答

(2) $\dfrac{dx}{dt}=-2\sin t$，$\dfrac{dy}{dt}=2\cos t$ であるから

$$\frac{dy}{dx}=\frac{2\cos t}{-2\sin t}=\boldsymbol{-\frac{\cos t}{\sin t}}$$ 答

(3) $\dfrac{dx}{dt}=\dfrac{-2(-\sin t)}{\cos^2 t}=\dfrac{2\sin t}{\cos^2 t}$，$\dfrac{dy}{dt}=\dfrac{1}{\cos^2 t}$ であるから

$$\frac{dy}{dx}=\frac{\frac{1}{\cos^2 t}}{\frac{2\sin t}{\cos^2 t}}=\boldsymbol{\frac{1}{2\sin t}}$$ 答

第3章 第2節　問題

教 p.102

6 次の関数を微分せよ。

(1) $y=\dfrac{1}{\sin x}$　　(2) $y=\cos^3 2x$

(3) $y=\dfrac{e^x}{e^x+1}$　　(4) $y=x(\log x-1)$

(5) $y=\log(x+\sqrt{x^2+1})$　　(6) $y=e^x\log x$

指針 **導関数**　$(\sin x)'=\cos x$, $(\cos x)'=-\sin x$

$(e^x)'=e^x$, $(\log x)'=\dfrac{1}{x}$ を用いて計算する。

解答 (1) $\boldsymbol{y'}=\dfrac{-(\sin x)'}{\sin^2 x}=\boldsymbol{-\dfrac{\cos x}{\sin^2 x}}$ 答

(2) $\boldsymbol{y'}=3\cos^2 2x\cdot(\cos 2x)'=3\cos^2 2x\cdot(-\sin 2x)\cdot 2$

$\boldsymbol{=-6\cos^2 2x\sin 2x}$ 答

(3) $\boldsymbol{y'}=\dfrac{(e^x)'(e^x+1)-e^x(e^x+1)'}{(e^x+1)^2}$

$=\dfrac{e^x(e^x+1)-e^x\cdot e^x}{(e^x+1)^2}$

$=\boldsymbol{\dfrac{e^x}{(e^x+1)^2}}$ 答

(4) $\boldsymbol{y'}=(x)'(\log x-1)+x(\log x-1)'$

$=1\cdot(\log x-1)+x\cdot\dfrac{1}{x}=\boldsymbol{\log x}$ 答

(5) $\boldsymbol{y'}=\dfrac{1}{x+\sqrt{x^2+1}}\cdot(x+\sqrt{x^2+1})'$

$=\dfrac{1}{x+\sqrt{x^2+1}}\cdot\left(1+\dfrac{2x}{2\sqrt{x^2+1}}\right)$

$=\dfrac{1}{x+\sqrt{x^2+1}}\cdot\dfrac{\sqrt{x^2+1}+x}{\sqrt{x^2+1}}=\boldsymbol{\dfrac{1}{\sqrt{x^2+1}}}$ 答

(6) $\boldsymbol{y'}=(e^x)'\cdot\log x+e^x\cdot(\log x)'$

$=e^x\log x+e^x\cdot\dfrac{1}{x}=\boldsymbol{e^x\left(\log x+\dfrac{1}{x}\right)}$ 答

別解 (2) $2\cos 2x\sin 2x=\sin 4x$ であるから

$\boldsymbol{y'=-3\cos 2x\sin 4x}$ 答

教 p.102

7 次の関数を微分せよ。

(1) $y=\left(\dfrac{x^2-1}{x^2+1}\right)^2$　　(2) $y=(x-1)^2\cdot\sqrt[3]{x+2}$

指針 **対数微分法**　両辺の絶対値の自然対数をとって微分する。

解答 (1) 両辺の絶対値の自然対数をとって

$$\log|y|=2\log|x^2-1|-2\log|x^2+1|$$

両辺を x で微分して

$$\frac{y'}{y}=\frac{4x}{x^2-1}-\frac{4x}{x^2+1}=\frac{8x}{(x^2-1)(x^2+1)}$$

よって　$y'=\dfrac{8x}{(x^2-1)(x^2+1)}\cdot\left(\dfrac{x^2-1}{x^2+1}\right)^2=\boldsymbol{\dfrac{8x(x^2-1)}{(x^2+1)^3}}$ 答

(2) 両辺の絶対値の自然対数をとって

$$\log|y|=2\log|x-1|+\frac{1}{3}\log|x+2|$$

両辺を x で微分して

$$\frac{y'}{y}=\frac{2}{x-1}+\frac{1}{3(x+2)}=\frac{7x+11}{3(x-1)(x+2)}$$

よって　$y'=\dfrac{7x+11}{3(x-1)(x+2)}\cdot(x-1)^2\cdot\sqrt[3]{x+2}=\boldsymbol{\dfrac{(7x+11)(x-1)}{3\sqrt[3]{(x+2)^2}}}$ 答

別解 (1) $y'=2\cdot\dfrac{x^2-1}{x^2+1}\cdot\left(\dfrac{x^2-1}{x^2+1}\right)'$

$=2\cdot\dfrac{x^2-1}{x^2+1}\cdot\dfrac{(x^2-1)'(x^2+1)-(x^2-1)(x^2+1)'}{(x^2+1)^2}$

$=\boldsymbol{\dfrac{8x(x^2-1)}{(x^2+1)^3}}$ 答

(2) $y'=\{(x-1)^2\}'(x+2)^{\frac{1}{3}}+(x-1)^2\left\{(x+2)^{\frac{1}{3}}\right\}'$

$=2(x-1)(x+2)^{\frac{1}{3}}+(x-1)^2\cdot\dfrac{1}{3}(x+2)^{-\frac{2}{3}}$

$=\dfrac{6(x-1)(x+2)+(x-1)^2}{3\sqrt[3]{(x+2)^2}}=\boldsymbol{\dfrac{(7x+11)(x-1)}{3\sqrt[3]{(x+2)^2}}}$ 答

教 p.102

8 次の関数の第 3 次までの導関数を求めよ。

(1) $y=\sqrt{x}$　　(2) $y=x\sin x$　　(3) $y=\log|\cos x|$

指針 **高次導関数**　$y=f(x)$ を n 回微分して得られる関数を，$y=f(x)$ の第 n 次導関数という。

解答 (1) $\sqrt{x}=x^{\frac{1}{2}}$ から　$y'=\frac{1}{2}x^{-\frac{1}{2}}=\frac{1}{2\sqrt{x}}$ 答

$y''=\frac{1}{2}\left(-\frac{1}{2}\right)x^{-\frac{1}{2}-1}=-\frac{1}{4}x^{-\frac{3}{2}}=-\frac{1}{4\sqrt{x^3}}=-\frac{1}{4x\sqrt{x}}$ 答

$y'''=-\frac{1}{4}\left(-\frac{3}{2}\right)x^{-\frac{3}{2}-1}=\frac{3}{8}x^{-\frac{5}{2}}=\frac{3}{8\sqrt{x^5}}=\frac{3}{8x^2\sqrt{x}}$ 答

(2) $y'=(x)'\sin x+x(\sin x)'=\sin x+x\cos x$ 答

$y''=(\sin x)'+(x)'\cos x+x(\cos x)'=\cos x+\cos x-x\sin x$

$=2\cos x-x\sin x$ 答

$y'''=(2\cos x)'-(x\sin x)'=-2\sin x-(\sin x+x\cos x)$

$=-3\sin x-x\cos x$ 答

(3) $y'=\frac{(\cos x)'}{\cos x}=-\frac{\sin x}{\cos x}\ (=-\tan x)$ 答

$y''=-(\tan x)'=-\frac{1}{\cos^2 x}$ 答

$y'''=-\frac{(-2\cos x)}{\cos^4 x}\cdot(\cos x)'=-\frac{2\sin x}{\cos^3 x}$ 答

教 p.102

9 関数 $y=e^{-2x}\sin 2x$ は，次の等式を満たすことを示せ。

$$y''+4y'+8y=0$$

指針 **高次導関数と等式の証明**　y'，y'' を求めて，$y''+4y'+8y$ を計算して 0 になることを示す。

解答 $y'=(e^{-2x})'\cdot\sin 2x+e^{-2x}\cdot(\sin 2x)'$

$=e^{-2x}\cdot(-2)\cdot\sin 2x+e^{-2x}\cdot\cos 2x\cdot 2$

$=2e^{-2x}(\cos 2x-\sin 2x)$

$y''=2(e^{-2x})'\cdot(\cos 2x-\sin 2x)+2e^{-2x}\cdot(\cos 2x-\sin 2x)'$

$=2e^{-2x}\cdot(-2)\cdot(\cos 2x-\sin 2x)+2e^{-2x}\cdot(-2\sin 2x-2\cos 2x)$

$=-4e^{-2x}(\cos 2x-\sin 2x)-4e^{-2x}(\sin 2x+\cos 2x)$

$=-8e^{-2x}\cos 2x$

よって

$y''+4y'+8y=-8e^{-2x}\cos 2x+4\cdot 2e^{-2x}(\cos 2x-\sin 2x)+8e^{-2x}\sin 2x$

$=(-8\cos 2x+8\cos 2x-8\sin 2x+8\sin 2x)e^{-2x}$

$=0$ 終

教 p.102

10 $x^{\frac{2}{3}}+y^{\frac{2}{3}}=1$ であるとき，$\dfrac{dy}{dx}=-\left(\dfrac{y}{x}\right)^{\frac{1}{3}}$ であることを示せ。

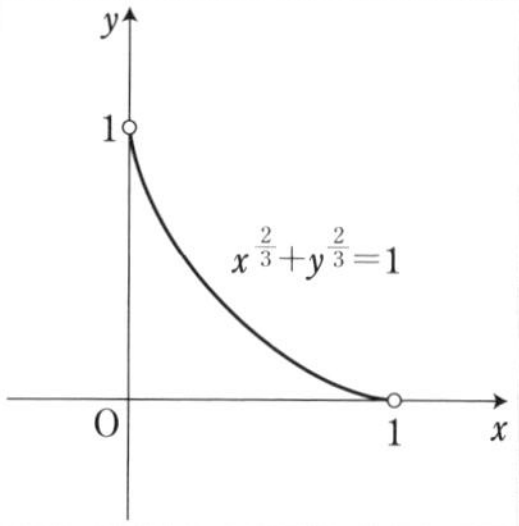

指針 **曲線の方程式と導関数**　与えられた式の形のまま，x について微分する。

解答 $x^{\frac{2}{3}}+y^{\frac{2}{3}}=1$ の両辺を x について微分する。

$$\frac{d}{dx}x^{\frac{2}{3}}=\frac{2}{3}x^{\frac{2}{3}-1}=\frac{2}{3}x^{-\frac{1}{3}}$$

$$\frac{d}{dx}y^{\frac{2}{3}}=\frac{d}{dy}y^{\frac{2}{3}}\cdot\frac{dy}{dx}$$

$$=\frac{2}{3}y^{-\frac{1}{3}}\cdot\frac{dy}{dx}$$

であるから

$$\frac{2}{3}x^{-\frac{1}{3}}+\frac{2}{3}y^{-\frac{1}{3}}\cdot\frac{dy}{dx}=0$$

$x^{\frac{2}{3}}$，$y^{\frac{2}{3}}$ を考えるとき，$x>0$，$y>0$ であるから

$$\frac{dy}{dx}=-\frac{x^{-\frac{1}{3}}}{y^{-\frac{1}{3}}}=-\left(\frac{y}{x}\right)^{\frac{1}{3}}$$ 終

別解 この曲線は，媒介変数 t を用いて，$\begin{cases}x=\cos^3 t\\ y=\sin^3 t\end{cases}$ と表される。

$$\frac{dx}{dt}=-3\cos^2 t\sin t,\qquad \frac{dy}{dt}=3\sin^2 t\cos t$$

であるから

$$\frac{dy}{dx}=\frac{\frac{dy}{dt}}{\frac{dx}{dt}}=-\frac{\sin t}{\cos t}=-\left(\frac{y}{x}\right)^{\frac{1}{3}}$$ 終

教 p.102

11 n 個の袋があり，それぞれの袋には白玉 2 個と赤玉 $(2n-2)$ 個が入っている。それぞれの袋から玉を 1 個ずつ取り出すとき，取り出した白玉の個数が 2 個である事象の確率を p_n とする。このとき，$\lim_{n\to\infty} p_n$ を求めよ。

指針 **取り出す玉の色と極限**　1 つの袋から取り出す玉が白玉である確率は $\dfrac{1}{n}$，赤玉である確率は $\dfrac{n-1}{n}$　p_n は，それぞれの袋から玉を 1 個ずつ取り出すとき，白玉を取り出すことが 2 回起こる確率であるから

$$p_n={}_n\mathrm{C}_2\left(\frac{1}{n}\right)^2\left(\frac{n-1}{n}\right)^{n-2}$$

解答 各袋には $2n$ 個の玉が入っていて，そのうち 2 個が白玉，残りの $(2n-2)$ 個が赤玉である。1 つの袋から玉を 1 個取り出すとき，それが

白玉である確率は　$\dfrac{2}{2n}=\dfrac{1}{n}$

赤玉である確率は　$\dfrac{2n-2}{2n}=\dfrac{n-1}{n}$

よって　$p_n={}_n\mathrm{C}_2\left(\dfrac{1}{n}\right)^2\left(\dfrac{n-1}{n}\right)^{n-2}=\dfrac{n(n-1)^{n-1}}{2n^n}$

$$=\frac{(n-1)^{n-1}}{2n^{n-1}}=\frac{1}{2}\left(1-\frac{1}{n}\right)^{n-1}$$

$-\dfrac{1}{n}=h$ とおくと，$n\longrightarrow\infty$ のとき $h\longrightarrow -0$ であるから

$$\lim_{n\to\infty}\left(1-\frac{1}{n}\right)^{n-1}=\lim_{h\to -0}(1+h)^{-\frac{1}{h}-1}=\lim_{h\to -0}\frac{1}{(1+h)^{\frac{1}{h}}}\cdot(1+h)^{-1}$$

$$=\frac{1}{e}\cdot 1=\frac{1}{e}$$

よって　$\lim_{n\to\infty}p_n=\dfrac{1}{2}\cdot\dfrac{1}{e}=\boldsymbol{\dfrac{1}{2e}}$　答

第3章　演習問題A

教 p.103

1. 次の関数を微分せよ。

(1) $y=xe^{-2x}$　(2) $y=2^{\log x}$　(3) $y=x^2(\log x)^3$

(4) $y=\dfrac{\cos x}{1+\sin x}$　(5) $y=\dfrac{1-\tan x}{1+\tan x}$　(6) $y=\dfrac{e^x-e^{-x}}{e^x+e^{-x}}$

(7) $y=\sqrt[3]{(x+2)(x^2+2)}$　(8) $y=x^x$　$(x>0)$

指針 **導関数**

(1) 積の導関数の公式による。e^{-2x} については合成関数の導関数の公式も用いる。

(2) 合成関数の公式と指数関数の導関数の公式 $(a^x)'=a^x\log a$ による。

(3) 積の導関数，合成関数の導関数の公式による。

(4), (5) 三角関数の導関数 $(\cos x)'=-\sin x$，$(\sin x)'=\cos x$，$(\tan x)'=\dfrac{1}{\cos^2 x}$ と商の導関数の公式による。

(6) $(e^x+e^{-x})'=e^x-e^{-x}$，$(e^x-e^{-x})'=e^x+e^{-x}$ より，商の導関数の公式による。

(7) 対数の導関数の公式または両辺を3乗して，x，y の方程式で定められる関数の導関数の公式による。

(8) 両辺の自然対数をとって，x について微分する。

解答 (1) $y'=(x)'e^{-2x}+x(e^{-2x})'=1\cdot e^{-2x}+x\cdot e^{-2x}\cdot(-2)$

$=e^{-2x}-2xe^{-2x}=\boldsymbol{e^{-2x}(1-2x)}$ 答

(2) $y'=2^{\log x}\log 2\cdot(\log x)'=\boldsymbol{\dfrac{2^{\log x}\log 2}{x}}$ 答

(3) $y'=(x^2)'\cdot(\log x)^3+x^2\cdot\{(\log x)^3\}'$

$=2x\cdot(\log x)^3+x^2\cdot 3(\log x)^2\cdot(\log x)'$

$=2x(\log x)^3+3x^2(\log x)^2\cdot\dfrac{1}{x}$

$=2x(\log x)^3+3x(\log x)^2=\boldsymbol{x(\log x)^2(2\log x+3)}$ 答

(4) $y'=\dfrac{(\cos x)'\cdot(1+\sin x)-\cos x\cdot(1+\sin x)'}{(1+\sin x)^2}$

$=\dfrac{-\sin x(1+\sin x)-\cos x\cdot\cos x}{(1+\sin x)^2}$

$=\dfrac{-(\sin^2 x+\cos^2 x)-\sin x}{(1+\sin x)^2}=-\dfrac{1+\sin x}{(1+\sin x)^2}=\boldsymbol{-\dfrac{1}{1+\sin x}}$ 答

(5) $y'=\dfrac{(1-\tan x)'\cdot(1+\tan x)-(1-\tan x)\cdot(1+\tan x)'}{(1+\tan x)^2}$

$(1-\tan x)'=-\dfrac{1}{\cos^2 x}$, $(1+\tan x)'=\dfrac{1}{\cos^2 x}$ より

$$分子=-\frac{1+\tan x}{\cos^2 x}-\frac{1-\tan x}{\cos^2 x}=-\frac{2}{\cos^2 x}$$

よって $\boldsymbol{y'}=-\dfrac{2}{\cos^2 x(1+\tan x)^2}=-\dfrac{2}{\cos^2 x\cdot\dfrac{(\cos x+\sin x)^2}{\cos^2 x}}$

$$=-\boldsymbol{\frac{2}{(\cos x+\sin x)^2}} \quad 答$$

(6) $\boldsymbol{y'}=\dfrac{(e^x-e^{-x})'\cdot(e^x+e^{-x})-(e^x-e^{-x})\cdot(e^x+e^{-x})'}{(e^x+e^{-x})^2}$

$$=\frac{(e^x+e^{-x})^2-(e^x-e^{-x})^2}{(e^x+e^{-x})^2}=\frac{4e^x\cdot e^{-x}}{(e^x+e^{-x})^2}=\boldsymbol{\frac{4}{(e^x+e^{-x})^2}} \quad 答$$

(7) 両辺の絶対値の自然対数をとって

$$\log|y|=\frac{1}{3}\log|x+2|+\frac{1}{3}\log|x^2+2|$$

両辺を x で微分して

$$\frac{y'}{y}=\frac{1}{3}\cdot\frac{(x+2)'}{x+2}+\frac{1}{3}\cdot\frac{(x^2+2)'}{x^2+2}=\frac{1}{3(x+2)}+\frac{2x}{3(x^2+2)}$$

$$=\frac{(x^2+2)+2x(x+2)}{3(x+2)(x^2+2)}=\frac{3x^2+4x+2}{3(x+2)(x^2+2)}$$

よって $\boldsymbol{y'}=\sqrt[3]{(x+2)(x^2+2)}\cdot\dfrac{3x^2+4x+2}{3(x+2)(x^2+2)}$

$$=\boldsymbol{\frac{3x^2+4x+2}{3\sqrt[3]{(x+2)^2(x^2+2)^2}}} \quad 答$$

(8) $x>0$, $y>0$ であるから，両辺の自然対数をとって

$$\log y=\log x^x=x\log x$$

両辺を x で微分して

$$\frac{y'}{y}=(x)'\log x+x(\log x)'=\log x+x\cdot\frac{1}{x}=\log x+1$$

よって $\boldsymbol{y'=x^x(\log x+1)}$ 答

別解 (7) 両辺を 3 乗すると $y^3=(x+2)(x^2+2)$

両辺を x で微分して

$$3y^2\frac{dy}{dx}=1\cdot(x^2+2)+(x+2)\cdot 2x=3x^2+4x+2$$

よって $\boldsymbol{y'}=\boldsymbol{\dfrac{3x^2+4x+2}{3\sqrt[3]{(x+2)^2(x^2+2)^2}}}$ 答

教 p.103

2. 関数 $y=\sin x$ について，等式 $y^{(n)}=\sin\left(x+\dfrac{n\pi}{2}\right)$ が成り立つことを，数学的帰納法を用いて証明せよ。

指針 **第 n 次導関数と等式の証明**　数学的帰納法の手順に従って証明する。三角関数の公式 $\cos x=\sin\left(x+\dfrac{\pi}{2}\right)$ を利用する。

解答 $y^{(n)}=\sin\left(x+\dfrac{n\pi}{2}\right)$ …… ①　とする。

[1]　$n=1$ のとき　$y=\sin x$ について　$y'=\cos x=\sin\left(x+\dfrac{\pi}{2}\right)$

よって，$n=1$ のとき，① は成り立つ。

[2]　$n=k$ のとき ① が成り立つ，すなわち

$$y^{(k)}=\sin\left(x+\frac{k\pi}{2}\right) \quad \cdots\cdots \text{②}$$

と仮定する。$n=k+1$ のときを考えると，② から

$$y^{(k+1)}=\{y^{(k)}\}'=\left\{\sin\left(x+\frac{k\pi}{2}\right)\right\}'=\cos\left(x+\frac{k\pi}{2}\right)$$

$$=\sin\left\{\left(x+\frac{k\pi}{2}\right)+\frac{\pi}{2}\right\}=\sin\left\{x+\frac{(k+1)\pi}{2}\right\}$$

よって，$n=k+1$ のときにも ① は成り立つ。

[1]，[2] から，すべての自然数 n について ① は成り立つ。 終

第3章　演習問題B

教 p.103

3. 次の極限を求めよ。

(1) $\displaystyle\lim_{x\to 0}\frac{e^x-1}{x}$　　(2) $\displaystyle\lim_{x\to 1}\frac{\log x}{x-1}$

指針 **微分係数の定義から極限**　$f'(a)=\displaystyle\lim_{x\to a}\frac{f(x)-f(a)}{x-a}$ を利用する。

(1) $f(x)=e^x$, (2) $f(x)=\log x$ とおいて,
それぞれの微分係数 $f'(a)$ として極限を求める。

解答 (1) $f(x)=e^x$ とすると

$$\lim_{x\to 0}\frac{e^x-1}{x}=\lim_{x\to 0}\frac{e^x-e^0}{x-0}$$
$$=f'(0)$$

$f'(x)=e^x$ であるから

$$f'(0)=e^0=1$$

よって　$\displaystyle\lim_{x\to 0}\frac{e^x-1}{x}=\mathbf{1}$　答

(2) $f(x)=\log x$ とすると

$$\lim_{x\to 1}\frac{\log x}{x-1}=\lim_{x\to 1}\frac{\log x-\log 1}{x-1}$$
$$=f'(1)$$

$f'(x)=\dfrac{1}{x}$ であるから

$$f'(1)=1$$

よって　$\displaystyle\lim_{x\to 1}\frac{\log x}{x-1}=\mathbf{1}$　答

教 p.103

4. $x\neq 1$ のとき, 等式 $1+x+x^2+\cdots\cdots+x^n=\dfrac{1-x^{n+1}}{1-x}$ が成り立つ。この両辺を微分することにより, $x\neq 1$ のとき, 次の和を求めよ。ただし, n は正の整数とする。

$$1+2x+3x^2+\cdots\cdots+nx^{n-1}$$

指針 **数列の和と微分**　右辺を商の導関数の公式により微分して求める。

解答 左辺を微分すると

$$(1+x+x^2+\cdots\cdots+x^n)'=1+2x+3x^2+\cdots\cdots+nx^{n-1}$$

右辺を微分すると

$$\left(\frac{1-x^{n+1}}{1-x}\right)'=\frac{(1-x^{n+1})'(1-x)-(1-x^{n+1})(1-x)'}{(1-x)^2}$$

$$=\frac{-(n+1)x^n(1-x)-(1-x^{n+1})\cdot(-1)}{(1-x)^2}$$

$$=\frac{nx^{n+1}-(n+1)x^n+1}{(1-x)^2}$$

よって，$x \neq 1$ のとき

$$1+2x+3x^2+\cdots\cdots+nx^{n-1}=\boldsymbol{\frac{nx^{n+1}-(n+1)x^n+1}{(1-x)^2}}$$ 答

別解 数学Bの数列では，次のようにして求めている。

$$S=1+2x+3x^2+\cdots\cdots+nx^{n-1}$$

$$xS=\qquad x+2x^2+\cdots\cdots+(n-1)x^{n-1}+nx^n$$

辺々引くと

$$(1-x)S=1+x+x^2+\cdots\cdots+x^{n-1}-nx^n$$

$x \neq 1$ のとき

$$(1-x)S=\frac{1-x^n}{1-x}-nx^n$$

$$=\frac{1-(n+1)x^n+nx^{n+1}}{1-x}$$

であるから

$$S=\boldsymbol{\frac{nx^{n+1}-(n+1)x^n+1}{(1-x)^2}}$$ 答

教 p.103

5. $x=t-\sin t$，$y=1-\cos t$ であるとき，$\dfrac{dy}{dx}$，$\dfrac{d^2y}{dx^2}$ をそれぞれ t の関数として表せ。

指針 **媒介変数で表された関数の導関数，第2次導関数** $\dfrac{dy}{dx}$ は $\dfrac{dx}{dt}$，$\dfrac{dy}{dt}$ をそれぞれ求めて $\dfrac{dy}{dx}=\dfrac{\frac{dy}{dt}}{\frac{dx}{dt}}$ に代入する。

また，$\dfrac{d^2y}{dx^2}$ は $\dfrac{d^2y}{dx^2}=\dfrac{d}{dx}\left(\dfrac{dy}{dx}\right)=\dfrac{d}{dt}\left(\dfrac{dy}{dx}\right)\cdot\dfrac{dt}{dx}$ により求める。

解答 $\dfrac{dx}{dt}=1-\cos t$, $\dfrac{dy}{dt}=\sin t$ であるから

$$\boldsymbol{\frac{dy}{dx}=\frac{\sin t}{1-\cos t}}\quad \text{答}$$

また
$$\frac{d^2y}{dx^2}=\frac{d}{dx}\left(\frac{dy}{dx}\right)=\frac{d}{dt}\left(\frac{dy}{dx}\right)\cdot\frac{dt}{dx}$$
$$=\frac{(\sin t)'(1-\cos t)-\sin t(1-\cos t)'}{(1-\cos t)^2}\cdot\frac{1}{1-\cos t}$$
$$=\frac{\cos t(1-\cos t)-\sin^2 t}{(1-\cos t)^2}\cdot\frac{1}{1-\cos t}$$
$$=\frac{\cos t-1}{(1-\cos t)^3}=\boldsymbol{-\frac{1}{(1-\cos t)^2}}\quad \text{答}$$

教 p.103

6. 関数 $y=\tan x\ \left(-\dfrac{\pi}{2}<x<\dfrac{\pi}{2}\right)$ の逆関数を $f(x)$ とするとき，導関数 $f'(x)$ を求めよ。

指針 **三角関数の逆関数の導関数**　$f'(x)=\dfrac{dy}{dx}=\dfrac{1}{\dfrac{dx}{dy}}$ を利用する。

関数 $y=\tan x\ \left(-\dfrac{\pi}{2}<x<\dfrac{\pi}{2}\right)$ の逆関数が $f(x)$ であるから，$y=\tan x$ を x について解いて，x と y を入れ替えると $y=f(x)$ となる。

よって　$x=f^{-1}(y)=\tan y$

解答 $y=\tan x$ を x について解いて，$y=\tan x$ の逆関数 $f(x)$ を用いて表すと

$x=f^{-1}(y)=\tan y$

よって
$$\boldsymbol{f'(x)}=\frac{dy}{dx}=\frac{1}{\dfrac{dx}{dy}}=\frac{1}{\dfrac{1}{\cos^2 y}}=\cos^2 y$$
$$=\frac{1}{1+\tan^2 y}=\boldsymbol{\frac{1}{1+x^2}}\quad \text{答}$$

第4章 微分法の応用

第1節 導関数の応用

1 接線と法線

まとめ

1 曲線 $y=f(x)$ の接線と法線

① **接線の方程式**

曲線 $y=f(x)$ 上の点 $\mathrm{A}(a,\ f(a))$ における接線の方程式は

$$\boldsymbol{y-f(a)=f'(a)(x-a)}$$

② 曲線上の点 A を通り，その曲線の A における接線と垂直である直線を，その曲線の点 A における **法線** という。

③ **法線の方程式**

曲線 $y=f(x)$ 上の点 $\mathrm{A}(a,\ f(a))$ における法線の方程式は，

$f'(a)\neq 0$ のとき　　$\boldsymbol{y-f(a)=-\dfrac{1}{f'(a)}(x-a)}$

$f'(a)=0$ のとき　　$\boldsymbol{x=a}$

2 共有点で同じ接線をもつ2つの曲線

① 2つの曲線 $y=f(x)$，$y=g(x)$ が共有点 $\mathrm{P}(p,\ q)$ で共通の接線をもつための必要十分条件は，次の [1]，[2] が成り立つことである。

[1] $q=f(p)$，$q=g(p)$ から　　$f(p)=g(p)$

[2] 2つの曲線の点 $\mathrm{P}(p,\ q)$ における接線の傾きは等しいから

$$f'(p)=g'(p)$$

なお，このとき2つの曲線は点 P において **接する** という。

A 曲線 $y=f(x)$ の接線と法線

教 p.106

練習 1

次の曲線上の点 A における接線の方程式を求めよ。

(1) $y=\dfrac{2}{x}$，$\mathrm{A}(-1,\ -2)$　　(2) $y=\sin x$，$\mathrm{A}\left(\dfrac{\pi}{6},\ \dfrac{1}{2}\right)$

指針 **接線の方程式**　曲線 $y=f(x)$ 上の点 $\mathrm{A}(a,\ f(a))$ における接線の方程式は

$y-f(a)=f'(a)(x-a)$　　で与えられる。

よって，まず $f'(a)$ を求める。

解答 (1) $f(x)=\dfrac{2}{x}$ とすると　$f'(x)=(2x^{-1})'=-2x^{-1-1}=-\dfrac{2}{x^2}$

ゆえに　$f'(-1)=-\dfrac{2}{(-1)^2}=-2$

したがって，点 A$(-1,\ -2)$ における接線の方程式は

$$y-(-2)=-2\{x-(-1)\}$$

すなわち　$\boldsymbol{y=-2x-4}$　答

(2) $f(x)=\sin x$ とすると　$f'(x)=\cos x$

ゆえに　$f'\left(\dfrac{\pi}{6}\right)=\cos\dfrac{\pi}{6}=\dfrac{\sqrt{3}}{2}$

したがって，点 A$\left(\dfrac{\pi}{6},\ \dfrac{1}{2}\right)$ における接線の方程式は

$$y-\frac{1}{2}=\frac{\sqrt{3}}{2}\left(x-\frac{\pi}{6}\right)$$

すなわち　$\boldsymbol{y=\dfrac{\sqrt{3}}{2}x-\dfrac{\sqrt{3}}{12}\pi+\dfrac{1}{2}}$　答

教 p.107

練習 2

次の曲線上の点 A における法線の方程式を求めよ。

(1) $y=e^{-x}$，A$(-1,\ e)$　　(2) $y=\tan x$，A$\left(\dfrac{\pi}{4},\ 1\right)$

指針 **法線の方程式**　$f'(a)$ を求め，法線の方程式

$y-f(a)=-\dfrac{1}{f'(a)}(x-a)$ にあてはめる。

(1) $(e^{-x})'=-e^{-x}$　　(2) $(\tan x)'=\dfrac{1}{\cos^2 x}$

解答 (1) $f(x)=e^{-x}$ とすると　$f'(x)=-e^{-x}$

ゆえに　$f'(-1)=-e^{-(-1)}=-e$

したがって，点 A$(-1,\ e)$ における法線の方程式は

$y-e=-\dfrac{1}{-e}\{x-(-1)\}$　すなわち　$\boldsymbol{y=\dfrac{1}{e}x+e+\dfrac{1}{e}}$　答

(2) $f(x)=\tan x$ とすると

$f'(x)=(\tan x)'=\dfrac{1}{\cos^2 x}$　　ゆえに　$f'\left(\dfrac{\pi}{4}\right)=\dfrac{1}{\left(\dfrac{1}{\sqrt{2}}\right)^2}=2$

したがって，点 A$\left(\dfrac{\pi}{4},\ 1\right)$ における法線の方程式は

$y-1=-\dfrac{1}{2}\left(x-\dfrac{\pi}{4}\right)$　すなわち　$\boldsymbol{y=-\dfrac{1}{2}x+\dfrac{\pi}{8}+1}$　答

教 p.108

練習 3

曲線 $y=\frac{1}{x}$ について，次のような接線の方程式を求めよ。また，その接点の座標を求めよ。

(1) 傾きが -4 である　　(2) 点 $(3,\ -1)$ を通る

指針 **傾き，曲線外の通る点が与えられた接線**　接点を $A(a,\ f(a))$ として，接線の方程式を $y-f(a)=f'(a)(x-a)$ …… ① と表す。

(1) $f'(a)=-4$ として，a の値を求める。このときの ① の式が求める接線の方程式である。

(2) 与えられた点の座標を ① に代入して a の方程式を作る。この方程式を解いて a の値を求める。このときの ① の式が求める接線の方程式である。

解答 $y=\frac{1}{x}$ を微分すると　$y'=-\frac{1}{x^2}$

求める接点の座標を $\left(a,\ \frac{1}{a}\right)$ とすると，接線の方程式は

$$y-\frac{1}{a}=-\frac{1}{a^2}(x-a) \quad \cdots\cdots ①$$

(1) 接線の傾きが -4 であるから

$-\frac{1}{a^2}=-4$　　すなわち　　$a^2=\frac{1}{4}$

よって　　$a=\pm\frac{1}{2}$

$a=\frac{1}{2}$ のとき，① に代入して

接線の方程式は　　$\boldsymbol{y=-4x+4}$

また，**接点の座標は**　　$\left(\boldsymbol{\frac{1}{2},\ 2}\right)$ 答

$a=-\frac{1}{2}$ のとき，① に代入して

接線の方程式は　　$\boldsymbol{y=-4x-4}$

また，**接点の座標は**　　$\left(\boldsymbol{-\frac{1}{2},\ -2}\right)$ 答

(2) 接線 ① が点 $(3,\ -1)$ を通るから

$$-1-\frac{1}{a}=-\frac{1}{a^2}(3-a)$$

両辺に a^2 を掛けて整理すると　$a^2+2a-3=0$

この 2 次方程式を解くと

$(a+3)(a-1)=0$ より　$a=-3,\ 1$

$a=-3$ のとき，① に代入して

接線の方程式は　$\boldsymbol{y=-\frac{1}{9}x-\frac{2}{3}}$

また，**接点の座標は**　$\boldsymbol{\left(-3,\ -\frac{1}{3}\right)}$ 答

$a=1$ のとき，① に代入して

接線の方程式は　$\boldsymbol{y=-x+2}$

また，**接点の座標は**　$\boldsymbol{(1,\ 1)}$ 答

練習 4　教 p.108

曲線 $y=x\log x$ について，次のような接線の方程式を求めよ。また，その接点の座標を求めよ。

(1) 傾きが 1 である　　(2) 点 $(0,\ -2)$ を通る

指針　**傾き，曲線外の通る点が与えられた接線**　接点 $(a,\ f(a))$ における接線の方程式を $y-f(a)=f'(a)(x-a)$ とおいて，傾き，通る点から，それぞれの接線の方程式と接点の座標を求める。

解答　$y=x\log x$ を微分すると

$$y'=(x\log x)'=x'\log x+x(\log x)'$$

$$=1\cdot\log x+x\cdot\frac{1}{x}=\log x+1$$

求める接点の座標を $(a,\ a\log a)$ とすると，接線の方程式は

$$y-a\log a=(\log a+1)(x-a)\ \cdots\cdots\ ①$$

(1) 接線の傾きが 1 であるから

$\log a+1=1$　すなわち　$\log a=0$　よって　$a=1$

したがって，**接線の方程式は**，$a=1$ を ① に代入して

$$y-1\cdot\log 1=(\log 1+1)(x-1)$$

すなわち　$\boldsymbol{y=x-1}$

また，**接点の座標は**　$\boldsymbol{(1,\ 0)}$ 答

(2) 接線 ① が点 $(0,\ -2)$ を通るから

$$-2-a\log a=(\log a+1)(0-a)$$

すなわち　$-2=-a$

よって　$a=2$

したがって，**接線の方程式は**，$a=2$ を ① に代入して

$$y-2\log 2=(\log 2+1)(x-2)$$

すなわち　$\boldsymbol{y=(\log 2+1)x-2}$

また，**接点の座標** は　$\boldsymbol{(2,\ 2\log 2)}$ 答

B 共有点で同じ接線をもつ２つの曲線

教 p.109

練習 5

２つの曲線 $y=x^2-3$, $y=\dfrac{a}{x}$ が共有点Ｐをもち，点Ｐにおいて共通の接線をもつとき，定数 a の値を求めよ。また，共有点Ｐの座標を求めよ。

指針 **共有点で共通の接線をもつ２つの曲線**　２つの曲線 $y=f(x)$, $y=g(x)$ が共有点 $(p,\ q)$ をもち，その点において共通の接線をもつ条件は

[1]　$f(p)=g(p)=q$

かつ接線の傾きが等しいことから

[2]　$f'(p)=g'(p)$

が成り立つことである。

この条件から方程式を立てる。

解答 $f(x)=x^2-3$, $g(x)=\dfrac{a}{x}$ とおくと

$$f'(x)=2x,\ g'(x)=-\frac{a}{x^2}$$

共有点を $\mathrm{P}(p,\ q)$ とすると $q=p^2-3$, $q=\dfrac{a}{p}$ であるから

$$p^2-3=\frac{a}{p}\quad \cdots\cdots ①$$

また，２つの曲線の点Ｐにおける接線の傾きが等しいから

$$2p=-\frac{a}{p^2}\quad \cdots\cdots ②$$

② から　$\dfrac{a}{p}=-2p^2$　これを ① に代入すると　$p^2-3=-2p^2$

よって　$p^2=1$　ゆえに　$p=\pm1$

① より　$p=1$ のとき $a=-2$　$p=-1$ のとき $a=2$

したがって　**$a=2$ のとき，共有点の座標は $(-1,\ -2)$**

$a=-2$ のとき，共有点の座標は $(1,\ -2)$　答

C x, y の方程式で表される曲線の接線と法線

教 p.110

練習 6

次の曲線上の点Ａにおける接線と法線の方程式を求めよ。

(1)　$\dfrac{x^2}{12}+\dfrac{y^2}{4}=1$, $\mathrm{A}(3,\ 1)$　　(2)　$xy=8$, $\mathrm{A}(2,\ 4)$

指針 **x, y の方程式で表される曲線の接線と法線**　与えられた曲線の方程式を y について解いて $y=f(x)$ の形にしないで，与えられた式のままで両辺を x について微分し，接点の座標を代入して y' の値 m(接線の傾き)を得る。このとき，接点の座標を $(a,\ b)$ とすると，

接線は　$y-b=m(x-a)$，　　法線は　$y-b=-\dfrac{1}{m}(x-a)$

で与えられる。

なお，与えられた方程式の両辺をそのまま x について微分するとき，合成関数の微分をすることに注意する。

例えば，y^2 を x について微分すると，$(y^2)'=2y\cdot y'$ となる。

解答 (1)　$\dfrac{x^2}{12}+\dfrac{y^2}{4}=1$ の両辺を x について微分すると

$$\frac{2x}{12}+\frac{2y}{4}\cdot y'=0$$

よって，$y\neq 0$ のとき　$y'=-\dfrac{\frac{2x}{12}}{\frac{2y}{4}}=-\dfrac{x}{3y}$

ゆえに，点 A(3, 1) における接線の傾き m は

$m=-\dfrac{3}{3\cdot 1}=-1$

したがって，求める **接線の方程式は**

$y-1=-(x-3)$　すなわち　$\boldsymbol{y=-x+4}$　答

また，$-\dfrac{1}{m}=1$ であるから，求める **法線の方程式は**

$y-1=1\cdot(x-3)$　すなわち　$\boldsymbol{y=x-2}$　答

(2)　$xy=8$ の両辺を x について微分すると，積の微分法により

$$1\cdot y+x\cdot y'=0$$

よって，$x\neq 0$ のとき　$y'=-\dfrac{y}{x}$

ゆえに，点 A(2, 4) における接線の傾き m は

$m=-\dfrac{4}{2}=-2$

したがって，求める **接線の方程式は**

$y-4=-2(x-2)$　すなわち　$\boldsymbol{y=-2x+8}$　答

また，$-\dfrac{1}{m}=\dfrac{1}{2}$ であるから，求める **法線の方程式は**

$y-4=\dfrac{1}{2}(x-2)$　すなわち　$\boldsymbol{y=\dfrac{1}{2}x+3}$　答

教 p.110

問 1 放物線 $y^2=4px$ 上の点 $\mathrm{A}(x_1,\ y_1)$ における接線の方程式は，$y_1y=2p(x+x_1)$ であることを示せ。

指針 **放物線の接線の方程式**　$y^2=4px$ で表された放物線に対して

[1]　接点 $(x_1,\ y_1)$ における接線の傾きを m とすると

接線の方程式は　$y-y_1=m(x-x_1)$

[2]　傾き m は，$y^2=4px$ の両辺を x について微分した式に点 $(x_1,\ y_1)$ を代入して得られた y' の値である。

[3]　接点 $(x_1,\ y_1)$ は放物線 $y^2=4px$ 上にあるから　$y_1{}^2=4px_1$

の 3 つに注意しながら，接線の方程式 $y_1y=2p(x+x_1)$ を導く。

解答 $y^2=4px$　…… ① とする。

接点 $(x_1,\ y_1)$ は放物線 ① 上の点であるから

$$y_1{}^2=4px_1 \quad \cdots\cdots ②$$

① の両辺を x について微分すると

$$2y\cdot y'=4p$$

よって，$y\neq0$ のとき　$y'=\dfrac{4p}{2y}=\dfrac{2p}{y}$

ゆえに，$y_1\neq0$ のとき，点 $(x_1,\ y_1)$ における接線の傾きは

$$\frac{2p}{y_1}$$

したがって，$y_1\neq0$ のとき，点 $(x_1,\ y_1)$ における接線の方程式は

$$y-y_1=\frac{2p}{y_1}(x-x_1)$$

両辺に y_1 を掛けると　$y_1y-y_1{}^2=2p(x-x_1)$

② より　　$y_1y-4px_1=2p(x-x_1)$

すなわち　　$y_1y=2p(x+x_1)$　…… ③

$y_1=0$ のとき，放物線 ① 上の点 $(0,\ 0)$ における接線の方程式は $x=0$ であり，これは，③ において $x_1=y_1=0$ としたものである。

以上から，放物線 $y^2=4px$ 上の点 $\mathrm{A}(x_1,\ y_1)$ における接線の方程式は $y_1y=2p(x+x_1)$ である。 終

教 p.110

練習 7 楕円 $\dfrac{x^2}{a^2}+\dfrac{y^2}{b^2}=1$ 上の点 $\mathrm{A}(x_1,\ y_1)$ における接線の方程式は，$\dfrac{x_1x}{a^2}+\dfrac{y_1y}{b^2}=1$ であることを示せ。

指針 **楕円の接線の方程式**　次の [1]～[3] に注意して考える。

[1]　接点 $(x_1,\ y_1)$ における接線の傾きを m とすると
接線の方程式は　$y-y_1=m(x-x_1)$

[2]　傾き m は，与えられた楕円の方程式の両辺を x について微分して y' を求めてから，点 $(x_1,\ y_1)$ を代入すると得られる。

[3]　接点 $(x_1,\ y_1)$ は楕円上にあるから，$\dfrac{x_1^2}{a^2}+\dfrac{y_1^2}{b^2}=1$ が成り立つ。

解答 $\dfrac{x^2}{a^2}+\dfrac{y^2}{b^2}=1$　…… ① とする。

接点 $\mathrm{A}(x_1,\ y_1)$ は ① 上の点であるから

$$\frac{x_1^2}{a^2}+\frac{y_1^2}{b^2}=1 \quad \cdots\cdots ②$$

① の両辺を x について微分すると

$$\frac{2x}{a^2}+\frac{2y}{b^2}\cdot y'=0$$

よって，$y\neq 0$ のとき　$y'=-\dfrac{\dfrac{2x}{a^2}}{\dfrac{2y}{b^2}}=-\dfrac{b^2x}{a^2y}$

ゆえに，$y_1\neq 0$ のとき，点 $\mathrm{A}(x_1,\ y_1)$ における接線の傾きは

$$-\frac{b^2x_1}{a^2y_1}$$

したがって，$y_1\neq 0$ のとき，点 $\mathrm{A}(x_1,\ y_1)$ における接線の方程式は

$y-y_1=-\dfrac{b^2x_1}{a^2y_1}(x-x_1)$　すなわち　$y+\dfrac{b^2x_1}{a^2y_1}x=\dfrac{b^2x_1^2}{a^2y_1}+y_1$

両辺に $\dfrac{y_1}{b^2}$ を掛けて整理すると

$$\frac{x_1x}{a^2}+\frac{y_1y}{b^2}=\frac{x_1^2}{a^2}+\frac{y_1^2}{b^2}$$

② より　$\dfrac{x_1x}{a^2}+\dfrac{y_1y}{b^2}=1$　…… ③

一方，$y_1=0$ のとき，接点 A の座標は $(\pm a,\ 0)$ であり，この点における ① の接線は y 軸に平行であり，その方程式は　$x=\pm a$

これは，③ において $x_1=\pm a$，$y_1=0$ としたものである。

以上から，楕円 $\dfrac{x^2}{a^2}+\dfrac{y^2}{b^2}=1$ 上の点 $\mathrm{A}(x_1,\ y_1)$ における接線の方程式は

$\dfrac{x_1x}{a^2}+\dfrac{y_1y}{b^2}=1$ である。 終

研究 方程式の重解と微分

まとめ

① $f(x)$ は 2 次以上の多項式，c は実数とする。$f(x)$ が $(x-c)^2$ で割り切れるとき，c は方程式 $f(x)=0$ の重解であるという。方程式の重解について，次のことが成り立つ。

定理　c が，方程式 $f(x)=0$ の重解であるための必要十分条件は，$f(c)=f'(c)=0$ が成り立つことである。

② 条件 $f(c)=f'(c)=0$ は，曲線 $y=f(x)$ 上の点 $(c,\ f(c))$ における接線が直線 $y=0$，すなわち x 軸であるための必要十分条件でもある。

③ 曲線 $y=f(x)$ が，点 $(c,\ f(c))$ において x 軸に接するための必要十分条件は，c が方程式 $f(x)=0$ の重解となることである。

④ 一般に，$f(x)$ が 2 次以上の多項式のとき，曲線 $y=f(x)$ が，点 $(c,\ f(c))$ において直線 $y=ax+b$ に接するための必要十分条件は，c が方程式 $f(x)-ax-b=0$ の重解となることである。

問　教 p.111

一般に，$f(x)$ が 2 次以上の多項式のとき，曲線 $y=f(x)$ が，点 $(c,\ f(c))$ において直線 $y=ax+b$ に接するための必要十分条件は，c が方程式 $f(x)-ax-b=0$ の重解となることである。このことを証明せよ。

指針　**曲線と直線が接するための条件**　曲線 $y=f(x)$ が，点 $\mathrm{C}(c,\ f(c))$ において，直線 $y=ax+b$ に接するための必要十分条件は，点 C を共有点にもち，かつ点 C における曲線 $y=f(x)$ の接線の傾きが a であることである。

解答　$g(x)=f(x)-ax-b$ とおく。両辺を微分すると　$g'(x)=f'(x)-a$

曲線 $y=f(x)$ が点 $(c,\ f(c))$ で直線 $y=ax+b$ と接するための必要十分条件は，点 $(c,\ f(c))$ を共有点にもち，かつ点 $(c,\ f(c))$ における接線の傾きが a であることである。

曲線 $y=f(x)$ と直線 $y=ax+b$ が点 $(c,\ f(c))$ を共有点にもつための必要十分条件は　　$g(c)=0$

また，点 $(c,\ f(c))$ における接線の傾きが a になるための必要十分条件は $f'(c)=a$ であるから　　$g'(c)=f'(c)-a=0$

したがって，曲線 $y=f(x)$ が点 $(c,\ f(c))$ において直線 $y=ax+b$ と接するための必要十分条件は $g(c)=g'(c)=0$ となることである。

したがって，教科書 $p.111$ の定理により，c が $g(x)=0$　すなわち $f(x)-ax-b=0$ の重解となることである。 終

2 平均値の定理

まとめ

1 平均値の定理

① **平均値の定理**

関数 $f(x)$ が閉区間 $[a,\ b]$ で連続で，開区間 $(a,\ b)$ で微分可能ならば，

$$\frac{f(b)-f(a)}{b-a}=f'(c),\ a<c<b$$

を満たす実数 c が存在する。

② 上の定理は，図形的には次のことを意味している。
曲線 $y=f(x)$ 上に任意の 2 点 $\mathrm{A}(a,\ f(a))$，$\mathrm{B}(b,\ f(b))$ をとると，線分 AB と平行な接線が引けるような点 C が，2 点 A，B 間の曲線上にある。なお，この点 C は 1 つとは限らない。

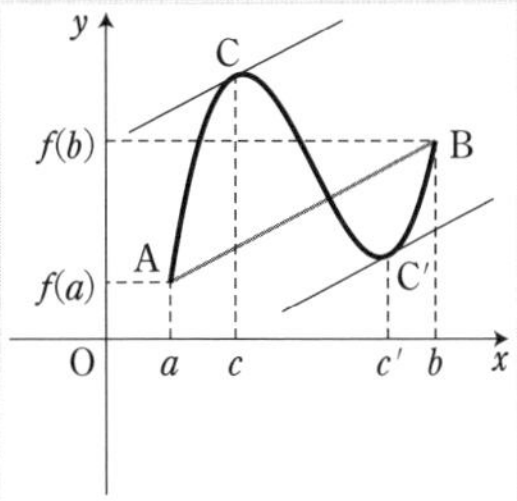

A 平均値の定理

深める 教 p.112

次の関数と，示された区間について，平均値の定理を用いることはできるか。

(1) $f(x)=|x^2-1|$，$[0,\ 2]$　　(2) $f(x)=\dfrac{1}{x}$，$[-1,\ 1]$

指針 **平均値の定理**　次のことを調べる。

(1) 関数 $f(x)$ が区間 $[0,\ 2]$ で連続，開区間 $(0,\ 2)$ で微分可能であるか。

(2) 関数 $f(x)$ が区間 $[-1,\ 1]$ で連続，開区間 $(-1,\ 1)$ で微分可能であるか。

解答 (1) $0\leqq x\leqq 2$ において関数 $f(x)=|x^2-1|$ は $x=1$ で微分可能でないから，与えられた区間について平均値の定理を用いることは **できない**。 答

(2) $-1\leqq x\leqq 1$ において関数 $f(x)=\dfrac{1}{x}$ は $x=0$ で定義できない(連続でもなく微分可能でもない)から，与えられた区間について平均値の定理を用いることは **できない**。 答

教 p.113

練習 8

次の関数と，示された区間について，教科書 112 ページの平均値の定理の式を満たす c の値を求めよ。

(1) $f(x)=x^3-3x^2$，$[-2,\ 1]$　(2) $f(x)=e^x$，$[0,\ 1]$

指針 **平均値の定理**　与えられた関数 $f(x)$ と区間 $[a,\ b]$ に対して

$\dfrac{f(b)-f(a)}{b-a}=f'(c)$，$a<c<b$ を満たす定数 c の値を実際に求める。

c についての方程式を作り，それを解いて，$a<c<b$ にあてはまる c の値を求める。

解答 (1) $f(1)=1^3-3\cdot1^2=-2$，　$f(-2)=(-2)^3-3\cdot(-2)^2=-20$，

$f'(x)=3x^2-6x$

よって，$\dfrac{-2-(-20)}{1-(-2)}=3c^2-6c$ とすると

$$3c^2-6c-6=0$$

これを解くと，$c^2-2c-2=0$ より

$$c=1\pm\sqrt{3}$$

$-2<c<1$ を満たすのは

$$c=1-\sqrt{3}$$

すなわち，求める c の値は　$\boldsymbol{c=1-\sqrt{3}}$　答

(2) $f(1)=e^1=e$，　$f(0)=e^0=1$，　$f'(x)=e^x$

よって，$\dfrac{e-1}{1-0}=e^c$ とすると　$e^c=e-1$

これより　$c=\log(e-1)$

ここで，$1<e-1<e$ より　$0<\log(e-1)<1$

したがって，$0<c<1$ を満たす。

答　$\boldsymbol{c=\log(e-1)}$

B 平均値の定理の利用

教 p.113

練習 9

平均値の定理を用いて，次のことを証明せよ。

$a<b$ のとき　　$e^a<\dfrac{e^b-e^a}{b-a}<e^b$

指針 **平均値の定理を利用した不等式の証明**　$f(x)=e^x$ とすると

$e^a<\dfrac{e^b-e^a}{b-a}<e^b$ は $e^a<\dfrac{f(b)-f(a)}{b-a}<e^b$ と表される。

┈┈ の部分に平均値の定理を用いて，$e^a<f'(c)<e^b$ の形にして証明する。

解答　$f(x)=e^x$ とおくと　$f'(x)=e^x$

$f(x)$ はすべての実数 x に対して連続かつ微分可能であるから，平均値の定理により　$\dfrac{e^b-e^a}{b-a}=e^c$，$a<c<b$　を満たす実数 c が存在する。

ここで，関数 $f(x)=e^x$ は単調に増加するから

$a<c<b$ のとき　$e^a<e^c<e^b$　　よって　$e^a<\dfrac{e^b-e^a}{b-a}<e^b$　終

発展　平均値の定理の証明

まとめ

① **閉区間で連続な関数は，その閉区間で最大値および最小値をもつ。**

② **ロルの定理**

関数 $f(x)$ が閉区間 $[a,\ b]$ で連続，開区間 $(a,\ b)$ で微分可能で，

$f(a)=f(b)$ ならば，$\boldsymbol{f'(c)=0}$，$\boldsymbol{a<c<b}$

を満たす実数 c が存在する。

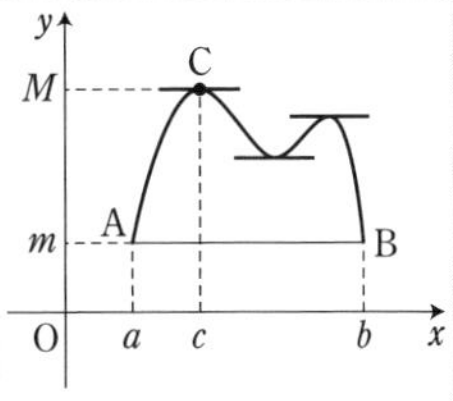

③ 平均値の定理は，連続関数の性質から導かれるロルの定理を用いて証明することができる。

証明　関数 $f(x)$ が閉区間 $[a,\ b]$ で連続で，開区間 $(a,\ b)$ で微分可能であるとき，$\dfrac{f(b)-f(a)}{b-a}=k$ とし，$F(x)=f(x)-k(x-a)$ とおく。

関数 $F(x)$ は閉区間 $[a,\ b]$ で連続，開区間 $(a,\ b)$ で微分可能で，

$F(a)=F(b)$ であるから，ロルの定理の条件を満たす。

よって，$F'(c)=0$，$a<c<b$ を満たす実数 c が存在し，$F'(x)=f'(x)-k$ であるから，$F'(c)=0 \iff f'(c)=k$ が成り立つ。

以上により，平均値の定理は成り立つ。

④ なお，平均値の定理において $b-a=h$，$\dfrac{c-a}{b-a}=\theta$ とおくと，$0<\theta<1$，$c=a+\theta h$ となり，平均値の定理は次の形に表される。

平均値の定理

関数 $f(x)$ が閉区間 $[a,\ a+h]$ で連続，開区間 $(a,\ a+h)$ で微分可能ならば，

$$\boldsymbol{f(a+h)=f(a)+hf'(a+\theta h)},\ \boldsymbol{0<\theta<1}$$

を満たす実数 θ が存在する。

3 関数の値の変化

まとめ

1 関数の増加と減少

① 関数 $f(x)$ は閉区間 $[a,\ b]$ で連続で，開区間 $(a,\ b)$ で微分可能であるとする。このとき，次のことが成り立つ。

導関数の符号と関数の増減

1 開区間 $(a,\ b)$ で常に $f'(x)>0$ ならば，
$f(x)$ は閉区間 $[a,\ b]$ で単調に増加する。

2 開区間 $(a,\ b)$ で常に $f'(x)<0$ ならば，
$f(x)$ は閉区間 $[a,\ b]$ で単調に減少する。

3 開区間 $(a,\ b)$ で常に $f'(x)=0$ ならば，
$f(x)$ は閉区間 $[a,\ b]$ で定数である。

② **関数 $f(x)$，$g(x)$ が閉区間 $[a,\ b]$ で連続で，開区間 $(a,\ b)$ で微分可能で常に $g'(x)=f'(x)$ ならば，次のことが成り立つ。**

閉区間 $[a,\ b]$ で　$g(x)=f(x)+C$　　ただし，C は定数

③ 区間内に $f'(c)=0$ となる x の値 c があっても，その他の x の値で

[1] $f'(x)>0$ ならば，$f(x)$ はその区間で単調に増加する。

[2] $f'(x)<0$ ならば，$f(x)$ はその区間で単調に減少する。

2 関数の極大と極小

① $f(x)$ は連続な関数とする。

$x=a$ を含む十分小さい開区間において，「$x \neq a$ ならば $f(x)<f(a)$」が成り立つとき，$f(x)$ は $x=a$ で **極大** であるといい，$f(a)$ を **極大値** という。

$x=a$ を含む十分小さい開区間において，「$x \neq a$ ならば $f(x)>f(a)$」が成り立つとき，$f(x)$ は $x=a$ で **極小** であるといい，$f(a)$ を **極小値** という。

極大値と極小値をまとめて **極値** という。

② 関数 $f(x)$ が極値をとるための必要条件として，次のことが成り立つ。

極値をとるための必要条件

関数 $f(x)$ は $x=a$ で微分可能であるとする。

$f(x)$ が $x=a$ で極値をとるならば　　$f'(a)=0$

しかし，このことの逆は一般には成り立たない。すなわち

$f'(a)=0$ であっても，$f(a)$ が極値であるとは限らない。

③ $f(x)$ が微分可能で $f'(a)=0$ であるとき，$x=a$ を境目として $f'(x)$ の符号が変わるときは，次のように極値を判定することができる。

$x=a$ を内部に含むある区間において

$x<a$ で $f'(x)>0$，$a<x$ で $f'(x)<0$ ならば　$f(a)$ は極大値

$x<a$ で $f'(x)<0$，$a<x$ で $f'(x)>0$ ならば　$f(a)$ は極小値

このことは，増減表を用いると，次のように表される。

x	$\cdots\cdots$	a	$\cdots\cdots$
$f'(x)$	$+$	0	$-$
$f(x)$	↗	極大	↘

x	$\cdots\cdots$	a	$\cdots\cdots$
$f'(x)$	$-$	0	$+$
$f(x)$	↘	極小	↗

④　関数 $f(x)$ が $x=a$ で微分可能でない場合にも，$f(a)$ が極値となることがある。例えば，関数 $f(x)=|x|$ は $x=0$ で微分可能でないが

$$f(0)=0,\qquad x\neq 0 \text{ のとき } f(x)>0$$

よって，「$x\neq 0$ ならば $f(x)>f(0)$」が成り立つから，$f(0)$ は極小値である。

A 関数の増加と減少

教 p.116

問 2　教科書 116 ページの **2**，**3** を証明せよ。

指針　**導関数の符号と関数の増減**　$a\leqq u<v\leqq b$ を満たす任意の値 u，v に対して，平均値の定理により

$$f(v)-f(u)=(v-u)f'(c),\ u<c<v$$

を満たす実数 c が存在し，次のことがそれぞれ成り立つ。

2　$f'(c)<0$ より　$f(v)-f(u)<0$　　ゆえに　$f(u)>f(v)$

3　$f'(c)=0$ より　$f(v)-f(u)=0$　　ゆえに　$f(u)=f(v)$

解答　閉区間 $[a,\ b]$ において，$a\leqq u<v\leqq b$ を満たす任意の 2 つの値 u，v をとると，平均値の定理により

$$f(v)-f(u)=(v-u)f'(c),\ u<c<v$$

を満たす実数 c が存在する。このとき

2 の証明　$v-u>0$，$f'(c)<0$ であるから　$f(v)-f(u)<0$

ゆえに，$f(u)>f(v)$ であるから，$f(x)$ は閉区間 $[a,\ b]$ で単調に減少する。 終

3 の証明　$f'(c)=0$ であるから　$f(v)-f(u)=0$

ゆえに　$f(u)=f(v)$

$a\leqq u<v\leqq b$ を満たす任意の u，v に対して $f(u)=f(v)$ が成り立つから，$f(x)$ は閉区間 $[a,\ b]$ で定数である。 終

教 p.116

問 3　指数関数 $y=a^x$ は，$a>1$ のとき単調に増加することを示せ。
また，$0<a<1$ のとき単調に減少することを示せ。

指針　**導関数の符号と関数の増減**　関数の増減を調べるには，y' の符号，すなわち，$y'=a^x\log a$ が正であるか負であるかを調べるとよい。

4章 微分法の応用

解答 $a>0$ のとき，指数関数 $y=a^x$ はすべての実数 x において連続で，かつ微分可能であり　$y'=a^x\log a$
よって，$a>1$ のとき，$\log a>0$ であるから，これと $a^x>0$ より，すべての実数 x において　$y'>0$
ゆえに，指数関数 $y=a^x$ は $a>1$ のとき単調に増加する。 終
また，$0<a<1$ のとき，$\log a<0$ であるから，これと $a^x>0$ より，すべての実数 x において　$y'<0$
ゆえに，指数関数 $y=a^x$ は $0<a<1$ のとき単調に減少する。 終

教 p.117

問4 教科書 117 ページの 1〜3 行目で述べたことを証明せよ。

指針 **導関数が等しい2つの関数の関係**　$F(x)=g(x)-f(x)$ とおいて，次のことを用いる。
3　開区間 $(a,\ b)$ で常に $F'(x)=0$ ならば
　　$F(x)$ は閉区間 $[a,\ b]$ で定数である。

解答 $F(x)=g(x)-f(x)$ とおくと　　$F'(x)=g'(x)-f'(x)$
よって，区間 $(a,\ b)$ で常に $g'(x)=f'(x)$ ならば，区間 $(a,\ b)$ で常に
$$F'(x)=0$$
したがって，$F(x)$ は区間 $[a,\ b]$ で連続で　$F(x)=C$（C は定数）
すなわち　　$g(x)-f(x)=C$
ゆえに，閉区間 $[a,\ b]$ で
$g(x)=f(x)+C$　　ただし，C は定数 終

教 p.117

練習10 次の関数の増減を調べよ。
(1)　$y=x+\sin x$　$(0\leqq x\leqq 2\pi)$
(2)　$y=e^x-x$　　(3)　$y=x-\log x$

指針 **関数の増減**　y' の符号を調べ，増減表を作って考える。
例えば，$x<c$ で $f'(x)<0$，$f'(c)=0$，$x>c$ で $f'(x)>0$ とすると $f(x)$ は $x\leqq c$ で単調に減少，$x\geqq c$ で単調に増加する。
(3)　定義域が $x>0$ であることに注意する。

解答 (1)　　$y'=1+\cos x$
$y'=0$ とすると　$x=\pi$
よって，y の増減表は右のようになる。
ゆえに，y は
　区間 $0\leqq x\leqq 2\pi$ で単調に増加する。 答

x	0	$\cdots$	π	$\cdots$	2π
y'	／	$+$	0	$+$	／
y	0	↗	π	↗	2π

(2)　$y'=e^x-1$

$y'=0$ とすると，$e^x-1=0$ より　$x=0$

よって，y の増減表は右のようになる。

x	$\cdots$	0	$\cdots$
y'	$-$	0	$+$
y	↘	1	↗

ゆえに，y は

区間 $0\leqq x$ で単調に増加し，

区間 $x\leqq 0$ で単調に減少する。 答

(3)　関数 y の定義域は，$x>0$ である。

$$y'=1-\frac{1}{x}=\frac{x-1}{x}$$

$y'=0$ とすると　$x=1$

よって，y の増減表は右のようになる。

x	0	$\cdots$	1	$\cdots$
y'	／	$-$	0	$+$
y	／	↘	1	↗

ゆえに，y は

区間 $1\leqq x$ で単調に増加し，区間 $0<x\leqq 1$ で単調に減少する。 答

B 関数の極大と極小

教 p.119

練習 11

次の関数の極値を求めよ。

(1)　$y=\dfrac{x}{x^2+1}$　　(2)　$y=\sin^2 x+2\sin x$ $(0<x<2\pi)$

(3)　$y=x^2\log x$　　(4)　$y=xe^{-x}$

指針　**関数の極値**　関数の定義域において，y' を計算して $y'=0$ となる x の値を求め，その値の前後で y' の符号が変わるかどうかを調べる。符号の変化が $-\longrightarrow+$ ならば極小値，$+\longrightarrow-$ ならば極大値，不変ならば極値ではない。

解答　(1)

$$y'=\frac{(x)'\cdot(x^2+1)-x\cdot(x^2+1)'}{(x^2+1)^2}=\frac{x^2+1-x\cdot 2x}{(x^2+1)^2}$$

$$=\frac{-x^2+1}{(x^2+1)^2}=\frac{-(x+1)(x-1)}{(x^2+1)^2}$$

常に $(x^2+1)^2>0$ であるから，y の増減表は右のようになる。

x	$\cdots$	-1	$\cdots$	1	$\cdots$
y'	$-$	0	$+$	0	$-$
y	↘	極小 $-\frac{1}{2}$	↗	極大 $\frac{1}{2}$	↘

ゆえに y は **$x=-1$ で極小値 $-\dfrac{1}{2}$，**

$x=1$ で極大値 $\dfrac{1}{2}$ をとる。 答

(2)　$y'=(\sin^2 x)'+2(\sin x)'=2\sin x\cdot\cos x+2\cos x$

$=2\cos x(\sin x+1)$

$0<x<2\pi$ で $y'=0$ とすると　$\cos x=0$　または　$\sin x+1=0$

よって　$x=\dfrac{\pi}{2}$　または　$x=\dfrac{3}{2}\pi$

よって，$0 \leqq x \leqq 2\pi$ における y の増減表は次のようになる。

x	0	$\cdots$	$\dfrac{\pi}{2}$	$\cdots$	$\dfrac{3}{2}\pi$	$\cdots$	2π
y'	／	$+$	0	$-$	0	$+$	／
y	／	↗	極大 3	↘	極小 -1	↗	／

ゆえに y は $\boldsymbol{x=\dfrac{\pi}{2}}$ **で極大値 3，**$\boldsymbol{x=\dfrac{3}{2}\pi}$ **で極小値 −1** をとる。 答

(3)　この関数の定義域は　$x>0$

$$y'=(x^2)'\log x+x^2\cdot(\log x)'=2x\log x+x^2\cdot\frac{1}{x}=x(2\log x+1)$$

$x>0$ で $y'=0$ とすると　$2\log x+1=0$

これを解いて，$\log x=-\dfrac{1}{2}$ より　$x=e^{-\frac{1}{2}}=\dfrac{1}{\sqrt{e}}$

また，$x=\dfrac{1}{\sqrt{e}}$ のときの $y=x^2\log x$ の値は

$$\left(\frac{1}{\sqrt{e}}\right)^2\log\frac{1}{\sqrt{e}}=\frac{1}{e}\cdot\log e^{-\frac{1}{2}}=\frac{1}{e}\cdot\left(-\frac{1}{2}\right)=-\frac{1}{2e}$$

よって，$x>0$ における y の増減表は右のようになる。

ゆえに，y は

$\boldsymbol{x=\dfrac{1}{\sqrt{e}}}$ **で極小値** $\boldsymbol{-\dfrac{1}{2e}}$ をとる。 答

x	0	$\cdots$	$\dfrac{1}{\sqrt{e}}$	$\cdots$
y'	／	$-$	0	$+$
y	／	↘	極小 $-\dfrac{1}{2e}$	↗

(4)　　$y'=1\cdot e^{-x}+x\cdot(-e^{-x})=e^{-x}(1-x)$

常に $e^{-x}>0$ であるから，$y'=0$ とすると

$x=1$

よって，y の増減表は右のようになる。

ゆえに，y は $\boldsymbol{x=1}$ **で極大値** $\boldsymbol{\dfrac{1}{e}}$ をとる。 答

x	$\cdots$	1	$\cdots$
y'	$+$	0	$-$
y	↗	極大 $\dfrac{1}{e}$	↘

教 p.121

練習 12

次の関数の極値を求めよ。

(1)　$y=|x-3|\sqrt{x}$　　　　(2)　$y=|x^2-2x|+3$

指針　**微分可能でない点における極値**　関数 $f(x)$ が $x=a$ において微分可能でない場合にも，$x=a$ の前後で $f'(x)$ の符号が変化すれば $f(a)$ が極値になる。そこで，微分可能である範囲における $f'(x)$ の符号と，微分可能でない x の値の前後における $f'(x)$ の符号を調べて増減表をかけばよい。

(1) は $x=3$ で，(2) は $x=0$，2 で微分可能でない。

解答 (1) この関数の定義域は　$x \geqq 0$

$0 \leqq x \leqq 3$ のとき，$y=-(x-3)\sqrt{x}$ であるから，$0<x<3$ では

$$y'=-(x-3)'\sqrt{x}-(x-3)(\sqrt{x})'$$
$$=-\sqrt{x}-\frac{x-3}{2\sqrt{x}}=\frac{-3(x-1)}{2\sqrt{x}}$$

ゆえに　$0<x<1$ で $y'>0$，　$x=1$ で $y'=0$，　$1<x<3$ で $y'<0$

$x \geqq 3$ のとき，$y=(x-3)\sqrt{x}$ であるから，$x>3$ では

$$y'=(x-3)'\sqrt{x}+(x-3)(\sqrt{x})'$$
$$=\sqrt{x}+\frac{x-3}{2\sqrt{x}}=\frac{3(x-1)}{2\sqrt{x}}$$

ゆえに，$x>3$ では常に　$y'>0$

よって，y の増減表は次のようになる。

x	0	…	1	…	3	…
y'	／	+	0	−	／	+
y	0	↗	極大 2	↘	極小 0	↗

したがって，y は

$x=1$ で極大値 2，$x=3$ で極小値 0 をとる。 答

(2) $y=|x(x-2)|+3$ であるから

$x \leqq 0$，$2 \leqq x$ のとき　$y=x(x-2)+3=x^2-2x+3$

$0 \leqq x \leqq 2$　のとき　$y=-x(x-2)+3=-x^2+2x+3$

ゆえに，$x<0$，$2<x$ のとき，$y'=2x-2=2(x-1)$ であるから

$x<0$ では $y'<0$，　$2<x$ では $y'>0$

また，$0<x<2$ のとき，$y'=-2x+2=-2(x-1)$ であるから

$0<x<1$ で $y'>0$，　$x=1$ で $y'=0$，　$1<x<2$ で $y'<0$

よって，y の増減表は次のようになる。

x	…	0	…	1	…	2	…
y'	−	／	+	0	−	／	+
y	↘	極小 3	↗	極大 4	↘	極小 3	↗

したがって，y は

$x=0$，2 で極小値 3，$x=1$ で極大値 4 をとる。 答

練習 13　教 p.121

関数 $f(x)=(ax+1)e^x$ が $x=0$ で極値をとるように，定数 a の値を定めよ。

指針 **極値をとるときの係数の決定**　まず，$f'(0)=0$ が必要である。これより a の値を求める。逆に，求めた a の値のときに実際に極値をとることを確かめておく。

解答　$f'(x)=(ax+1)'e^x+(ax+1)\cdot(e^x)'=a\cdot e^x+(ax+1)\cdot e^x$
$=(ax+a+1)e^x$

$f(x)$ は $x=0$ で微分可能であるから，$f(x)$ が $x=0$ で極値をとるならば
$f'(0)=0$
よって，$(a\cdot 0+a+1)e^0=0$ より，$a+1=0$ であるから
$a=-1$
逆に，$a=-1$ のとき
$f(x)=(-x+1)e^x$ を微分すると
$f'(x)=-xe^x$
$f'(x)=0$ とすると　$x=0$
よって，$f(x)$ の増減表は右のようになる。
ゆえに，$f(x)$ は $x=0$ で極値 1 をとる。
したがって，求める a の値は　$\boldsymbol{a=-1}$　答

x	$\cdots$	0	$\cdots$
$f'(x)$	$+$	0	$-$
$f(x)$	↗	極大 1	↘

4 関数の最大と最小

まとめ

① 閉区間で連続な関数は，その閉区間で最大値および最小値をもつ。
関数の最大値，最小値を求めるには，関数の極大，極小を調べ，それらの極値と区間の端における関数の値を比較して考えればよい。

練習 14　教 p.122

次の関数の最大値，最小値を求めよ。
(1)　$y=x\sqrt{4-x^2}$　　(2)　$y=x\sin x+\cos x$　$(0\leqq x\leqq 2\pi)$

指針 **関数の最大値，最小値**　(1) の定義域は $-2\leqq x\leqq 2$ であり，(2) の x の範囲は $0\leqq x\leqq 2\pi$ であるから，いずれも閉区間である。よって，いずれの場合にも最大値と最小値は存在する。増減表を作って極大，極小を調べ，それらと区間の端における関数の値を比較すればよい。

解答 (1)　この関数の定義域は，$4-x^2\geqq 0$ より　$-2\leqq x\leqq 2$

$$y'=\sqrt{4-x^2}+x\cdot\frac{-2x}{2\sqrt{4-x^2}}=\frac{-2(x+\sqrt{2})(x-\sqrt{2})}{\sqrt{4-x^2}}$$

$-2<x<2$ で $y'=0$ とすると　$x=-\sqrt{2}$，$\sqrt{2}$

よって，$-2 \leqq x \leqq 2$ における y の増減表は右のようになる。

x	-2	$\cdots$	$-\sqrt{2}$	$\cdots$	$\sqrt{2}$	$\cdots$	2
y'		$-$	0	$+$	0	$-$	
y	0	↘	極小 -2	↗	極大 2	↘	0

ゆえに，y は

$x=\sqrt{2}$ 　で最大値 2,

$x=-\sqrt{2}$ で最小値 -2 をとる。 答

(2)　$y'=\sin x+x\cos x-\sin x=x\cos x$

$0<x<2\pi$ で $y'=0$ とすると　$x=\dfrac{\pi}{2},\ \dfrac{3}{2}\pi$

よって，y の増減表は右のようになる。

x	0	$\cdots$	$\dfrac{\pi}{2}$	$\cdots$	$\dfrac{3}{2}\pi$	$\cdots$	2π
y'		$+$	0	$-$	0	$+$	
y	1	↗	極大 $\dfrac{\pi}{2}$	↘	極小 $-\dfrac{3}{2}\pi$	↗	1

ゆえに，y は

$x=\dfrac{\pi}{2}$ 　で最大値 $\dfrac{\pi}{2}$,

$x=\dfrac{3}{2}\pi$ で最小値 $-\dfrac{3}{2}\pi$

をとる。 答

練習 15 教 p.123

$AB=AC$，$\angle BAC=2\theta$ である二等辺三角形 ABC が，半径 1 の円 O に内接している。θ が変化するとき，この三角形の周の長さの最大値とそのときの θ の値を求めよ。

指針 **関数の最大・最小の応用**　辺 AB，BC の長さをそれぞれ θ で表し，周の長さを θ の関数として求め，その増減を調べる。

解答 θ のとりうる値の範囲は　$0<\theta<\dfrac{\pi}{2}$

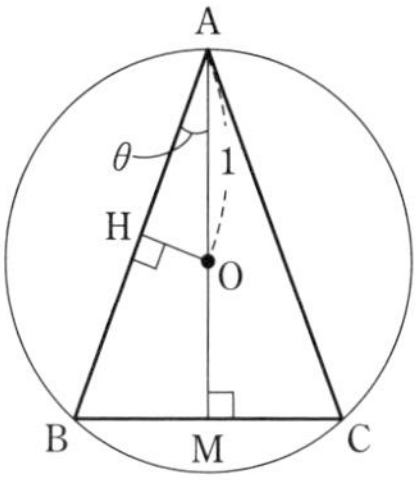

ここで，O から辺 AB に垂線 OH を下ろし，BC の中点を M とする。

△AOH において　$AH=\cos\theta$

△ABM において

$$BM=AB\sin\theta=2AH\sin\theta$$
$$=2\cos\theta\sin\theta$$

よって，△ABC の周の長さを $l(\theta)$ とすると

$$l(\theta)=2AB+BC=4AH+2BM=4\cos\theta+4\cos\theta\sin\theta$$
$$=4\cos\theta+2\sin 2\theta$$

ここで　$l'(\theta)=(4\cos\theta)'+(2\sin 2\theta)'=-4\sin\theta+4\cos 2\theta$

$$=-4\sin\theta+4(1-2\sin^2\theta)=-4(2\sin\theta-1)(\sin\theta+1)$$

$0<\theta<\frac{\pi}{2}$ において $l'(\theta)=0$ となるのは $\sin\theta=\frac{1}{2}$ より，$\theta=\frac{\pi}{6}$ のときである。

ゆえに，$l(\theta)$ の増減表は右のようになる。

したがって，この三角形の周の長さは

$\boldsymbol{\theta=\frac{\pi}{6}}$ **で最大値** $\boldsymbol{3\sqrt{3}}$ をとる。 答

θ	0	$\cdots$	$\frac{\pi}{6}$	$\cdots$	$\frac{\pi}{2}$
$l'(\theta)$	／	$+$	0	$-$	／
$l(\theta)$	／	↗	極大 $3\sqrt{3}$	↘	／

5 関数のグラフ

まとめ

1 曲線の凹凸

① 微分可能な関数 $y=f(x)$ のグラフを曲線 C とする。
ある区間で，x の値が増加するにつれて，接線の傾きが増加するとき，曲線 C はその区間で **下に凸** であるといい，接線の傾きが減少するとき，曲線 C はその区間で **上に凸** であるという。

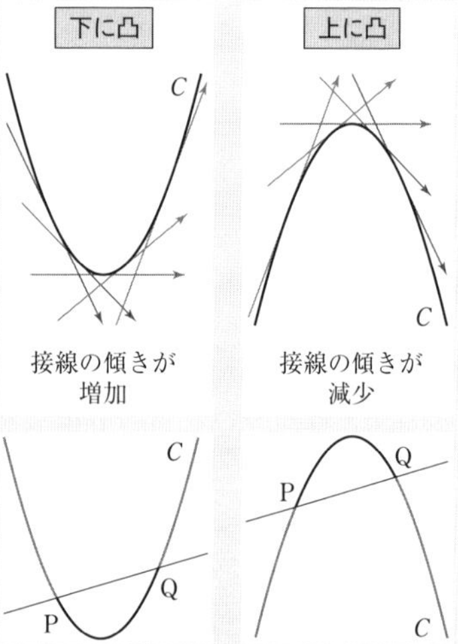

② 曲線 C がある区間で下に凸とする。その区間内の C の弧 PQ は線分 PQ の下側にある。また，上に凸であるとき，弧 PQ は線分 PQ の上側にある。

③ **曲線の凹凸**
関数 $f(x)$ は第 2 次導関数 $f''(x)$ をもつとする。
　$\boldsymbol{f''(x)>0}$ である区間では，曲線 $y=f(x)$ は **下に凸** であり，
　$\boldsymbol{f''(x)<0}$ である区間では，曲線 $y=f(x)$ は **上に凸** である。

④ 曲線 $y=f(x)$ 上の点 $\mathrm{P}(a,\ f(a))$ を境目として，曲線の凹凸の状態が変わるとき，点 P を曲線 $y=f(x)$ の **変曲点** という。

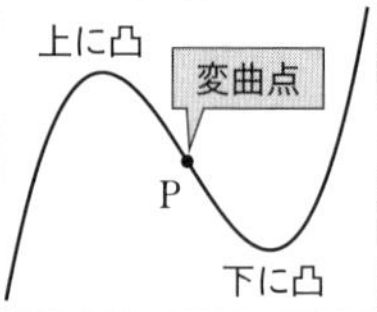

⑤ **変曲点**
関数 $f(x)$ は第 2 次導関数 $f''(x)$ をもつとする。

1 $f''(a)=0$ のとき，$x=a$ の前後で $f''(x)$ の符号が変わるならば，点 $(a,\ f(a))$ は曲線 $y=f(x)$ の変曲点である。

2 点 $(a,\ f(a))$ が曲線 $y=f(x)$ の変曲点ならば　　$f''(a)=0$

⑥ $f''(a)=0$ であっても，$\mathrm{P}(a,\ f(a))$ は曲線の変曲点であるとは限らない。

2 関数のグラフの概形

① 関数 $y=f(x)$ のグラフの概形をかくには，これまでに学んだ，関数の増減，極値，凹凸，変曲点などを調べるとよい。

注意 関数 $f(x)$ において　$\lim_{x\to\infty} f(x)=a$　または　$\lim_{x\to-\infty} f(x)=a$

が成り立つとき，直線 $y=a$ は曲線 $y=f(x)$ の漸近線である。また，

$\lim_{x\to b+0} f(x)=\infty$，$\lim_{x\to b+0} f(x)=-\infty$，$\lim_{x\to b-0} f(x)=\infty$，$\lim_{x\to b-0} f(x)=-\infty$

のいずれかが成り立つとき，直線 $x=b$ は曲線 $y=f(x)$ の漸近線である。

注意 関数 $f(x)$ において

$$\lim_{x\to\infty}\{f(x)-(ax+b)\}=0 \quad \text{または} \quad \lim_{x\to-\infty}\{f(x)-(ax+b)\}=0$$

が成り立つとき，直線 $y=ax+b$ は曲線 $y=f(x)$ の漸近線である。

3 第2次導関数と極値

① 第2次導関数を利用して，次のようにして極値を判定することができる。

第2次導関数と極値

$x=a$ を含むある区間で $f''(x)$ は連続であるとする。

1 $f'(a)=0$ かつ $f''(a)<0$ ならば，$f(a)$ は極大値である。

2 $f'(a)=0$ かつ $f''(a)>0$ ならば，$f(a)$ は極小値である。

注意 $f''(a)=0$ のときは，$f(a)$ が極値である場合も，極値でない場合もある。

A 曲線の凹凸

練習 16　教 p.126

次の曲線の凹凸を調べ，変曲点を求めよ。

(1) $y=x^4+2x^3+1$　　(2) $y=x+\cos 2x \quad (0<x<\pi)$

(3) $y=xe^x$

指針 **曲線の凹凸**　y'' を求め，その符号を調べる。$y''<0$ のとき上に凸，$y''>0$ のとき下に凸である。また，変曲点は $y''=0$ が成り立ち，その前後で y'' の符号が変わるような点である。

解答 (1) $y'=4x^3+6x^2$，　$y''=12x^2+12x=12x(x+1)$

$y''=0$ となる x は　$x=-1,\ 0$

$x<-1,\ 0<x$ のとき　$y''>0$，　$-1<x<0$ のとき　$y''<0$

よって，曲線は　**$x<-1,\ 0<x$ で下に凸，　$-1<x<0$ で上に凸**

また，**変曲点は　点 $(-1,\ 0)$，$(0,\ 1)$**　答

(2) $y'=1-2\sin 2x$, $y''=-4\cos 2x$

$0<x<\pi$ より $0<2x<2\pi$ で，この範囲において，

$y''=0$ となる x は $2x=\frac{\pi}{2}$, $\frac{3}{2}\pi$ より $x=\frac{\pi}{4}$, $\frac{3}{4}\pi$

$0<x<\frac{\pi}{4}$, $\frac{3}{4}\pi<x<\pi$ のとき $y''<0$, $\frac{\pi}{4}<x<\frac{3}{4}\pi$ のとき $y''>0$

よって，曲線は

$0<x<\frac{\pi}{4}$, $\frac{3}{4}\pi<x<\pi$ で上に凸, $\frac{\pi}{4}<x<\frac{3}{4}\pi$ で下に凸

また，**変曲点は 点 $\left(\frac{\pi}{4}, \frac{\pi}{4}\right)$, $\left(\frac{3}{4}\pi, \frac{3}{4}\pi\right)$** 答

(3) $y'=e^x+xe^x$, $y''=e^x+(e^x+xe^x)=(x+2)e^x$

$y''=0$ となる x は $x=-2$

$x<-2$ のとき $y''<0$, $-2<x$ のとき $y''>0$

よって，曲線は **$x<-2$ で上に凸, $-2<x$ で下に凸**

また，**変曲点は 点 $(-2, -2e^{-2})$** 答

B 関数のグラフの概形

練習 17 教 p.127

次の関数のグラフの概形をかけ。

(1) $y=x^2(x^2-4)$ (2) $y=x+2\cos x$ $(0\leqq x\leqq 2\pi)$

指針 **グラフの概形** y', y'' を求め，y の増減，極値，凹凸，変曲点などを調べて，表にまとめてから概形をかくとよい。

(1) y 軸に関して対称であることに注意すること。

解答 (1) $y=x^4-4x^2$ より $y'=4x^3-8x=4x(x^2-2)$

$y''=12x^2-8=4(3x^2-2)$

$y'=0$ となる x は $x=0$, $\pm\sqrt{2}$, $y''=0$ となる x は $x=\pm\frac{\sqrt{6}}{3}$

よって，y の増減，グラフの凹凸は，次の表のようになる。

x	…	$-\sqrt{2}$	…	$-\frac{\sqrt{6}}{3}$	…	0	…	$\frac{\sqrt{6}}{3}$	…	$\sqrt{2}$	…
y'	−	0	+	+	+	0	−	−	−	0	+
y''	+	+	+	0	−	−	−	0	+	+	+
y	↘	極小 −4	↗	変曲点 $-\frac{20}{9}$	↗	極大 0	↘	変曲点 $-\frac{20}{9}$	↘	極小 −4	↗

ゆえに，y は

$x=\pm\sqrt{2}$ で極小値 -4,

$x=0$ 　　 で極大値 0

をとる。

以上により，グラフの概形は右の図のようになる。

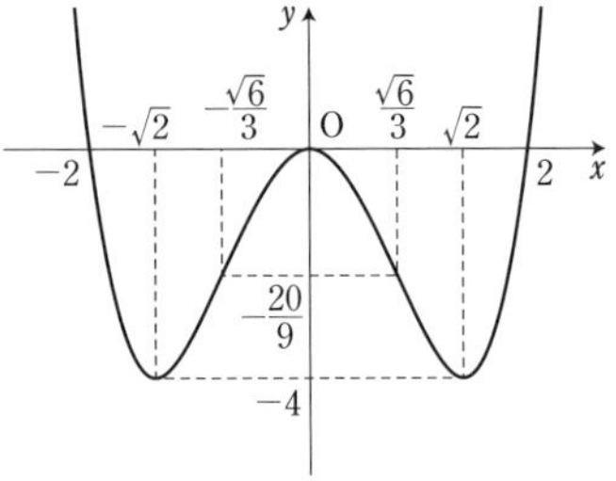

(2) $y'=1-2\sin x$, 　 $y''=-2\cos x$

$0<x<2\pi$ の範囲で，

$y'=0$ となる x は，$\sin x=\frac{1}{2}$ より 　 $x=\frac{\pi}{6}$, $\frac{5}{6}\pi$

$y''=0$ となる x は 　 $x=\frac{\pi}{2}$, $\frac{3}{2}\pi$

よって，y の増減，グラフの凹凸は，次の表のようになる。

x	0	…	$\frac{\pi}{6}$	…	$\frac{\pi}{2}$	…	$\frac{5}{6}\pi$	…	$\frac{3}{2}\pi$	…	2π
y'		+	0	−	−	−	0	+	+	+	
y''		−	−	−	0	+	+	+	0	−	
y	2	↗	極大 $\frac{\pi}{6}+\sqrt{3}$	↘	変曲点 $\frac{\pi}{2}$	↘	極小 $\frac{5}{6}\pi-\sqrt{3}$	↗	変曲点 $\frac{3}{2}\pi$	↗	$2\pi+2$

ゆえに，y は

$x=\frac{\pi}{6}$ 　で極大値 $\frac{\pi}{6}+\sqrt{3}$,

$x=\frac{5}{6}\pi$ で極小値 $\frac{5}{6}\pi-\sqrt{3}$

をとる。

以上により，グラフの概形は右の図のようになる。

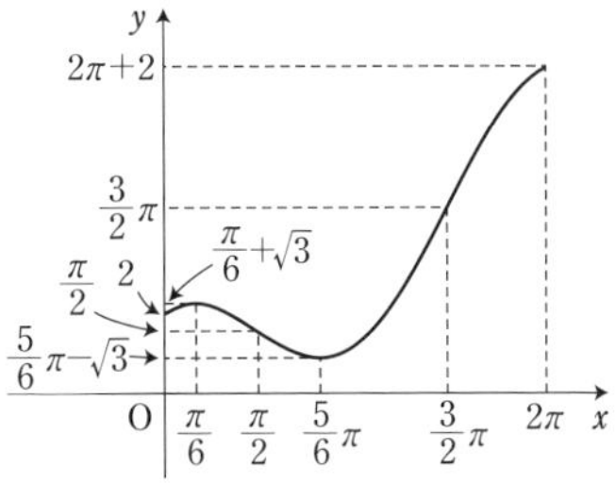

参考 (1) グラフは y 軸に関して対称であるから，グラフを $x\geqq 0$ の範囲でかき，それと y 軸に関して対称に $x\leqq 0$ の範囲をかいてもよい。

練習 18 　教 p.129

次の関数のグラフの概形をかけ。

(1) $y=e^{-\frac{x^2}{2}}$ 　　(2) $y=\frac{4x}{x^2+1}$ 　　(3) $y=\frac{x^2-x+4}{x}$

指針 **グラフの概形と漸近線** 　y', y'' を求めて y の増減，凹凸などを調べ，それらを表にまとめてからグラフの概形をかく。

教科書 $p.129$

解答 (1) $y'=e^{-\frac{x^2}{2}}\cdot\left(-\dfrac{x^2}{2}\right)'=-xe^{-\frac{x^2}{2}}$,　　$y''=-e^{-\frac{x^2}{2}}-x\cdot\left(e^{-\frac{x^2}{2}}\right)'=(x^2-1)e^{-\frac{x^2}{2}}$

$y'=0$ とすると　$x=0$,　　$y''=0$ とすると　$x=\pm1$

よって，y の増減，グラフの凹凸は，次の表のようになる。

x	$\cdots$	-1	$\cdots$	0	$\cdots$	1	$\cdots$
y'	$+$	$+$	$+$	0	$-$	$-$	$-$
y''	$+$	0	$-$	$-$	$-$	0	$+$
y	↗	変曲点 $\dfrac{1}{\sqrt{e}}$	↗	極大 1	↘	変曲点 $\dfrac{1}{\sqrt{e}}$	↘

$f(x)=e^{-\frac{x^2}{2}}$ とすると，この関数は

$f(-x)=f(x)$ を満たしているから，グラフは y 軸に関して対称である。

更に，$\lim_{x\to\pm\infty} y=0$ であるから，x 軸はこの曲線の漸近線である。

以上により，グラフの概形は図のようになる。

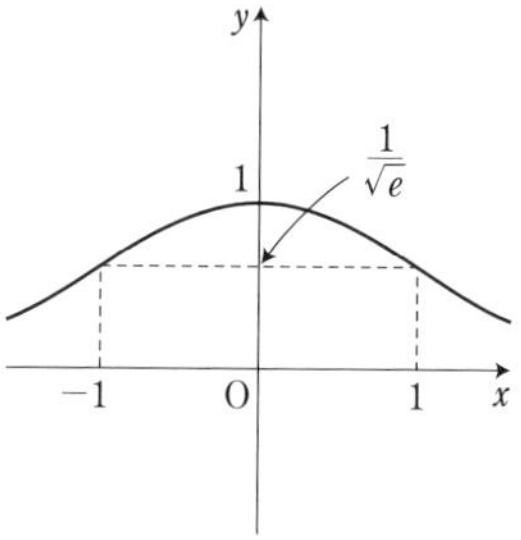

(2)　$y'=\dfrac{4\cdot(x^2+1)-4x\cdot2x}{(x^2+1)^2}=\dfrac{-4(x^2-1)}{(x^2+1)^2}$

$$y''=-4\cdot\frac{2x\cdot(x^2+1)^2-(x^2-1)\cdot2(x^2+1)\cdot2x}{(x^2+1)^4}$$

$$=-4\cdot\frac{2x(x^2+1)\{x^2+1-2(x^2-1)\}}{(x^2+1)^4}=\frac{8x(x^2-3)}{(x^2+1)^3}$$

$y'=0$ とすると　$x=\pm1$,　　$y''=0$ とすると　$x=0,\ \pm\sqrt{3}$

よって，y の増減，グラフの凹凸は，次の表のようになる。

x	$\cdots$	$-\sqrt{3}$	$\cdots$	-1	$\cdots$	0	$\cdots$	1	$\cdots$	$\sqrt{3}$	$\cdots$
y'	$-$	$-$	$-$	0	$+$	$+$	$+$	0	$-$	$-$	$-$
y''	$-$	0	$+$	$+$	$+$	0	$-$	$-$	$-$	0	$+$
y	↘	変曲点 $-\sqrt{3}$	↘	極小 -2	↗	変曲点 0	↗	極大 2	↘	変曲点 $\sqrt{3}$	↘

$f(x)=\dfrac{4x}{x^2+1}$ とすると，この関数は

$f(-x)=-f(x)$ を満たしているから，グラフは原点に関して対称である。

更に，$\lim_{x\to\pm\infty}\dfrac{4x}{x^2+1}=0$ であるから，x 軸はこの曲線の漸近線である。

以上により，グラフの概形は図のようになる。

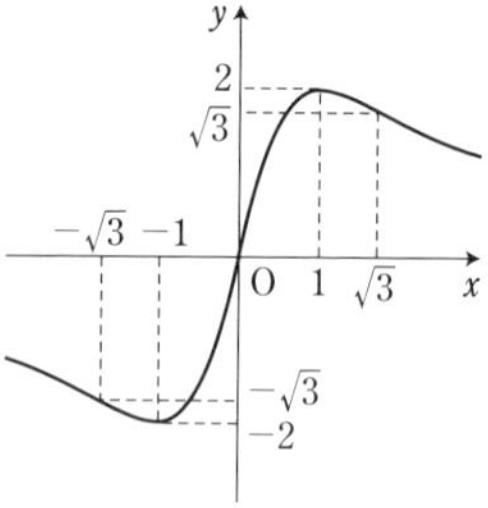

(3) 定義域は $x \neq 0$ で，$y=\dfrac{x^2-x+4}{x}=x-1+\dfrac{4}{x}$ である。

よって，$y'=1-\dfrac{4}{x^2}$，$y''=\dfrac{8}{x^3}$ で，$y'=0$ とすると $x=\pm 2$

これより，y の増減，グラフの凹凸は，次の表のようになる。

x	$\cdots$	-2	$\cdots$	0	$\cdots$	2	$\cdots$
y'	$+$	0	$-$	／	$-$	0	$+$
y''	$-$	$-$	$-$	／	$+$	$+$	$+$
y	↗	極大 -5	↘	／	↘	極小 3	↗

また $\displaystyle\lim_{x\to -0} y=-\infty$，$\displaystyle\lim_{x\to +0} y=\infty$

であるから，y 軸はこのグラフの漸近線である。

更に，$\displaystyle\lim_{x\to \pm\infty}\{y-(x-1)\}=\lim_{x\to \pm\infty}\frac{4}{x}=0$ であるから，直線 $y=x-1$ もこの曲線の漸近線である。

以上により，グラフの概形は図のようになる。

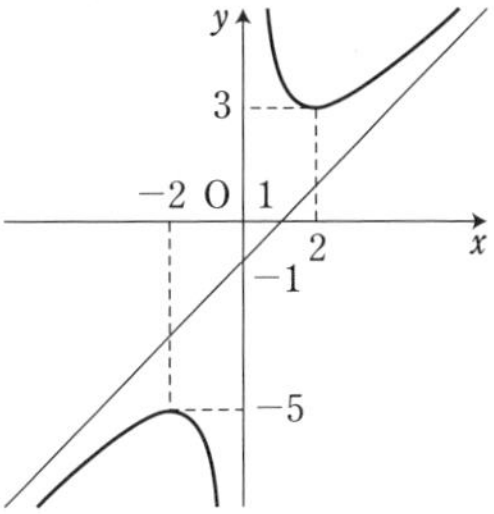

C 第2次導関数と極値

教 p.130

練習 19

第2次導関数を利用して，次の関数の極値を求めよ。

(1) $f(x)=3x^4-4x^3-12x^2$

(2) $f(x)=\sqrt{3}\,x+2\cos x \quad (0<x<\pi)$

指針 **第2次導関数と極値** $f'(x)$，$f''(x)$ を求める。極値をとるためには $f'(x)=0$ でなければならない。$f'(x)=0$ となる x の値に対して $f''(x)>0$ ならば極小値，$f''(x)<0$ ならば極大値

解答 (1) $f'(x)=12x^3-12x^2-24x$

$=12x(x^2-x-2)$

$=12x(x+1)(x-2)$

$f''(x)=36x^2-24x-24=12(3x^2-2x-2)$

$f'(x)=0$ とすると　$x=-1,\ 0,\ 2$

$f''(-1)=36>0$，　$f''(0)=-24<0$，　$f''(2)=72>0$

また　$f(-1)=-5$，　$f(0)=0$，　$f(2)=-32$

よって，$f(x)$ は **$x=-1$ で極小値 -5，$x=0$ で極大値 0，**

$x=2$ で極小値 -32 をとる。 答

(2)　$f'(x)=\sqrt{3}-2\sin x$，$f''(x)=-2\cos x$

$f'(x)=0$ とすると，$\sin x=\dfrac{\sqrt{3}}{2}$ $(0<x<\pi)$ から　$x=\dfrac{\pi}{3}$，$\dfrac{2}{3}\pi$

$$f''\left(\frac{\pi}{3}\right)=-1<0,\qquad f''\left(\frac{2}{3}\pi\right)=1>0$$

また　$f\left(\dfrac{\pi}{3}\right)=\dfrac{\sqrt{3}}{3}\pi+1$，　$f\left(\dfrac{2}{3}\pi\right)=\dfrac{2\sqrt{3}}{3}\pi-1$

よって，$f(x)$ は　**$x=\dfrac{\pi}{3}$ で極大値 $\dfrac{\sqrt{3}}{3}\pi+1$，**

$x=\dfrac{2}{3}\pi$ で極小値 $\dfrac{2\sqrt{3}}{3}\pi-1$　をとる。答

6 方程式，不等式への応用

まとめ

1　不等式の証明

① 関数の増加，減少を調べることにより，不等式を証明する場合がある。

② 任意の自然数 n に対して

$$\lim_{x\to\infty}\frac{e^x}{x^n}=\infty,\qquad \lim_{x\to\infty}\frac{x^n}{e^x}=0$$

となることが知られている。これは $x\longrightarrow\infty$ のとき，$y=e^x$ が $y=x^n$ と比較して，より急速に増大することを意味している。

2　方程式の実数解の個数

① グラフを利用して，方程式の実数解の個数を調べる場合がある。

A 不等式の証明

教 p.131

練習 20

$x>0$ のとき，次の不等式が成り立つことを証明せよ。

$$\log(x+1)<x$$

指針　**不等式の証明**　$f(x)=\log(x+1)-x$ とおき，$f(0)=0$，$x>0$ において $f'(x)<0$ を示すと，$x>0$ で $f(x)<0$ がいえる。

解答　$f(x)=\log(x+1)-x$ とおくと　$f'(x)=\dfrac{1}{x+1}-1=-\dfrac{x}{x+1}$

$x>0$ のとき $f'(x)<0$ であるから，$f(x)$ は $x\geqq 0$ で単調に減少する。

このことと，$f(0)=0$ から，$x>0$ のとき　$f(x)<0$

すなわち　$\log(x+1)-x<0$

したがって，$x>0$ のとき　$\log(x+1)<x$　終

教 p.131

問 5 教科書の例題 10 で証明したことを用いて，$x>0$ のとき，不等式 $e^x>1+x+\dfrac{x^2}{2}$ が成り立つことを証明せよ。

指針 **不等式の証明** $f(x)=e^x-\left(1+x+\dfrac{x^2}{2}\right)$ とおき，$f(0)=0$，$x>0$ で $f'(x)>0$ であることを示すと，$f(0)=0$ と $x\geqq 0$ で $f(x)$ が単調に増加することより，$f(x)>0$ がいえる。

$f'(x)>0$ を示すのに，例題 10 の結果を用いる。

解答 教科書の例題 10 より

$x>0$ のとき　$e^x-(1+x)>0$　…… ①

ここで，$f(x)=e^x-\left(1+x+\dfrac{x^2}{2}\right)$ とおくと

$f(0)=e^0-1=0$，　$f'(x)=e^x-(1+x)$

よって，① より，$x>0$ のとき $f'(x)>0$ であるから，$x\geqq 0$ で $f(x)$ は単調に増加する。

このことと，$f(0)=0$ から

$x>0$ のとき　$f(x)>0$

すなわち，$x>0$ のとき　$e^x-\left(1+x+\dfrac{x^2}{2}\right)>0$

したがって，$x>0$ のとき　$e^x>1+x+\dfrac{x^2}{2}$　終

B 方程式の実数解の個数

教 p.132

練習 21 a は定数とする。次の方程式の異なる実数解の個数を求めよ。

(1)　$\log x-x=a$　　　(2)　$xe^x=a$

指針 **方程式の実数解の個数** 与えられた方程式の左辺を $f(x)$ とすると，$f(x)=a$ の形であるから，関数 $y=f(x)$ のグラフの概形をかいて，そのグラフと直線 $y=a$ との共有点の個数を調べる。

解答 (1)　$f(x)=\log x-x$ とおくと

$$f'(x)=\frac{1}{x}-1=\frac{1-x}{x}$$

$f'(x)=0$ とすると　$x=1$

よって，$f(x)$ の増減表は右のようになり，$x=1$ で極大値 -1 をとる。

x	0	…	1	…
$f'(x)$	／	＋	0	－
$f(x)$	／	↗	極大 -1	↘

4章 微分法の応用

また

$$\lim_{x\to\infty} f(x)=\lim_{x\to\infty}(\log x-x)$$
$$=\lim_{x\to\infty}(\log x-x\log e)$$
$$=\lim_{x\to\infty}(\log x-\log e^x)$$
$$=\lim_{x\to\infty}\log\frac{x}{e^x}$$
$$=-\infty$$

$$\lim_{x\to+0} f(x)=-\infty$$

したがって，$y=f(x)$ のグラフは図のようになる。

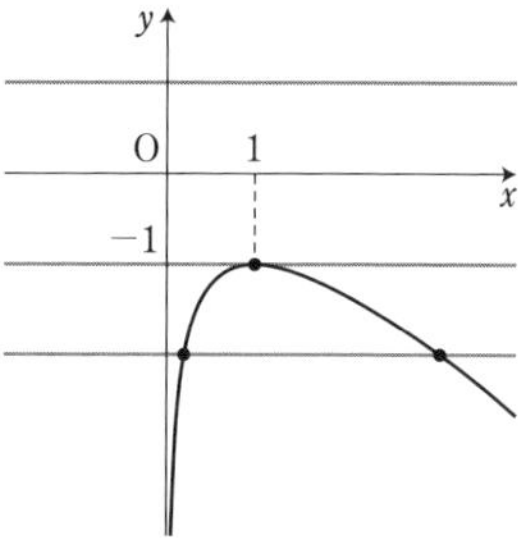

このグラフと直線 $y=a$ の共有点を考えて，求める実数解の個数は，次のようになる。

$a<-1$ のとき　2個
$a=-1$ のとき　1個
$a>-1$ のとき　0個　答

(2)　$f(x)=xe^x$ とおくと

$$f'(x)=e^x+xe^x=(x+1)e^x$$

$f'(x)=0$ とすると　$x=-1$

よって，$f(x)$ の増減表は右のようになり，$x=-1$ で極小値 $-\dfrac{1}{e}$ をとる。

x	$\cdots$	-1	$\cdots$
$f'(x)$	$-$	0	$+$
$f(x)$	↘	極小 $-\dfrac{1}{e}$	↗

また　$\displaystyle\lim_{x\to\infty} f(x)=\infty$

$$\lim_{x\to-\infty} f(x)=\lim_{x\to-\infty}\frac{x}{e^{-x}}$$
$$=-\lim_{t\to\infty}\frac{t}{e^t}=0$$

したがって，$y=f(x)$ のグラフは図のようになる。

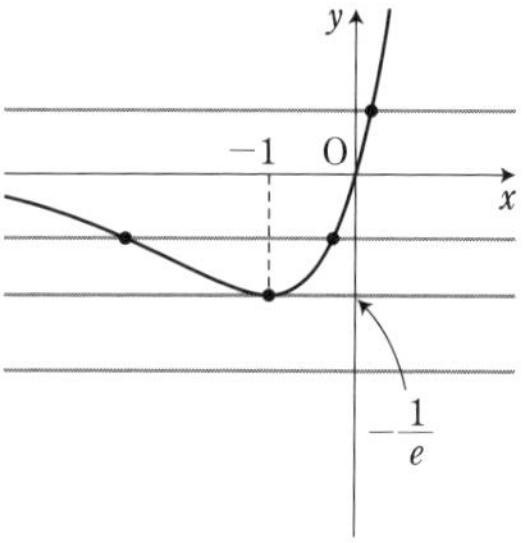

このグラフと直線 $y=a$ の共有点を考えて，求める実数解の個数は，次のようになる。

$-\dfrac{1}{e}<a<0$　のとき　2個

$a\geqq 0$，$a=-\dfrac{1}{e}$ のとき　1個

$a<-\dfrac{1}{e}$　のとき　0個　答

第4章 第1節　問題

教 p.133

1 与えられた点Pにおける，次の曲線の接線および法線の方程式を求めよ。

(1) $y=\cos x$, $\mathrm{P}\left(\dfrac{\pi}{4},\ \dfrac{1}{\sqrt{2}}\right)$　　(2) $x^{\frac{2}{3}}+y^{\frac{2}{3}}=5$, $\mathrm{P}(8,\ 1)$

(3) $x=2\cos\theta$, $y=2\sin\theta$, Pは $\theta=\dfrac{3}{4}\pi$ に対応する点

指針 **接線の方程式**　曲線上の点 $(a,\ f(a))$ における

接線の方程式は　$y-f(a)=f'(a)(x-a)$

法線の方程式は　$y-f(a)=-\dfrac{1}{f'(a)}(x-a)$　ただし $f'(a)\neq 0$

(2) 与えられた方程式の両辺を x の関数とみて微分する。

(3) 媒介変数で表された関数の導関数として求める。

解答 (1) $f(x)=\cos x$ とすると　$f'(x)=-\sin x$

ゆえに　$f'\left(\dfrac{\pi}{4}\right)=-\sin\dfrac{\pi}{4}=-\dfrac{1}{\sqrt{2}}$

したがって，求める **接線の方程式は**

$$y-\frac{1}{\sqrt{2}}=-\frac{1}{\sqrt{2}}\left(x-\frac{\pi}{4}\right)\quad \text{すなわち}\quad \boldsymbol{y=-\frac{1}{\sqrt{2}}x+\frac{\pi}{4\sqrt{2}}+\frac{1}{\sqrt{2}}}$$ 答

また，**法線の方程式は**

$$y-\frac{1}{\sqrt{2}}=\sqrt{2}\left(x-\frac{\pi}{4}\right)\quad \text{すなわち}\quad \boldsymbol{y=\sqrt{2}x-\frac{\sqrt{2}}{4}\pi+\frac{1}{\sqrt{2}}}$$ 答

(2) $x^{\frac{2}{3}}+y^{\frac{2}{3}}=5$ の両辺を x の関数とみて，x で微分すると

$$\frac{2}{3}x^{-\frac{1}{3}}+\frac{2}{3}y^{-\frac{1}{3}}\cdot y'=0$$

よって，$x\neq 0$ のとき　$y'=-\left(\dfrac{y}{x}\right)^{\frac{1}{3}}$

ゆえに，点 $\mathrm{P}(8,\ 1)$ における接線の傾きは　$-\left(\dfrac{1}{8}\right)^{\frac{1}{3}}=-\dfrac{1}{2}$

したがって，求める **接線の方程式は**

$$y-1=-\frac{1}{2}(x-8)\quad \text{すなわち}\quad \boldsymbol{y=-\frac{1}{2}x+5}$$ 答

また，**法線の方程式は**　$y-1=2(x-8)$　すなわち　$\boldsymbol{y=2x-15}$ 答

(3) $\dfrac{dx}{d\theta}=-2\sin\theta$, $\dfrac{dy}{d\theta}=2\cos\theta$

ゆえに　$y'=\dfrac{dy}{dx}=\dfrac{2\cos\theta}{-2\sin\theta}=-\dfrac{\cos\theta}{\sin\theta}$

よって，$\theta=\dfrac{3}{4}\pi$ のとき　$y'=-\dfrac{-\frac{1}{\sqrt{2}}}{\frac{1}{\sqrt{2}}}=1$

また，このとき　$x=-\sqrt{2}$，$y=\sqrt{2}$

したがって，点 $\mathrm{P}(-\sqrt{2},\ \sqrt{2})$ における **接線の方程式は**

$y-\sqrt{2}=1\cdot(x+\sqrt{2})$　すなわち　$\boldsymbol{y=x+2\sqrt{2}}$ 答

また，**法線の方程式は**

$y-\sqrt{2}=-(x+\sqrt{2})$　すなわち　$\boldsymbol{y=-x}$ 答

教 p.133

2 次の関数の極値を求めよ。

(1) $y=\sqrt[3]{x^2}$　(2) $y=x^2+\log(9-x^2)$

(3) $y=x+\sqrt{3}\sin x-\cos x$　$(0<x<2\pi)$

指針 **関数の極値**　y の増減表をかいて調べる。

(1) $y=\sqrt[3]{x^2}$ は，$x=0$ で微分可能でない。$x\neq 0$ で y' を求め，$x=0$ の前後の y' の符号の変化を調べ増減表をかく。

(2) 定義域に注意すること。

解答 (1) $x\neq 0$ のとき　$y'=\left(x^{\frac{2}{3}}\right)'=\dfrac{2}{3}\cdot x^{\frac{2}{3}-1}=\dfrac{2}{3}\cdot\dfrac{1}{\sqrt[3]{x}}$

ゆえに，$x<0$ のとき　$y'<0$，
$x>0$ のとき $y'>0$ となり，y の増減表は右のようになる。

x	$\cdots$	0	$\cdots$
y'	$-$	／	$+$
y	↘	極小 0	↗

ゆえに，y は **$x=0$ で極小値 0** をとる。 答

(2) この関数の定義域は，$9-x^2>0$ より　$-3<x<3$

このとき　$y'=2x+\dfrac{1}{9-x^2}\cdot(-2x)=\dfrac{2x(x+2\sqrt{2})(x-2\sqrt{2})}{x^2-9}$

ここで，$-3<x<3$ において，常に $x^2-9<0$ であり

$y'=0$ とすると　$x=0,\ \pm 2\sqrt{2}$

よって，y の増減表は次のようになる。

x	-3	$\cdots$	$-2\sqrt{2}$	$\cdots$	0	$\cdots$	$2\sqrt{2}$	$\cdots$	3
y'	／	$+$	0	$-$	0	$+$	0	$-$	／
y	／	↗	極大 8	↘	極小 $2\log 3$	↗	極大 8	↘	／

ゆえに，y は **$x=0$ で極小値 $2\log 3$，$x=\pm 2\sqrt{2}$ で極大値 8** をとる。 答

(3) $y'=1+\sqrt{3}\cos x+\sin x=1+2\sin\left(x+\dfrac{\pi}{3}\right)$

$\dfrac{\pi}{3}<x+\dfrac{\pi}{3}<\dfrac{7}{3}\pi$ で $y'=0$ とすると，$\sin\left(x+\dfrac{\pi}{3}\right)=-\dfrac{1}{2}$ より

$x+\dfrac{\pi}{3}=\dfrac{7}{6}\pi,\ \dfrac{11}{6}\pi$ 　すなわち　 $x=\dfrac{5}{6}\pi,\ \dfrac{3}{2}\pi$

よって，y の増減表は次のようになる。

x	0	…	$\frac{5}{6}\pi$	…	$\frac{3}{2}\pi$	…	2π
y'	／	$+$	0	$-$	0	$+$	／
y	／	↗	極大 $\frac{5}{6}\pi+\sqrt{3}$	↘	極小 $\frac{3}{2}\pi-\sqrt{3}$	↗	／

ゆえに，y は

$x=\dfrac{5}{6}\pi$ で極大値 $\dfrac{5}{6}\pi+\sqrt{3}$，$x=\dfrac{3}{2}\pi$ で極小値 $\dfrac{3}{2}\pi-\sqrt{3}$

をとる。 答

教 p.133

3 次の関数の最大値，最小値を求めよ。

(1) $y=\dfrac{\log x}{x^2}$ 　$(1\leqq x\leqq 3)$　　(2) $y=(1-2x)e^{-2x}$ 　$(0\leqq x\leqq 3)$

指針 **関数の最大値，最小値**　y' を求めて y' の符号の変化を調べ，y の増減表をかいてその極値をまず考える。最大値，最小値は，それらの極値と区間の端における関数の値を比較すればよい。

解答 (1) $y'=-\dfrac{2}{x^3}\cdot\log x+\dfrac{1}{x^2}\cdot\dfrac{1}{x}=\dfrac{1-2\log x}{x^3}$

$1\leqq x\leqq 3$ で $y'=0$ とすると　$1-2\log x=0$　よって　$x=\sqrt{e}$

よって，$1\leqq x\leqq 3$ における y の増減表は右のようになる。

x	1	…	$\sqrt{e}$	…	3
y'	／	$+$	0	$-$	／
y	0	↗	極大 $\frac{1}{2e}$	↘	$\frac{1}{9}\log 3$

ここで　$0<\dfrac{1}{9}\log 3$

ゆえに，y は

$x=\sqrt{e}$ で最大値 $\dfrac{1}{2e}$，$x=1$ で最小値 0 をとる。 答

(2) $y'=-2\cdot e^{-2x}+(1-2x)\cdot e^{-2x}\cdot(-2)$
$=4(x-1)e^{-2x}$

$0 \leqq x \leqq 3$ で $y'=0$ とすると
　　$x=1$
よって，y の増減表は右のようになる。
ゆえに，y は

x	0	…	1	…	3
y'		$-$	0	$+$	
y	1	↘	極小 $-\dfrac{1}{e^2}$	↗	$-\dfrac{5}{e^6}$

$x=0$ で最大値 1，$x=1$ で最小値 $-\dfrac{1}{e^2}$ をとる。 答

教 p.133

4 曲線 $y=x^4+ax^3+3ax^2+1$ が変曲点をもつように，定数 a の値の範囲を定めよ。

指針 **曲線が変曲点をもつ条件**　点 $(\alpha, f(\alpha))$ が曲線 $y=f(x)$ の変曲点であるための条件は，$f''(\alpha)=0$ かつ $x=\alpha$ の前後で $f''(x)$ の符号が変わることである。
$f''(x)$ を求めて，この条件を満たすような a の値の範囲を求める。

解答 $y=x^4+ax^3+3ax^2+1$ …… ①
$y'=4x^3+3ax^2+6ax$,　　$y''=12x^2+6ax+6a$
$y''=0$ とすると　　$2x^2+ax+a=0$ …… ②
曲線 ① が変曲点をもつための条件は，x の 2 次方程式 ② が実数解 α をもち，$x=\alpha$ の前後で y'' の符号が変わることである。
2 次方程式 ② の判別式を D とすると
$D \leqq 0$ のとき，常に $y'' \geqq 0$ であるから，曲線 ① は変曲点をもたない。また，$D>0$ のとき，2 次方程式 ② は異なる 2 つの実数解をもつ。
このとき，2 次方程式 ② の 2 つの解を α, β $(\alpha<\beta)$ とすると，次の表より曲線 ① は変曲点をもつ。

x	…	α	…	β	…
y''	$+$	0	$-$	0	$+$
y	下に凸	変曲点	上に凸	変曲点	下に凸

$D=a^2-8a=a(a-8)$　　よって，$D>0$ のとき　$a<0$, $8<a$
ゆえに，求める a の値の範囲は　**$a<0$, $8<a$**　答

教 p.133

5 次の関数のグラフの概形をかけ。

(1) $y=\dfrac{2x^2+x+1}{x+1}$　　　(2) $y=\dfrac{(x-1)^2}{x^2+1}$

教科書 p.133

指針 **関数のグラフの概形**　y', y'' を求めて，y の増減，グラフの凹凸，漸近線などを調べてグラフをかく。

解答 (1)　この関数の定義域は -1 以外の実数全体である。

$$y=2x-1+\frac{2}{x+1},\quad y'=2-\frac{2}{(x+1)^2}=\frac{2x(x+2)}{(x+1)^2},\quad y''=\frac{4}{(x+1)^3}$$

$y'=0$ となる x は $x=0$, -2 であるから，y の増減，グラフの凹凸は，次の表のようになる。

x	$\cdots$	-2	$\cdots$	-1	$\cdots$	0	$\cdots$
y'	$+$	0	$-$	／	$-$	0	$+$
y''	$-$	$-$	$-$	／	$+$	$+$	$+$
y	↗	極大 -7	↘	／	↘	極小 1	↗

また，$\displaystyle\lim_{x\to-1+0} y=\infty$，$\displaystyle\lim_{x\to-1-0} y=-\infty$ であるから，直線 $x=-1$ はこの曲線の漸近線である。

更に

$$\lim_{x\to\pm\infty}\{y-(2x-1)\}=\lim_{x\to\pm\infty}\frac{2}{x+1}=0$$

であるから，直線 $y=2x-1$ も，この曲線の漸近線である。

以上により，グラフの概形は図のようになる。

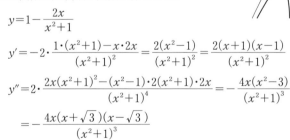

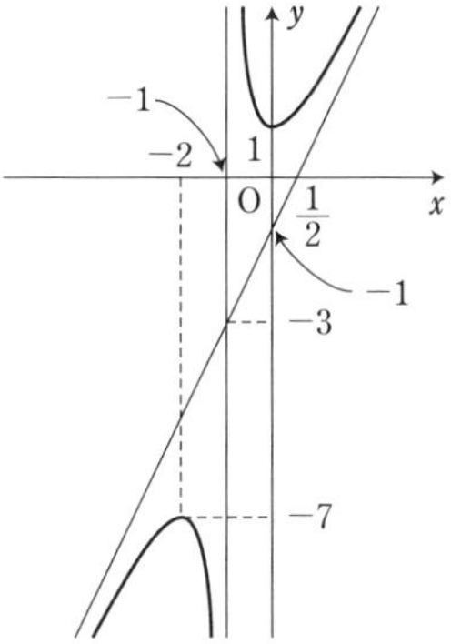

(2)　この関数の定義域は実数全体である。

$$y=1-\frac{2x}{x^2+1}$$

$$y'=-2\cdot\frac{1\cdot(x^2+1)-x\cdot 2x}{(x^2+1)^2}=\frac{2(x^2-1)}{(x^2+1)^2}=\frac{2(x+1)(x-1)}{(x^2+1)^2}$$

$$y''=2\cdot\frac{2x(x^2+1)^2-(x^2-1)\cdot 2(x^2+1)\cdot 2x}{(x^2+1)^4}=-\frac{4x(x^2-3)}{(x^2+1)^3}$$

$$=-\frac{4x(x+\sqrt{3})(x-\sqrt{3})}{(x^2+1)^3}$$

$y'=0$ となる x は $x=\pm1$，$y''=0$ となる x は $x=0$, $\pm\sqrt{3}$

よって，y の増減，グラフの凹凸は，次の表のようになる。

x	$\cdots$	$-\sqrt{3}$	$\cdots$	-1	$\cdots$	0	$\cdots$	1	$\cdots$	$\sqrt{3}$	$\cdots$
y'	$+$	$+$	$+$	0	$-$	$-$	$-$	0	$+$	$+$	$+$
y''	$+$	0	$-$	$-$	$-$	0	$+$	$+$	$+$	0	$-$
y	↗	変曲点 $\frac{2+\sqrt{3}}{2}$	↗	極大 2	↘	変曲点 1	↘	極小 0	↗	変曲点 $\frac{2-\sqrt{3}}{2}$	↗

また，$\lim_{x\to\pm\infty}(y-1)=\lim_{x\to\pm\infty}\left(-\dfrac{\dfrac{2}{x}}{1+\dfrac{1}{x^2}}\right)=0$ であるから，直線 $y=1$ はこの曲線の漸近線である。

以上により，グラフの概形は図のようになる。

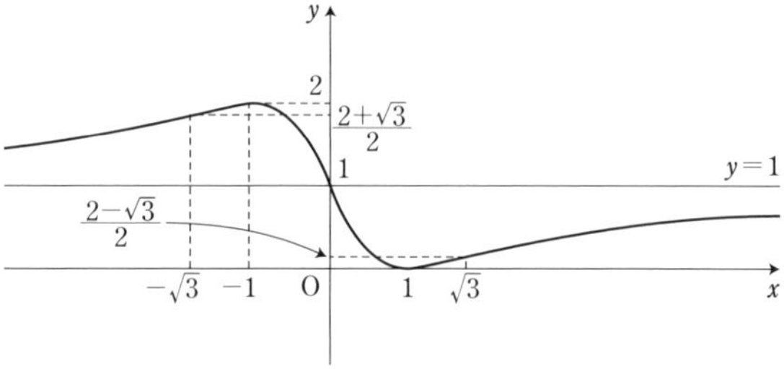

教 p.133

6 $x>0$ のとき，不等式 $x-\dfrac{x^2}{2}<\log(1+x)$ が成り立つことを証明せよ。

指針 **不等式の証明**　$f(x)=\log(1+x)-\left(x-\dfrac{x^2}{2}\right)$ とおき，$x>0$ で $f(x)>0$ であることを示す。そのためには，$f(0)=0$ で，$x>0$ のとき $f'(x)>0$ であることをいえばよい。

解答 $f(x)=\log(1+x)-\left(x-\dfrac{x^2}{2}\right)$ とおくと　$f(0)=0$

また　$f'(x)=\dfrac{1}{1+x}-(1-x)=\dfrac{x^2}{1+x}$

よって，$x>0$ のとき $f'(x)>0$ であるから，$f(x)$ は単調に増加する。

このことと $f(0)=0$ から，$x>0$ のとき

$$f(x)>0 \quad \text{すなわち} \quad \log(1+x)-\left(x-\frac{x^2}{2}\right)>0$$

したがって，$x>0$ のとき　$x-\dfrac{x^2}{2}<\log(1+x)$　終

教 p.133

7 方程式 $x^2=ae^x$ が異なる 3 個の実数解をもつように，定数 a の値の範囲を定めよ。

指針 **方程式の実数解の個数**　$\dfrac{x^2}{e^x}=a$ とし，曲線 $y=\dfrac{x^2}{e^x}$ と直線 $y=a$ の共有点が 3 個となるように，定数 a の範囲を定める。

解答 $e^x>0$ であるから，$x^2=ae^x$ より　$\dfrac{x^2}{e^x}=a$　　$y=\dfrac{x^2}{e^x}$ とおくと

$$y'=\frac{2xe^x-x^2e^x}{(e^x)^2}=-\frac{xe^x(x-2)}{(e^x)^2}=-\frac{x(x-2)}{e^x}$$

$y'=0$ となる x は，$x=0,\ 2$ であるから，y の増減表は，右のようになる。

x	$\cdots$	0	$\cdots$	2	$\cdots$
y'	$-$	0	$+$	0	$-$
y	↘	極小 0	↗	極大 $\dfrac{4}{e^2}$	↘

また，$\displaystyle\lim_{x\to\infty}y=\lim_{x\to\infty}\frac{x^2}{e^x}=0$，

$\displaystyle\lim_{x\to-\infty}y=\lim_{x\to-\infty}\frac{x^2}{e^x}=\infty$ であるから，グラフは右の図のようになる。

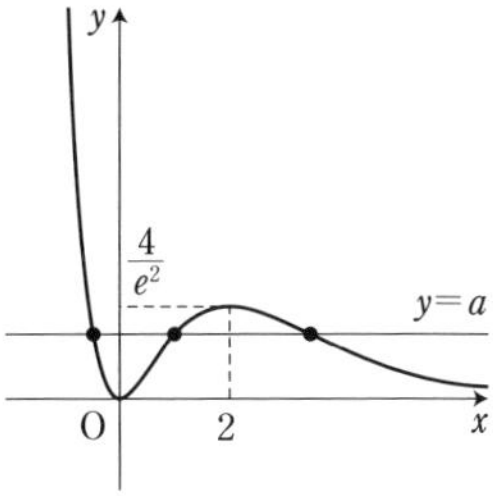

このグラフと直線 $y=a$ の共有点が 3 個のとき，与えられた方程式は異なる 3 個の実数解をもつ。

したがって，求める a の値の範囲は

$\boldsymbol{0<a<\dfrac{4}{e^2}}$　答

教 p.133

8　$x\longrightarrow\infty$ のとき，$y=e^x$ が $y=x^e$ と比較して，より急速に増大することを証明せよ。

指針　**関数の極限と増大の速さの比較**　$\displaystyle\lim_{x\to\infty}\frac{e^x}{x^e}=\infty$ を示す。そのために，$x>0$ のとき $e^x>1+x+\dfrac{x^2}{2}$ であることを利用する。

解答　$x>0$ のとき　$e^x>1+x+\dfrac{x^2}{2}$

このことを用いると，$x>0$ のとき

$$e^x>\frac{x^2}{2}\quad すなわち\quad \frac{e^x}{x}>\frac{x}{2}$$

ここで，$\displaystyle\lim_{x\to\infty}\frac{x}{2}=\infty$ より　$\displaystyle\lim_{x\to\infty}\frac{e^x}{x}=\infty$　…… ①

$\dfrac{x}{e}=s$ とおくと $x=es$ で　　$x\longrightarrow\infty$ のとき　$s\longrightarrow\infty$

よって，① より　　$\displaystyle\lim_{x\to\infty}\frac{e^x}{x^e}=\lim_{s\to\infty}\frac{e^{es}}{(es)^e}=\frac{1}{e^e}\lim_{s\to\infty}\left(\frac{e^s}{s}\right)^e=\infty$

したがって，$x\longrightarrow\infty$ のとき，関数 $y=e^x$ は関数 $y=x^e$ と比較して，より急速に増大する。　終

第2節　速度と近似式

7　速度と加速度

まとめ

1　直線上の点の運動

① **速度・加速度**

数直線上を運動する点Pの時刻 t における座標を $x=f(t)$ とすると，点Pの時刻 t における **速度** v，**加速度** α は

$$v=\frac{dx}{dt}=f'(t),\qquad \alpha=\frac{dv}{dt}=\frac{d^2x}{dt^2}=f''(t)$$

また，速度 v の絶対値 $|v|$ を，点Pの **速さ** といい，$|\alpha|$ を **加速度の大きさ** という。なお，速度 v は，位置 x の時刻 t における変化率であり，加速度 α は，速度 v の時刻 t における変化率である。

2　平面上の点の運動

① **速度・加速度**

座標平面上を運動する点Pの時刻 t における座標 $(x,\ y)$ が t の関数であるとき，点Pの時刻 t における **速度** $\vec{v}$，**速さ** $|\vec{v}|$，**加速度** $\vec{\alpha}$，**加速度の大きさ** $|\vec{\alpha}|$ は

$$\vec{v}=\left(\frac{dx}{dt},\ \frac{dy}{dt}\right),\qquad \vec{\alpha}=\left(\frac{d^2x}{dt^2},\ \frac{d^2y}{dt^2}\right)$$

$$|\vec{v}|=\sqrt{\left(\frac{dx}{dt}\right)^2+\left(\frac{dy}{dt}\right)^2},\qquad |\vec{\alpha}|=\sqrt{\left(\frac{d^2x}{dt^2}\right)^2+\left(\frac{d^2y}{dt^2}\right)^2}$$

また，速度は **速度ベクトル**，加速度は **加速度ベクトル** ともいう。

注意「ベクトル」は数学Cで学ぶが，この章で必要な事柄は，$p.276$～$p.278$ に補足としてまとめた。

② 点Pの速度 $\vec{v}$ を，右の図のように $\vec{v}=\overrightarrow{PT}$ と表すと，直線PTの傾きは

$$\frac{\dfrac{dy}{dt}}{\dfrac{dx}{dt}}=\frac{dy}{dx}$$

であるから，直線PTは点Pの描く曲線のPにおける接線である。

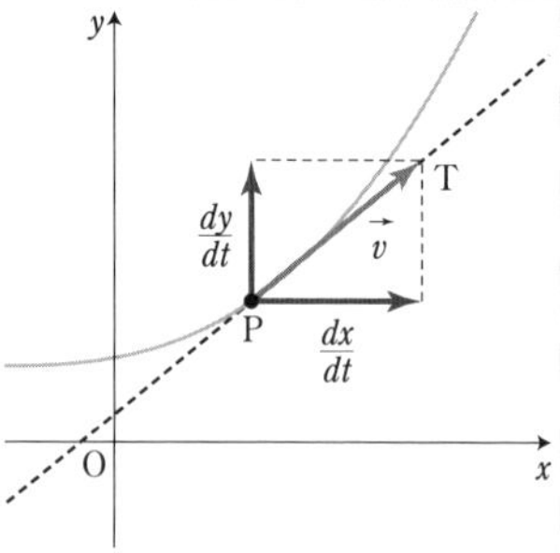

③　座標平面上を運動する点Pの時刻 t における座標 $(x,\ y)$ が

$$x=r\cos\omega t,\ y=r\sin\omega t$$

（ただし，$r>0$，$\omega>0$）

で表されるとき，点Pは，半径 r の円周上を，一定の速さ $r\omega$ で動く。このような運動を **等速円運動** といい，ω をその **角速度** という。

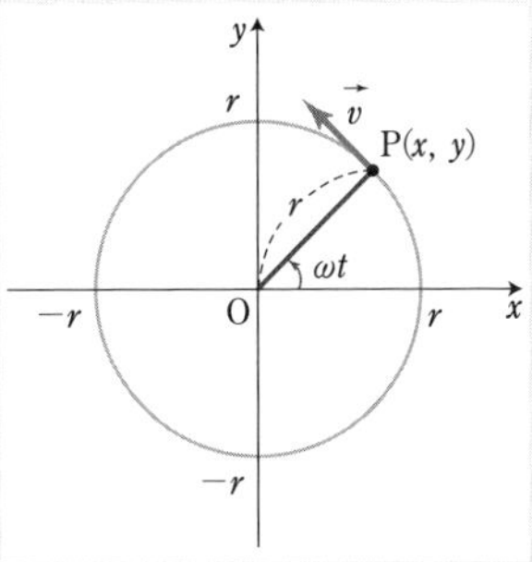

④　座標平面上を運動する点Pの時刻 t における座標 $(x,\ y)$ が

$$x=a(\omega t-\sin\omega t),\ y=a(1-\cos\omega t)$$

で表されるとき，$\theta=\omega t$ とおくと x，y は次のようになる。

$$x=a(\theta-\sin\theta),\ y=a(1-\cos\theta)$$

θ を媒介変数として，この式で表される曲線は，次の図のようになる。この曲線を **サイクロイド** という。

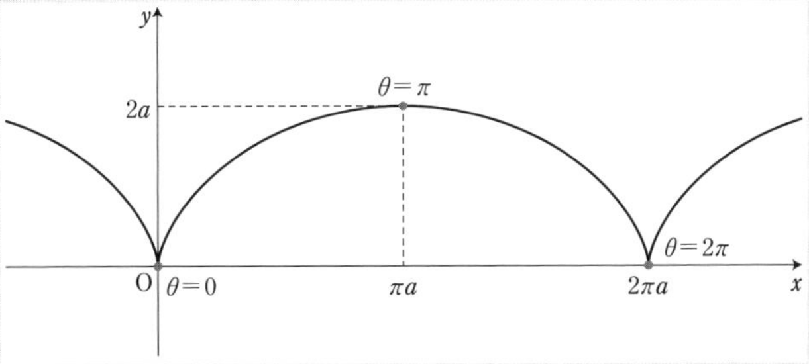

A 直線上の点の運動

教 p.135

練習 22

地上から物体を，初速度 v_0 m/s で真上に投げ上げたとき，t 秒後の高さ x m は，$x=v_0t-\dfrac{1}{2}gt^2$ と表される。ただし，g は定数とする。t 秒後における物体の速度 v m/s と加速度 α m/s^2 を求めよ。

指針 **速度と加速度**　物体の時刻 t における位置を $x=f(t)$ とするとき，速度 v は $v=f'(t)$，加速度 α は $\alpha=f''(t)$ で求められる。

解答 $x=v_0t-\dfrac{1}{2}gt^2$ より

$$v=\frac{dx}{dt}=v_0-gt \qquad \alpha=\frac{d^2x}{dt^2}=\frac{dv}{dt}=-g$$

答　**速度 (v_0-gt) m/s，加速度 $-g$ m/s^2**

B 平面上の点の運動

教 p.137

練習 23

座標平面上を運動する点Pの時刻 t における座標 $(x,\ y)$ が，次の式で表されるとき，$t=2$ における点Pの速さと加速度の大きさを求めよ。

(1) $x=3t,\ y=-t^2+t$　　(2) $x=2\cos\pi t,\ y=2\sin\pi t$

指針 **平面上の速度と加速度**　速度 $\vec{v}$，加速度 $\vec{\alpha}$ は

$\vec{v}=\left(\dfrac{dx}{dt},\ \dfrac{dy}{dt}\right)$，$\vec{\alpha}=\left(\dfrac{d^2x}{dt^2},\ \dfrac{d^2y}{dt^2}\right)$ で求められる。

解答 (1) 速度 $\vec{v}$ の成分は

$$\frac{dx}{dt}=3,\quad \frac{dy}{dt}=-2t+1$$

加速度 $\vec{\alpha}$ の成分は

$$\frac{d^2x}{dt^2}=0,\quad \frac{d^2y}{dt^2}=-2$$

よって，$t=2$ のとき，$\vec{v}=(3,\ -3)$，$\vec{\alpha}=(0,\ -2)$ であるから，

点Pの **速さは**　$|\vec{v}|=\sqrt{3^2+(-3)^2}=\mathbf{3\sqrt{2}}$

加速度の大きさは　$|\vec{\alpha}|=\sqrt{0^2+(-2)^2}=\mathbf{2}$　答

(2) 速度 $\vec{v}$ の成分は

$$\frac{dx}{dt}=-2\pi\sin\pi t,\quad \frac{dy}{dt}=2\pi\cos\pi t$$

加速度 $\vec{\alpha}$ の成分は

$$\frac{d^2x}{dt^2}=-2\pi^2\cos\pi t,\quad \frac{d^2y}{dt^2}=-2\pi^2\sin\pi t$$

よって，$t=2$ のとき，$\vec{v}=(0,\ 2\pi)$，$\vec{\alpha}=(-2\pi^2,\ 0)$ であるから，

点Pの **速さは**　$|\vec{v}|=\sqrt{0^2+(2\pi)^2}=\mathbf{2\pi}$

加速度の大きさは　$|\vec{\alpha}|=\sqrt{(-2\pi^2)^2+0^2}=\mathbf{2\pi^2}$　答

教 p.137

問 6

教科書の例題 11 において，点Pの速度ベクトル $\vec{v}$ と加速度ベクトル $\vec{\alpha}$ は，垂直であることを示せ。

指針 **等速円運動の速度と加速度**　$\vec{v}\perp\vec{\alpha}$ であることを示すには，$\vec{v}\cdot\vec{\alpha}=0$ であることをいえばよい。

解答 $\vec{v}=(-r\omega\sin\omega t,\ r\omega\cos\omega t)$

$\vec{\alpha}=(-r\omega^2\cos\omega t,\ -r\omega^2\sin\omega t)$

$r>0,\ \omega>0$ より $\vec{v}\neq\vec{0},\ \vec{\alpha}\neq\vec{0}$

$\vec{v}\cdot\vec{\alpha}=r^2\omega^3\sin\omega t\cdot\cos\omega t-r^2\omega^3\cos\omega t\cdot\sin\omega t$

$=0$

よって，点 P の速度ベクトル $\vec{v}$ と加速度ベクトル $\vec{\alpha}$ は垂直である。 終

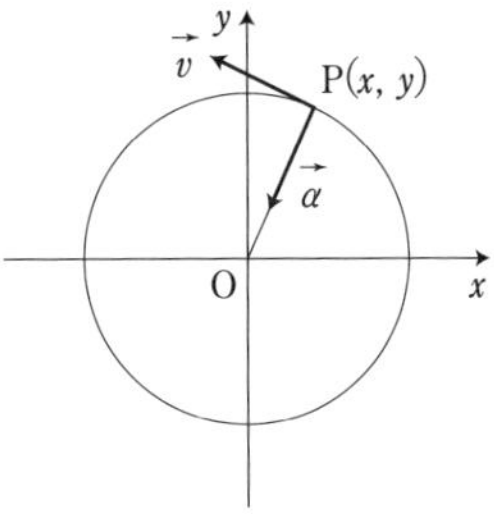

注意 $\vec{v}$ と $\vec{\alpha}$ は図のような関係にある。

教 p.138

練習 24

座標平面上を運動する点 P の時刻 t における座標 $(x,\ y)$ が，次の式で表されるとき，$t=1$ および $t=2$ における点 P の速さを求めよ。

$$x=\pi t-\sin\pi t,\quad y=1-\cos\pi t$$

指針 **サイクロイドと速さ**　点 P が描く曲線はサイクロイドで，$a=1$ のときを表している。点 P の速さ $|\vec{v}|$ を求めるには，与えられた式から速度の成分を計算すればよい。

解答 $\dfrac{dx}{dt}=\pi-\pi\cos\pi t,\qquad \dfrac{dy}{dt}=\pi\sin\pi t$

であるから，時刻 t における速さ $|\vec{v}|$ は

$$|\vec{v}|=\sqrt{\pi^2(1-\cos\pi t)^2+\pi^2\sin^2\pi t}$$
$$=\sqrt{2\pi^2(1-\cos\pi t)}$$
$$=\pi\sqrt{2(1-\cos\pi t)}$$

よって

$t=1$ のとき $|\vec{v}|=\pi\sqrt{2(1-\cos\pi)}=\boldsymbol{2\pi}$ 答

$t=2$ のとき $|\vec{v}|=\pi\sqrt{2(1-\cos 2\pi)}=\boldsymbol{0}$ 答

8 近似式

まとめ

① **1 次の近似式**

関数 $f(x)$ が $x=a,\ x=0$ で微分可能であるとする。

1 $|h|$ が十分小さいとき

$$f(a+h)\fallingdotseq f(a)+f'(a)h$$

2 $|x|$ が十分小さいとき

$$f(x)\fallingdotseq f(0)+f'(0)x$$

問 7 教 p.139

$|x|$ が十分小さいとき，次の近似式が成り立つことを示せ。

$$(1+x)^p \fallingdotseq 1+px \quad (p \text{ は実数})$$

指針 **近似式**　$f(x)=(1+x)^p$ として，1 次の近似式 $f(x)\fallingdotseq f(0)+f'(0)x$ を利用する。

解答 $f(x)=(1+x)^p$ とおくと

$f(0)=1,\quad f'(x)=p(1+x)^{p-1},\quad f'(0)=p$

よって，$|x|$ が十分小さいとき，$f(x)\fallingdotseq f(0)+f'(0)x$ にあてはめると

$(1+x)^p\fallingdotseq 1+px$　終

練習 25 教 p.139

$|x|$ が十分小さいとき，次の関数の 1 次の近似式を作れ。

(1)　$\sqrt{1+x}$　　(2)　e^x　　(3)　$\log_{10}(2+x)$

指針 **1 次の近似式の作成**　$f(x)\fallingdotseq f(0)+f'(0)x$ にあてはめて，1 次の近似式を作る。

解答 (1)　$f(x)=\sqrt{1+x}$ とおくと

$$f(0)=1,\quad f'(x)=\frac{1}{2\sqrt{1+x}},\quad f'(0)=\frac{1}{2}$$

よって，$f(x)\fallingdotseq f(0)+f'(0)x$ より

$$\boldsymbol{\sqrt{1+x}\fallingdotseq 1+\frac{1}{2}x}$$ 答

(2)　$f(x)=e^x$ とおくと

$f(0)=1,\quad f'(x)=e^x,\quad f'(0)=1$

よって，$f(x)\fallingdotseq f(0)+f'(0)x$ より

$\boldsymbol{e^x\fallingdotseq 1+x}$　答

(3)　$f(x)=\log_{10}(2+x)$ とおくと

$$f(0)=\log_{10}2,\quad f'(x)=\frac{1}{(2+x)\log 10},\quad f'(0)=\frac{1}{2\log 10}$$

よって，$f(x)\fallingdotseq f(0)+f'(0)x$ より

$$\boldsymbol{\log_{10}(2+x)\fallingdotseq \log_{10}2+\frac{1}{2\log 10}x}$$ 答

練習 26 教 p.140

次の数の近似値を求めよ。ただし，$\sqrt{3}=1.732$，$\pi=3.142$ とする。

(1)　$\sqrt{100.5}$　　(2)　$\sqrt[3]{7.9}$　　(3)　$\sin 29^\circ$

指針 **近似値の計算**　$f(a+h)\fallingdotseq f(a)+f'(a)h$ の近似式を利用する。

解答 (1)　$(\sqrt{x})'=\dfrac{1}{2\sqrt{x}}$,　$\sqrt{100.5}=\sqrt{100+0.5}$

0.5 は十分小さいから

$$\sqrt{100.5}\fallingdotseq\sqrt{100}+\frac{1}{2\sqrt{100}}\cdot 0.5$$

$$=10+\frac{1}{2\cdot 10}\cdot\frac{1}{2}=\mathbf{10.025}$$ 答

(2)　$(\sqrt[3]{x})'=\dfrac{1}{3}x^{-\frac{2}{3}}=\dfrac{1}{3\sqrt[3]{x^2}}$,　$\sqrt[3]{7.9}=\sqrt[3]{8-0.1}$

0.1 は十分小さいから

$$\sqrt[3]{7.9}\fallingdotseq\sqrt[3]{8}-\frac{1}{3\cdot\sqrt[3]{8^2}}\cdot 0.1$$

$$=2-\frac{1}{3\cdot 4}\cdot\frac{1}{10}\fallingdotseq\mathbf{1.992}$$ 答

(3)　$(\sin x)'=\cos x$,　$\sin 29^\circ=\sin(30^\circ-1^\circ)=\sin\left(\dfrac{\pi}{6}-\dfrac{\pi}{180}\right)$

$\dfrac{\pi}{180}$ は十分小さいから

$$\sin\left(\frac{\pi}{6}-\frac{\pi}{180}\right)\fallingdotseq\sin\frac{\pi}{6}-\frac{\pi}{180}\cos\frac{\pi}{6}=\frac{1}{2}-\frac{\pi}{180}\cdot\frac{\sqrt{3}}{2}$$

$\pi=3.142$, $\sqrt{3}=1.732$ とすると

$$\sin 29^\circ\fallingdotseq\frac{1}{2}-\frac{3.142}{180}\cdot\frac{1.732}{2}$$

$$\fallingdotseq 0.5-0.0151\fallingdotseq\mathbf{0.485}$$ 答

発展　1次と2次の近似式

まとめ

1次と2次の近似式

① 曲線 $y=f(x)$ の $x=a$ の近くを，点 $(a,\ f(a))$ における接線で近似するのが，近似式

$$f(a+h)\fallingdotseq f(a)+f'(a)h \quad \cdots\cdots Ⓐ$$

である。これに対して，$f(a)=g(a)$, $f'(a)=g'(a)$, $f''(a)=g''(a)$ を満たす2次関数 $g(x)=px^2+qx+r$ によって $x=a$ の近くを近似する，すなわち $f(a+h)\fallingdotseq g(a+h)$ とみることによって，次の近似式が得られる。

$$f(a+h)\fallingdotseq f(a)+f'(a)h+\frac{f''(a)}{2}h^2 \quad \cdots\cdots Ⓑ$$

Ⓐ を1次の近似式というのに対して，Ⓑ を2次の近似式という。

第4章 第2節　問　題

教 p.141

9 直線軌道を走るある電車が，ブレーキを掛けてから t 秒間に走る距離を x m とすると，$x=28t-0.56t^2$ であった。

(1) この電車がブレーキを掛けてから 10 秒後の速度を求めよ。

(2) ブレーキを掛けてから止まるまでに走る距離を求めよ。

指針 **直線上の運動と速度**

(1) 速度を v とすると $v=\dfrac{dx}{dt}$ で，10 秒後なら　$t=10$ を代入する。

(2) 止まったときは $v=0$ より t の値を求め，距離 x の値を導く。

解答 (1) ブレーキを掛けてから t 秒後の速度を v とすると

$$v=\frac{dx}{dt}=28-1.12t$$

ブレーキを掛けて 10 秒後の速度は，v の式に $t=10$ を代入して

$$v=28-11.2=16.8$$

よって　**16.8 m/s**　答

(2) 止まったときの時刻 t は，$v=0$ から　$28-1.12t=0$

これを解いて　$t=25$

よって，止まるまでに走る距離は，x の式に $t=25$ を代入して

$$x=28\times25-0.56\times25^2=350$$

したがって　**350 m**　答

教 p.141

10 座標平面上を運動する点 P の時刻 t における座標 $(x,\ y)$ が

$$x=4\cos t,\ y=\sin 2t$$

で表されるとき，$t=\dfrac{\pi}{3}$ における点 P の速さと加速度の大きさを求めよ。

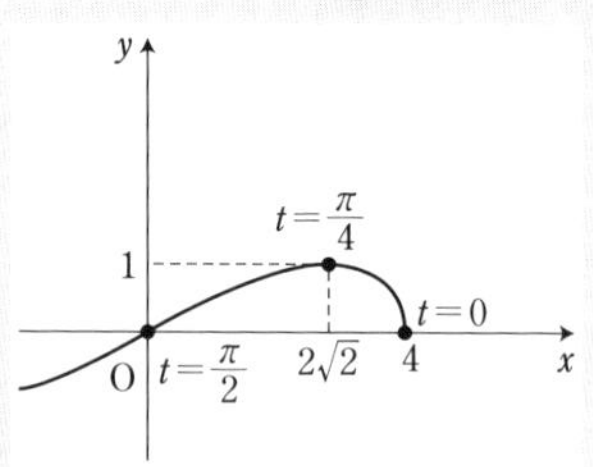

指針 **平面上の速度と加速度**　まず $t=\dfrac{\pi}{3}$ における速度，加速度を求めておいて，それから速さ，加速度の大きさを求める。

解答 $\dfrac{dx}{dt}=-4\sin t$, $\dfrac{dy}{dt}=2\cos 2t$, $\dfrac{d^2x}{dt^2}=-4\cos t$, $\dfrac{d^2y}{dt^2}=-4\sin 2t$

であるから，$t=\dfrac{\pi}{3}$ における速度 $\vec{v}$，加速度 $\vec{\alpha}$ は

$$\vec{v}=\left(-4\sin\frac{\pi}{3},\ 2\cos\frac{2}{3}\pi\right)=(-2\sqrt{3},\ -1),$$

$$\vec{\alpha}=\left(-4\cos\frac{\pi}{3},\ -4\sin\frac{2}{3}\pi\right)=(-2,\ -2\sqrt{3})$$

よって，**速さは** $|\vec{v}|=\sqrt{(-2\sqrt{3})^2+(-1)^2}=\sqrt{13}$ 答

加速度の大きさは $|\vec{\alpha}|=\sqrt{(-2)^2+(-2\sqrt{3})^2}=4$ 答

教 p.141

11 右の図のように，原点 O から物体 P を，水平面と角 α をなす方向に，速さ v_0 で投げたとき，時刻 t における P の位置 $(x,\ y)$ は，空気の抵抗を無視すると，g を定数として

$x=(v_0\cos\alpha)t$, $y=(v_0\sin\alpha)t-\dfrac{1}{2}gt^2$

と表される。$t=1$ のときの P の速度と加速度を求めよ。

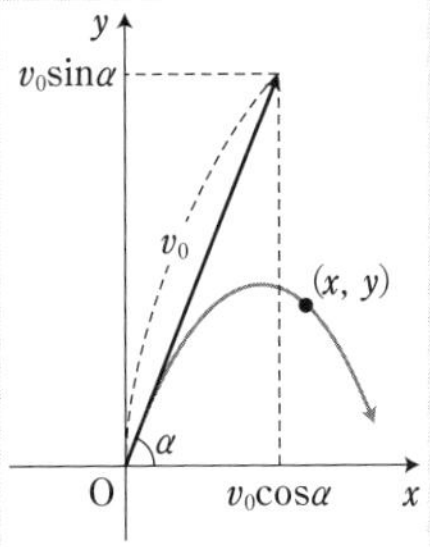

指針 **物体の運動**　速度，加速度はそれぞれベクトル

$$\vec{v}=\left(\frac{dx}{dt},\ \frac{dy}{dt}\right),\ \vec{\alpha}=\left(\frac{d^2x}{dt^2},\ \frac{d^2y}{dt^2}\right)$$ で表される。

解答 物体 P の時刻 t における速度，加速度の成分は，それぞれ次のようになる。

$$\begin{cases}\dfrac{dx}{dt}=v_0\cos\alpha\\ \dfrac{dy}{dt}=v_0\sin\alpha-gt\end{cases}\qquad\begin{cases}\dfrac{d^2x}{dt^2}=0\\ \dfrac{d^2y}{dt^2}=-g\end{cases}$$

したがって，求める $t=1$ のときの P の

速度は $(v_0\cos\alpha,\ v_0\sin\alpha-g)$，加速度は $(0,\ -g)$ 答

教 p.141

12 半径 5.00 cm の金属球を温めて，半径が 5.02 cm になったとき，この球の体積は約何 cm^3 増加したか。半径 x cm の球の体積を $f(x)$ cm^3 とおいて，$f(x)$ の 1 次の近似式を用いて計算せよ。ただし，$\pi=3.14$ とする。

指針 **球の体積の増加量の近似値**　球の体積 $f(x)$ は　$f(x)=\frac{4}{3}\pi x^3$

$|h|$ が十分小さいとき $f(5+h)\fallingdotseq f(5)+f'(5)h$ を利用する。

解答 半径が x cm の球の体積を $f(x)$ cm^3 とすると

$$f(x)=\frac{4}{3}\pi x^3$$

よって　$f'(x)=4\pi x^2$

$f(5.02)=f(5+0.02)$

0.02 は十分小さいから

$$f(5.02)\fallingdotseq f(5)+f'(5)\times 0.02$$

したがって，求める増加量は

$$f'(5)\times 0.02=4\times 3.14\times 5^2\times 0.02=6.28$$

答　**約 6.28 cm^3**

教 p.141

13 水面から 9 m の高さの岸壁から，綱で船を引き寄せる。毎秒 2 m の割合で綱をたぐるとき，綱の長さが 15 m になった瞬間の船の速さを求めよ。ただし，水面からの船の高さは考えないものとする。

指針 **長さの時間的変化と速さ**　船と岸壁の距離を $f(t)$，綱の長さを $g(t)$ とすると　$\{g(t)\}^2=\{f(t)\}^2+9^2$　この式の両辺を t で微分する。

解答 綱をたぐり始めてから t 秒後の船と岸壁の距離を $f(t)$ m，綱の長さを $g(t)$ m とすると

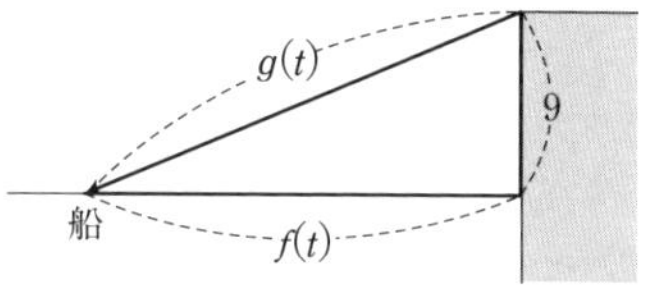

$\{g(t)\}^2=\{f(t)\}^2+9^2$　…… ①

また　$g'(t)=-2$　…… ②

綱の長さが 15 m のとき

$g(t)=15$　…… ③

① より　$f(t)=12$　…… ④

ここで，① の両辺を t で微分すると

$$2g(t)g'(t)=2f(t)f'(t)$$

この両辺を 2 で割って ②，③，④ を代入すると

$$15\cdot(-2)=12\cdot f'(t)$$

ゆえに　$f'(t)=-2.5$

よって，求める船の速さは **2.5 m/s**　答

第4章　演習問題A

教 p.142

1. 2つの曲線 $y=x^2+ax+b$, $y=\dfrac{8}{x}$ が点 $(2,\ 4)$ で交わり，この点における接線が直交するとき，定数 a, b の値を求めよ。

指針　**共有点で直交する接線をもつ2曲線**　2つの曲線を $y=f(x)$, $y=g(x)$ とすると

[1]　点 $(2,\ 4)$ で交わるから　　$f(2)=4$, $g(2)=4$

[2]　点 $(2,\ 4)$ における接線が直交するから　　$f'(2)g'(2)=-1$

この2つの条件から a, b についての方程式を作る。

解答　2つの曲線 $y=x^2+ax+b$, $y=\dfrac{8}{x}$ が点 $(2,\ 4)$ で交わるから

$4=2^2+2a+b$　　すなわち　$2a+b=0$　…… ①

また，$f(x)=x^2+ax+b$, $g(x)=\dfrac{8}{x}$ とおくと

$f'(x)=2x+a$,　　$g'(x)=-\dfrac{8}{x^2}$

点 $(2,\ 4)$ における接線が直交するから　　$f'(2)g'(2)=-1$

$(2\cdot2+a)\cdot\left(-\dfrac{8}{2^2}\right)=-1$ より　　$(a+4)\cdot(-2)=-1$　…… ②

② より　　$a=-\dfrac{7}{2}$　　① より　　$b=7$　　答　$\boldsymbol{a=-\dfrac{7}{2}}$, $\boldsymbol{b=7}$

教 p.142

2. 次の関数の極値を求めよ。

$$f(x)=\frac{e^x}{\sin x}\quad (0<x<2\pi)$$

指針　**関数の極値**　$f(x)$ の増減表をかいて調べる。商の導関数の公式を利用する。

解答　$f'(x)=\dfrac{e^x\sin x-e^x\cos x}{\sin^2 x}=\dfrac{e^x(\sin x-\cos x)}{\sin^2 x}=\dfrac{\sqrt{2}\,e^x}{\sin^2 x}\sin\left(x-\dfrac{\pi}{4}\right)$

$0<x<2\pi$ より　$-\dfrac{\pi}{4}<x-\dfrac{\pi}{4}<\dfrac{7}{4}\pi$ であるから，

$f'(x)=0$ とすると　　$x-\dfrac{\pi}{4}=0,\ \pi$　すなわち　$x=\dfrac{\pi}{4},\ \dfrac{5}{4}\pi$

よって，$0<x<2\pi$ における $f(x)$ の増減表は次のようになる。

x	0	$\cdots$	$\frac{\pi}{4}$	$\cdots$	π	$\cdots$	$\frac{5}{4}\pi$	$\cdots$	2π
$f'(x)$	／	$-$	0	$+$	／	$+$	0	$-$	／
$f(x)$	／	↘	極小	↗	／	↗	極大	↘	／

また　$f\left(\dfrac{\pi}{4}\right)=\sqrt{2}\,e^{\frac{\pi}{4}}$，$f\left(\dfrac{5}{4}\pi\right)=-\sqrt{2}\,e^{\frac{5}{4}\pi}$

よって，$f(x)$ は **$x=\dfrac{5}{4}\pi$ で極大値 $-\sqrt{2}\,e^{\frac{5}{4}\pi}$，$x=\dfrac{\pi}{4}$ で極小値 $\sqrt{2}\,e^{\frac{\pi}{4}}$** をとる。 答

教 p.142

3. 放物線 $y=x^2+3$ 上の点 $\mathrm{P}(t,\ t^2+3)$ における接線が，x 軸と交わる点を Q，P から x 軸に下ろした垂線を PR とする。$t>0$ のとき，△PQR の面積の最小値を求めよ。

指針 **関数の最大・最小の応用**　点 P，Q，R の座標を t で表し，△PQR の面積を t の関数として求め，その増減を考える。

解答 $y=x^2+3$ を微分して　$y'=2x$

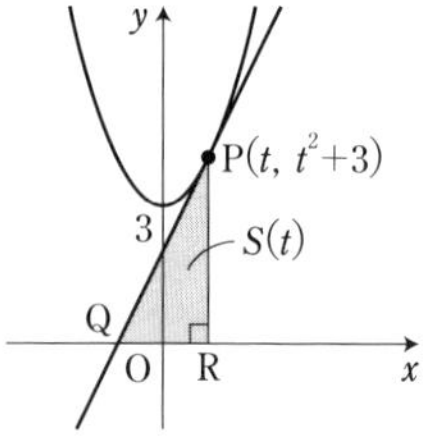

よって，点 P における接線の方程式は

$$y-(t^2+3)=2t(x-t)$$

$t>0$ で $y=0$ とすると　$x=\dfrac{t^2-3}{2t}$

ゆえに　$\mathrm{QR}=t-\dfrac{t^2-3}{2t}=\dfrac{t^2+3}{2t}$

△PQR の面積を $S(t)$ とすると

$$S(t)=\frac{1}{2}\mathrm{QR}\cdot\mathrm{PR}=\frac{(t^2+3)^2}{4t}$$

$$S'(t)=\frac{1}{4}\cdot\frac{2(t^2+3)\cdot2t\cdot t-(t^2+3)^2\cdot1}{t^2}=\frac{3(t^2+3)(t+1)(t-1)}{4t^2}$$

$t>0$ で $S'(t)=0$ とすると　$t=1$

よって，$S(t)$ の増減表は右のようになる。
これより，$S(t)$ は $t=1$ で最小値 4 をとる。
すなわち，△PQR の面積は
$t=1$ で最小値 4 をとる。 答

t	0	$\cdots$	1	$\cdots$
$S'(t)$	／	$-$	0	$+$
$S(t)$	／	↘	極小 4	↗

教 p.142

4. 曲線 $y=\dfrac{x}{x^2+a}$ の変曲点の個数を，次の各場合について調べよ。

(1) $a>0$　　(2) $a=0$　　(3) $a<0$

指針 **曲線の変曲点**　曲線 $y=f(x)$ において，$f(x)$ は微分可能であるとする。このとき，この曲線上の点 $(a,\ f(a))$ が変曲点であるためには，$f''(a)=0$ でなければならない(必要条件)。この点 $(a,\ f(a))$ が実際に変曲点であるのは，$f''(a)=0$ であり，$f''(x)$ の符号が $x=a$ の前後で変わるときである。

(2), (3) 曲線の式の分母が0になる場合に注意すること。

解答

$$y'=\frac{1\cdot(x^2+a)-x\cdot 2x}{(x^2+a)^2}=\frac{-x^2+a}{(x^2+a)^2}$$

$$y''=\frac{-2x\cdot(x^2+a)^2-(-x^2+a)\cdot 2(x^2+a)\cdot 2x}{(x^2+a)^4}=\frac{2x(x^2-3a)}{(x^2+a)^3}$$

(1) $a>0$ のとき，$y''=0$ とすると　$x=0,\ \pm\sqrt{3a}$

y'' の分母は常に正であるから，y'' の符号とグラフの凹凸，変曲点は，次の表のようになる。

x	……	$-\sqrt{3a}$	……	0	……	$\sqrt{3a}$	……
y''	$-$	0	$+$	0	$-$	0	$+$
y	上に凸	変曲点	下に凸	変曲点	上に凸	変曲点	下に凸

したがって，変曲点の個数は　**3個**　答

(2) $a=0$ のとき，y の定義域は $x\neq 0$ で　$y''=\dfrac{2x^3}{x^6}=\dfrac{2}{x^3}$

したがって，定義域において $y''\neq 0$ より，変曲点の個数は　**0個**　答

(3) $a<0$ のとき，$x^2-3a>0$ であるから，$y''=0$ とすると　$x=0$

よって，y'' の符号とグラフの凹凸，変曲点は，次の表のようになる。

x	……	$-\sqrt{-a}$	……	0	……	$\sqrt{-a}$	……
y''	$-$	／	$+$	0	$-$	／	$+$
y	上に凸	／	下に凸	変曲点	上に凸	／	下に凸

したがって，変曲点の個数は　**1個**　答

教 p.142

5. $x>0$ のとき，次の不等式が成り立つことを証明せよ。

(1) $\cos x>1-\dfrac{x^2}{2}$　　(2) $\sin x>x-\dfrac{x^3}{6}$

教科書 *p.*142

指針 **不等式の証明**　関数の増加，減少を利用する。$f'(x)$ の符号を調べるのに，$f''(x)$ を用いる。

解答 (1)　$f(x)=\cos x-\left(1-\dfrac{x^2}{2}\right)$ とおくと

$$f'(x)=-\sin x+x,\qquad f''(x)=-\cos x+1\geqq 0$$

$f''(x)=0$ となるのは，x が 2π の整数倍であるときだけで，他の x については，$f''(x)>0$ である。

よって，$f'(x)$ は単調に増加する。

このことと，$f'(0)=0$ から，$x>0$ のとき　$f'(x)>0$

ゆえに，$f(x)$ は区間 $x\geqq 0$ で単調に増加する。

このことと，$f(0)=0$ から，$x>0$ のとき

$$f(x)>0\quad すなわち\quad \cos x>1-\frac{x^2}{2}$$ 終

(2)　$f(x)=\sin x-\left(x-\dfrac{x^3}{6}\right)$ とおくと

$$f'(x)=\cos x-\left(1-\frac{x^2}{2}\right)$$

(1)の結果から $x>0$ のとき　$f'(x)>0$

ゆえに，$f(x)$ は区間 $x\geqq 0$ で単調に増加する。

このことと，$f(0)=0$ から，$x>0$ のとき

$$f(x)>0\quad すなわち\quad \sin x>x-\frac{x^3}{6}$$ 終

教 p.142

6. (1)　関数 $y=\dfrac{\log x}{x}$ の増減を調べよ。

(2)　(1)の結果を利用して，3^π と π^3 の大小を比較せよ。

指針 **関数の増減と数の大小**

(1)　y' の符号を調べる。

(2)　$e<3<\pi$ であることから，$y=\dfrac{\log x}{x}$ に $x=3$，π を代入して，関数 y の増減から大小を比べる。

解答 (1)　関数 y の定義域は，$x>0$ である。

$$y'=\frac{\dfrac{1}{x}\cdot x-\log x\cdot 1}{x^2}=-\frac{\log x-1}{x^2}$$

$y'=0$ とすると $\log x-1=0$ より　　$x=e$

よって，y の増減表は右のようになる。

x	0	$\cdots$	e	$\cdots$
y'		$+$	0	$-$
y		↗	極大 $\frac{1}{e}$	↘

ゆえに，y は
区間 $0<x\leqq e$ で単調に増加し，
区間 $e\leqq x$ で単調に減少する。 答

(2) $e<3<\pi$ であるから，(1) より

$$\frac{\log 3}{3}>\frac{\log \pi}{\pi}$$

よって　$\pi\log 3>3\log \pi$　すなわち　$\log 3^{\pi}>\log \pi^{3}$

したがって　$\boldsymbol{3^{\pi}>\pi^{3}}$ 答

教 p.142

7. 平面上を運動する点 P の時刻 t における座標 $(x,\ y)$ が，$x=\sin t+\cos t$，$y=\sin t\cos t$ で表されるとき，点 P の速さの最大値を求めよ。

指針 **速さの最大値**　速度を $\vec{v}$ とすると，速さは $|\vec{v}|=\sqrt{\left(\frac{dx}{dt}\right)^2+\left(\frac{dy}{dt}\right)^2}$

この $|\vec{v}|$ を t の式で表し，その最大値を求める。

なお，$\sin t\cos t=\frac{\sin 2t}{2}$ であることに注意する。

解答　$\frac{dx}{dt}=\cos t-\sin t$，　$\frac{dy}{dt}=\left(\frac{\sin 2t}{2}\right)'=\cos 2t$

であるから，点 P の速さは

$$\begin{aligned}|\vec{v}|&=\sqrt{\left(\frac{dx}{dt}\right)^2+\left(\frac{dy}{dt}\right)^2}\\&=\sqrt{(\cos t-\sin t)^2+\cos^2 2t}\\&=\sqrt{1-\sin 2t+(1-\sin^2 2t)}\\&=\sqrt{-\left(\sin 2t+\frac{1}{2}\right)^2+\frac{9}{4}}\end{aligned}$$

ここで，$-1\leqq\sin 2t\leqq 1$ であるから，点 P の速さ $|\vec{v}|$ は

$\sin 2t=-\frac{1}{2}$ のときに最大となり，その最大値は

$$\sqrt{\frac{9}{4}}=\boldsymbol{\frac{3}{2}}$$ 答

4 章 微分法の応用

第4章　演習問題B

教 p.143

8. 点 $(1,\ a)$ を通って，曲線 $y=e^x$ にちょうど2本の接線が引けるような a の値の範囲を求めよ。

指針 **接線の引ける条件**　点 $(1,\ a)$ を通る接線が曲線上のどの点で接しているかわからない。そこで，接点 $(t,\ e^t)$ における接線が点 $(1,\ a)$ を通ると考える。このとき，t についての方程式が得られ，この方程式の実数解の個数により，接線の本数が求められる。

解答 曲線 $y=e^x$ 上の点 $(t,\ e^t)$ における接線の方程式は，$y'=e^x$ であるから

$$y-e^t=e^t(x-t)$$

これが点 $(1,\ a)$ を通ることから

$$a-e^t=e^t(1-t)$$

整理すると　$(2-t)e^t=a$

ここで $f(t)=(2-t)e^t$ とおく。

$$f'(t)=-e^t+(2-t)e^t=(1-t)e^t$$

$f'(t)=0$ とすると，$t=1$ であるから，$f(t)$ の増減は右の表のようになる。

t	$\cdots$	1	$\cdots$
$f'(t)$	$+$	0	$-$
$f(t)$	$\nearrow$	e	$\searrow$

また，$\displaystyle\lim_{t\to-\infty} f(t)=0$，$\displaystyle\lim_{t\to\infty} f(t)=-\infty$

より，グラフの概形は図のようになる。題意の条件を満たすためには方程式

$$(2-t)e^t=a$$

が異なる2つの実数解をもてばよい。すなわち，$y=f(t)$ のグラフと直線 $y=a$ が2個の共有点をもつことが条件である。図より，求める a の値の範囲は

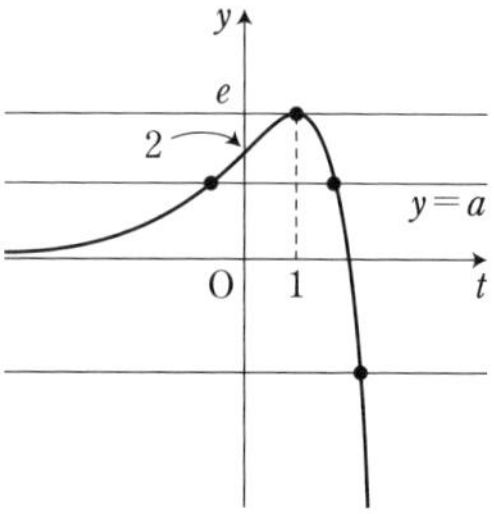

$\boldsymbol{0<a<e}$　答

教 p.143

9. 関数 $y=x^{\frac{1}{x}}\ (x>e)$ の増減を調べよ。

指針 **対数微分法**　両辺の自然対数をとって導関数を求める。

解答 $y=x^{\frac{1}{x}}$ の両辺の自然対数をとると

$$\log y=\log x^{\frac{1}{x}}　すなわち　\log y=\frac{\log x}{x}$$

両辺を x で微分して　$\dfrac{y'}{y}=\dfrac{\dfrac{1}{x}\cdot x-\log x}{x^2}=\dfrac{1-\log x}{x^2}$

よって　$y'=\dfrac{x^{\frac{1}{x}}(1-\log x)}{x^2}$

$x>e$ のとき $1-\log x<0$ であるから　$y'<0$

したがって，y は $x>e$ で **単調に減少する。** 答

教 p.143

10. 体積が一定である直円柱の表面積を最小にするには，高さと底面の半径の比をどのようにすればよいか。

指針　**関数の最大・最小の応用**　半径を x とすると，体積が一定の条件より，高さ h は x を用いて表される。表面積を x の関数で表し，最小となるときの x に対し，h と x の比を求める。

解答　底面の半径が x のときの表面積を $S(x)$ とする。
高さを h，体積を k とおくと

$k=\pi x^2h$　　よって　$h=\dfrac{k}{\pi x^2}$　…… ①

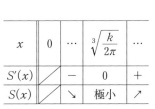

ゆえに　$S(x)=2\pi x^2+2\pi x\cdot h=2\pi x^2+\dfrac{2k}{x}$

$S'(x)=4\pi x-\dfrac{2k}{x^2}=\dfrac{4\pi x^3-2k}{x^2}=\dfrac{2(2\pi x^3-k)}{x^2}$

$S'(x)=0$ とすると

$2\pi x^3-k=0$ から　$x=\sqrt[3]{\dfrac{k}{2\pi}}$

$x>0$ における $S(x)$ の増減表は，右のようになる。

x	0	…	$\sqrt[3]{\dfrac{k}{2\pi}}$	…
$S'(x)$	／	$-$	0	$+$
$S(x)$	／	↘	極小	↗

よって，$S(x)$ は $x=\sqrt[3]{\dfrac{k}{2\pi}}$ で最小となる。

このとき　$h:x=\dfrac{k}{\pi x^2}:x=\dfrac{k}{\pi x^3}:1=\dfrac{k}{\pi\cdot\dfrac{k}{2\pi}}:1=\mathbf{2:1}$　答

教 p.143

11. 3 次関数 $f(x)=x^3+3ax^2+3bx+c$ のグラフを C とし，曲線 C の変曲点を A とする。曲線 C 上に A 以外の任意の点 P をとり，A に関して P と対称な点を Q とすると，Q も曲線 C 上にあることを示せ。

指針 **3次関数のグラフの対称性**　まず変曲点Aの座標を求める。次に曲線 $y=f(x)$ を，点Aが原点に重なるように平行移動する。移動した曲線の方程式を $y=g(x)$ として，$g(-x)=-g(x)$ が成り立つことを示す。

解答　$f'(x)=3x^2+6ax+3b$，$f''(x)=6x+6a=6(x+a)$

$f''(x)=0$ とすると　$x=-a$

曲線 C：$y=f(x)$ の凹凸は表のようになる。

x	……	$-a$	……
y''	$-$	0	$+$
y	上に凸	$2a^3-3ab+c$	下に凸

よって，変曲点Aの座標は $(-a,\ 2a^3-3ab+c)$

曲線 $y=f(x)$ を，点Aが原点に重なるように

　x 軸方向に a，y 軸方向に $-2a^3+3ab-c$

だけ平行移動すると，その曲線の方程式は

$$y-(-2a^3+3ab-c)=(x-a)^3+3a(x-a)^2+3b(x-a)+c$$

これを整理すると　$y=x^3+3(b-a^2)x$

ここで，$g(x)=x^3+3(b-a^2)x$ とすると

$$g(-x)=(-x)^3+3(b-a^2)(-x)$$
$$=-\{x^3+3(b-a^2)x\}$$

よって，$g(-x)=-g(x)$ が成り立つから，曲線 $y=g(x)$ は原点に関して対称である。

したがって，もとの曲線 C は変曲点Aに関して対称であるから，点Aに関して点Pと対称な点Qもこの曲線上にある。 終

教 p.143

12. 関数 $y=\dfrac{x^3}{x^2-1}$ のグラフの概形をかけ。

指針 **関数のグラフの概形**　グラフをかくには，次のことを調べるとよい。

① 曲線の存在範囲　② 増減，極値　③ 曲線の凹凸，変曲点
④ 座標軸との共有点　⑤ 漸近線　⑥ 対称性

解答

$$y=x+\frac{x}{x^2-1}=x+\frac{1}{2}\left(\frac{1}{x-1}+\frac{1}{x+1}\right)$$

$$y'=1-\frac{1}{2}\left\{\frac{1}{(x-1)^2}+\frac{1}{(x+1)^2}\right\}$$

$$=1-\frac{x^2+1}{(x^2-1)^2}=\frac{x^2(x^2-3)}{(x^2-1)^2}$$

$$y''=\frac{1}{(x-1)^3}+\frac{1}{(x+1)^3}=\frac{2x(x^2+3)}{(x^2-1)^3}$$

$y'=0$ とすると　$x=0,\ x=\pm\sqrt{3}$　　また，$y''=0$ とすると　$x=0$

よって，y の増減，グラフの凹凸は，次の表のようになる。

x	$\cdots$	$-\sqrt{3}$	$\cdots$	-1	$\cdots$	0	$\cdots$	1	$\cdots$	$\sqrt{3}$	$\cdots$
y'	$+$	0	$-$	／	$-$	0	$-$	／	$-$	0	$+$
y''	$-$	$-$	$-$	／	$+$	0	$-$	／	$+$	$+$	$+$
y	↗	極大	↘	／	↘	変曲点	↘	／	↘	極小	↗

これから，$x=-\sqrt{3}$ で極大値 $-\dfrac{3\sqrt{3}}{2}$，$x=\sqrt{3}$ で極小値 $\dfrac{3\sqrt{3}}{2}$ をとり，変曲点は点 $(0,\ 0)$ である。

また，$x=0$ のとき $y=0$ であり，$x\neq0$ のとき $y\neq0$ であるから，曲線と座標軸との共有点は，原点 O のみである。

更に，$y=x+\dfrac{x}{x^2-1}$ において

$$\lim_{x\to\infty}(y-x)=\lim_{x\to\infty}\frac{x}{x^2-1}=0$$

$$\lim_{x\to-\infty}(y-x)=\lim_{x\to-\infty}\frac{x}{x^2-1}=0$$

また　$\displaystyle\lim_{x\to-1-0}y=-\infty,\quad \lim_{x\to-1+0}y=\infty,$

$\displaystyle\lim_{x\to1-0}y=-\infty,\quad \lim_{x\to1+0}y=\infty$

であるから，

直線 $y=x$，および 2 直線 $x=1$，$x=-1$ が漸近線になっている。

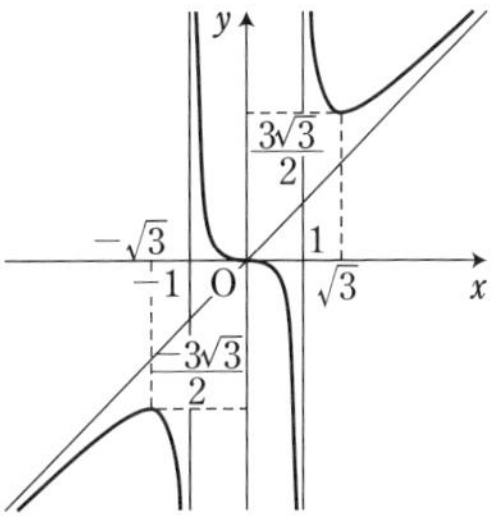

以上により，グラフの概形は図のようになる。

注意 この関数は奇関数であるから，グラフは原点に関して対称である。

したがって，$x\geqq0$ でグラフの概形を調べ，$x\leqq0$ の部分は原点に関して対称にかけばよい。

教 p.143

13. V cm^3 の水を入れると，深さが $\sqrt[3]{V^2}$ cm になる容器がある。この容器に，毎秒一定の割合で水を注ぎ入れるとき，水面の上昇する速度は，水の深さの正の平方根に反比例することを示せ。

指針 **水量の時間的変化**　深さを h とするとき，$h^{\frac{1}{2}}\cdot\dfrac{dh}{dt}=$(一定) であれば，$h^{\frac{1}{2}}$ と $\dfrac{dh}{dt}$ が反比例する。

解答 水を注ぎ始めてから t 秒後の水の深さを h cm，水の量を V cm^3 とする。

$h=\sqrt[3]{V^2}$ であるから　　$V=h^{\frac{3}{2}}$

両辺を t で微分すると　$\dfrac{dV}{dt}=\dfrac{3}{2}h^{\frac{1}{2}}\cdot\dfrac{dh}{dt}$　…… ①

ここで，注ぎ入れる水量は毎秒一定であるから，$\dfrac{dV}{dt}$ は一定の値である。

よって，① より，水の深さの平方根 $h^{\frac{1}{2}}$ と水面の上昇する速度 $\dfrac{dh}{dt}$ の積は一定である。

したがって，水面の上昇する速度は，水の深さの正の平方根に反比例する。

終

教 p.143

14. 垂直な壁に立てかけた長さ 5 m の棒がある。この棒の下端を，地面に沿って毎秒 50 cm の速さで壁から遠ざけていく。棒の下端が壁から 3 m 離れたときの，棒の上端が壁に沿ってずり落ちる速さを求めよ。

指針 **棒のずり落ちる速さ**　棒の上端を B，B の真下の地面の点を O，棒の下端を A とする。OA$=x$ m，OB$=y$ m とおくと x，y は時刻 t の関数である。

$x^2+y^2=5^2$　　これから $x=3$ のときの $\dfrac{dy}{dt}$ を求める。

解答 右の図において，棒を AB，壁を BO，地面を OA とし，右向き，上向きを，それぞれ正の向きとする。

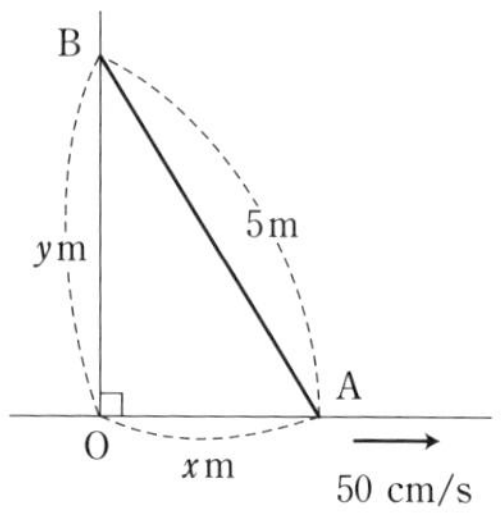

長さの単位を m として，OA$=x$，OB$=y$ とおくと，x，y は時刻 t の関数で

$$x^2+y^2=5^2 \quad \cdots\cdots ①$$

この両辺を t で微分すると

$$x\cdot\frac{dx}{dt}+y\cdot\frac{dy}{dt}=0 \quad \cdots\cdots ②$$

$x=3$ のとき，① より　$y=\sqrt{5^2-3^2}=4$

また，$\dfrac{dx}{dt}=0.5$ であるから，② より　　$3\cdot0.5+4\cdot\dfrac{dy}{dt}=0$

ゆえに　　$\dfrac{dy}{dt}=-\dfrac{3}{8}$

したがって，棒の上端が壁に沿ってずり落ちる速さは $\dfrac{3}{8}$ **m/s** である。 答

教科書 p.146〜149

第5章 積分法

第1節 不定積分

1 不定積分とその基本性質

まとめ

1 不定積分

① 関数 $f(x)$ に対して，微分すると $f(x)$ になる関数を，$f(x)$ の **不定積分** または **原始関数** といい，記号 $\int f(x)dx$ で表す。$f(x)$ の不定積分の 1 つを $F(x)$ とすると，$f(x)$ の不定積分は

$$\int f(x)dx=F(x)+C \qquad C \text{ は積分定数}$$

と表される。

このとき，$f(x)$ を **被積分関数**，x を **積分変数** という。

注意 本書では不定積分を求める際，C は積分定数を表すものとするが，「C は積分定数」という断り書きを省略する。

② **x^{α} の不定積分**

$$\int x^{\alpha}dx=\frac{1}{\alpha+1}x^{\alpha+1}+C \qquad \text{ただし，} \alpha \neq -1$$

$$\int \frac{dx}{x}=\log|x|+C$$

注意 $\int \frac{1}{x}dx$ を $\int \frac{dx}{x}$ と書くことがある。

一般に，$\int \frac{1}{f(x)}dx$ は $\int \frac{dx}{f(x)}$ と書くことがある。

2 不定積分の基本性質

① **不定積分の基本性質**

k，l は定数とする。

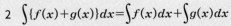

1 $\int kf(x)dx=k\int f(x)dx$

2 $\int \{f(x)+g(x)\}dx=\int f(x)dx+\int g(x)dx$

3 $\int \{kf(x)+lg(x)\}dx=k\int f(x)dx+l\int g(x)dx$

注意 不定積分の等式では，各辺の積分定数を適当に定めると，その等式が成り立つことを意味している。

3　三角関数，指数関数の不定積分

① **三角関数の不定積分**　三角関数について，次の公式が成り立つ。

$$\int \sin x\,dx=-\cos x+C,\qquad \int \cos x\,dx=\sin x+C$$

$$\int \frac{dx}{\cos^2 x}=\tan x+C,\qquad \int \frac{dx}{\sin^2 x}=-\frac{1}{\tan x}+C$$

② **指数関数の不定積分**　指数関数について，次の公式が成り立つ。

$$\int e^x\,dx=e^x+C,\qquad \int a^x\,dx=\frac{a^x}{\log a}+C$$

A 不定積分

練習 1　教 p.147

次の不定積分を求めよ。

(1) $\int x^4\,dx$　(2) $\int \frac{dy}{y^5}$　(3) $\int x^{\frac{1}{3}}\,dx$

(4) $\int \sqrt[4]{t}\,dt$　(5) $\int x\sqrt{x}\,dx$　(6) $\int \frac{dx}{\sqrt{x}}$

指針　**関数 x^α の不定積分**　被積分関数を x^α の形に直してから

$\int x^\alpha dx=\frac{1}{\alpha+1}x^{\alpha+1}+C$　$(\alpha \neq -1)$ の公式にあてはめる。

解答　(1) $\int x^4\,dx=\frac{1}{4+1}x^{4+1}+C=\boldsymbol{\frac{1}{5}x^5+C}$　答

(2) $\int \frac{dy}{y^5}=\int y^{-5}\,dy=\frac{1}{-5+1}y^{-5+1}+C=\frac{1}{-4}y^{-4}+C=\boldsymbol{-\frac{1}{4y^4}+C}$　答

(3) $\int x^{\frac{1}{3}}\,dx=\frac{1}{\frac{1}{3}+1}x^{\frac{1}{3}+1}+C=\boldsymbol{\frac{3}{4}x^{\frac{4}{3}}+C}$　答

(4) $\int \sqrt[4]{t}\,dt=\int t^{\frac{1}{4}}\,dt=\frac{1}{\frac{1}{4}+1}t^{\frac{1}{4}+1}+C=\frac{4}{5}t^{\frac{5}{4}}+C=\boldsymbol{\frac{4}{5}t\sqrt[4]{t}+C}$　答

(5) $\int x\sqrt{x}\,dx=\int x\cdot x^{\frac{1}{2}}\,dx=\int x^{\frac{3}{2}}\,dx=\frac{1}{\frac{3}{2}+1}x^{\frac{3}{2}+1}+C$

$=\frac{2}{5}x^{\frac{5}{2}}+C=\frac{2}{5}x^2\cdot x^{\frac{1}{2}}+C=\boldsymbol{\frac{2}{5}x^2\sqrt{x}+C}$　答

(6) $\int \frac{dx}{\sqrt{x}}=\int x^{-\frac{1}{2}}\,dx=\frac{1}{-\frac{1}{2}+1}x^{-\frac{1}{2}+1}+C$

$=2x^{\frac{1}{2}}+C=\boldsymbol{2\sqrt{x}+C}$　答

B 不定積分の基本性質

教 p.148

問1 不定積分 $\int\frac{(\sqrt{x}-1)^2}{x}dx$ を求めよ。

指針 **関数の定数倍や和の不定積分** まず被積分関数を展開して，x^{α} の項の和の形にし，

$$\int x^{\alpha}dx=\frac{1}{\alpha+1}x^{\alpha+1}+C \quad (\alpha\neq-1)$$

$$\int\{kf(x)+lg(x)\}dx=k\int f(x)dx+l\int g(x)dx$$

の関係を利用する。

解答

$$\int\frac{(\sqrt{x}-1)^2}{x}dx=\int\frac{x-2\sqrt{x}+1}{x}dx$$
$$=\int\left(1-\frac{2}{\sqrt{x}}+\frac{1}{x}\right)dx$$
$$=\int dx-2\int x^{-\frac{1}{2}}dx+\int\frac{dx}{x}$$
$$=x-2\cdot2x^{\frac{1}{2}}+\log|x|+C$$
$$=\boldsymbol{x-4\sqrt{x}+\log|x|+C}$$ 答

教 p.148

練習2 次の不定積分を求めよ。

(1) $\int\frac{(x-2)(x^2-3)}{x^3}dx$　(2) $\int\frac{(\sqrt{x}+1)^3}{x}dx$

(3) $\int\left(3x^2-\frac{1}{x}\right)^2dx$　(4) $\int\frac{2x-3x^2}{\sqrt{x}}dx$

指針 **関数の定数倍や和の不定積分** まず被積分関数を展開して，問1と同様に計算する。

解答 (1)

$$\int\frac{(x-2)(x^2-3)}{x^3}dx=\int\frac{x^3-2x^2-3x+6}{x^3}dx$$
$$=\int\left(1-\frac{2}{x}-\frac{3}{x^2}+\frac{6}{x^3}\right)dx$$
$$=x-2\cdot\log|x|-3\cdot\frac{1}{-1}x^{-1}+6\cdot\frac{1}{-2}x^{-2}+C$$
$$=\boldsymbol{x-2\log|x|+\frac{3}{x}-\frac{3}{x^2}+C}$$ 答

5章 積分法

(2) $\displaystyle\int\frac{(\sqrt{x}+1)^3}{x}dx=\int\frac{(\sqrt{x})^3+3(\sqrt{x})^2\cdot1+3\sqrt{x}\cdot1^2+1^3}{x}dx$

$\displaystyle=\int\left(x^{\frac{1}{2}}+3+3x^{-\frac{1}{2}}+x^{-1}\right)dx$

$\displaystyle=\frac{2}{3}x^{\frac{3}{2}}+3x+3\cdot2x^{\frac{1}{2}}+\log|x|+C$

$\displaystyle=\boldsymbol{\frac{2}{3}x\sqrt{x}+3x+6\sqrt{x}+\log|x|+C}$ 答

(3) $\displaystyle\int\left(3x^2-\frac{1}{x}\right)^2dx=\int\left(9x^4-6x^2\cdot\frac{1}{x}+\frac{1}{x^2}\right)dx$

$\displaystyle=\int(9x^4-6x+x^{-2})dx$

$\displaystyle=9\cdot\frac{1}{5}x^5-6\cdot\frac{1}{2}x^2+\frac{1}{-1}x^{-1}+C$

$\displaystyle=\boldsymbol{\frac{9}{5}x^5-3x^2-\frac{1}{x}+C}$ 答

(4) $\displaystyle\int\frac{2x-3x^2}{\sqrt{x}}dx=\int\left(2x^{\frac{1}{2}}-3x^{\frac{3}{2}}\right)dx$

$\displaystyle=2\cdot\frac{2}{3}x^{\frac{3}{2}}-3\cdot\frac{2}{5}x^{\frac{5}{2}}+C=\boldsymbol{\frac{4}{3}x\sqrt{x}-\frac{6}{5}x^2\sqrt{x}+C}$ 答

C 三角関数，指数関数の不定積分

練習 3 教 p.149

次の不定積分を求めよ。

(1) $\displaystyle\int(5\cos x-3\sin x)dx$　　(2) $\displaystyle\int(3-\tan x)\cos x\,dx$

(3) $\displaystyle\int\frac{\cos^3x+2}{\cos^2x}dx$　　(4) $\displaystyle\int\frac{dx}{\tan^2x}$

指針 **三角関数の不定積分**　被積分関数を整理してから

$\displaystyle\int\{kf(x)+lg(x)\}dx=k\int f(x)dx+l\int g(x)dx$

の関係を用いて変形し，三角関数の不定積分の公式を利用して，

$\displaystyle\int\sin x\,dx,\quad\int\cos x\,dx,\quad\int\frac{dx}{\cos^2x},\quad\int\frac{dx}{\sin^2x}$

の部分の不定積分を求める。

解答 (1) $\displaystyle\int(5\cos x-3\sin x)dx=5\int\cos x\,dx-3\int\sin x\,dx$

$=5\sin x-3\cdot(-\cos x)+C$

$=\boldsymbol{5\sin x+3\cos x+C}$ 答

(2) $\int(3-\tan x)\cos x\,dx=\int\left(3-\frac{\sin x}{\cos x}\right)\cos x\,dx$

$=\int(3\cos x-\sin x)dx$

$=3\int\cos x\,dx-\int\sin x\,dx$

$=3\sin x-(-\cos x)+C$

$=\mathbf{3\sin x+\cos x+C}$ 答

(3) $\int\frac{\cos^3 x+2}{\cos^2 x}dx=\int\left(\cos x+\frac{2}{\cos^2 x}\right)dx$

$=\int\cos x\,dx+2\int\frac{dx}{\cos^2 x}$

$=\mathbf{\sin x+2\tan x+C}$ 答

(4) $\int\frac{dx}{\tan^2 x}=\int\frac{\cos^2 x}{\sin^2 x}dx=\int\frac{1-\sin^2 x}{\sin^2 x}dx$

$=\int\left(\frac{1}{\sin^2 x}-1\right)dx$

$=-\frac{\mathbf{1}}{\mathbf{\tan x}}\mathbf{-x+C}$ 答

教 p.149

練習 4

次の不定積分を求めよ。

(1) $\int(3^x+e^x)dx$　(2) $\int(3e^x-x^3)dx$

(3) $\int(10^x-7^x)dx$　(4) $\int(5^x\log 5+x^4)dx$

指針 **指数関数の不定積分**　指数関数の不定積分の公式を利用する。

$\int e^x dx$, $\int a^x dx$, $\int x^\alpha dx$ のそれぞれの違いに注意すること。

解答 (1) $\int(3^x+e^x)dx=\int 3^x dx+\int e^x dx=\mathbf{\frac{3^x}{\log 3}+e^x+C}$ 答

(2) $\int(3e^x-x^3)dx=3\int e^x dx-\int x^3 dx=\mathbf{3e^x-\frac{1}{4}x^4+C}$ 答

(3) $\int(10^x-7^x)dx=\int 10^x dx-\int 7^x dx=\mathbf{\frac{10^x}{\log 10}-\frac{7^x}{\log 7}+C}$ 答

(4) $\int(5^x\log 5+x^4)dx=\log 5\int 5^x dx+\int x^4 dx$

$=\log 5\cdot\frac{5^x}{\log 5}+\frac{1}{5}x^5+C=\mathbf{5^x+\frac{1}{5}x^5+C}$ 答

5章 積分法

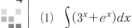

2 置換積分法

まとめ

1　$f(ax+b)$ の不定積分

① **$f(ax+b)$ の不定積分**

$F'(x)=f(x)$，$a\neq 0$ とするとき

$$\int f(ax+b)dx=\frac{1}{a}F(ax+b)+C$$

2　置換積分法

① **置換積分法Ⅰ**

1　$\int f(x)dx=\int f(g(t))g'(t)dt$　　ただし，$x=g(t)$

注意 この公式は $\int f(x)dx=\int f(g(t))\frac{dx}{dt}dt$ と書くこともできる。

② $x=g(t)$ のとき $\frac{dx}{dt}=g'(t)$ であるが，これを $dx=g'(t)dt$ と形式的に書くことがある。このように書くと，上の公式 **1** の右辺は $\int f(x)dx$ において，形式的に x を $g(t)$ に，dx を $g'(t)dt$ におき換えることで得られる。

3　$f(g(x))g'(x)$ の不定積分

① **置換積分法Ⅱ**

2　$\int f(g(x))g'(x)dx=\int f(u)du$　　ただし，$g(x)=u$

② 被積分関数が $f(g(x))g'(x)$ の形をしている場合，$g(x)$ を u でおき換え，形式的に $g'(x)dx$ を du でおき換えると考えてよい。

4　$\frac{g'(x)}{g(x)}$ の不定積分

① **$\frac{g'(x)}{g(x)}$ の不定積分**

3　$\int \frac{g'(x)}{g(x)}dx=\log|g(x)|+C$

A $f(ax+b)$ の不定積分

教 p.150

練習 5

次の不定積分を求めよ。

(1) $\int(x-1)^4dx$ (2) $\int(2-3x)^3dx$

(3) $\int\frac{2}{2x+1}dx$ (4) $\int\sqrt{4x-3}\,dx$

(5) $\int\sin(-5x+1)dx$ (6) $\int 2^{3x-1}dx$

指針 **$f(ax+b)$ の不定積分** 公式 $\int f(ax+b)dx=\frac{1}{a}F(ax+b)+C$ を利用する。

すなわち，$f(ax+b)$ は，$u=ax+b$ と考えると $f(u)$ となり，

$\int f(u)du=F(u)+C$ であるから，まず，$f(u)$ の不定積分 $F(u)$ を求める。

あとは，$F(ax+b)$ を x の係数 a で割ればよい。

解答 (1) $\int(x-1)^4dx=\frac{1}{1}\cdot\frac{(x-1)^{4+1}}{4+1}+C=\boldsymbol{\frac{(x-1)^5}{5}+C}$ 答

(2) $\int(2-3x)^3dx=-\frac{1}{3}\cdot\frac{(2-3x)^{3+1}}{3+1}+C=\boldsymbol{-\frac{(2-3x)^4}{12}+C}$ 答

(3) $\int\frac{2}{2x+1}dx=2\int(2x+1)^{-1}dx=2\cdot\frac{1}{2}\cdot\log|2x+1|+C$

$=\boldsymbol{\log|2x+1|+C}$ 答

(4) $\int\sqrt{4x-3}\,dx=\int(4x-3)^{\frac{1}{2}}dx=\frac{1}{4}\cdot\frac{(4x-3)^{\frac{1}{2}+1}}{\frac{1}{2}+1}+C$

$=\frac{1}{6}(4x-3)^{\frac{3}{2}}+C=\boldsymbol{\frac{1}{6}(4x-3)\sqrt{4x-3}+C}$ 答

(5) $\int\sin(-5x+1)dx=-\frac{1}{5}\cdot\{-\cos(-5x+1)\}+C$

$=\boldsymbol{\frac{1}{5}\cos(-5x+1)+C}$ 答

(6) $\int 2^{3x-1}dx=\frac{1}{3}\cdot\frac{2^{3x-1}}{\log 2}+C=\boldsymbol{\frac{2^{3x-1}}{3\log 2}+C}$ 答

B 置換積分法

教 p.151

深める

教科書の例題 1 の不定積分を，$x+1=t$ とおくことにより求めてみよう。

教科書 p.151～152

指針 **置換積分法**　$x+1=t$ とおくと　$x=t-1$

$\int x\sqrt{x+1}\,dx=\int(t-1)\sqrt{t}\,dt$　また　$dx=dt$

解答 $x+1=t$ とおくと，$x=t-1$ から　　$dx=dt$

よって　$\int x\sqrt{x+1}\,dx=\int(t-1)\sqrt{t}\,dt=\int(t\sqrt{t}-\sqrt{t})dt$

$$=\int t^{\frac{3}{2}}dt-\int t^{\frac{1}{2}}dt=\frac{2}{5}t^{\frac{5}{2}}-\frac{2}{3}t^{\frac{3}{2}}+C=\frac{2}{15}t^{\frac{3}{2}}(3t-5)+C$$

$$=\frac{2}{15}(x+1)^{\frac{3}{2}}\{3(x+1)-5\}+C$$

$$=\boldsymbol{\frac{2}{15}(3x-2)(x+1)\sqrt{x+1}+C}$$ 答

教 p.152

練習 6

次の不定積分を求めよ。

(1) $\int x\sqrt{2x+1}\,dx$　　　(2) $\int\frac{x}{\sqrt{1-x}}dx$

指針 **置換積分法**　(1) の場合，$x\sqrt{2x+1}$ の不定積分は既習の方法では直接は計算できない。そこで，$\sqrt{2x+1}=t$ とおき，$x\sqrt{2x+1}$ を $\frac{1}{2}(t^2-1)t$ と変形し，既習の方法による不定積分で計算する。(2) も同様である。

解答 (1) $\sqrt{2x+1}=t$ とおくと，$2x+1=t^2$ から　　$x=\frac{1}{2}(t^2-1)$，　$\frac{dx}{dt}=t$

ゆえに　$\int x\sqrt{2x+1}\,dx=\int\frac{1}{2}(t^2-1)t\cdot t\,dt$

$$=\frac{1}{2}\int(t^4-t^2)dt=\frac{1}{2}\left(\frac{t^5}{5}-\frac{t^3}{3}\right)+C=\frac{1}{30}(3t^2-5)t^3+C$$

$$=\frac{1}{30}\{3(2x+1)-5\}(2x+1)\sqrt{2x+1}+C$$

$$=\boldsymbol{\frac{1}{15}(3x-1)(2x+1)\sqrt{2x+1}+C}$$ 答

(2) $\sqrt{1-x}=t$ とおくと，$1-x=t^2$ から　　$x=1-t^2$，　$\frac{dx}{dt}=-2t$

ゆえに　$\int\frac{x}{\sqrt{1-x}}dx=\int\frac{1-t^2}{t}\cdot(-2t)dt=\int 2(t^2-1)dt$

$$=2\left(\frac{t^3}{3}-t\right)+C=\frac{2}{3}t(t^2-3)+C$$

$$=\frac{2}{3}\sqrt{1-x}\,(1-x-3)+C=\boldsymbol{-\frac{2}{3}(x+2)\sqrt{1-x}+C}$$ 答

別解 (1) $2x+1=t$ とおくと，$x=\frac{1}{2}(t-1)$ から $\frac{dx}{dt}=\frac{1}{2}$

ゆえに $\int x\sqrt{2x+1}\,dx=\int \frac{1}{2}(t-1)\sqrt{t}\cdot\frac{1}{2}dt$

$$=\frac{1}{4}\int(t^{\frac{3}{2}}-t^{\frac{1}{2}})dt=\frac{1}{4}\left(\frac{2}{5}t^{\frac{5}{2}}-\frac{2}{3}t^{\frac{3}{2}}\right)+C$$

$$=\frac{1}{30}(3t-5)t^{\frac{3}{2}}+C$$

$$=\frac{1}{30}\{3(2x+1)-5\}(2x+1)\sqrt{2x+1}+C$$

$$=\boldsymbol{\frac{1}{15}(3x-1)(2x+1)\sqrt{2x+1}+C}$$ 答

(2) も同様にして求められる。

C $f(g(x))g'(x)$ の不定積分

練習 7 教 p.153

次の不定積分を求めよ。

(1) $\int 3x^2\sqrt{x^3+2}\,dx$　(2) $\int x\sqrt{1-x^2}\,dx$　(3) $\int \sin^3 x\cos x\,dx$

(4) $\int \frac{\tan x}{\cos^2 x}dx$　(5) $\int \frac{\log x}{x}dx$　(6) $\int x^2e^{x^3}dx$

指針 **$f(g(x))g'(x)$ の不定積分** 被積分関数のあるまとまりを u とおいたときに，$f(u)u'$ の形になることに着目する。

(1) $3x^2=(x^3+2)'$ であることに着目し，$x^3+2=u$ とおくと

$3x^2\sqrt{x^3+2}=f(u)u'$ 　ただし $f(u)=\sqrt{u}$

(5) $\frac{1}{x}=(\log x)'$ であることに着目すると $\frac{\log x}{x}=\log x\cdot(\log x)'$

解答 (1) $(x^3+2)'=3x^2$ であるから，$x^3+2=u$ とおくと

$$\int 3x^2\sqrt{x^3+2}\,dx=\int\sqrt{x^3+2}\,(x^3+2)'\,dx$$

$$=\int\sqrt{u}\,du=\frac{2}{3}u^{\frac{3}{2}}+C=\boldsymbol{\frac{2}{3}(x^3+2)\sqrt{x^3+2}+C}$$ 答

(2) $(1-x^2)'=-2x$ であるから，$1-x^2=u$ とおくと

$$\int x\sqrt{1-x^2}\,dx=-\frac{1}{2}\int(-2x)\sqrt{1-x^2}\,dx$$

$$=-\frac{1}{2}\int\sqrt{1-x^2}\,(1-x^2)'\,dx=-\frac{1}{2}\int\sqrt{u}\,du$$

$$=-\frac{1}{2}\cdot\frac{2}{3}u^{\frac{3}{2}}+C=\boldsymbol{-\frac{1}{3}(1-x^2)\sqrt{1-x^2}+C}$$ 答

(3) $(\sin x)'=\cos x$ であるから，$\sin x=u$ とおくと

$$\int\sin^3 x\cos x\,dx=\int\sin^3 x(\sin x)'\,dx=\int u^3\,du$$

$$=\frac{u^4}{4}+C=\boldsymbol{\frac{1}{4}\sin^4 x+C}\quad 答$$

(4) $(\tan x)'=\dfrac{1}{\cos^2 x}$ であるから，$\tan x=u$ とおくと

$$\int\frac{\tan x}{\cos^2 x}dx=\int\tan x\cdot(\tan x)'\,dx=\int u\,du$$

$$=\frac{u^2}{2}+C=\boldsymbol{\frac{1}{2}\tan^2 x+C}\quad 答$$

(5) $(\log x)'=\dfrac{1}{x}$ であるから，$\log x=u$ とおくと

$$\int\frac{\log x}{x}dx=\int\log x\cdot(\log x)'\,dx=\int u\,du$$

$$=\frac{u^2}{2}+C=\boldsymbol{\frac{1}{2}(\log x)^2+C}\quad 答$$

(6) $(x^3)'=3x^2$ であるから，$x^3=u$ とおくと

$$\int x^2e^{x^3}dx=\frac{1}{3}\int e^{x^3}\cdot(x^3)'\,dx=\frac{1}{3}\int e^u\,du$$

$$=\frac{1}{3}e^u+C=\boldsymbol{\frac{1}{3}e^{x^3}+C}\quad 答$$

D $\dfrac{g'(x)}{g(x)}$ の不定積分

練習 8 教 p.153

次の不定積分を求めよ。

(1) $\displaystyle\int\frac{2x+1}{x^2+x+1}dx$　(2) $\displaystyle\int\frac{dx}{\tan x}$

(3) $\displaystyle\int\frac{e^x}{e^x-1}dx$　(4) $\displaystyle\int\frac{\sin x}{1+\cos x}dx$

指針 **$\dfrac{g'(x)}{g(x)}$ の不定積分**　公式 $\displaystyle\int\frac{g'(x)}{g(x)}dx=\log|g(x)|+C$ を利用する。与えられた被積分関数が $\dfrac{g'(x)}{g(x)}$ の形であることに着目する。

解答 (1) $\displaystyle\int\frac{2x+1}{x^2+x+1}dx=\int\frac{(x^2+x+1)'}{x^2+x+1}dx=\boldsymbol{\log(x^2+x+1)+C}$　答

(2) $\displaystyle\int\frac{dx}{\tan x}=\int\frac{\cos x}{\sin x}dx=\int\frac{(\sin x)'}{\sin x}dx=\boldsymbol{\log|\sin x|+C}$　答

(3) $\displaystyle\int\frac{e^x}{e^x-1}dx=\int\frac{(e^x-1)'}{e^x-1}dx=\boldsymbol{\log|e^x-1|+C}$ 答

(4) $\displaystyle\int\frac{\sin x}{1+\cos x}dx=\int\frac{-(1+\cos x)'}{1+\cos x}dx=\boldsymbol{-\log(1+\cos x)+C}$ 答

3 部分積分法

まとめ

① **部分積分法**

2つの関数の積の導関数をもとにして，次の **部分積分法** の公式が得られる。

$$\int f(x)g'(x)dx=f(x)g(x)-\int f'(x)g(x)dx$$

練習 9　教 p.154

次の不定積分を求めよ。

(1) $\displaystyle\int x\cos x\,dx$　(2) $\displaystyle\int(2x-1)\log x\,dx$　(3) $\displaystyle\int(x+1)e^x dx$

指針 **部分積分法**　被積分関数を $f(x)g'(x)$ の形と考えて，部分積分法の公式を用いる。ただし，微分すると簡単になるものを $f(x)$ とし，積分しやすいものを $g'(x)$ とする。

解答 (1) $f(x)=x$，$g'(x)=\cos x$ とおくと　$f'(x)=1$，$g(x)=\sin x$

よって $\displaystyle\int x\cos x\,dx=\int x(\sin x)'dx$

$$=x\sin x-\int(x)'\sin x\,dx$$

$$=x\sin x-\int\sin x\,dx$$

$$=\boldsymbol{x\sin x+\cos x+C}$$ 答

(2) $\displaystyle\int(2x-1)\log x\,dx=\int\log x\cdot(x^2-x)'dx$

$$=\log x\cdot(x^2-x)-\int(\log x)'\cdot(x^2-x)dx$$

$$=\log x\cdot(x^2-x)-\int\frac{1}{x}\cdot(x^2-x)dx$$

$$=\log x\cdot(x^2-x)-\int(x-1)dx$$

$$=\boldsymbol{(x^2-x)\log x-\frac{x^2}{2}+x+C}$$ 答

(3) $f(x)=x+1$, $g'(x)=e^x$ とおくと

$f'(x)=1$, $g(x)=e^x$

よって $\int(x+1)e^x dx=\int(x+1)(e^x)' dx$

$$=(x+1)e^x-\int(x+1)'e^x dx$$

$$=(x+1)e^x-\int 1\cdot e^x dx$$

$$=(x+1)e^x-e^x+C=\boldsymbol{xe^x+C}$$ 答

教 p.155

練習 10

不定積分 $\int\log(x+1)dx$ を求めよ。

指針 **部分積分法** $\log(x+1)=\log(x+1)\cdot 1=\log(x+1)\cdot(x+1)'$ と考える。

解答 $f(x)=\log(x+1)$, $g(x)=x+1$ とおくと

$f'(x)=\dfrac{1}{x+1}$, $g'(x)=1$

$\log(x+1)=\log(x+1)\cdot 1=f(x)g'(x)$

よって $\int\log(x+1)dx=\int\log(x+1)\cdot(x+1)' dx$

$$=\log(x+1)\cdot(x+1)-\int\{\log(x+1)\}'(x+1)dx$$

$$=\log(x+1)\cdot(x+1)-\int\frac{1}{x+1}\cdot(x+1)dx$$

$$=\log(x+1)\cdot(x+1)-\int 1\,dx$$

$$=\boldsymbol{(x+1)\log(x+1)-x+C}$$ 答

教 p.155

練習 11

不定積分 $\int(x^2+1)\sin x\,dx$ を求めよ。

指針 **部分積分法** 部分積分法を続けて 2 回行う不定積分の計算である。

解答 $\int(x^2+1)\sin x\,dx=\int(x^2+1)(-\cos x)' dx$

$$=(x^2+1)(-\cos x)+\int(x^2+1)'\cos x\,dx$$

$$=-(x^2+1)\cos x+\int 2x(\sin x)' dx$$

$$=-(x^2+1)\cos x+2x\sin x-\int(2x)'\sin x\,dx$$

$$=-(x^2+1)\cos x+2x\sin x-2\int\sin x\,dx$$
$$=-(x^2+1)\cos x+2x\sin x-2(-\cos x)+C$$
$$=\boldsymbol{(1-x^2)\cos x+2x\sin x+C}$$ 答

4 いろいろな関数の不定積分

まとめ

1 分数関数の不定積分

① ある形の分数関数では，式を変形することにより，今までに学んだ公式を利用して不定積分を求められることがある。

注意 1つの分数式を簡単な分数式の和や差の形で表すことを，**部分分数に分解** するという。

2 三角関数に関する不定積分

① 三角関数を積分するには，被積分関数を変形するにあたって，次の公式がよく用いられる。

$$\sin^2\alpha=\frac{1-\cos 2\alpha}{2},\quad \cos^2\alpha=\frac{1+\cos 2\alpha}{2},\quad \sin\alpha\cos\alpha=\frac{\sin 2\alpha}{2}$$

② 三角関数の積を和や差に変形するには，次の公式が用いられる。

1 $\boldsymbol{\sin\alpha\cos\beta=\frac{1}{2}\{\sin(\alpha+\beta)+\sin(\alpha-\beta)\}}$

2 $\boldsymbol{\cos\alpha\cos\beta=\frac{1}{2}\{\cos(\alpha+\beta)+\cos(\alpha-\beta)\}}$

3 $\boldsymbol{\sin\alpha\sin\beta=-\frac{1}{2}\{\cos(\alpha+\beta)-\cos(\alpha-\beta)\}}$

③ 被積分関数を $f(\cos x)\sin x$ または $f(\sin x)\cos x$ の形に変形できると，置換積分法が利用できる。

A 分数関数の不定積分

教 p.156

問 2 $\dfrac{x}{(x+1)(x+2)}=\dfrac{a}{x+1}+\dfrac{b}{x+2}$ が成り立つように定数 a，b の値を定め，不定積分 $\displaystyle\int\frac{x}{(x+1)(x+2)}dx$ を求めよ。

指針 **分数関数の不定積分（部分分数に分解）** まず，未定係数法を利用して a，b の値を求める。次に，$\displaystyle\int\frac{dx}{x+1}=\log|x+1|+C$ などを利用。

5章 積分法

解答 $\dfrac{x}{(x+1)(x+2)}=\dfrac{a}{x+1}+\dfrac{b}{x+2}$ の分母を払うと

$$x=a(x+2)+b(x+1)$$

右辺を整理して　$x=(a+b)x+(2a+b)$

これが x についての恒等式であるから　$a+b=1,\ 2a+b=0$

これを解いて　$\boldsymbol{a=-1,\ b=2}$　答

したがって

$$\int\frac{x}{(x+1)(x+2)}dx=\int\left(-\frac{1}{x+1}+\frac{2}{x+2}\right)dx$$

$$=-\int\frac{dx}{x+1}+2\int\frac{dx}{x+2}$$

$$=-\log|x+1|+2\log|x+2|+C$$

$$=\boldsymbol{\log\frac{(x+2)^2}{|x+1|}+C}$$　答

教 p.156

練習 12

次の不定積分を求めよ。

(1) $\displaystyle\int\frac{3x-5}{x-2}dx$　(2) $\displaystyle\int\frac{dx}{x(x-1)}$　(3) $\displaystyle\int\frac{x-3}{x^2-1}dx$

指針 **分数関数の不定積分**

(1) (分子の次数)<(分母の次数) となるように変形して考える。

(2), (3) 部分分数に分解する。

解答 (1) $\dfrac{3x-5}{x-2}=\dfrac{3(x-2)+1}{x-2}=3+\dfrac{1}{x-2}$ であるから

$$\int\frac{3x-5}{x-2}dx=\int 3\,dx+\int\frac{dx}{x-2}$$

$$=\boldsymbol{3x+\log|x-2|+C}$$　答

(2) $\dfrac{1}{x(x-1)}=\dfrac{1}{x-1}-\dfrac{1}{x}$ であるから

$$\int\frac{dx}{x(x-1)}=\int\frac{dx}{x-1}-\int\frac{dx}{x}$$

$$=\log|x-1|-\log|x|+C$$

$$=\boldsymbol{\log\left|\frac{x-1}{x}\right|+C}$$　答

(3) $\dfrac{x-3}{x^2-1}=\dfrac{a}{x+1}+\dfrac{b}{x-1}$ の分母を払うと

$$x-3=a(x-1)+b(x+1)$$

右辺を整理して　$x-3=(a+b)x-(a-b)$

これが x についての恒等式であるから　$a+b=1,\ a-b=3$

これを解いて　$a=2,\ b=-1$

よって，$\dfrac{x-3}{x^2-1}=\dfrac{2}{x+1}-\dfrac{1}{x-1}$ であるから

$$\int\frac{x-3}{x^2-1}dx=\int\frac{2}{x+1}dx-\int\frac{dx}{x-1}=2\int\frac{dx}{x+1}-\int\frac{dx}{x-1}$$
$$=2\log|x+1|-\log|x-1|+C$$
$$=\boldsymbol{\log\frac{(x+1)^2}{|x-1|}+C}$$ 答

B 三角関数に関する不定積分

教 p.157

練習 13

次の不定積分を求めよ。

(1) $\int\cos^2 x\,dx$　　(2) $\int\sin^2 3x\,dx$　　(3) $\int\sin x\cos x\,dx$

指針 **三角関数に関する不定積分（半角の公式などの利用）**　被積分関数が三角関数の2乗や積の形のものを，半角の公式などを利用して変形する。ここで，例えば $\int\cos ax\,dx=\dfrac{1}{a}\sin ax+C$ であることに注意。

解答 (1) $\int\cos^2 x\,dx=\int\dfrac{1+\cos 2x}{2}dx$

$$=\frac{1}{2}\int(1+\cos 2x)dx$$
$$=\frac{1}{2}\left(x+\frac{1}{2}\sin 2x\right)+C$$
$$=\boldsymbol{\frac{1}{2}x+\frac{1}{4}\sin 2x+C}$$ 答

(2) $\int\sin^2 3x\,dx=\int\dfrac{1-\cos 6x}{2}dx$

$$=\frac{1}{2}\int(1-\cos 6x)dx$$
$$=\frac{1}{2}\left(x-\frac{1}{6}\sin 6x\right)+C$$
$$=\boldsymbol{\frac{1}{2}x-\frac{1}{12}\sin 6x+C}$$ 答

(3) $\int\sin x\cos x\,dx=\int\dfrac{\sin 2x}{2}dx$

$$=\frac{1}{2}\cdot\frac{1}{2}(-\cos 2x)+C$$
$$=\boldsymbol{-\frac{1}{4}\cos 2x+C}$$ 答

別解 (3) $\int \sin x \cos x\,dx = \int \sin x (\sin x)'\,dx = \boldsymbol{\frac{1}{2}\sin^2 x + C}$ 答

注意 (3) $\frac{1}{2}\sin^2 x + (\text{定数}) = \frac{1}{2}\cdot\frac{1-\cos 2x}{2} + (\text{定数})$

$$= -\frac{1}{4}\cos 2x + (\text{定数})$$

であるから，解答と別解の結果は同じである。

教 p.157

問 3 教科書 157 ページの公式 **1**～**3** が成り立つことを，加法定理を用いて右辺を計算することにより，確かめよ。

指針 **積 → 和の公式の証明** 次の加法定理を用いて，右辺 → 左辺を導く。

加法定理 $\sin(\alpha+\beta) = \sin\alpha\cos\beta + \cos\alpha\sin\beta$

$\sin(\alpha-\beta) = \sin\alpha\cos\beta - \cos\alpha\sin\beta$

$\cos(\alpha+\beta) = \cos\alpha\cos\beta - \sin\alpha\sin\beta$

$\cos(\alpha-\beta) = \cos\alpha\cos\beta + \sin\alpha\sin\beta$

解答 **1** 右辺 $= \frac{1}{2}\{\sin(\alpha+\beta) + \sin(\alpha-\beta)\}$

$= \frac{1}{2}\{(\sin\alpha\cos\beta + \cos\alpha\sin\beta) + (\sin\alpha\cos\beta - \cos\alpha\sin\beta)\}$

$= \sin\alpha\cos\beta$

よって，左辺＝右辺が成り立つ。 終

2 右辺 $= \frac{1}{2}\{\cos(\alpha+\beta) + \cos(\alpha-\beta)\}$

$= \frac{1}{2}\{(\cos\alpha\cos\beta - \sin\alpha\sin\beta) + (\cos\alpha\cos\beta + \sin\alpha\sin\beta)\}$

$= \cos\alpha\cos\beta$

よって，左辺＝右辺が成り立つ。 終

3 右辺 $= -\frac{1}{2}\{\cos(\alpha+\beta) - \cos(\alpha-\beta)\}$

$= -\frac{1}{2}\{(\cos\alpha\cos\beta - \sin\alpha\sin\beta) - (\cos\alpha\cos\beta + \sin\alpha\sin\beta)\}$

$= \sin\alpha\sin\beta$

よって，左辺＝右辺が成り立つ。 終

教 p.157

練習 14

次の不定積分を求めよ。

(1) $\int \sin 4x \cos 2x\,dx$ (2) $\int \cos 2x \cos 3x\,dx$ (3) $\int \sin 3x \sin x\,dx$

指針 **三角関数に関する不定積分(積 → 和の公式の利用)** 積 → 和の公式を用いて，積の形を，積分できる関数の和の形に変形する。また，$\sin(-\theta)=-\sin\theta$，$\cos(-\theta)=\cos\theta$ が成り立つ。

解答 (1) $\int \sin 4x \cos 2x\,dx=\frac{1}{2}\int(\sin 6x+\sin 2x)dx$

$$=\frac{1}{2}\left\{\frac{1}{6}(-\cos 6x)+\frac{1}{2}(-\cos 2x)\right\}+C$$

$$=\boldsymbol{-\frac{1}{12}\cos 6x-\frac{1}{4}\cos 2x+C}$$ 答

(2) $\int \cos 2x \cos 3x\,dx=\frac{1}{2}\int(\cos 5x+\cos x)dx$

$$=\frac{1}{2}\left(\frac{1}{5}\sin 5x+\sin x\right)+C$$

$$=\boldsymbol{\frac{1}{10}\sin 5x+\frac{1}{2}\sin x+C}$$ 答

(3) $\int \sin 3x \sin x\,dx=-\frac{1}{2}\int(\cos 4x-\cos 2x)dx$

$$=-\frac{1}{2}\left(\frac{1}{4}\sin 4x-\frac{1}{2}\sin 2x\right)+C$$

$$=\boldsymbol{-\frac{1}{8}\sin 4x+\frac{1}{4}\sin 2x+C}$$ 答

教 p.158

練習 15

次の不定積分を求めよ。

(1) $\int \sin^3 x\,dx$ (2) $\int \frac{\sin^3 x}{\cos^2 x}dx$

指針 **三角関数に関する不定積分(置換積分法の利用)** 被積分関数を変形して，$f(\cos x)\sin x$ または $f(\sin x)\cos x$ の形にする。

(1) $\sin^3 x=\sin^2 x\cdot\sin x=(1-\cos^2 x)\sin x$ と変形する。
ここで，$\cos x=t$ とおいて，置換積分法を利用する。

(2) $\frac{\sin^3 x}{\cos^2 x}=\frac{\sin^2 x}{\cos^2 x}\sin x=\frac{1-\cos^2 x}{\cos^2 x}\sin x$
ここで，$\cos x=t$ とおいて，置換積分法を利用する。

解答 (1) $\displaystyle\int \sin^3 x\,dx=\int (1-\cos^2 x)\sin x\,dx$

$\cos x=t$ とおくと　$-\sin x\,dx=dt$

ゆえに　$\displaystyle\int \sin^3 x\,dx=-\int (1-t^2)dt=-\left(t-\frac{t^3}{3}\right)+C$

$\displaystyle=\boldsymbol{-\cos x+\frac{1}{3}\cos^3 x+C}$　答

(2) $\displaystyle\int \frac{\sin^3 x}{\cos^2 x}dx=\int \frac{1-\cos^2 x}{\cos^2 x}\cdot\sin x\,dx$

$\cos x=t$ とおくと　$-\sin x\,dx=dt$

ゆえに　$\displaystyle\int \frac{\sin^3 x}{\cos^2 x}dx=-\int \frac{1-t^2}{t^2}dt=-\int (t^{-2}-1)dt$

$\displaystyle=-\left(\frac{t^{-1}}{-1}-t\right)+C=\frac{1}{t}+t+C$

$\displaystyle=\boldsymbol{\frac{1}{\cos x}+\cos x+C}$　答

練習 16 教 p.158

不定積分 $\displaystyle\int \frac{dx}{\cos x}$ を求めよ。

指針 **三角関数に関する不定積分(置換積分法の利用への工夫)**　被積分関数はこのままでは $f(\sin x)\cos x$ の形でない。そこで，分母・分子に $\cos x$ を掛けて，$f(\sin x)\cos x$ の形にする。

解答 $\displaystyle\int \frac{dx}{\cos x}=\int \frac{\cos x}{\cos^2 x}dx=\int \frac{\cos x}{1-\sin^2 x}dx$

$\sin x=t$ とおくと　$\cos x\,dx=dt$

ゆえに　$\displaystyle\int \frac{dx}{\cos x}=\int \frac{dt}{1-t^2}=\frac{1}{2}\int\left(\frac{1}{t+1}-\frac{1}{t-1}\right)dt$

$\displaystyle=\frac{1}{2}(\log|t+1|-\log|t-1|)+C$

$\displaystyle=\frac{1}{2}\log\left|\frac{t+1}{t-1}\right|+C=\frac{1}{2}\log\left|\frac{\sin x+1}{\sin x-1}\right|+C$

$\displaystyle=\boldsymbol{\frac{1}{2}\log\frac{1+\sin x}{1-\sin x}+C}$　答

注意 $\cos x\neq 0$ より　$-1<\sin x<1$

よって　$\displaystyle\left|\frac{\sin x+1}{\sin x-1}\right|=\frac{\sin x+1}{-(\sin x-1)}=\frac{1+\sin x}{1-\sin x}$

第5章 第1節　問　題

教 p.159

1 次の条件を満たす関数 $F(x)$ を求めよ。

$$F'(x)=(x^2-1)\sqrt{x},\quad F(1)=0$$

指針 **不定積分**　$F(x)$ は微分すると $(x^2-1)\sqrt{x}$ になるから，$(x^2-1)\sqrt{x}$ の不定積分である。更に，$F(1)=0$ より積分定数 C の値も決まる。

解答 $F'(x)=(x^2-1)\sqrt{x}$ より

$$F(x)=\int(x^2-1)\sqrt{x}\,dx=\int\left(x^{\frac{5}{2}}-x^{\frac{1}{2}}\right)dx=\frac{2}{7}x^{\frac{7}{2}}-\frac{2}{3}x^{\frac{3}{2}}+C$$

よって　$F(1)=\dfrac{2}{7}-\dfrac{2}{3}+C=C-\dfrac{8}{21}$

$F(1)=0$ から　$C=\dfrac{8}{21}$

したがって，求める $F(x)$ は　$\boldsymbol{F(x)=\dfrac{2}{7}x^3\sqrt{x}-\dfrac{2}{3}x\sqrt{x}+\dfrac{8}{21}}$　答

教 p.159

2 次の不定積分を求めよ。

(1) $\displaystyle\int\frac{x-1}{\sqrt{x}}dx$　(2) $\displaystyle\int\frac{e^{2x}-e^{-2x}}{e^x+e^{-x}}dx$　(3) $\displaystyle\int\frac{dx}{(1-x)^2}$

(4) $\displaystyle\int(3-2x)^{\frac{1}{3}}dx$　(5) $\displaystyle\int 3^{2-x}dx$

指針 **不定積分**

(1) 被積分関数を x^α の項の和の形にしてから計算する。

(2) $e^{2x}-e^{-2x}$ を因数分解し，e^{ax} の不定積分を計算する。

(3)～(5) 次の公式を利用する。

$$\int f(ax+b)dx=\frac{1}{a}F(ax+b)+C\qquad ただし，a\neq 0,\ F'(x)=f(x)$$

解答 (1) $\displaystyle\int\frac{x-1}{\sqrt{x}}dx=\int\left(x^{\frac{1}{2}}-x^{-\frac{1}{2}}\right)dx=\frac{2}{3}x^{\frac{3}{2}}-\frac{2}{1}x^{\frac{1}{2}}+C$

$=\boldsymbol{\dfrac{2}{3}x\sqrt{x}-2\sqrt{x}+C}$　答

(2) $\displaystyle\int\frac{e^{2x}-e^{-2x}}{e^x+e^{-x}}dx=\int\frac{(e^x+e^{-x})(e^x-e^{-x})}{e^x+e^{-x}}dx=\int(e^x-e^{-x})dx$

$=e^x-(-e^{-x})+C=\boldsymbol{e^x+e^{-x}+C}$　答

(3) $\displaystyle\int\frac{dx}{(1-x)^2}=\int(1-x)^{-2}dx=-1\cdot\frac{(1-x)^{-2+1}}{-2+1}+C=\boldsymbol{\frac{1}{1-x}+C}$ 答

(4) $\displaystyle\int(3-2x)^{\frac{1}{3}}dx=\frac{1}{-2}\cdot\frac{(3-2x)^{\frac{1}{3}+1}}{\frac{1}{3}+1}+C=\boldsymbol{-\frac{3}{8}(3-2x)^{\frac{4}{3}}+C}$ 答

(5) $\displaystyle\int 3^{2-x}dx=\frac{1}{-1}\cdot\frac{3^{2-x}}{\log 3}+C=\boldsymbol{-\frac{3^{2-x}}{\log 3}+C}$ 答

教 p.159

3 次の不定積分を求めよ。

(1) $\displaystyle\int\frac{(\log x)^2}{x}dx$ (2) $\displaystyle\int\frac{\cos x}{\sin^2 x}dx$ (3) $\displaystyle\int\frac{e^{2x}}{(e^x+1)^2}dx$

(4) $\displaystyle\int\frac{2x-3}{x^2-3x+4}dx$ (5) $\displaystyle\int\frac{1+\cos x}{x+\sin x}dx$

指針 $\boldsymbol{f(g(x))g'(x)}$ **と** $\boldsymbol{\dfrac{g'(x)}{g(x)}}$ **の不定積分**

(1)~(3) 次の公式を用いて置換積分法で求める。

$\displaystyle\int f(g(x))g'(x)dx=\int f(u)du$ ただし，$g(x)=u$

(4), (5) $\displaystyle\int\frac{g'(x)}{g(x)}dx=\log|g(x)|+C$ を利用する。

解答 (1) $(\log x)'=\dfrac{1}{x}$ であるから，$\log x=u$ とおくと

$$\int\frac{(\log x)^2}{x}dx=\int(\log x)^2\cdot(\log x)'dx=\int u^2du$$

$$=\frac{u^3}{3}+C=\boldsymbol{\frac{1}{3}(\log x)^3+C}$$ 答

(2) $(\sin x)'=\cos x$ であるから，$\sin x=u$ とおくと

$$\int\frac{\cos x}{\sin^2 x}dx=\int\frac{(\sin x)'}{\sin^2 x}dx=\int\frac{du}{u^2}$$

$$=\frac{1}{-1}u^{-1}+C=\boldsymbol{-\frac{1}{\sin x}+C}$$ 答

(3) $e^x+1=u$ とおくと，$(e^x+1)'=e^x$ であるから

$$\int\frac{e^{2x}}{(e^x+1)^2}dx=\int\frac{e^x\cdot e^x}{(e^x+1)^2}dx=\int\frac{(e^x+1-1)\cdot(e^x+1)'}{(e^x+1)^2}dx$$

$$=\int\frac{u-1}{u^2}du=\int(u^{-1}-u^{-2})du$$

$$=\log|u|-\frac{u^{-1}}{-1}+C=\boldsymbol{\log(e^x+1)+\frac{1}{e^x+1}+C}$$ 答

(4) $(x^2-3x+4)'=2x-3$ であるから

$$\int\frac{2x-3}{x^2-3x+4}dx=\int\frac{(x^2-3x+4)'}{x^2-3x+4}dx$$

$$=\log|x^2-3x+4|+C=\mathbf{\log(x^2-3x+4)+C}$$ 答

(5) $(x+\sin x)'=1+\cos x$ であるから

$$\int\frac{1+\cos x}{x+\sin x}dx=\int\frac{(x+\sin x)'}{x+\sin x}dx=\mathbf{\log|x+\sin x|+C}$$ 答

注意 (3) $e^x+1>0$ であるから　$\log|e^x+1|=\log(e^x+1)$

(4) $x^2-3x+4=\left(x-\frac{3}{2}\right)^2+\frac{7}{4}>0$ であるから

$\log|x^2-3x+4|=\log(x^2-3x+4)$

教 p.159

4 次の不定積分を求めよ。

(1) $\int 2x\log(x^2+1)dx$　　(2) $\int(\log x)^2dx$

指針 **部分積分法**　次の公式を利用する。

$$\int f(x)g'(x)dx=f(x)g(x)-\int f'(x)g(x)dx$$

$f(x)$ には微分すると簡単になるもの，$g'(x)$ には積分しやすいものを選ぶ。

(1) は $\log(x^2+1)$ を $f(x)$ とする。(2) は $(\log x)^2$ を $f(x)$ とする。

解答 (1) $f(x)=\log(x^2+1)$，$g(x)=x^2+1$ とすると $g'(x)=2x$ であるから

$$\int 2x\log(x^2+1)dx=\int(x^2+1)'\log(x^2+1)dx$$

$$=(x^2+1)\log(x^2+1)-\int(x^2+1)\{\log(x^2+1)\}'dx$$

$$=(x^2+1)\log(x^2+1)-\int(x^2+1)\cdot\frac{2x}{x^2+1}dx$$

$$=(x^2+1)\log(x^2+1)-\int 2x\,dx$$

$$=\mathbf{(x^2+1)\log(x^2+1)-x^2+C}$$ 答

(2) $\int(\log x)^2dx=\int(x)'(\log x)^2dx=x(\log x)^2-\int x\{(\log x)^2\}'dx$

$$=x(\log x)^2-\int x\cdot 2\log x\cdot\frac{1}{x}dx$$

$$=x(\log x)^2-2\int(x)'\log x\,dx$$

$$=x(\log x)^2-2\left(x\log x-\int x\cdot\frac{1}{x}dx\right)$$

$$=\mathbf{x(\log x)^2-2x\log x+2x+C}$$ 答

5章 積分法

教 p.159

5 次の不定積分を求めよ。

(1) $\displaystyle\int\frac{x^2-x}{x+1}dx$　(2) $\displaystyle\int\frac{3}{x^2-x-2}dx$　(3) $\displaystyle\int\frac{2x+1}{x^2-4}dx$

(4) $\displaystyle\int\cos x\cos 3x\,dx$　(5) $\displaystyle\int x\cos^2 x\,dx$　(6) $\displaystyle\int\sin^3 x\cos^2 x\,dx$

(7) $\displaystyle\int\cos^4 x\,dx$　(8) $\displaystyle\int\frac{dx}{1+\cos x}$

指針 **分数関数，三角関数の不定積分**

(1) (分子の次数)<(分母の次数) となるように変形してから考える。

(2) $\dfrac{3}{x^2-x-2}=\dfrac{a}{x-2}+\dfrac{b}{x+1}$ とおいて，定数 a，b を決定し，部分分数に分解して求める。

(3) (2) と同じように部分分数に分解してから，不定積分を計算する。

(4) 積 → 和の公式を用いて変形する。

(5) 半角の公式を用いて $\cos^2 x$ の部分を変形し，部分積分法を利用。

(6) $\cos x=t$ とおくと，置換積分法が利用できる。

(7) 半角の公式を 2 回用いて和の形に変形する。

(8) 分母，分子に $1-\cos x$ を掛ける。

解答 (1) $\dfrac{x^2-x}{x+1}=\dfrac{x(x+1)-2(x+1)+2}{x+1}=x-2+\dfrac{2}{x+1}$ であるから

$$\int\frac{x^2-x}{x+1}dx=\int\left(x-2+\frac{2}{x+1}\right)dx$$

$$=\boldsymbol{\frac{1}{2}x^2-2x+2\log|x+1|+C}\quad 答$$

(2) $$\frac{3}{x^2-x-2}=\frac{3}{(x-2)(x+1)}=\frac{a}{x-2}+\frac{b}{x+1}$$

とおき，分母を払うと

$$3=a(x+1)+b(x-2)$$

右辺を整理して　$3=(a+b)x+a-2b$

これが x についての恒等式であるから　$a+b=0$，$a-2b=3$

これを解いて　$a=1$，$b=-1$

よって，$\dfrac{3}{x^2-x-2}=\dfrac{1}{x-2}-\dfrac{1}{x+1}$ であるから

$$\int\frac{3}{x^2-x-2}dx=\int\left(\frac{1}{x-2}-\frac{1}{x+1}\right)dx$$

$$=\log|x-2|-\log|x+1|+C$$

$$=\boldsymbol{\log\left|\frac{x-2}{x+1}\right|+C}\quad 答$$

(3) $\dfrac{2x+1}{x^2-4}=\dfrac{a}{x+2}+\dfrac{b}{x-2}$

とおき，分母を払うと

$$2x+1=a(x-2)+b(x+2)$$

右辺を整理して　$2x+1=(a+b)x-2a+2b$

これが x についての恒等式であるから　$a+b=2$，$-2a+2b=1$

これを解いて　$a=\dfrac{3}{4}$，$b=\dfrac{5}{4}$

よって，$\dfrac{2x+1}{x^2-4}=\dfrac{3}{4}\cdot\dfrac{1}{x+2}+\dfrac{5}{4}\cdot\dfrac{1}{x-2}$ であるから

$$\int\frac{2x+1}{x^2-4}dx=\int\left(\frac{3}{4}\cdot\frac{1}{x+2}+\frac{5}{4}\cdot\frac{1}{x-2}\right)dx$$

$$=\boldsymbol{\frac{3}{4}\log|x+2|+\frac{5}{4}\log|x-2|+C}$$ 答

(4) $\cos x\cos 3x=\dfrac{1}{2}\{\cos 4x+\cos(-2x)\}$

$$=\frac{1}{2}(\cos 4x+\cos 2x)$$

よって　$\displaystyle\int\cos x\cos 3x\,dx=\frac{1}{2}\int(\cos 4x+\cos 2x)dx$

$$=\frac{1}{2}\cdot\frac{1}{4}\sin 4x+\frac{1}{2}\cdot\frac{1}{2}\sin 2x+C$$

$$=\boldsymbol{\frac{1}{8}\sin 4x+\frac{1}{4}\sin 2x+C}$$ 答

(5) $\displaystyle\int x\cos^2 x\,dx=\int x\cdot\frac{1+\cos 2x}{2}dx$

$$=\frac{1}{2}\int x\,dx+\frac{1}{2}\int x\cos 2x\,dx$$

ここで，$\left(\dfrac{1}{2}\sin 2x\right)'=\cos 2x$ であるから，部分積分法により

$$\int x\cos 2x\,dx=x\cdot\frac{1}{2}\sin 2x-\int(x)'\cdot\frac{1}{2}\sin 2x\,dx$$

よって　$\displaystyle\int x\cos^2 x\,dx=\frac{1}{2}\int x\,dx+\frac{1}{2}\left(x\cdot\frac{1}{2}\sin 2x-\frac{1}{2}\int\sin 2x\,dx\right)$

$$=\frac{1}{2}\cdot\frac{x^2}{2}+\frac{1}{4}\left\{x\sin 2x-\left(-\frac{1}{2}\cos 2x\right)\right\}+C$$

$$=\boldsymbol{\frac{1}{4}x^2+\frac{1}{4}x\sin 2x+\frac{1}{8}\cos 2x+C}$$ 答

(6) $\displaystyle\int\sin^3 x\cos^2 x\,dx=\int(1-\cos^2 x)\cos^2 x\sin x\,dx$

ここで，$\cos x=t$ とおくと　$-\sin x\,dx=dt$

よって

$$\int\sin^3 x\cos^2 x\,dx=-\int(1-t^2)t^2\,dt=\int(t^4-t^2)\,dt$$

$$=\frac{t^5}{5}-\frac{t^3}{3}+C=\boldsymbol{\frac{1}{5}\cos^5 x-\frac{1}{3}\cos^3 x+C}$$ 答

(7) 公式 $\cos^2\theta=\dfrac{1+\cos 2\theta}{2}$ にあてはめると

$$\cos^4 x=\left(\frac{1+\cos 2x}{2}\right)^2=\frac{1}{4}(\cos^2 2x+2\cos 2x+1)$$

$$=\frac{1}{4}\left(\frac{1+\cos 4x}{2}+2\cos 2x+1\right)=\frac{1}{8}(\cos 4x+4\cos 2x+3)$$

であるから

$$\int\cos^4 x\,dx=\frac{1}{8}\int(\cos 4x+4\cos 2x+3)\,dx$$

$$=\frac{1}{8}\left(\frac{1}{4}\sin 4x+4\cdot\frac{1}{2}\sin 2x+3x\right)+C$$

$$=\boldsymbol{\frac{1}{32}\sin 4x+\frac{1}{4}\sin 2x+\frac{3}{8}x+C}$$ 答

(8) $\dfrac{1}{1+\cos x}=\dfrac{1\cdot(1-\cos x)}{(1+\cos x)(1-\cos x)}=\dfrac{1-\cos x}{1-\cos^2 x}=\dfrac{1-\cos x}{\sin^2 x}$

よって　$\displaystyle\int\frac{dx}{1+\cos x}=\int\frac{1-\cos x}{\sin^2 x}dx=\int\frac{dx}{\sin^2 x}-\int\frac{\cos x}{\sin^2 x}dx$

ここで　$\displaystyle\int\frac{dx}{\sin^2 x}=-\frac{1}{\tan x}+C_1$　（C_1 は積分定数）

また　$\displaystyle\int\frac{\cos x}{\sin^2 x}dx=\int\frac{(\sin x)'}{\sin^2 x}dx=-\frac{1}{\sin x}+C_2$　（C_2 は積分定数）

したがって　$\displaystyle\int\frac{dx}{1+\cos x}=\boldsymbol{-\frac{1}{\tan x}+\frac{1}{\sin x}+C}$ 答

別解 (8) $\displaystyle\int\frac{dx}{1+\cos x}=\int\frac{dx}{2\cos^2\frac{x}{2}}=\boldsymbol{\tan\frac{x}{2}+C}$ 答

教 p.159

6 (1) $\tan\dfrac{x}{2}=t$ とおくとき，$\sin x$，$\cos x$，$\tan x$ を t の式で表せ。

(2) (1) を利用して，不定積分 $\displaystyle\int\frac{5}{3\sin x+4\cos x}dx$ を求めよ。

教科書 p.159

指針 **三角関数の不定積分**　(2) (1)を利用して，三角関数の不定積分を分数関数の不定積分におき換える。

解答 (1)　$\boldsymbol{\tan x}=\dfrac{2\tan\dfrac{x}{2}}{1-\tan^2\dfrac{x}{2}}=\boldsymbol{\dfrac{2t}{1-t^2}}$　答

また，$\tan^2\dfrac{x}{2}=\dfrac{1-\cos x}{1+\cos x}$ から　$t^2=\dfrac{1-\cos x}{1+\cos x}$

これを $\cos x$ について解くと　$\boldsymbol{\cos x=\dfrac{1-t^2}{1+t^2}}$　答

よって　$\boldsymbol{\sin x}=\tan x\cdot\cos x=\dfrac{2t}{1-t^2}\cdot\dfrac{1-t^2}{1+t^2}=\boldsymbol{\dfrac{2t}{1+t^2}}$　答

(2)　$u=\sin x$ とおくと　$\dfrac{du}{dx}=\cos x=\dfrac{1-t^2}{1+t^2}$

$$\frac{du}{dt}=\frac{d}{dt}\left(\frac{2t}{1+t^2}\right)=\frac{2(1-t^2)}{(1+t^2)^2}$$

よって　$\dfrac{dx}{dt}=\dfrac{dx}{du}\cdot\dfrac{du}{dt}=\dfrac{1+t^2}{1-t^2}\cdot\dfrac{2(1-t^2)}{(1+t^2)^2}=\dfrac{2}{1+t^2}$

ここで　$3\sin x+4\cos x=3\cdot\dfrac{2t}{1+t^2}+4\cdot\dfrac{1-t^2}{1+t^2}$

$$=-2\cdot\frac{2t^2-3t-2}{1+t^2}$$

よって　$\displaystyle\int\frac{5}{3\sin x+4\cos x}dx=-\frac{5}{2}\int\frac{1+t^2}{2t^2-3t-2}\cdot\frac{2}{1+t^2}dt$

$$=-5\int\frac{dt}{2t^2-3t-2}$$

$$=-5\cdot\frac{1}{5}\int\left(\frac{1}{t-2}-\frac{2}{2t+1}\right)dt$$

$$=-\left(\log|t-2|-2\cdot\frac{1}{2}\log|2t+1|\right)+C$$

$$=\log\left|\frac{2t+1}{t-2}\right|+C$$

$$=\boldsymbol{\log\left|\frac{2\tan\dfrac{x}{2}+1}{\tan\dfrac{x}{2}-2}\right|+C}$$　答

5章 積分法

第2節　定積分

5　定積分とその基本性質

まとめ

1　定積分

① **定積分**

ある区間で連続な関数 $f(x)$ の不定積分の1つを $F(x)$ とするとき，区間に属する2つの実数 a，b に対して

$$\int_a^b f(x)dx=\Big[F(x)\Big]_a^b=F(b)-F(a)$$

ここで，下端 a と上端 b の大小関係は $a<b$，$a=b$，$a>b$ のいずれであってもよい。

② 区間 $[a,\ b]$ で常に $f(x)\geqq 0$ のとき，

定積分 $\int_a^b f(x)dx$ は，$y=f(x)$ のグラフと x 軸，および2直線 $x=a$，$x=b$ で囲まれた部分の面積を表す。

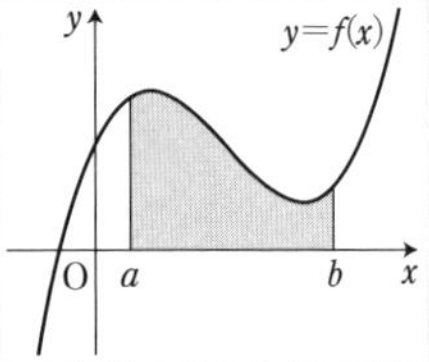

③ 定積分の計算では，どの不定積分を用いても結果は同じであるから，積分定数を省いて行う。

2　定積分の性質

② **定積分の性質**

k，l は定数とする。

1　$\int_a^b kf(x)dx=k\int_a^b f(x)dx$

2　$\int_a^b \{f(x)+g(x)\}dx=\int_a^b f(x)dx+\int_a^b g(x)dx$

3　$\int_a^b \{kf(x)+lg(x)\}dx=k\int_a^b f(x)dx+l\int_a^b g(x)dx$

4　$\int_a^a f(x)dx=0$

5　$\int_b^a f(x)dx=-\int_a^b f(x)dx$

6　$\int_a^b f(x)dx=\int_a^c f(x)dx+\int_c^b f(x)dx$

3　絶対値のついた関数の定積分

①　関数 $f(x)$ が，

$a \leqq x \leqq c$ で $f(x) \geqq 0$，$c \leqq x \leqq b$ で $f(x) \leqq 0$

ならば

$a \leqq x \leqq c$ のとき　$|f(x)|=f(x)$

$c \leqq x \leqq b$ のとき　$|f(x)|=-f(x)$

であるから，定積分 $\int_a^b |f(x)|dx$ は，次のように区間を分けて計算すればよい。

$$\int_a^b |f(x)|dx=\int_a^c f(x)dx+\int_c^b \{-f(x)\}dx$$

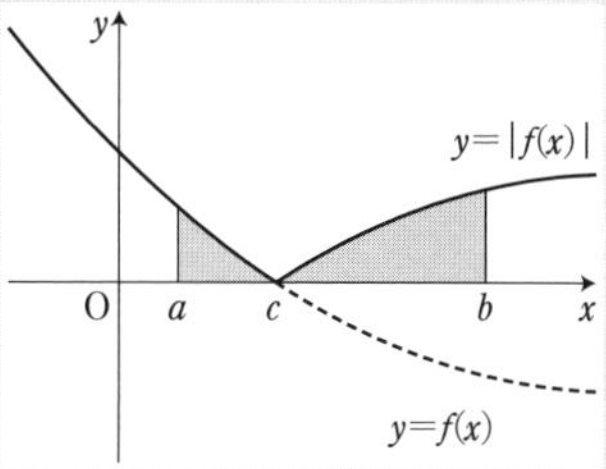

A 定積分

練習 17　教 p.160

次の定積分を求めよ。

(1) $\displaystyle\int_1^e \frac{dx}{x}$　(2) $\displaystyle\int_1^2 \frac{dy}{y^3}$　(3) $\displaystyle\int_0^{\frac{\pi}{4}} \frac{d\theta}{\cos^2\theta}$　(4) $\displaystyle\int_{-3}^0 2^x dx$

指針　**定積分の計算**　不定積分 $F(x)$ を求め，次の式にあてはめて計算する。

$$\int_a^b f(x)dx=\Big[F(x)\Big]_a^b=F(b)-F(a)$$

解答　(1) $\displaystyle\int_1^e \frac{dx}{x}=\Big[\log|x|\Big]_1^e=\log e-\log 1=\mathbf{1}$　答

(2) $\displaystyle\int_1^2 \frac{dy}{y^3}=\left[-\frac{1}{2y^2}\right]_1^2=-\frac{1}{2}\left(\frac{1}{2^2}-\frac{1}{1^2}\right)=\mathbf{\frac{3}{8}}$　答

(3) $\displaystyle\int_0^{\frac{\pi}{4}} \frac{d\theta}{\cos^2\theta}=\Big[\tan\theta\Big]_0^{\frac{\pi}{4}}=\tan\frac{\pi}{4}-\tan 0=1-0=\mathbf{1}$　答

(4) $\displaystyle\int_{-3}^0 2^x dx=\left[\frac{2^x}{\log 2}\right]_{-3}^0=\frac{1}{\log 2}(2^0-2^{-3})=\mathbf{\frac{7}{8\log 2}}$　答

B 定積分の性質

問 4　教 p.161

次の定積分を求めよ。

(1) $\displaystyle\int_0^{\frac{\pi}{2}} \sin 3x \sin 2x\,dx$　(2) $\displaystyle\int_0^{\pi} \cos^2 x\,dx$

指針　**三角関数の定積分**　積 → 和の公式，半角の公式を用いて被積分関数を和の形に変形し，定積分の性質を用いて計算する。

教科書 p.161

解答 (1) $\displaystyle\int_0^{\frac{\pi}{2}}\sin 3x\sin 2x\,dx=\int_0^{\frac{\pi}{2}}\left\{-\frac{1}{2}(\cos 5x-\cos x)\right\}dx$

$\displaystyle=-\frac{1}{2}\int_0^{\frac{\pi}{2}}\cos 5x\,dx+\frac{1}{2}\int_0^{\frac{\pi}{2}}\cos x\,dx$

$\displaystyle=-\frac{1}{2}\left[\frac{1}{5}\sin 5x\right]_0^{\frac{\pi}{2}}+\frac{1}{2}\left[\sin x\right]_0^{\frac{\pi}{2}}=\boldsymbol{\frac{2}{5}}$ 答

(2) $\displaystyle\int_0^{\pi}\cos^2 x\,dx=\int_0^{\pi}\frac{1+\cos 2x}{2}dx=\frac{1}{2}\int_0^{\pi}dx+\frac{1}{2}\int_0^{\pi}\cos 2x\,dx$

$\displaystyle=\frac{1}{2}\left[x\right]_0^{\pi}+\frac{1}{2}\left[\frac{1}{2}\sin 2x\right]_0^{\pi}=\boldsymbol{\frac{1}{2}\pi}$ 答

教 p.161

練習 18

次の定積分を求めよ。

(1) $\displaystyle\int_0^1(e^x-e^{-x})dx$　　(2) $\displaystyle\int_1^2\frac{dx}{x(x-3)}$

(3) $\displaystyle\int_0^{\pi}\cos x\sin 4x\,dx$　　(4) $\displaystyle\int_0^{\frac{\pi}{4}}\sin^2 x\,dx$

指針 **いろいろな定積分の計算**

(1) e^{-x} の不定積分に注意する。　(2) 部分分数に分解する。

(3) 積 → 和の公式を用いる。　(4) 半角の公式を用いる。

解答 (1) $\displaystyle\int_0^1(e^x-e^{-x})dx=\int_0^1 e^x dx-\int_0^1 e^{-x}dx=\left[e^x\right]_0^1+\left[e^{-x}\right]_0^1$

$\displaystyle=(e-1)+\left(\frac{1}{e}-1\right)=\boldsymbol{e+\frac{1}{e}-2}$ 答

(2) $\displaystyle\frac{1}{x(x-3)}=\frac{1}{3}\left(\frac{1}{x-3}-\frac{1}{x}\right)$ であるから

$\displaystyle\int_1^2\frac{dx}{x(x-3)}=\frac{1}{3}\int_1^2\frac{dx}{x-3}-\frac{1}{3}\int_1^2\frac{dx}{x}=\frac{1}{3}\left(\left[\log|x-3|\right]_1^2-\left[\log|x|\right]_1^2\right)$

$\displaystyle=\frac{1}{3}\{(\log 1-\log 2)-(\log 2-\log 1)\}=\boldsymbol{-\frac{2}{3}\log 2}$ 答

(3) $\displaystyle\int_0^{\pi}\cos x\sin 4x\,dx=\int_0^{\pi}\frac{1}{2}(\sin 5x+\sin 3x)dx$

$\displaystyle=\frac{1}{2}\left[-\frac{1}{5}\cos 5x\right]_0^{\pi}+\frac{1}{2}\left[-\frac{1}{3}\cos 3x\right]_0^{\pi}=\frac{1}{5}+\frac{1}{3}=\boldsymbol{\frac{8}{15}}$ 答

(4) $\displaystyle\int_0^{\frac{\pi}{4}}\sin^2 x\,dx=\int_0^{\frac{\pi}{4}}\frac{1-\cos 2x}{2}dx=\frac{1}{2}\int_0^{\frac{\pi}{4}}dx-\frac{1}{2}\int_0^{\frac{\pi}{4}}\cos 2x\,dx$

$\displaystyle=\frac{1}{2}\left[x\right]_0^{\frac{\pi}{4}}-\frac{1}{2}\left[\frac{1}{2}\sin 2x\right]_0^{\frac{\pi}{4}}=\boldsymbol{\frac{\pi}{8}-\frac{1}{4}}$ 答

C 絶対値のついた関数の定積分

練習 19 教 p.162

次の定積分を求めよ。

(1) $\displaystyle\int_0^{2\pi}|\sin x|dx$　(2) $\displaystyle\int_0^4|\sqrt{x}-1|dx$　(3) $\displaystyle\int_0^1|e^x-2|dx$

指針 **絶対値のついた関数の定積分**　積分区間を，絶対値の中の関数値が正になる区間と負になる区間に分けて，絶対値記号をはずして計算すればよい。

$$\begin{cases} f(x)\leqq 0 & (a\leqq x\leqq c) \\ f(x)\geqq 0 & (c\leqq x\leqq b) \end{cases}\ \text{のとき}$$

$$\int_a^b|f(x)|dx=\int_a^c\{-f(x)\}dx+\int_c^b f(x)dx$$

解答 (1) $0\leqq x\leqq\pi$ のとき $\sin x\geqq 0$，　$\pi\leqq x\leqq 2\pi$ のとき $\sin x\leqq 0$

であるから

$$\int_0^{2\pi}|\sin x|dx=\int_0^{\pi}\sin x\,dx+\int_{\pi}^{2\pi}(-\sin x)dx$$
$$=\Big[-\cos x\Big]_0^{\pi}+\Big[\cos x\Big]_{\pi}^{2\pi}=-(-1-1)+\{1-(-1)\}$$
$$=\mathbf{4}\quad \text{答}$$

(2) $0\leqq x\leqq 1$ のとき $\sqrt{x}-1\leqq 0$，　$1\leqq x\leqq 4$ のとき $\sqrt{x}-1\geqq 0$

であるから

$$\int_0^4|\sqrt{x}-1|dx=\int_0^1\{-(\sqrt{x}-1)\}dx+\int_1^4(\sqrt{x}-1)dx$$
$$=-\left[\frac{2}{3}x^{\frac{3}{2}}-x\right]_0^1+\left[\frac{2}{3}x^{\frac{3}{2}}-x\right]_1^4$$
$$=-\left(\frac{2}{3}-1\right)+\left\{\left(\frac{16}{3}-4\right)-\left(\frac{2}{3}-1\right)\right\}$$
$$=\frac{1}{3}+\left(\frac{14}{3}-3\right)=\mathbf{2}\quad \text{答}$$

(3) $e^x-2=0$ とすると　$e^x=2$

両辺の対数をとって　$x=\log 2$

$0\leqq x\leqq\log 2$ のとき $e^x-2\leqq 0$，　$\log 2\leqq x\leqq 1$ のとき $e^x-2\geqq 0$

であるから

$$\int_0^1|e^x-2|dx=\int_0^{\log 2}\{-(e^x-2)\}dx+\int_{\log 2}^1(e^x-2)dx$$
$$=-\Big[e^x-2x\Big]_0^{\log 2}+\Big[e^x-2x\Big]_{\log 2}^1$$
$$=-\{(e^{\log 2}-2\log 2)-e^0\}+\{(e^1-2)-(e^{\log 2}-2\log 2)\}$$
$$=-(2-2\log 2-1)+(e-2-2+2\log 2)$$
$$=\boldsymbol{e+4\log 2-5}\quad \text{答}$$

6 定積分の置換積分法

まとめ

1　定積分の置換積分法

① **定積分の置換積分法**

$\alpha<\beta$ のとき，区間 $[\alpha,\ \beta]$ で微分可能な関数 $x=g(t)$ に対し，

$a=g(\alpha)$，$b=g(\beta)$ ならば

$$\int_a^b f(x)dx=\int_\alpha^\beta f(g(t))g'(t)dt$$

注意 この等式は $\beta<\alpha$ のときも成り立つ。

② 被積分関数に $\sqrt{a^2-x^2}$ の形を含む関数の定積分は，$x=a\sin\theta$ または $x=a\cos\theta$ とおくとよい。

③ 関数 $y=\sqrt{a^2-x^2}$ のグラフは，区間 $0\leqq x\leqq a$ で四分円を表す。

④ 被積分関数が $\dfrac{1}{x^2+a^2}$ $(a>0)$ の形のときは，$x=a\tan\theta$ とおく置換積分法によって計算することができる。

2　偶関数，奇関数の定積分

① 関数 $y=f(x)$ において

常に $f(-x)=f(x)$ が成り立つとき，

$f(x)$ は **偶関数**

常に $f(-x)=-f(x)$ が成り立つとき，

$f(x)$ は **奇関数**

であるという。

② **偶関数，奇関数の定積分**

1　$f(x)$ が偶関数のとき　$\displaystyle\int_{-a}^a f(x)dx=2\int_0^a f(x)dx$

2　$f(x)$ が奇関数のとき　$\displaystyle\int_{-a}^a f(x)dx=0$

A 定積分の置換積分法

教 p.164

練習 20

次の定積分を求めよ。

(1) $\displaystyle\int_0^1 \frac{x-1}{(2-x)^2}dx$　　(2) $\displaystyle\int_1^2 x\sqrt{2-x}\,dx$

(3) $\displaystyle\int_0^{\frac{\pi}{2}}(1+\cos^2 x)\sin x\,dx$

指針 **定積分の置換積分法**　もとのままでは定積分を求めにくいので，まず，被積分関数のあるまとまった部分 $h(x)$ を t とおく。例えば，(1) では $2-x$，(2) では $\sqrt{2-x}$，(3) では $\cos x$ をそれぞれ t とおく。
次に，この式を x について解き，$x=g(t)$ とし，$dx=g'(t)dt$ を計算し，また積分区間を変える。$\alpha=h(a)$，$\beta=h(b)$ のとき，積分区間は $a\leqq x\leqq b$ から，$\alpha\leqq t\leqq\beta$ または $\beta\leqq t\leqq\alpha$ に変わることになる。

解答 (1)　$2-x=t$ とおくと

$$x=2-t,\quad dx=(-1)dt$$

また，x と t の対応は右のようになる。

x	$0 \longrightarrow 1$
t	$2 \longrightarrow 1$

よって

$$\int_0^1 \frac{x-1}{(2-x)^2}dx=\int_2^1 \frac{(2-t)-1}{t^2}\cdot(-1)dt=\int_2^1 \frac{t-1}{t^2}dt$$

$$=\int_2^1\left(\frac{1}{t}-\frac{1}{t^2}\right)dt=\left[\log|t|+\frac{1}{t}\right]_2^1$$

$$=(\log 1+1)-\left(\log 2+\frac{1}{2}\right)=\boldsymbol{\frac{1}{2}-\log 2}$$　答

(2)　$\sqrt{2-x}=t$ とおくと

$$x=2-t^2,\quad dx=-2t\,dt$$

また，x と t の対応は右のようになる。

x	$1 \longrightarrow 2$
t	$1 \longrightarrow 0$

よって

$$\int_1^2 x\sqrt{2-x}\,dx=\int_1^0(2-t^2)t\cdot(-2t)dt=2\int_1^0(t^4-2t^2)dt$$

$$=2\int_0^1(2t^2-t^4)dt=2\left[\frac{2t^3}{3}-\frac{t^5}{5}\right]_0^1=2\left(\frac{2}{3}-\frac{1}{5}\right)=\boldsymbol{\frac{14}{15}}$$　答

(3)　$\cos x=t$ とおくと

$$-\sin x\,dx=dt$$

また，x と t の対応は右のようになる。

x	$0 \longrightarrow \frac{\pi}{2}$
t	$1 \longrightarrow 0$

よって

$$\int_0^{\frac{\pi}{2}}(1+\cos^2 x)\sin x\,dx=-\int_1^0(1+t^2)dt$$

$$=\int_0^1(t^2+1)dt=\left[\frac{t^3}{3}+t\right]_0^1=\frac{1}{3}+1=\boldsymbol{\frac{4}{3}}$$　答

別解 (2)　$2-x=t$ とおくと

$$x=2-t,\quad dx=(-1)dt$$

また，x と t の対応は右のようになる。

x	$1 \longrightarrow 2$
t	$1 \longrightarrow 0$

よって

$$\int_1^2 x\sqrt{2-x}\,dx=\int_1^0(2-t)\sqrt{t}\cdot(-1)dt=\int_0^1(2\sqrt{t}-t\sqrt{t})dt$$

$$=\int_0^1\left(2t^{\frac{1}{2}}-t^{\frac{3}{2}}\right)dt=\left[2\cdot\frac{2}{3}t^{\frac{3}{2}}-\frac{2}{5}t^{\frac{5}{2}}\right]_0^1=\frac{4}{3}-\frac{2}{5}=\boldsymbol{\frac{14}{15}}$$　答

教 p.164

深める 教科書の例題 9 (2) の定積分を，$3-x=t$ とおくことにより求めてみよう。

指針 **定積分の置換積分法**　例題 9 (2)と同様の手順で解く。

解答 $3-x=t$ とおくと

$x=3-t$，$dx=(-1)dt$

また，x と t の対応は右のようになる。

x	$-1 \longrightarrow 2$
t	$4 \longrightarrow 1$

よって $\displaystyle\int_{-1}^{2}\frac{x}{\sqrt{3-x}}dx=\int_{4}^{1}\frac{3-t}{\sqrt{t}}\cdot(-1)dt=\int_{1}^{4}\left(3t^{-\frac{1}{2}}-t^{\frac{1}{2}}\right)dt$

$\displaystyle=\left[6t^{\frac{1}{2}}-\frac{2}{3}t^{\frac{3}{2}}\right]_{1}^{4}=\left(12-\frac{16}{3}\right)-\left(6-\frac{2}{3}\right)=\boldsymbol{\frac{4}{3}}$ 答

教 p.165

練習 21 次の定積分を求めよ。

(1) $\displaystyle\int_{-1}^{1}\sqrt{1-x^2}\,dx$　(2) $\displaystyle\int_{-1}^{\sqrt{3}}\sqrt{4-x^2}\,dx$　(3) $\displaystyle\int_{0}^{\frac{1}{2}}\frac{dx}{\sqrt{1-x^2}}$

指針 **定積分の置換積分法**　$\sqrt{a^2-x^2}$ の形を含む場合は，$x=a\sin\theta$ とおくとよい。
このとき $\sqrt{a^2-x^2}=\sqrt{a^2(1-\sin^2\theta)}=|a\cos\theta|$
ここで，θ の積分区間は 1 通りには決まらないが，最も簡単な区間にするとよい。このとき，$|a\cos\theta|$ の絶対値記号もとれることになる。

解答 (1) $x=\sin\theta$ とおくと，x と θ の対応は右のようになる。

x	$-1 \longrightarrow 1$
θ	$-\frac{\pi}{2} \longrightarrow \frac{\pi}{2}$

また $dx=\cos\theta\,d\theta$

$-\dfrac{\pi}{2}\leqq\theta\leqq\dfrac{\pi}{2}$ のとき $\cos\theta\geqq0$ であるから

$\sqrt{1-x^2}=\sqrt{1-\sin^2\theta}=\sqrt{\cos^2\theta}=\cos\theta$

ゆえに $\displaystyle\int_{-1}^{1}\sqrt{1-x^2}\,dx=\int_{-\frac{\pi}{2}}^{\frac{\pi}{2}}\cos\theta\cdot\cos\theta\,d\theta=\int_{-\frac{\pi}{2}}^{\frac{\pi}{2}}\frac{1+\cos2\theta}{2}d\theta$

$\displaystyle=\frac{1}{2}\left[\theta+\frac{1}{2}\sin2\theta\right]_{-\frac{\pi}{2}}^{\frac{\pi}{2}}=\frac{1}{2}\left\{\frac{\pi}{2}-\left(-\frac{\pi}{2}\right)\right\}=\boldsymbol{\frac{\pi}{2}}$ 答

(2) $x=2\sin\theta$ とおくと，x と θ の対応は右のようになる。

x	$-1 \longrightarrow \sqrt{3}$
θ	$-\frac{\pi}{6} \longrightarrow \frac{\pi}{3}$

また $dx=2\cos\theta\,d\theta$

$-\dfrac{\pi}{6}\leqq\theta\leqq\dfrac{\pi}{3}$ のとき $\cos\theta>0$ であるから

$$\sqrt{4-x^2}=\sqrt{4-(2\sin\theta)^2}=\sqrt{4(1-\sin^2\theta)}=2\cos\theta$$

ゆえに $\displaystyle\int_{-1}^{\sqrt{3}}\sqrt{4-x^2}\,dx=\int_{-\frac{\pi}{6}}^{\frac{\pi}{3}}2\cos\theta\cdot 2\cos\theta\,d\theta$

$$=4\int_{-\frac{\pi}{6}}^{\frac{\pi}{3}}\frac{1+\cos 2\theta}{2}d\theta=2\left[\theta+\frac{1}{2}\sin 2\theta\right]_{-\frac{\pi}{6}}^{\frac{\pi}{3}}$$

$$=2\left\{\left(\frac{\pi}{3}+\frac{1}{2}\cdot\frac{\sqrt{3}}{2}\right)-\left(-\frac{\pi}{6}-\frac{1}{2}\cdot\frac{\sqrt{3}}{2}\right)\right\}$$

$$=\boldsymbol{\pi+\sqrt{3}}$$ 答

(3) $x=\sin\theta$ とおくと，x と θ の対応は右のようになる。

x	$0 \longrightarrow \frac{1}{2}$
θ	$0 \longrightarrow \frac{\pi}{6}$

また　$dx=\cos\theta\,d\theta$

$0\leqq\theta\leqq\dfrac{\pi}{6}$ のとき $\cos\theta>0$ であるから

$$\sqrt{1-x^2}=\cos\theta$$

ゆえに $\displaystyle\int_0^{\frac{1}{2}}\frac{dx}{\sqrt{1-x^2}}=\int_0^{\frac{\pi}{6}}\frac{\cos\theta}{\cos\theta}d\theta=\int_0^{\frac{\pi}{6}}d\theta=\Big[\theta\Big]_0^{\frac{\pi}{6}}=\boldsymbol{\frac{\pi}{6}}$ 答

練習 22 教 p.166

次の定積分を求めよ。

(1) $\displaystyle\int_0^{\sqrt{3}}\frac{dx}{x^2+1}$　(2) $\displaystyle\int_{-2}^{2}\frac{dx}{x^2+4}$　(3) $\displaystyle\int_{-3}^{\sqrt{3}}\frac{dx}{x^2+9}$

指針 **定積分の置換積分法**　被積分関数が $\dfrac{1}{x^2+a^2}$ $(a>0)$ の形のときは $x=a\tan\theta$ とおいて求める。対応する θ の積分区間は，$-\dfrac{\pi}{2}<\theta<\dfrac{\pi}{2}$ の範囲で定めるのがよい。

解答 (1) $x=\tan\theta$ とおくと，x と θ の対応は右のようになる。

x	$0 \longrightarrow \sqrt{3}$
θ	$0 \longrightarrow \frac{\pi}{3}$

また　$dx=\dfrac{1}{\cos^2\theta}d\theta$

よって $\displaystyle\int_0^{\sqrt{3}}\frac{dx}{x^2+1}=\int_0^{\frac{\pi}{3}}\frac{1}{\tan^2\theta+1}\cdot\frac{1}{\cos^2\theta}d\theta$

$$=\int_0^{\frac{\pi}{3}}\cos^2\theta\cdot\frac{1}{\cos^2\theta}d\theta=\int_0^{\frac{\pi}{3}}d\theta=\Big[\theta\Big]_0^{\frac{\pi}{3}}=\boldsymbol{\frac{\pi}{3}}$$ 答

(2) $x=2\tan\theta$ とおくと，x と θ の対応は右のようになる。

x	$-2 \longrightarrow 2$
θ	$-\frac{\pi}{4} \longrightarrow \frac{\pi}{4}$

また　$dx=\dfrac{2}{\cos^2\theta}d\theta$

5章 積分法

よって　$\displaystyle\int_{-2}^{2}\frac{dx}{x^2+4}=\int_{-\frac{\pi}{4}}^{\frac{\pi}{4}}\frac{1}{4(\tan^2\theta+1)}\cdot\frac{2}{\cos^2\theta}d\theta$

$$=\frac{1}{2}\int_{-\frac{\pi}{4}}^{\frac{\pi}{4}}\cos^2\theta\cdot\frac{1}{\cos^2\theta}d\theta=\frac{1}{2}\int_{-\frac{\pi}{4}}^{\frac{\pi}{4}}d\theta=\frac{1}{2}\Big[\theta\Big]_{-\frac{\pi}{4}}^{\frac{\pi}{4}}$$

$$=\frac{1}{2}\cdot\left(\frac{\pi}{4}+\frac{\pi}{4}\right)=\boldsymbol{\frac{\pi}{4}}$$　答

(3)　$x=3\tan\theta$ とおくと，x と θ の対応は右のようになる。

x	$-3 \longrightarrow \sqrt{3}$
θ	$-\frac{\pi}{4} \longrightarrow \frac{\pi}{6}$

また　$\displaystyle dx=\frac{3}{\cos^2\theta}d\theta$

よって　$\displaystyle\int_{-3}^{\sqrt{3}}\frac{dx}{x^2+9}=\int_{-\frac{\pi}{4}}^{\frac{\pi}{6}}\frac{1}{9(\tan^2\theta+1)}\cdot\frac{3}{\cos^2\theta}d\theta$

$$=\frac{1}{3}\int_{-\frac{\pi}{4}}^{\frac{\pi}{6}}\cos^2\theta\cdot\frac{1}{\cos^2\theta}d\theta=\frac{1}{3}\int_{-\frac{\pi}{4}}^{\frac{\pi}{6}}d\theta=\frac{1}{3}\Big[\theta\Big]_{-\frac{\pi}{4}}^{\frac{\pi}{6}}$$

$$=\frac{1}{3}\left(\frac{\pi}{6}+\frac{\pi}{4}\right)=\boldsymbol{\frac{5}{36}\pi}$$　答

B　偶関数，奇関数の定積分

問5　教 p.167

次の定積分を求めよ。

(1)　$\displaystyle\int_{-\frac{\pi}{2}}^{\frac{\pi}{2}}\cos x\,dx$　　(2)　$\displaystyle\int_{-\pi}^{\pi}\sin x\,dx$

指針　**偶関数，奇関数の定積分**　$f(x)$ を偶関数，$g(x)$ を奇関数とすると

$$\int_{-a}^{a}f(x)dx=2\int_{0}^{a}f(x)dx,\qquad \int_{-a}^{a}g(x)dx=0$$

解答　(1)　$f(x)=\cos x$ は偶関数であるから

$$\int_{-\frac{\pi}{2}}^{\frac{\pi}{2}}\cos x\,dx=2\int_{0}^{\frac{\pi}{2}}\cos x\,dx=2\Big[\sin x\Big]_{0}^{\frac{\pi}{2}}=\boldsymbol{2}$$　答

(2)　$f(x)=\sin x$ は奇関数であるから　$\displaystyle\int_{-\pi}^{\pi}\sin x\,dx=\boldsymbol{0}$　答

練習 23　教 p.167

次の定積分を求めよ。

(1)　$\displaystyle\int_{-1}^{1}(1+x^2)(x-3)dx$　　(2)　$\displaystyle\int_{-2}^{2}x\sqrt{4-x^2}\,dx$

指針　**偶関数，奇関数の定積分**　$f(x)$ を偶関数，$g(x)$ を奇関数とすると

$$\int_{-a}^{a}\{f(x)+g(x)\}dx=\int_{-a}^{a}f(x)dx+\int_{-a}^{a}g(x)dx=2\int_{0}^{a}f(x)dx$$

(1) 展開すると $(1+x^2)(x-3)=x^3-3x^2+x-3$

x^3, x は奇関数であるから，$-3x^2-3$ の積分が残る。

または，$(1+x^2)x-3(1+x^2)$ で，第 1 項が奇関数，第 2 項が偶関数である。

(2) x は奇関数，$\sqrt{4-x^2}$ は偶関数であるから，$x\sqrt{4-x^2}$ は奇関数である。

解答 (1) $(1+x^2)(x-3)=(1+x^2)x-3(1+x^2)$

$(1+x^2)x$ は奇関数，$3(1+x^2)$ は偶関数であるから

$$\int_{-1}^{1}(1+x^2)(x-3)dx=2\int_{0}^{1}\{-3(1+x^2)\}dx=-2\int_{0}^{1}(3+3x^2)dx$$

$$=-2\Big[3x+x^3\Big]_0^1=-2(3+1)=\mathbf{-8}$$ 答

(2) $x\sqrt{4-x^2}$ は奇関数であるから $\int_{-2}^{2}x\sqrt{4-x^2}\,dx=\mathbf{0}$ 答

7 定積分の部分積分法

まとめ

① 定積分について，次の **部分積分法** の公式が成り立つ。

定積分の部分積分法

$$\int_a^b f(x)g'(x)dx=\Big[f(x)g(x)\Big]_a^b-\int_a^b f'(x)g(x)dx$$

練習 24 教 p.168

次の定積分を求めよ。

(1) $\int_0^{\pi}x\sin x\,dx$　(2) $\int_0^1 xe^x\,dx$　(3) $\int_1^2 x\log x\,dx$

(4) $\int_e^{2e}\log x\,dx$　(5) $\int_0^{\frac{\pi}{2}}x^2\sin x\,dx$

指針 **定積分の部分積分法**　部分積分法の左辺 $\int_a^b f(x)g'(x)dx$ について，

① 対数関数　② 多項式関数(x, x^2, ……)　③ 三角関数

④ 指数関数　のうち，② と ③ の積，② と ④ の積の部分積分を考えるときは ② を $f(x)$ と考え，また ① と ② の積の部分積分を考えるときは ① を $f(x)$ と考えると，うまく計算できることが多い。

解答 (1) $\int_0^{\pi}x\sin x\,dx=\int_0^{\pi}x(-\cos x)'\,dx$

$$=\Big[-x\cos x\Big]_0^{\pi}+\int_0^{\pi}\cos x\,dx=-\pi\cos\pi+\Big[\sin x\Big]_0^{\pi}=\boldsymbol{\pi}$$ 答

(2) $\displaystyle\int_0^1 xe^x\,dx=\int_0^1 x(e^x)'\,dx=\Big[xe^x\Big]_0^1-\int_0^1 e^x\,dx=e-\Big[e^x\Big]_0^1$

$=e-(e-1)=\mathbf{1}$ 答

(3) $\displaystyle\int_1^2 x\log x\,dx=\int_1^2\left(\frac{1}{2}x^2\right)'\log x\,dx=\left[\frac{1}{2}x^2\cdot\log x\right]_1^2-\frac{1}{2}\int_1^2 x^2\cdot\frac{1}{x}\,dx$

$\displaystyle=2\log 2-\frac{1}{4}\Big[x^2\Big]_1^2=2\log 2-\frac{1}{4}(4-1)=\mathbf{2\log 2-\frac{3}{4}}$ 答

(4) $\displaystyle\int_e^{2e}\log x\,dx=\int_e^{2e}(x)'\log x\,dx=\Big[x\log x\Big]_e^{2e}-\int_e^{2e}x\cdot\frac{1}{x}\,dx$

$\displaystyle=2e\log 2e-e-\int_e^{2e}dx=2e\log 2e-e-\Big[x\Big]_e^{2e}$

$=2e\log 2e-2e=2e(\log 2+\log e)-2e$

$=\mathbf{2e\log 2}$ 答

(5) $\displaystyle\int_0^{\frac{\pi}{2}}x^2\sin x\,dx=\int_0^{\frac{\pi}{2}}x^2(-\cos x)'\,dx=\Big[-x^2\cos x\Big]_0^{\frac{\pi}{2}}+\int_0^{\frac{\pi}{2}}2x\cos x\,dx$

$\displaystyle=2\int_0^{\frac{\pi}{2}}x(\sin x)'\,dx=2\Big[x\sin x\Big]_0^{\frac{\pi}{2}}-2\int_0^{\frac{\pi}{2}}\sin x\,dx$

$\displaystyle=2\cdot\frac{\pi}{2}+2\Big[\cos x\Big]_0^{\frac{\pi}{2}}=\boldsymbol{\pi-2}$ 答

問6 教 p.168

部分積分法によって，次の定積分を求めよ。

$$\int_{-1}^1(x+1)^3(x-1)\,dx$$

指針 **定積分の部分積分法(多項式の積)** 部分積分法では，微分すると簡単になる式 $f(x)$ と積分しやすい式 $g(x)$ を定めることがポイントになる。
多項式はこのどちらの性質も満たすから，微分すると定数になる 1 次式の部分 $x-1$ を $f(x)$ とおくとよい。

解答 $\displaystyle\int_{-1}^1(x+1)^3(x-1)\,dx=\int_{-1}^1(x-1)\left\{\frac{1}{4}(x+1)^4\right\}'dx$

$\displaystyle=\left[\frac{1}{4}(x-1)(x+1)^4\right]_{-1}^1-\int_{-1}^1 1\cdot\frac{1}{4}(x+1)^4\,dx$

$\displaystyle=-\frac{1}{4}\cdot\frac{1}{5}\Big[(x+1)^5\Big]_{-1}^1=-\frac{32}{20}=\mathbf{-\frac{8}{5}}$ 答

別解 $x+1=t$ とおくと　$x=t-1,\ dx=dt$
x と t の対応は右のようになる。

x	$-1\longrightarrow 1$
t	$0\longrightarrow 2$

$\displaystyle\int_{-1}^1(x+1)^3(x-1)\,dx=\int_0^2 t^3(t-2)\,dt=\left[\frac{t^5}{5}-\frac{t^4}{2}\right]_0^2$

$\displaystyle=\frac{32}{5}-8=\mathbf{-\frac{8}{5}}$ 答

教 p.168

練習 25

部分積分法によって，次の定積分を求めよ。

(1) $\int_0^1 x(x-1)^2dx$　　(2) $\int_\alpha^\beta (x-\alpha)(x-\beta)dx$　(α, β は定数)

指針 **定積分の部分積分法(多項式の積)**　$f(x)$, $g(x)$ の定め方に注意する。

(1) $f(x)=x$, $g'(x)=(x-1)^2$ とする。

(2) $f(x)=x-\alpha$, $g'(x)=x-\beta$　または　$f(x)=x-\beta$, $g'(x)=x-\alpha$ とする。

解答 (1) $\int_0^1 x(x-1)^2dx=\int_0^1 x\left\{\frac{1}{3}(x-1)^3\right\}'dx=\left[\frac{1}{3}x(x-1)^3\right]_0^1-\frac{1}{3}\int_0^1(x-1)^3dx$

$$=-\frac{1}{3}\cdot\frac{1}{4}\left[(x-1)^4\right]_0^1=\mathbf{\frac{1}{12}}$$ 答

(2) $\int_\alpha^\beta(x-\alpha)(x-\beta)dx=\int_\alpha^\beta\left\{\frac{1}{2}(x-\alpha)^2\right\}'(x-\beta)dx$

$$=\left[\frac{1}{2}(x-\alpha)^2(x-\beta)\right]_\alpha^\beta-\frac{1}{2}\int_\alpha^\beta(x-\alpha)^2dx$$

$$=-\frac{1}{2}\cdot\frac{1}{3}\left[(x-\alpha)^3\right]_\alpha^\beta=-\frac{1}{6}(\beta-\alpha)^3$$ 答

研究 $\int_0^{\frac{\pi}{2}}\sin^n x\,dx$ の値

まとめ

① n は0または正の整数とする。このとき，次の定積分を求めてみよう。

$$I_n=\int_0^{\frac{\pi}{2}}\sin^n x\,dx$$

解説 $n=0$, $n=1$ のときは，それぞれ次のように計算される。

$$I_0=\int_0^{\frac{\pi}{2}}1\,dx=\frac{\pi}{2},\quad I_1=\int_0^{\frac{\pi}{2}}\sin x\,dx=\left[-\cos x\right]_0^{\frac{\pi}{2}}=1$$

$n\geqq 2$ のときは

$$I_n=\int_0^{\frac{\pi}{2}}\sin^n x\,dx=\int_0^{\frac{\pi}{2}}\sin^{n-1}x\sin x\,dx$$

$$=\int_0^{\frac{\pi}{2}}\sin^{n-1}x(-\cos x)'dx$$

$$=\left[-\sin^{n-1}x\cos x\right]_0^{\frac{\pi}{2}}+(n-1)\int_0^{\frac{\pi}{2}}\sin^{n-2}x\cos^2x\,dx$$

$$=(n-1)\int_0^{\frac{\pi}{2}}\sin^{n-2}x(1-\sin^2x)dx$$

$$=(n-1)\left(\int_0^{\frac{\pi}{2}}\sin^{n-2}x\,dx-\int_0^{\frac{\pi}{2}}\sin^n x\,dx\right)=(n-1)(I_{n-2}-I_n)$$

よって，漸化式 $I_n=\dfrac{n-1}{n}I_{n-2}$ が成り立ち，I_n は次のようになる。

n が偶数のとき　$I_n=\dfrac{n-1}{n}\cdot\dfrac{n-3}{n-2}\cdots\cdots\dfrac{3}{4}\cdot\dfrac{1}{2}\cdot\dfrac{\pi}{2}$

n が奇数のとき　$I_n=\dfrac{n-1}{n}\cdot\dfrac{n-3}{n-2}\cdots\cdots\dfrac{4}{5}\cdot\dfrac{2}{3}\cdot 1$

② $\cos x=\sin\left(\dfrac{\pi}{2}-x\right)$ であるから，次の等式が成り立つ。

$$\int_0^{\frac{\pi}{2}}\sin^n x\,dx=\int_0^{\frac{\pi}{2}}\cos^n x\,dx \quad (n=0,\ 1,\ 2,\ \cdots\cdots)$$

研究 $\int_0^{\frac{\pi}{2}}e^x\sin x\,dx$，$\int_0^{\frac{\pi}{2}}e^x\cos x\,dx$ の値

まとめ

① 次の 2 つの定積分を求めてみよう。

$$\int_0^{\frac{\pi}{2}}e^x\sin x\,dx,\quad \int_0^{\frac{\pi}{2}}e^x\cos x\,dx$$

解説 $I=\int_0^{\frac{\pi}{2}}e^x\sin x\,dx$，$J=\int_0^{\frac{\pi}{2}}e^x\cos x\,dx$ とする。

I に部分積分法を用いると

$$I=\Big[e^x\sin x\Big]_0^{\frac{\pi}{2}}-\int_0^{\frac{\pi}{2}}e^x\cos x\,dx$$

$$=\Big[e^x\sin x\Big]_0^{\frac{\pi}{2}}-J=e^{\frac{\pi}{2}}-J$$

よって　$I+J=e^{\frac{\pi}{2}}$ …… ①

次に，J に部分積分法を用いると

$$J=\Big[e^x\cos x\Big]_0^{\frac{\pi}{2}}+\int_0^{\frac{\pi}{2}}e^x\sin x\,dx$$

$$=\Big[e^x\cos x\Big]_0^{\frac{\pi}{2}}+I=-1+I$$

よって　$I-J=1$ …… ②

①，② から　$I=\dfrac{1}{2}\left(e^{\frac{\pi}{2}}+1\right)$，$J=\dfrac{1}{2}\left(e^{\frac{\pi}{2}}-1\right)$

すなわち　$\int_0^{\frac{\pi}{2}}e^x\sin x\,dx=\dfrac{1}{2}\left(e^{\frac{\pi}{2}}+1\right)$，$\int_0^{\frac{\pi}{2}}e^x\cos x\,dx=\dfrac{1}{2}\left(e^{\frac{\pi}{2}}-1\right)$

② 不定積分の計算では，得られた関数を微分することによって，それが正しいかどうかを検算することができる。

教 p.170

練習 1

教科書 170 ページと同様の方法で，不定積分 $\int e^x \sin x\,dx$，$\int e^x \cos x\,dx$ を求めよ。

指針 **不定積分 $\int e^x \sin x\,dx$，$\int e^x \cos x\,dx$** $I=\int e^x \sin x\,dx$，$J=\int e^x \cos x\,dx$ とおいて，I，J をそれぞれ部分積分法を用いて不定積分を求め，I，J の関係式を導き，それを解く。

解答 $I=\int e^x \sin x\,dx$，$J=\int e^x \cos x\,dx$ とする。

$$I=\int (e^x)' \sin x\,dx$$

$$=e^x \sin x-\int e^x \cos x\,dx=e^x \sin x-J$$

よって　$I+J=e^x \sin x$ …… ①

$$J=\int (e^x)' \cos x\,dx$$

$$=e^x \cos x+\int e^x \sin x\,dx=e^x \cos x+I$$

よって　$I-J=-e^x \cos x$ …… ②

①，② から　$I=\frac{1}{2}e^x(\sin x-\cos x)+C$

$$J=\frac{1}{2}e^x(\sin x+\cos x)+C$$

すなわち　$\boldsymbol{\int e^x \sin x\,dx=\frac{1}{2}e^x(\sin x-\cos x)+C}$

$$\boldsymbol{\int e^x \cos x\,dx=\frac{1}{2}e^x(\sin x+\cos x)+C}$$ 答

8 定積分の種々の問題

まとめ

1 定積分で表された関数

① $f(x)$ を連続な関数，a を定数とするとき，定積分 $\int_a^x f(t)dt$ は x の関数で，関数 $f(x)$ の不定積分の 1 つである。
すなわち，次の公式が成り立つ。

$\int_a^x f(t)dt$ の導関数

a が定数のとき　　$\dfrac{d}{dx}\int_a^x f(t)dt=f(x)$

積分区間の上端や下端の他に，被積分関数の中にも変数 x が含まれる場合，積分変数 t でないこの x は定数とみなされる。導関数を求めるには，x を積分の外に出してから微分する。

② $f(x)=x+\int_\alpha^\beta f(t)g(t)dt$ のような形で表された関数 $f(x)$ を決定するには，$\int_\alpha^\beta f(t)g(t)dt$ が定数であることに着目して，$f(x)=x+a$ とおいて調べるとよい。

2　定積分と和の極限

① 関数 $f(x)$ が閉区間 $[a,\ b]$ で連続ならば，定積分について次の等式が成り立つ。

定積分と和の極限 (1)

$$\int_a^b f(x)dx=\lim_{n\to\infty}\sum_{k=0}^{n-1} f(x_k)\Delta x=\lim_{n\to\infty}\sum_{k=1}^{n} f(x_k)\Delta x$$

ここで　$\Delta x=\dfrac{b-a}{n}$，$x_k=a+k\Delta x$

定積分を，上のような和の極限として求めることを，定積分の **区分求積法** という。

② 上の等式において，$a=0$，$b=1$ とすると，$\Delta x=\dfrac{1}{n}$，$x_k=\dfrac{k}{n}$ となり，次の等式が得られる。

定積分と和の極限 (2)

$$\lim_{n\to\infty}\frac{1}{n}\sum_{k=0}^{n-1} f\left(\frac{k}{n}\right)=\lim_{n\to\infty}\frac{1}{n}\sum_{k=1}^{n} f\left(\frac{k}{n}\right)=\int_0^1 f(x)dx$$

3　定積分と不等式

① 関数 $f(x)$ が区間 $[a,\ b]$ で連続であるとき，次のことが成り立つ。

区間 $[a,\ b]$ で $f(x)\geqq 0$ ならば　　$\int_a^b f(x)dx\geqq 0$

等号は，常に $f(x)=0$ であるときに限って成り立つ。

② このことから，関数 $f(x)$，$g(x)$ が区間 $[a,\ b]$ で連続であるとき，次のことが導かれる。

定積分と不等式

区間 $[a,\ b]$ で $f(x)\geqq g(x)$ ならば　　$\int_a^b f(x)dx\geqq\int_a^b g(x)dx$

等号は，常に $f(x)=g(x)$ であるときに限って成り立つ。

A 定積分で表された関数

教 p.171

練習 26

関数 $F(x)=\int_a^x (x-t)e^t dt$ （a は定数）を x について微分せよ。

指針 **定積分で表された関数の導関数**　被積分関数に x が含まれる場合，x を定数とみて，あらかじめ積分の外に出しておくことに注意する。

解答

$$F(x)=\int_a^x (x-t)e^t dt=\int_a^x (xe^t-te^t)dt$$
$$=x\int_a^x e^t dt-\int_a^x te^t dt$$

ゆえに

$$F'(x)=\left(x\int_a^x e^t dt\right)'-\left(\int_a^x te^t dt\right)'$$
$$=(x)'\int_a^x e^t dt+x\left(\int_a^x e^t dt\right)'-\left(\int_a^x te^t dt\right)'$$
$$=1\cdot\Big[e^t\Big]_a^x+x\cdot e^x-xe^x$$
$$=\boldsymbol{e^x-e^a}$$ 答

教 p.172

問 7

関数 $y=\int_x^{x^2}\log t\,dt$ （$x>0$）を x について微分せよ。

指針 **定積分で表された関数の導関数**　積分区間の下端または上端が変数の場合の定積分 $\int_{h(x)}^{g(x)} f(t)dt$ の導関数は，次のようにして求められる。

$f(t)$ の不定積分の 1 つを $F(t)$ とすると

$$\int_{h(x)}^{g(x)} f(t)dt=\Big[F(t)\Big]_{h(x)}^{g(x)}=F(g(x))-F(h(x))$$

よって

$$\frac{d}{dx}\int_{h(x)}^{g(x)} f(t)dt=F'(g(x))g'(x)-F'(h(x))h'(x)$$
$$=f(g(x))g'(x)-f(h(x))h'(x)$$

本問は，$g(x)=x^2$，$h(x)=x$ の場合である。

解答 $f(t)=\log t$ の不定積分の 1 つを $F(t)$ とすると

$$y=\int_x^{x^2} f(t)dt=\Big[F(t)\Big]_x^{x^2}=F(x^2)-F(x)$$

よって

$$\boldsymbol{y'}=\frac{d}{dx}\int_x^{x^2} f(t)dt=\{F(x^2)-F(x)\}'$$
$$=F'(x^2)\cdot(x^2)'-F'(x)=f(x^2)\cdot 2x-f(x)$$
$$=2x\log x^2-\log x=4x\log x-\log x=\boldsymbol{(4x-1)\log x}$$ 答

5章 積分法

教 p.172

練習 27

関数 $y=\int_x^{2x} t\cos t\,dt$ を x について微分せよ。

指針 **定積分で表された関数の導関数**　積分区間の両端が変数の場合，問 7 のように，定積分を求めないで計算する。

$g(x)=2x$，$h(x)=x$ の場合である。

解答 $f(t)=t\cos t$ の不定積分の 1 つを $F(t)$ とすると

$$y=\int_x^{2x} f(t)dt=\Big[F(t)\Big]_x^{2x}=F(2x)-F(x)$$

ゆえに　$\boldsymbol{y'}=\dfrac{d}{dx}\displaystyle\int_x^{2x} f(t)dt=\{F(2x)-F(x)\}'$

$$=F'(2x)\cdot(2x)'-F'(x)=f(2x)\cdot 2-f(x)$$

$$=2\cdot 2x\cos 2x-x\cos x$$

$$\boldsymbol{=4x\cos 2x-x\cos x}$$ 答

教 p.172

練習 28

次の等式を満たす関数 $f(x)$ を求めよ。

$$f(x)=\sin x+\int_0^{\frac{\pi}{2}} f(t)dt$$

指針 **定積分を含む関数の決定**　$\int_0^{\frac{\pi}{2}} f(t)dt$ は定数であることに着目して，

$f(x)=\sin x+a$ とおく。

解答 $\int_0^{\frac{\pi}{2}} f(t)dt=a$ とおくと，与えられた等式から

$$f(x)=\sin x+a \quad \cdots\cdots \text{①}$$

となる。

よって　$a=\displaystyle\int_0^{\frac{\pi}{2}}(\sin t+a)dt$

$$=\Big[-\cos t\Big]_0^{\frac{\pi}{2}}+a\Big[t\Big]_0^{\frac{\pi}{2}}$$

$$=1+\frac{\pi}{2}a$$

ゆえに，$a=1+\dfrac{\pi}{2}a$ から　$a=\dfrac{2}{2-\pi}$

これを ① に代入して

$$\boldsymbol{f(x)=\sin x+\frac{2}{2-\pi}}$$ 答

B 定積分と和の極限

教 p.175

練習 29

極限値 $S=\lim_{n\to\infty}\frac{1}{n}\left(\sin\frac{\pi}{n}+\sin\frac{2\pi}{n}+\sin\frac{3\pi}{n}+\cdots\cdots+\sin\frac{n\pi}{n}\right)$ を求めよ。

指針 **定積分と和の極限** $\int_0^1 f(x)dx=\lim_{n\to\infty}\frac{1}{n}\sum_{k=1}^{n}f\left(\frac{k}{n}\right)$ の公式にあてはめて，右辺の和の極限値を左辺の定積分を計算して求める。

解答 $S=\lim_{n\to\infty}\frac{1}{n}\left(\sin\frac{\pi}{n}+\sin\frac{2\pi}{n}+\sin\frac{3\pi}{n}+\cdots\cdots+\sin\frac{n\pi}{n}\right)$

$=\lim_{n\to\infty}\frac{1}{n}\sum_{k=1}^{n}\sin\frac{k}{n}\pi=\int_0^1\sin x\pi\,dx$

$=\left[\frac{1}{\pi}(-\cos\pi x)\right]_0^1=-\frac{1}{\pi}(-1-1)=\boldsymbol{\frac{2}{\pi}}$ 答

C 定積分と不等式

教 p.177

練習 30

次の (1) を証明し，(1) を用いて (2) を証明せよ。

(1) $x\geqq 1$ のとき $\frac{1}{x^2}\leqq\frac{1}{x^2-x+1}\leqq\frac{1}{x}$

(2) $\frac{1}{2}<\int_1^2\frac{dx}{x^2-x+1}<\log 2$

指針 **定積分と不等式**

(2) (1) の結果を用いると，$x\geqq 1$ に含まれる区間 $[a,\ b]$ において

$$\int_a^b\frac{dx}{x^2}<\int_a^b\frac{dx}{x^2-x+1}<\int_a^b\frac{dx}{x}$$

ここで，$a=1$，$b=2$ のときを考える。

解答 (1) $x\geqq 1$ のとき $x^2\geqq x^2-x+1=\left(x-\frac{1}{2}\right)^2+\frac{3}{4}>0$

よって $\frac{1}{x}-\frac{1}{x^2-x+1}=\frac{(x^2-x+1)-x}{x(x^2-x+1)}=\frac{(x-1)^2}{x(x^2-x+1)}\geqq 0$

$\frac{1}{x^2-x+1}-\frac{1}{x^2}=\frac{x^2-(x^2-x+1)}{(x^2-x+1)x^2}=\frac{x-1}{(x^2-x+1)x^2}\geqq 0$

ゆえに $\frac{1}{x}\geqq\frac{1}{x^2-x+1}$，$\frac{1}{x^2-x+1}\geqq\frac{1}{x^2}$

したがって $\frac{1}{x^2}\leqq\frac{1}{x^2-x+1}\leqq\frac{1}{x}$ 終

(2) $1 \leqq x \leqq 2$ のとき，(1)の不等式の等号は常には成り立たない。

ゆえに　$\displaystyle\int_1^2 \frac{dx}{x^2} < \int_1^2 \frac{dx}{x^2-x+1} < \int_1^2 \frac{dx}{x}$

ここで　$\displaystyle\int_1^2 \frac{dx}{x^2} = \left[-\frac{1}{x}\right]_1^2 = \frac{1}{2}$，$\displaystyle\int_1^2 \frac{dx}{x} = \left[\log x\right]_1^2 = \log 2$

よって　$\displaystyle\frac{1}{2} < \int_1^2 \frac{dx}{x^2-x+1} < \log 2$　終

教 p.177

練習 31

次の不等式を証明せよ。ただし，n は 2 以上の自然数とする。

$$1+\frac{1}{2}+\frac{1}{3}+\cdots\cdots+\frac{1}{n}<1+\log n$$

指針　**関数 $\frac{1}{x}$ の定積分と不等式**　関数 $y=\frac{1}{x}$ のグラフの $k \leqq x \leqq k+1$ における面積の関係より　$\displaystyle\frac{1}{k+1} < \int_k^{k+1} \frac{1}{x}dx$　これを利用する。

解答　自然数 k に対して，$k \leqq x \leqq k+1$ のとき

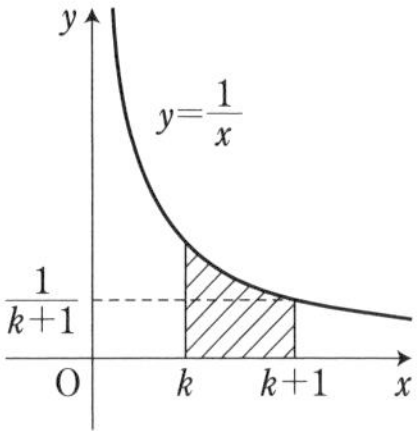

$$\frac{1}{k+1} \leqq \frac{1}{x} \quad \cdots\cdots ①$$

また，① の等号は常には成り立たない。

よって　$\displaystyle\frac{1}{k+1} < \int_k^{k+1} \frac{1}{x}dx$

ゆえに，$n \geqq 2$ のとき

$$\sum_{k=1}^{n-1} \frac{1}{k+1} < \sum_{k=1}^{n-1} \int_k^{k+1} \frac{1}{x}dx \quad \cdots\cdots ②$$

この式の右辺は

$$\sum_{k=1}^{n-1} \int_k^{k+1} \frac{1}{x}dx = \int_1^n \frac{1}{x}dx = \left[\log x\right]_1^n = \log n$$

よって，② より

$$\frac{1}{2}+\frac{1}{3}+\cdots\cdots+\frac{1}{n}<\log n$$

両辺に 1 を加えると

$$1+\frac{1}{2}+\frac{1}{3}+\cdots\cdots+\frac{1}{n}<1+\log n \quad 終$$

第5章 第2節　問　題

教 p.179

7 次の定積分を求めよ。

(1) $\displaystyle\int_0^6\left(\frac{1}{3}x-1\right)^4dx$　(2) $\displaystyle\int_0^1\frac{e^x}{e^x+1}dx$　(3) $\displaystyle\int_0^{\frac{\pi}{2}}\frac{\sin x}{2+\cos x}dx$

(4) $\displaystyle\int_1^2 x\log(x+1)dx$　(5) $\displaystyle\int_0^1(x^2+1)e^xdx$　(6) $\displaystyle\int_1^2\frac{dx}{e^x-e^{-x}}$

指針 **定積分の計算**

(1)～(3)　置換積分法を用いる。

(4), (5)　部分積分法を用いる。

(6)　$e^x=t$ とおく。部分分数に分解する。

解答 (1)
$$\int_0^6\left(\frac{1}{3}x-1\right)^4dx=\left[3\cdot\frac{1}{5}\left(\frac{1}{3}x-1\right)^5\right]_0^6$$
$$=\frac{3}{5}\{1-(-1)\}=\boldsymbol{\frac{6}{5}}\quad 答$$

(2)
$$\int_0^1\frac{e^x}{e^x+1}dx=\int_0^1\frac{(e^x+1)'}{e^x+1}dx=\Big[\log(e^x+1)\Big]_0^1$$
$$=\log(e+1)-\log 2=\boldsymbol{\log\frac{e+1}{2}}\quad 答$$

(3)
$$\int_0^{\frac{\pi}{2}}\frac{\sin x}{2+\cos x}dx=\int_0^{\frac{\pi}{2}}\frac{-(2+\cos x)'}{2+\cos x}dx=-\Big[\log(2+\cos x)\Big]_0^{\frac{\pi}{2}}$$
$$=-(\log 2-\log 3)=\boldsymbol{\log\frac{3}{2}}\quad 答$$

(4)
$$\int_1^2 x\log(x+1)dx=\int_1^2\left(\frac{x^2}{2}\right)'\log(x+1)dx$$
$$=\left[\frac{x^2}{2}\cdot\log(x+1)\right]_1^2-\int_1^2\frac{x^2}{2}\cdot\frac{1}{x+1}dx$$
$$=\left[\frac{x^2}{2}\cdot\log(x+1)\right]_1^2-\frac{1}{2}\int_1^2\frac{(x+1)(x-1)+1}{x+1}dx$$
$$=\left[\frac{x^2}{2}\cdot\log(x+1)\right]_1^2-\frac{1}{2}\int_1^2\left\{(x-1)+\frac{1}{x+1}\right\}dx$$
$$=\left[\frac{x^2}{2}\cdot\log(x+1)\right]_1^2-\frac{1}{2}\left[\frac{(x-1)^2}{2}\right]_1^2-\frac{1}{2}\Big[\log(x+1)\Big]_1^2$$
$$=2\log 3-\frac{1}{2}\log 2-\frac{1}{2}\cdot\frac{1}{2}-\frac{1}{2}(\log 3-\log 2)$$
$$=\boldsymbol{\frac{3}{2}\log 3-\frac{1}{4}}\quad 答$$

5章 積分法

(5) $\int_0^1(x^2+1)e^x dx=\int_0^1(x^2+1)(e^x)' dx=\Big[(x^2+1)e^x\Big]_0^1-\int_0^1 2xe^x dx$

$=2e-1-2\left(\Big[xe^x\Big]_0^1-\int_0^1 e^x dx\right)=2e-1-2e+2\Big[e^x\Big]_0^1=\mathbf{2e-3}$ 答

(6) $e^x=t$ とおくと　$e^x dx=dt$

x と t の対応は右のようになる。

x	$1 \longrightarrow 2$
t	$e \longrightarrow e^2$

よって

$$\int_1^2\frac{dx}{e^x-e^{-x}}=\int_1^2\frac{e^x}{e^{2x}-1}dx=\int_e^{e^2}\frac{dt}{t^2-1}=\int_e^{e^2}\frac{dt}{(t+1)(t-1)}$$

$$=\frac{1}{2}\int_e^{e^2}\left(\frac{1}{t-1}-\frac{1}{t+1}\right)dt=\frac{1}{2}\Big[\log|t-1|-\log|t+1|\Big]_e^{e^2}$$

$$=\frac{1}{2}\{\log(e^2-1)-\log(e^2+1)-\log(e-1)+\log(e+1)\}$$

$$=\frac{1}{2}\log\frac{(e^2-1)(e+1)}{(e^2+1)(e-1)}=\frac{1}{2}\log\frac{(e+1)^2}{e^2+1}=\mathbf{\log\frac{e+1}{\sqrt{e^2+1}}}$$ 答

別解 (4) $\int_1^2 x\log(x+1)dx=\int_1^2\left(\frac{x^2-1}{2}\right)'\log(x+1)dx$

$$=\left[\frac{x^2-1}{2}\log(x+1)\right]_1^2-\int_1^2\frac{x^2-1}{2}\cdot\frac{1}{x+1}dx=\frac{3}{2}\log3-\frac{1}{2}\int_1^2(x-1)dx$$

$$=\frac{3}{2}\log3-\frac{1}{2}\left[\frac{(x-1)^2}{2}\right]_1^2=\mathbf{\frac{3}{2}\log3-\frac{1}{4}}$$ 答

教 p.179

8 次の定積分を求めよ。

(1) $\int_{-\frac{3}{2}}^{\frac{3}{2}}\sqrt{9-x^2}\,dx$　　(2) $\int_{-1}^1\frac{x^2+x}{(x^2+1)^2}dx$

(3) $\int_{-\pi}^{\pi}(x\cos x+\cos 2x)dx$　　(4) $\int_{-2}^2(e^x+e^{-x})^3 dx$

指針 **いろいろな定積分**

(1) 偶関数であることに注意。$x=3\sin\theta$ とおく。

(2) 被積分関数を偶関数の部分と奇関数の部分に分ける。$x=\tan\theta$ とおく。

(3) $x\cos x$ は奇関数，$\cos 2x$ は偶関数である。

(4) 偶関数であることに注意する。展開して括弧をはずす。

解答 (1) $x=3\sin\theta$ とおくと　$dx=3\cos\theta\,d\theta$

x と θ の対応は右のようになる。

x	$0 \longrightarrow \frac{3}{2}$
θ	$0 \longrightarrow \frac{\pi}{6}$

この範囲の θ では $\cos\theta\geqq0$ であるから

$$\sqrt{9-x^2}=\sqrt{9(1-\sin^2\theta)}=3\cos\theta$$

よって　$\int_{-\frac{3}{2}}^{\frac{3}{2}}\sqrt{9-x^2}\,dx=2\int_0^{\frac{3}{2}}\sqrt{9-x^2}\,dx$

$$=2\int_0^{\frac{\pi}{6}}3\cos\theta\cdot3\cos\theta\,d\theta=18\int_0^{\frac{\pi}{6}}\cos^2\theta\,d\theta=9\int_0^{\frac{\pi}{6}}(1+\cos2\theta)d\theta$$

$$=9\left[\theta+\frac{\sin2\theta}{2}\right]_0^{\frac{\pi}{6}}=9\left(\frac{\pi}{6}+\frac{1}{2}\cdot\frac{\sqrt{3}}{2}\right)=\boldsymbol{\frac{3}{2}\pi+\frac{9\sqrt{3}}{4}}$$ 答

(2)　$\dfrac{x^2+x}{(x^2+1)^2}=\dfrac{x^2}{(x^2+1)^2}+\dfrac{x}{(x^2+1)^2}$

この右辺の第 1 項が偶関数，第 2 項が奇関数であるから

$$\int_{-1}^{1}\frac{x^2+x}{(x^2+1)^2}dx=2\int_0^1\frac{x^2}{(x^2+1)^2}dx$$

ここで，$x=\tan\theta$ とおくと　$dx=\dfrac{1}{\cos^2\theta}d\theta$

x と θ の対応は右のようになる。

x	$0\longrightarrow1$
θ	$0\longrightarrow\frac{\pi}{4}$

$$2\int_0^1\frac{x^2}{(x^2+1)^2}dx=2\int_0^{\frac{\pi}{4}}\frac{\tan^2\theta}{(\tan^2\theta+1)^2}\cdot\frac{1}{\cos^2\theta}d\theta$$

$$=2\int_0^{\frac{\pi}{4}}\tan^2\theta\cdot(\cos^2\theta)^2\cdot\frac{1}{\cos^2\theta}d\theta$$

$$=2\int_0^{\frac{\pi}{4}}\tan^2\theta\cos^2\theta\,d\theta=2\int_0^{\frac{\pi}{4}}\sin^2\theta\,d\theta$$

$$=\int_0^{\frac{\pi}{4}}(1-\cos2\theta)d\theta=\left[\theta-\frac{1}{2}\sin2\theta\right]_0^{\frac{\pi}{4}}=\boldsymbol{\frac{\pi}{4}-\frac{1}{2}}$$ 答

(3)　$f(x)=x\cos x$ とおくと　$f(-x)=-x\cos(-x)=-x\cos x=-f(x)$

より，$x\cos x$ は奇関数である。

$g(x)=\cos2x$ とおくと　$g(-x)=\cos(-2x)=\cos2x=g(x)$

より，$\cos2x$ は偶関数である。

よって　$\int_{-\pi}^{\pi}(x\cos x+\cos2x)dx=2\int_0^{\pi}\cos2x\,dx=2\left[\frac{1}{2}\sin2x\right]_0^{\pi}=\boldsymbol{0}$ 答

(4)　$f(x)=(e^x+e^{-x})^3$ とおくと　$f(-x)=(e^{-x}+e^x)^3=f(x)$

より，$(e^x+e^{-x})^3$ は偶関数である。

よって

$$\int_{-2}^{2}(e^x+e^{-x})^3dx=2\int_0^2(e^x+e^{-x})^3dx=2\int_0^2\{e^{3x}+e^{-3x}+3(e^x+e^{-x})\}dx$$

$$=2\left[\frac{1}{3}e^{3x}-\frac{1}{3}e^{-3x}+3e^x-3e^{-x}\right]_0^2$$

$$=\frac{2}{3}e^6-\frac{2}{3}e^{-6}+6e^2-6e^{-2}$$

$$=\boldsymbol{\frac{2}{3}e^6+6e^2-\frac{6}{e^2}-\frac{2}{3e^6}}$$ 答

5章 積分法

教 p.179

9 m, n が自然数のとき，定積分 $\int_0^{2\pi}\sin mx\cos nx\,dx$ を，$m\neq n$，$m=n$ の 2 つの場合に分けて求めよ。

指針 **三角関数と定積分**　三角関数の積 → 和の公式を用いると

$$\sin mx\cos nx=\frac{1}{2}\{\sin(m+n)x+\sin(m-n)x\}$$

ここで，$\alpha\neq 0$ のとき $\int\sin\alpha x\,dx=-\frac{1}{\alpha}\cos\alpha x+C$

解答

$$\sin mx\cos nx=\frac{1}{2}\{\sin(m+n)x+\sin(m-n)x\}$$

$m\neq n$ のとき，$m-n\neq 0$ であるから

$$\int_0^{2\pi}\sin mx\cos nx\,dx=\frac{1}{2}\int_0^{2\pi}\{\sin(m+n)x+\sin(m-n)x\}dx$$
$$=\frac{1}{2}\left[-\frac{1}{m+n}\cos(m+n)x-\frac{1}{m-n}\cos(m-n)x\right]_0^{2\pi}$$
$$=\mathbf{0}$$ 答

$m=n$ のとき

$$\int_0^{2\pi}\sin mx\cos nx\,dx=\frac{1}{2}\int_0^{2\pi}\sin 2mx\,dx$$
$$=\frac{1}{2}\left[-\frac{1}{2m}\cos 2mx\right]_0^{2\pi}$$
$$=\mathbf{0}$$ 答

教 p.179

10 関数 $f(x)=\int_0^x(1+\cos t)\sin t\,dt$ $(0<x<4\pi)$ の極値を求めよ。

指針 **定積分で表された関数の極値**　与えられた定積分を計算し，また，$\frac{d}{dx}\int_a^x f(t)dt=f(x)$ の関係を用いて導関数を求める。これらをもとに増減表を作り，極値を求める。

解答

$$f(x)=\int_0^x(1+\cos t)\sin t\,dt$$
$$=\int_0^x(\sin t+\cos t\sin t)dt$$
$$=\int_0^x\left(\sin t+\frac{1}{2}\sin 2t\right)dt$$
$$=\left[-\cos t-\frac{1}{4}\cos 2t\right]_0^x$$

$$=-\cos x-\frac{1}{4}\cos 2x+\frac{5}{4}$$

また　$f'(x)=(1+\cos x)\sin x$

$f'(x)=0$ とすると

$$1+\cos x=0 \quad \text{または} \quad \sin x=0$$

よって，$0<x<4\pi$ で　$x=\pi,\ 2\pi,\ 3\pi$

$f(x)$ の増減表は次のようになる。

x	0	…	π	…	2π	…	3π	…	4π
$f'(x)$	／	+	0	−	0	+	0	−	／
$f(x)$	／	↗	極大 2	↘	極小 0	↗	極大 2	↘	／

したがって，**$x=\pi$，3π で極大値 2**；

$x=2\pi$ で極小値 0 をとる。 答

教 p.179

11 極限値 $\lim_{n\to\infty} n\left\{\frac{1}{n^2}+\frac{1}{(n+1)^2}+\frac{1}{(n+2)^2}+\cdots\cdots+\frac{1}{(2n-1)^2}\right\}$ を求めよ。

指針 **定積分と和の極限値**　不定積分を利用して，和の極限値を求める。

まず，$n\left\{\frac{1}{n^2}+\frac{1}{(n+1)^2}+\cdots\cdots+\frac{1}{(2n-1)^2}\right\}$ から，$\frac{1}{n}$ をくくり出し，

$\sum_{k=0}^{n-1}\frac{1}{n}f\left(\frac{k}{n}\right)$ または $\sum_{k=1}^{n}\frac{1}{n}f\left(\frac{k}{n}\right)$ の形を作る。

解答 与えられた数列の第 k 項は

$$n\cdot\frac{1}{(n+k-1)^2}=n\cdot\frac{1}{n^2}\cdot\frac{1}{\left(1+\frac{k-1}{n}\right)^2}=\frac{1}{n}\cdot\frac{1}{\left(1+\frac{k-1}{n}\right)^2}$$

更に，$l=k-1$ とおくと

$$\lim_{n\to\infty} n\sum_{k=1}^{n}\frac{1}{(n+k-1)^2}=\lim_{n\to\infty}\frac{1}{n}\sum_{k=1}^{n}\frac{1}{\left(1+\frac{k-1}{n}\right)^2}$$

$$=\lim_{n\to\infty}\frac{1}{n}\sum_{l=0}^{n-1}\frac{1}{\left(1+\frac{l}{n}\right)^2}$$

$$=\int_0^1\frac{dx}{(1+x)^2}=\left[-\frac{1}{1+x}\right]_0^1=-\frac{1}{2}+1=\boldsymbol{\frac{1}{2}}$$ 答

5章 積分法

教 p.179

12 関数 $\sqrt{x}$ の定積分を用いて，次の不等式を証明せよ。ただし，n は自然数とする。

$$\frac{2}{3}n\sqrt{n}<1+\sqrt{2}+\cdots\cdots+\sqrt{n}<\frac{2}{3}n\sqrt{n}+\sqrt{n}$$

指針 **定積分と不等式**　不等式の各辺を定積分や Σ を用いて表すことを考える。

$$1+\sqrt{2}+\cdots\cdots+\sqrt{n}=\sum_{k=1}^{n}\sqrt{k},\ \int_0^n\sqrt{x}\,dx=\frac{2}{3}n\sqrt{n}$$

解答　$\displaystyle\int_0^n\sqrt{x}\,dx=\left[\frac{2}{3}x\sqrt{x}\right]_0^n=\frac{2}{3}n\sqrt{n}$

よって　$\displaystyle\sum_{k=0}^{n-1}\int_k^{k+1}\sqrt{x}\,dx=\int_0^1\sqrt{x}\,dx+\int_1^2\sqrt{x}\,dx+\cdots\cdots+\int_{n-1}^n\sqrt{x}\,dx$

$$=\int_0^n\sqrt{x}\,dx=\frac{2}{3}n\sqrt{n}\quad\cdots\cdots①$$

関数 $\sqrt{x}$ は単調増加関数であるから，0 以上の整数 k に対して，

$k<x<k+1$ のとき　$\sqrt{k}<\sqrt{x}<\sqrt{k+1}$

よって　$\displaystyle\int_k^{k+1}\sqrt{k}\,dx<\int_k^{k+1}\sqrt{x}\,dx<\int_k^{k+1}\sqrt{k+1}\,dx$

したがって　$\displaystyle\sqrt{k}<\int_k^{k+1}\sqrt{x}\,dx<\sqrt{k+1}$

よって　$\displaystyle\int_k^{k+1}\sqrt{x}\,dx<\sqrt{k+1}\quad\cdots\cdots②$

$\displaystyle\sqrt{k}<\int_k^{k+1}\sqrt{x}\,dx\quad\cdots\cdots③$

② から　$\displaystyle\sum_{k=0}^{n-1}\int_k^{k+1}\sqrt{x}\,dx<\sum_{k=0}^{n-1}\sqrt{k+1}$

① から　$\displaystyle\frac{2}{3}n\sqrt{n}<1+\sqrt{2}+\cdots\cdots+\sqrt{n}\quad\cdots\cdots④$

また，③ から　$\displaystyle\sum_{k=0}^{n-1}\sqrt{k}<\sum_{k=0}^{n-1}\int_k^{k+1}\sqrt{x}\,dx$

① から　$\displaystyle1+\sqrt{2}+\cdots\cdots+\sqrt{n-1}<\frac{2}{3}n\sqrt{n}$

ゆえに　$\displaystyle1+\sqrt{2}+\cdots\cdots+\sqrt{n-1}+\sqrt{n}<\frac{2}{3}n\sqrt{n}+\sqrt{n}\quad\cdots\cdots⑤$

④，⑤ から

$$\frac{2}{3}n\sqrt{n}<1+\sqrt{2}+\cdots\cdots+\sqrt{n}<\frac{2}{3}n\sqrt{n}+\sqrt{n}$$ 終

研究 教 p.179

13 n は 3 以上の自然数とする。$I_n=\int_0^{\frac{\pi}{4}}\tan^n x\,dx$ について次の問いに答えよ。

(1) I_3, I_4 を求めよ。　　(2) I_n を n, I_{n-2} を用いて表せ。

指針 **$\tan^n x$ の定積分**　$\tan^2 x=\dfrac{1}{\cos^2 x}-1$ を利用する。部分積分法を使う。

解答 (1) $$\boldsymbol{I_3}=\int_0^{\frac{\pi}{4}}\tan x\tan^2 x\,dx=\int_0^{\frac{\pi}{4}}\tan x\left(\frac{1}{\cos^2 x}-1\right)dx$$
$$=\int_0^{\frac{\pi}{4}}\tan x(\tan x)'\,dx-\int_0^{\frac{\pi}{4}}\tan x\,dx$$
$$=\int_0^{\frac{\pi}{4}}\tan x(\tan x)'\,dx-\int_0^{\frac{\pi}{4}}\frac{\sin x}{\cos x}dx$$
$$=\left[\frac{1}{2}\tan^2 x\right]_0^{\frac{\pi}{4}}-\Big[-\log|\cos x|\Big]_0^{\frac{\pi}{4}}$$
$$=\boldsymbol{\frac{1}{2}-\frac{1}{2}\log 2}$$ 答

$$\boldsymbol{I_4}=\int_0^{\frac{\pi}{4}}\tan^2 x\tan^2 x\,dx=\int_0^{\frac{\pi}{4}}\tan^2 x\left(\frac{1}{\cos^2 x}-1\right)dx$$
$$=\int_0^{\frac{\pi}{4}}\tan^2 x(\tan x)'\,dx-\int_0^{\frac{\pi}{4}}\tan^2 x\,dx$$
$$=\int_0^{\frac{\pi}{4}}\tan^2 x(\tan x)'\,dx-\int_0^{\frac{\pi}{4}}\left(\frac{1}{\cos^2 x}-1\right)dx$$
$$=\left[\frac{1}{3}\tan^3 x\right]_0^{\frac{\pi}{4}}-\Big[\tan x-x\Big]_0^{\frac{\pi}{4}}$$
$$=\frac{1}{3}-\left(1-\frac{\pi}{4}\right)=\boldsymbol{\frac{\pi}{4}-\frac{2}{3}}$$ 答

(2) $$\boldsymbol{I_n}=\int_0^{\frac{\pi}{4}}\tan^{n-2}x\tan^2 x\,dx=\int_0^{\frac{\pi}{4}}\tan^{n-2}x\left(\frac{1}{\cos^2 x}-1\right)dx$$
$$=\int_0^{\frac{\pi}{4}}\tan^{n-2}x(\tan x)'\,dx-\int_0^{\frac{\pi}{4}}\tan^{n-2}x\,dx$$
$$=\left[\frac{1}{n-1}\tan^{n-1}x\right]_0^{\frac{\pi}{4}}-I_{n-2}$$
$$=\boldsymbol{\frac{1}{n-1}-I_{n-2}}$$ 答

5章 積分法

第5章　演習問題A

教 p.180

1. 等式 $\dfrac{1}{x^2(x+3)}=\dfrac{a}{x}+\dfrac{b}{x^2}+\dfrac{c}{x+3}$ が成り立つように，定数 a，b，c の値を定め，不定積分 $\displaystyle\int\frac{dx}{x^2(x+3)}$ を求めよ。

指針 **分数関数の不定積分**　指示に従って，a，b，c の値を求め，与えられた分数関数を部分分数に分解する。

これにより，不定積分を既習の公式を利用して求めることができる。

解答 与えられた等式の分母を払って　$1=ax(x+3)+b(x+3)+cx^2$

右辺を整理すると　$1=(a+c)x^2+(3a+b)x+3b$

これが x についての恒等式であるためには

$$a+c=0,\quad 3a+b=0,\quad 3b=1$$

よって　$\boldsymbol{a=-\dfrac{1}{9},\ b=\dfrac{1}{3},\ c=\dfrac{1}{9}}$　答

ゆえに

$$\int\frac{1}{x^2(x+3)}dx=\int\left(-\frac{1}{9}\cdot\frac{1}{x}+\frac{1}{3}\cdot\frac{1}{x^2}+\frac{1}{9}\cdot\frac{1}{x+3}\right)dx$$

$$=-\frac{1}{9}\log|x|+\frac{1}{3}\cdot\frac{x^{-1}}{-1}+\frac{1}{9}\cdot\log|x+3|+C$$

$$=\boldsymbol{\frac{1}{9}\log\left|\frac{x+3}{x}\right|-\frac{1}{3x}+C}\quad 答$$

教 p.180

2. $I=\displaystyle\int_0^{\pi}(x-a\sin x)^2\,dx$ について，次の問いに答えよ。

(1) I を a の関数で表せ。

(2) I の最小値とそのときの a の値を求めよ。

指針 **定積分と関数の最小値**

(1) 被積分関数を展開し，三角関数に関する定積分を計算する。

(2) (1)で求めた I は a の2次関数になる。2次関数の最小値を考える。

解答 (1) $(x-a\sin x)^2=x^2-2ax\sin x+a^2\sin^2 x$

$$\int_0^{\pi}x^2\,dx=\left[\frac{x^3}{3}\right]_0^{\pi}=\frac{\pi^3}{3}$$

$$\int_0^{\pi}x\sin x\,dx=\int_0^{\pi}x(-\cos x)'\,dx=\Big[-x\cos x\Big]_0^{\pi}+\int_0^{\pi}\cos x\,dx$$

$$=\pi+\Big[\sin x\Big]_0^{\pi}=\pi$$

$$\int_0^{\pi}\sin^2 x\,dx=\frac{1}{2}\int_0^{\pi}(1-\cos 2x)\,dx=\frac{1}{2}\Big[x-\frac{1}{2}\sin 2x\Big]_0^{\pi}=\frac{\pi}{2}$$

よって　$\boldsymbol{I=\int_0^{\pi}(x-a\sin x)^2\,dx=\frac{\pi}{2}a^2-2\pi a+\frac{\pi^3}{3}}$　答

(2)　$I=\frac{\pi}{2}(a^2-4a)+\frac{\pi^3}{3}=\frac{\pi}{2}(a-2)^2-2\pi+\frac{\pi^3}{3}$

よって　**$a=2$ で最小値 $\frac{\pi^3}{3}-2\pi$** をとる。　答

教 p.180

3. 連続な関数 $f(x)$ について，次の等式を証明せよ。

(1)　$\int_0^1 f(x)\,dx=\int_0^1 f(1-x)\,dx$　　(2)　$\int_0^{\frac{\pi}{2}} f(\sin x)\,dx=\int_0^{\frac{\pi}{2}} f(\cos x)\,dx$

5章 積分法

指針　**置換積分法による等式の証明**　置換積分法を利用して等式を証明する。定積分では，$\int_a^b f(x)\,dx=\int_a^b f(t)\,dt$ が成り立つことに注意する。

(2)　$\cos x=\sin\left(\frac{\pi}{2}-x\right)$ を利用する。

解答　(1)　$\int_0^1 f(1-x)\,dx$ において，$1-x=t$ とおくと，x と t の対応は右のようになる。

x	$0 \longrightarrow 1$
t	$1 \longrightarrow 0$

また　$(-1)dx=dt$

よって　$\int_0^1 f(1-x)\,dx=\int_1^0 f(t)(-1)\,dt=\int_0^1 f(t)\,dt=\int_0^1 f(x)\,dx$

ゆえに　$\int_0^1 f(x)\,dx=\int_0^1 f(1-x)\,dx$　終

(2)　$\int_0^{\frac{\pi}{2}} f(\cos x)\,dx=\int_0^{\frac{\pi}{2}} f\left(\sin\left(\frac{\pi}{2}-x\right)\right)dx$

において，$\frac{\pi}{2}-x=t$ とおくと，x と t の対応は右のようになる。

x	$0 \longrightarrow \frac{\pi}{2}$
t	$\frac{\pi}{2} \longrightarrow 0$

また　$(-1)dx=dt$

よって　$\int_0^{\frac{\pi}{2}} f(\cos x)\,dx=\int_0^{\frac{\pi}{2}} f\left(\sin\left(\frac{\pi}{2}-x\right)\right)dx$

$$=\int_{\frac{\pi}{2}}^0 f(\sin t)(-1)\,dt=\int_0^{\frac{\pi}{2}} f(\sin t)\,dt=\int_0^{\frac{\pi}{2}} f(\sin x)\,dx$$

ゆえに　$\int_0^{\frac{\pi}{2}} f(\sin x)\,dx=\int_0^{\frac{\pi}{2}} f(\cos x)\,dx$　終

教 p.180

4. 次の極限値を求めよ。

(1) $\lim_{n\to\infty}\frac{1}{n}\left(\sin\frac{\pi}{2n}+\sin\frac{2\pi}{2n}+\sin\frac{3\pi}{2n}+\cdots\cdots+\sin\frac{n\pi}{2n}\right)$

(2) $\lim_{n\to\infty}\frac{1}{n}\left\{\tan\frac{\pi}{4n}+\tan\frac{2\pi}{4n}+\tan\frac{3\pi}{4n}+\cdots\cdots+\tan\frac{(n-1)\pi}{4n}\right\}$

指針 **定積分と和の極限値**　定積分 $\int_0^1 f(x)dx$ が利用できるように，与式を $\lim_{n\to\infty}\frac{1}{n}\sum_{k=0}^{n-1}f\left(\frac{k}{n}\right)$ または $\lim_{n\to\infty}\frac{1}{n}\sum_{k=1}^{n}f\left(\frac{k}{n}\right)$ の形に変形する。

解答 (1) $\lim_{n\to\infty}\frac{1}{n}\left(\sin\frac{\pi}{2n}+\sin\frac{2\pi}{2n}+\cdots\cdots+\sin\frac{n\pi}{2n}\right)$

$$=\lim_{n\to\infty}\frac{1}{n}\left\{\sin\left(\frac{\pi}{2}\cdot\frac{1}{n}\right)+\sin\left(\frac{\pi}{2}\cdot\frac{2}{n}\right)+\cdots\cdots+\sin\left(\frac{\pi}{2}\cdot\frac{n}{n}\right)\right\}$$

$$=\lim_{n\to\infty}\frac{1}{n}\sum_{k=1}^{n}\sin\left(\frac{\pi}{2}\cdot\frac{k}{n}\right)$$

$$=\int_0^1\sin\frac{\pi}{2}x\,dx$$

$$=\left[-\frac{2}{\pi}\cos\frac{\pi}{2}x\right]_0^1=\boldsymbol{\frac{2}{\pi}}$$ 答

(2) $\lim_{n\to\infty}\frac{1}{n}\left\{\tan\frac{\pi}{4n}+\tan\frac{2\pi}{4n}+\cdots\cdots+\tan\frac{(n-1)\pi}{4n}\right\}$

$$=\lim_{n\to\infty}\frac{1}{n}\left\{\tan\left(\frac{\pi}{4}\cdot\frac{0}{n}\right)+\tan\left(\frac{\pi}{4}\cdot\frac{1}{n}\right)+\cdots\cdots+\tan\left(\frac{\pi}{4}\cdot\frac{n-1}{n}\right)\right\}$$

$$=\lim_{n\to\infty}\frac{1}{n}\sum_{k=0}^{n-1}\tan\frac{\pi}{4}\cdot\frac{k}{n}$$

$$=\int_0^1\tan\frac{\pi}{4}x\,dx$$

$$=\int_0^1\frac{\sin\frac{\pi}{4}x}{\cos\frac{\pi}{4}x}dx=\int_0^1\frac{-\frac{4}{\pi}\left(\cos\frac{\pi}{4}x\right)'}{\cos\frac{\pi}{4}x}dx$$

$$=-\frac{4}{\pi}\left[\log\left|\cos\frac{\pi}{4}x\right|\right]_0^1$$

$$=-\frac{4}{\pi}\left(\log\frac{1}{\sqrt{2}}-\log 1\right)$$

$$=-\frac{4}{\pi}\cdot\left(-\frac{1}{2}\log 2\right)=\boldsymbol{\frac{2}{\pi}\log 2}$$ 答

教 p.180

5. $0 \leqq x \leqq \dfrac{\pi}{4}$ のとき $0 \leqq \sin x \leqq x$ であることを用いて，次の不等式を証明せよ。

$$\frac{\pi}{4} < \int_0^{\frac{\pi}{4}} \frac{dx}{\sqrt{1-\sin x}} < 2-\sqrt{4-\pi}$$

指針 **定積分と不等式**　適当な不等式を作り，区間 $[a,\ b]$ で $f(x) > g(x)$ ならば $\displaystyle\int_a^b f(x)dx > \int_a^b g(x)dx$ が成り立つことを利用する。

解答 $0 \leqq x \leqq \dfrac{\pi}{4}$ のとき，$x < 1$ であり，$0 \leqq \sin x \leqq x$ から

$$1 \geqq 1-\sin x \geqq 1-x > 0$$

ゆえに　$1 \geqq \sqrt{1-\sin x} \geqq \sqrt{1-x} > 0$

よって　$1 \leqq \dfrac{1}{\sqrt{1-\sin x}} \leqq \dfrac{1}{\sqrt{1-x}}$

また，等号は常には成り立たない。

ゆえに　$\displaystyle\int_0^{\frac{\pi}{4}} dx < \int_0^{\frac{\pi}{4}} \frac{dx}{\sqrt{1-\sin x}} < \int_0^{\frac{\pi}{4}} \frac{dx}{\sqrt{1-x}}$

ここで　$\displaystyle\int_0^{\frac{\pi}{4}} dx = \Big[x\Big]_0^{\frac{\pi}{4}} = \frac{\pi}{4}$

$$\int_0^{\frac{\pi}{4}} \frac{dx}{\sqrt{1-x}} = \int_0^{\frac{\pi}{4}} (1-x)^{-\frac{1}{2}} dx$$

$$= \Big[-2\sqrt{1-x}\Big]_0^{\frac{\pi}{4}} = -\sqrt{4-\pi}+2$$

よって　$\displaystyle\frac{\pi}{4} < \int_0^{\frac{\pi}{4}} \frac{dx}{\sqrt{1-\sin x}} < 2-\sqrt{4-\pi}$　終

第5章　演習問題B

教 p.181

6. $0 \leqq x \leqq \dfrac{\pi}{2}$ のとき，関数 $f(x)=\displaystyle\int_0^{\frac{\pi}{2}}|\sin t-\sin x|dt$ の最小値とそのときの x の値を求めよ。

指針　絶対値を含む三角関数の定積分と関数の最小値
絶対値をはずして定積分を求めてから最小値を求める。

解答　$0 \leqq x \leqq \dfrac{\pi}{2}$ であるから

$0 \leqq t \leqq x$ のとき　　$\sin t-\sin x \leqq 0$

$x \leqq t \leqq \dfrac{\pi}{2}$ のとき　$\sin t-\sin x \geqq 0$

よって

$$f(x)=\int_0^{\frac{\pi}{2}}|\sin t-\sin x|dt$$

$$=\int_0^x\{-(\sin t-\sin x)\}dt+\int_x^{\frac{\pi}{2}}(\sin t-\sin x)dt$$

$$=\Big[\cos t+(\sin x)t\Big]_0^x+\Big[-\cos t-(\sin x)t\Big]_x^{\frac{\pi}{2}}$$

$$=(\cos x+x\sin x-1)+\left(-\frac{\pi}{2}\sin x+\cos x+x\sin x\right)$$

$$=\left(2x-\frac{\pi}{2}\right)\sin x+2\cos x-1$$

$$f'(x)=2\sin x+\left(2x-\frac{\pi}{2}\right)\cos x-2\sin x=\left(2x-\frac{\pi}{2}\right)\cos x$$

$0<x<\dfrac{\pi}{2}$ において，$f'(x)=0$ とすると　　$x=\dfrac{\pi}{4}$

$0 \leqq x \leqq \dfrac{\pi}{2}$ における $f(x)$ の増減表は右のようになる。

x	0	$\cdots$	$\dfrac{\pi}{4}$	$\cdots$	$\dfrac{\pi}{2}$
$f'(x)$		$-$	0	$+$	
$f(x)$	1	↘	$\sqrt{2}-1$	↗	$\dfrac{\pi}{2}-1$

よって，$f(x)$ は

$x=\dfrac{\pi}{4}$ で最小値 $\sqrt{2}-1$

をとる。 答

教 p.181

7. $a>0$, $x>0$ のとき，関数 $f(x)$ は等式 $\int_a^{x^2} f(t)dt=\log x$ を満たす。このとき，$f(x)$ と定数 a の値を求めよ。

指針 **定積分で表された導関数の応用**　関数が恒等式なら，その導関数も恒等式である。教科書 $p.172$ 問 7 のようにして導関数を求めて考える。

解答 $f(t)$ の不定積分の 1 つを $F(t)$ とすると

$\int_a^{x^2} f(t)dt=\Big[F(t)\Big]_a^{x^2}=F(x^2)-F(a)$ から

$$\frac{d}{dx}\int_a^{x^2} f(t)dt=F'(x^2)(x^2)'=2xf(x^2)$$

一方，$(\log x)'=\dfrac{1}{x}$ であるから　$2xf(x^2)=\dfrac{1}{x}$

よって　$f(x^2)=\dfrac{1}{2x^2}$

$x^2=t$ とおくと　$f(t)=\dfrac{1}{2t}$ $(t>0)$

したがって，求める関数は　$\boldsymbol{f(x)=\dfrac{1}{2x}}$ $\boldsymbol{(x>0)}$ 答

与えられた等式で，$x^2=a$ とすると，$a>0$，$x>0$ であるから

$x=\sqrt{a}$

よって　$\int_a^a f(t)dt=\log\sqrt{a}=\dfrac{1}{2}\log a=0$　　ゆえに　$\boldsymbol{a=1}$ 答

教 p.181

8. $0\leqq x\leqq 1$ のとき $0\leqq x^2\leqq x$ であることを用いて，次の不等式を証明せよ。

$$2\left(1-\frac{1}{\sqrt{e}}\right)<\int_0^1 e^{-\frac{x^2}{2}}dx<1$$

指針 **定積分と不等式**　適当な不等式を作り，区間 $[a,\ b]$ で $f(x)>g(x)$ ならば $\int_a^b f(x)dx>\int_a^b g(x)dx$ が成り立つことを利用する。

解答 $0\leqq x\leqq 1$ のとき，$0\leqq x^2\leqq x$ であるから

$-\dfrac{x}{2}\leqq -\dfrac{x^2}{2}\leqq 0$　　ゆえに　　$e^{-\frac{x}{2}}\leqq e^{-\frac{x^2}{2}}\leqq e^0=1$

等号は常には成り立たないから　$\int_0^1 e^{-\frac{x}{2}}dx<\int_0^1 e^{-\frac{x^2}{2}}dx<\int_0^1 dx$

ここで　$\int_0^1 e^{-\frac{x}{2}}dx=\Big[-2e^{-\frac{x}{2}}\Big]_0^1=2\left(1-\dfrac{1}{\sqrt{e}}\right)$，$\int_0^1 dx=\Big[x\Big]_0^1=1$

よって　　$2\left(1-\dfrac{1}{\sqrt{e}}\right)<\displaystyle\int_0^1 e^{-\frac{x^2}{2}}dx<1$　終

教 p.181

9. 次の問いに答えよ。

(1)　m, n は自然数とする。定積分 $\displaystyle\int_{-\pi}^{\pi}\sin mt\sin nt\,dt$ を，$m\neq n$, $m=n$ の場合に分けて求めよ。

(2)　定積分 $\displaystyle\int_{-\pi}^{\pi}\left(\sum_{k=1}^{100}\sin kx\right)^2 dx$ を求めよ。

指針　**三角関数の定積分**

(1)　$\sin mx\sin nx=\dfrac{1}{2}\{\cos(m-n)x-\cos(m+n)x\}$

(2)　$\left(\displaystyle\sum_{k=1}^{100}\sin kx\right)^2=(\sin x+\sin 2x+\cdots\cdots+\sin 100x)^2$

(1) の結果を利用する。

解答　(1)　**$m\neq n$ のとき**

$$\int_{-\pi}^{\pi}\sin mt\sin nt\,dt=\int_{-\pi}^{\pi}\frac{1}{2}\{\cos(m-n)t-\cos(m+n)t\}dt$$
$$=\frac{1}{2}\left[\frac{1}{m-n}\sin(m-n)t-\frac{1}{m+n}\sin(m+n)t\right]_{-\pi}^{\pi}$$
$$=\mathbf{0}$$　答

$m=n$ のとき

$$\int_{-\pi}^{\pi}\sin mt\sin nt\,dt=\int_{-\pi}^{\pi}\sin^2 mt\,dt$$
$$=\int_{-\pi}^{\pi}\frac{1}{2}(1-\cos 2mt)dt$$
$$=\frac{1}{2}\left[t-\frac{1}{2m}\sin 2mt\right]_{-\pi}^{\pi}=\boldsymbol{\pi}$$　答

(2)　(1) の結果より

$$\int_{-\pi}^{\pi}\left(\sum_{k=1}^{100}\sin kx\right)^2 dx=\int_{-\pi}^{\pi}(\sin x+\sin 2x+\cdots\cdots+\sin 100x)^2 dx$$
$$=\int_{-\pi}^{\pi}(\sin^2 x+\sin^2 2x+\cdots\cdots+\sin^2 100x)dx$$
$$=\pi+\pi+\cdots\cdots+\pi$$
$$=100\pi$$

したがって　　$\displaystyle\int_{-\pi}^{\pi}\left(\sum_{k=1}^{100}\sin kx\right)^2 dx=\mathbf{100}\boldsymbol{\pi}$　答

教 p.181

10. $a<b$ とする。t を任意の実数とするとき，定積分 $\int_a^b \{tf(x)+g(x)\}^2 dx$ は t の関数であり，その値が常に正または 0 であることを用いて，次の不等式を証明せよ。

$$\left\{\int_a^b f(x)g(x)dx\right\}^2 \leqq \left(\int_a^b \{f(x)\}^2 dx\right)\left(\int_a^b \{g(x)\}^2 dx\right)$$

指針 **定積分に関する不等式**　常に $f(x)=0$ でないとき $\int_a^b \{f(x)\}^2 dx>0$

このとき，$\int_a^b \{tf(x)+g(x)\}^2 dx$ は t の 2 次関数であるから，その値が常に正または 0 であるための条件は　(判別式 D)$\leqq 0$

このことから証明することができる。

解答 $k=\int_a^b \{f(x)\}^2 dx$，$l=\int_a^b f(x)g(x)dx$，$m=\int_a^b \{g(x)\}^2 dx$ とおく。

[1]　常に $f(x)=0$ または $g(x)=0$ のとき

式の両辺はともに 0 となり，不等式が成り立つ。

[2]　[1] 以外の場合のとき

任意の実数 t に対して，$\{tf(x)+g(x)\}^2 \geqq 0$ であるから

$a<b$ のとき　$\int_a^b \{tf(x)+g(x)\}^2 dx \geqq 0$

ここで　$\int_a^b \{tf(x)+g(x)\}^2 dx$

$$=\int_a^b [t^2\{f(x)\}^2+2tf(x)g(x)+\{g(x)\}^2]dx$$

$$=t^2\int_a^b \{f(x)\}^2 dx+2t\int_a^b f(x)g(x)dx+\int_a^b \{g(x)\}^2 dx$$

よって，任意の実数 t に対して　$kt^2+2lt+m \geqq 0$　…… ①

また，$\int_a^b \{f(x)\}^2 dx>0$ であるから，t の 2 次方程式

$kt^2+2lt+m=0$ の判別式を D とすると　$\frac{D}{4}=l^2-km \leqq 0$

ゆえに　$l^2 \leqq km$

[1]，[2] から　$l^2 \leqq km$

したがって，$\left\{\int_a^b f(x)g(x)dx\right\}^2 \leqq \left(\int_a^b \{f(x)\}^2 dx\right)\left(\int_a^b \{g(x)\}^2 dx\right)$

が成り立つ。 終

5章 積分法

教科書 $p.184$〜188

第6章 | 積分法の応用

1 面積

まとめ

1 曲線 $y=f(x)$ で定まる図形の面積

① 曲線 $y=f(x)$ と x 軸，および2直線 $x=a$，$x=b$ で囲まれた部分の面積 S については，$a<b$ のとき，次のことが成り立つ。

面積 I

1 区間 $[a, b]$ で常に $f(x)\geqq 0$ のとき　$S=\displaystyle\int_a^b f(x)dx$

2 区間 $[a, b]$ で常に $f(x)\leqq 0$ のとき　$S=-\displaystyle\int_a^b f(x)dx$

② 2つの曲線 $y=f(x)$，$y=g(x)$ と2直線 $x=a$，$x=b$ で囲まれた部分の面積 S についても，$a<b$ のとき次のことが成り立つ。

面積 II

区間 $[a, b]$ で常に $f(x)\geqq g(x)$ のとき　$S=\displaystyle\int_a^b \{f(x)-g(x)\}dx$

2 曲線 $x=g(y)$ で定まる図形の面積

① 区間 $c\leqq y\leqq d$ で常に $g(y)\geqq 0$ のとき，曲線 $x=g(y)$ と y 軸，および2直線 $y=c$，$y=d$ で囲まれた部分の面積を S とすると，次のことが成り立つ。

$$S=\int_c^d g(y)dy$$

3 曲線で囲まれた図形の面積

① ある曲線の式を y について解くと，$y=\pm f(x)$ のように，2つの曲線の式に分解される場合などでは，x 軸や y 軸に関する対称性などに着目して，面積の求め方を工夫するとよい。

4 媒介変数表示と面積

① 媒介変数表示された曲線が作る図形の面積を求めるときは，次の点に注意する。

[1] 曲線の概形をつかみ，面積を x についての定積分で表す。

[2] [1] の定積分を媒介変数を用いたものにおき換える。
　このとき，積分区間の対応関係に気をつける。

[3] [2] の定積分を計算し，面積を求める。

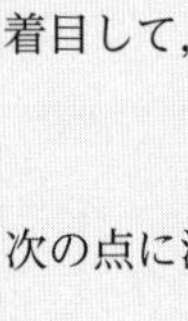

教科書 p.184〜185

A 曲線 $y=f(x)$ で定まる図形の面積

教 p.184

練習 1

次の曲線や直線および x 軸で囲まれた部分の面積を求めよ。

(1) $y=\dfrac{1}{x^2}$, $x=1$, $x=2$　　(2) $y=\dfrac{1}{x}$, $x=1$, $x=e$

(3) $y=\cos x$ $(0\leqq x\leqq \pi)$, $x=0$, $x=\pi$

指針 **曲線と x 軸の間の面積**　y が正か負かをまず考える。

(1), (2)　与えられた区間で　$y>0$

(3)　$y\geqq 0$ のときと $y\leqq 0$ のときに分ける。

解答 (1)　$1\leqq x\leqq 2$ で $\dfrac{1}{x^2}>0$ であるから，求める面積 S は

$$S=\int_1^2 \frac{1}{x^2}dx=\left[-\frac{1}{x}\right]_1^2=-\left(\frac{1}{2}-\frac{1}{1}\right)=\mathbf{\frac{1}{2}}$$ 答

(2)　$1\leqq x\leqq e$ で $\dfrac{1}{x}>0$ であるから，求める面積 S は

$$S=\int_1^e \frac{1}{x}dx=\Big[\log|x|\Big]_1^e=\log e-\log 1=\mathbf{1}$$ 答

(3)　$0\leqq x\leqq \dfrac{\pi}{2}$ で $\cos x\geqq 0$, $\dfrac{\pi}{2}\leqq x\leqq \pi$ で $\cos x\leqq 0$ であるから，求める面積 S は

$$S=\int_0^{\frac{\pi}{2}}\cos x\,dx-\int_{\frac{\pi}{2}}^{\pi}\cos x\,dx=\Big[\sin x\Big]_0^{\frac{\pi}{2}}-\Big[\sin x\Big]_{\frac{\pi}{2}}^{\pi}$$

$$=(1-0)-(0-1)=\mathbf{2}$$ 答

教 p.185

練習 2

次の曲線や直線で囲まれた部分の面積を求めよ。

(1) $y=x^3$, $y=\sqrt{x}$　　(2) $xy=1$, $x+3y=4$

指針 **曲線と面積**　まず，2 つの曲線の交点の x 座標を求める。次にグラフの上下関係を調べ，定積分で面積を計算する。

解答 (1)　図より，2 つの曲線の交点の x 座標は，

$x^3=\sqrt{x}$ を解いて　$x=0$, 1

$0\leqq x\leqq 1$ において　$x^3\leqq \sqrt{x}$

よって，求める面積 S は

$$S=\int_0^1(\sqrt{x}-x^3)dx$$

$$=\left[\frac{2}{3}x^{\frac{3}{2}}-\frac{x^4}{4}\right]_0^1=\mathbf{\frac{5}{12}}$$ 答

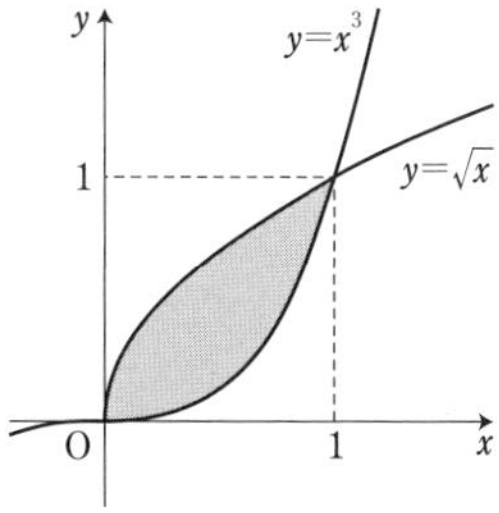

(2) 図より，2 つのグラフ $xy=1$ と $x+3y=4$ の交点の x 座標は　$x=1,\ 3$

$1 \leqq x \leqq 3$ において　$\dfrac{1}{x} \leqq -\dfrac{1}{3}x+\dfrac{4}{3}$

よって，求める面積 S は

$$S=\int_1^3\left(-\frac{1}{3}x+\frac{4}{3}-\frac{1}{x}\right)dx$$

$$=\left[-\frac{x^2}{6}+\frac{4}{3}x-\log|x|\right]_1^3$$

$$=\left(-\frac{9}{6}+\frac{12}{3}-\log 3\right)-\left(-\frac{1}{6}+\frac{4}{3}\right)=\boldsymbol{\frac{4}{3}-\log 3}$$ 答

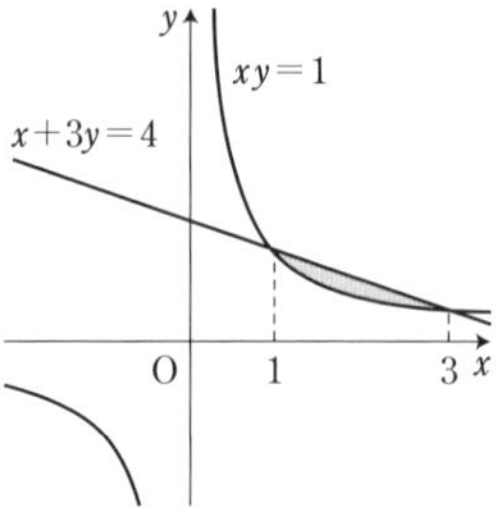

B 曲線 $x=g(y)$ で定まる図形の面積

問 1　教 p.186

次の曲線と直線で囲まれた部分の面積を求めよ。

$x=y^2-y,\ x=-2y+2$

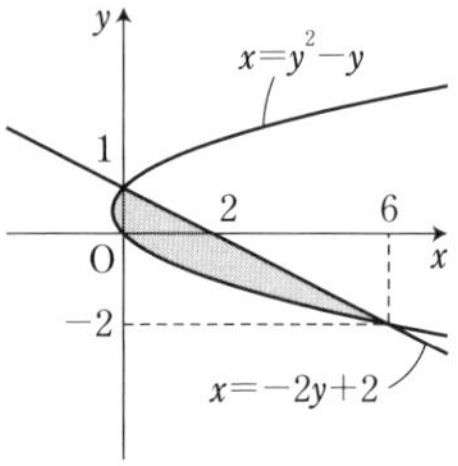

指針　**直線と曲線間の面積（y についての定積分）**　与えられた曲線の式を y について解くよりも x について解く方が簡単であるから，次の性質を利用して面積を計算する。

2 つの曲線 $x=f(y)$，$x=g(y)$ と 2 直線 $y=c$，$y=d$ で囲まれた部分の面積 S は $c \leqq y \leqq d$ で常に $f(y) \geqq g(y)$ のとき　$S=\displaystyle\int_c^d\{f(y)-g(y)\}dy$

解答　曲線 $x=y^2-y$ と直線 $x=-2y+2$ の交点の y 座標は，

$y^2-y=-2y+2$ を解いて　$y=-2,\ 1$

$-2 \leqq y \leqq 1$ において　$y^2-y \leqq -2y+2$

よって，求める面積 S は

$$S=\int_{-2}^1\{-2y+2-(y^2-y)\}dy=-\int_{-2}^1(y+2)(y-1)dy$$

$$=-\left\{-\frac{1}{6}(1+2)^3\right\}=\boldsymbol{\frac{9}{2}}$$ 答

注意　公式 $\displaystyle\int_\alpha^\beta a(y-\alpha)(y-\beta)dy=-\frac{a}{6}(\beta-\alpha)^3$ を用いた。

教 p.186

練習 3

次の曲線と直線で囲まれた部分の面積を求めよ。

(1) $y=\log(2x+1)$, $y=2$, y 軸

(2) $x=y^2$, $x=y+2$

指針 **曲線と y 軸の間の面積** y についての定積分 $S=\int_c^d g(y)dy$ にあてはめる。

解答 (1) $y=\log(2x+1)$ を x について解くと

$e^y=2x+1$ より

$$x=\frac{e^y-1}{2}$$

$0\leqq y\leqq 2$ において　$x\geqq 0$

よって　$S=\int_0^2 \frac{e^y-1}{2}dy$

$$=\frac{1}{2}\Big[e^y-y\Big]_0^2$$

$$=\frac{1}{2}(e^2-3)$$ 答

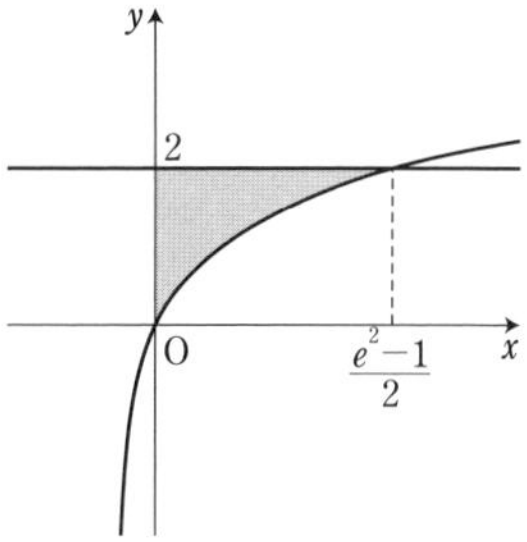

(2) 曲線 $x=y^2$ と直線 $x=y+2$ の交点の

y 座標は，$y^2=y+2$ より

$y=-1$, 2

$-1\leqq y\leqq 2$ において　$y^2\leqq y+2$

よって　$S=\int_{-1}^2\{(y+2)-y^2\}dy$

$$=-\int_{-1}^2(y+1)(y-2)dy$$

$$=-\left\{-\frac{1}{6}(2+1)^3\right\}=\frac{9}{2}$$ 答

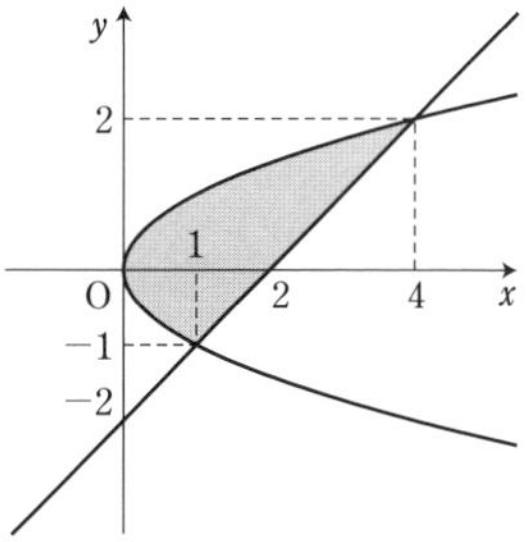

教 p.186

深める

教科書の例題 3 の面積 S について，$S=e-\int_1^e \log x\,dx$ が成り立つ。その理由を，グラフを用いて説明してみよう。

指針 **曲線と y 軸の間の面積** 定積分 $\int_1^e \log x\,dx$ がどの部分の面積を表しているかに着目する。

解答 (例) 例題 3 において，x について積分するとする。このとき，求める面積は，x 軸，y 軸および直線 $x=e$, $y=1$ で囲まれた長方形から曲線 $y=\log x$ と x 軸，および直線 $x=e$ で囲まれた部分の面積を除いた部分になる。

よって　　$S=e-\int_1^e \log x\,dx$

C 曲線で囲まれた図形の面積

教 p.187

練習 4

曲線 $y^2=x^2(1-x^2)$ について，次の問いに答えよ。

(1) この曲線は，x 軸および y 軸に関して対称であることを示せ。

(2) この曲線によって囲まれた図形の面積を求めよ。

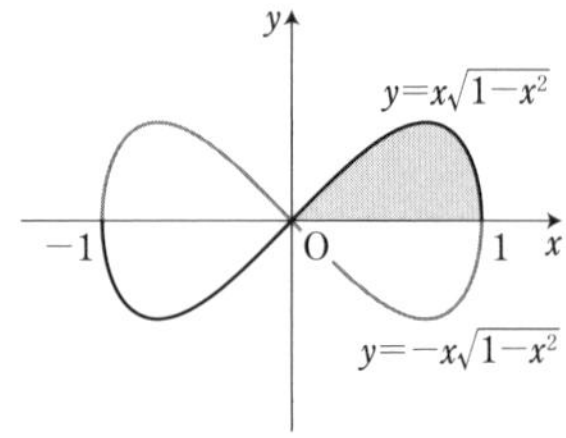

指針　曲線で囲まれた図形の面積

(1) 点 P$(a,\ b)$ が曲線上にあるとき，点 Q$(a,\ -b)$，点 R$(-a,\ b)$ も曲線上にあることを示せばよい。

(2) (1) より，$x\geqq 0$，$y\geqq 0$ にある部分の面積を求め，それを 4 倍すればよい。
$x\geqq 0$，$y\geqq 0$ では，$y^2=x^2(1-x^2)$ より $y=x\sqrt{1-x^2}$ となる。

解答 (1) 曲線 $y^2=x^2(1-x^2)$ 上の任意の点 P$(a,\ b)$ をとると，$b^2=a^2(1-a^2)$ が成り立つ。

P と x 軸に関して対称な点 Q$(a,\ -b)$ について，$(-b)^2=b^2$ より
$(-b)^2=a^2(1-a^2)$ が成り立つ。

よって，Q はこの曲線上にあるから，この曲線は，x 軸に関して対称である。 終

P と y 軸に関して対称な点 R$(-a,\ b)$ について，$(-a)^2=a^2$，
$1-(-a)^2=1-a^2$ より $b^2=(-a)^2\{1-(-a)^2\}$ が成り立つ。

よって，R はこの曲線上にあるから，この曲線は，y 軸に関して対称である。 終

(2) 求める面積を S とすると，(1) よりこの図形は x 軸および y 軸に関して対称であるから，$x\geqq 0$，$y\geqq 0$ にある部分の面積の 4 倍が S である。

$x\geqq 0$，$y\geqq 0$ のとき，$y^2=x^2(1-x^2)$ より $y=x\sqrt{1-x^2}$ であり，

$y=0$ のとき　　$x=0,\ 1$

よって　　$S=4\int_0^1 x\sqrt{1-x^2}\,dx=-2\int_0^1 \sqrt{1-x^2}\cdot(1-x^2)'\,dx$

$$=-2\left[\frac{2}{3}(1-x^2)^{\frac{3}{2}}\right]_0^1=\frac{4}{3}$$ 答

注意 本問の曲線を **レムニスケート** という。

D 媒介変数表示と面積

教 p.188

練習 5

楕円 $x=3\cos\theta$, $y=2\sin\theta$ $(0\leqq\theta\leqq 2\pi)$ によって囲まれた部分の面積を求めよ。

指針 **媒介変数表示と面積(楕円)** 対称性から, $x\geqq 0$, $y\geqq 0$ にある部分の面積を求めて4倍すればよい。θ の範囲に注意すること。

解答 この楕円は, x 軸および y 軸に関して対称であるから, 求める面積を S とすると, $x\geqq 0$, $y\geqq 0$ にある部分の面積の4倍が S である。

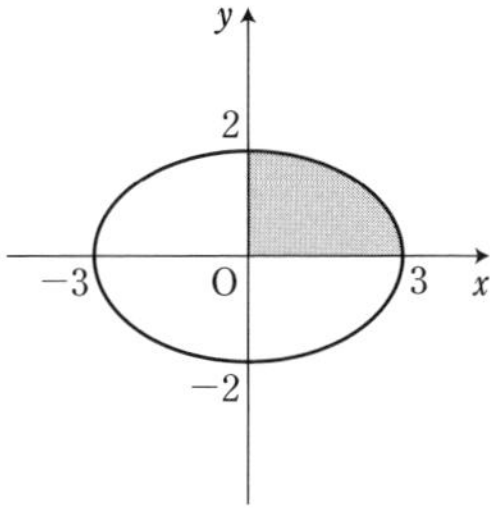

$0\leqq\theta\leqq\dfrac{\pi}{2}$ のとき　$y\geqq 0$

ここで, $x=3\cos\theta$ より

$dx=-3\sin\theta\,d\theta$

また, x と θ の対応は右のようになる。

x	$0 \longrightarrow 3$
θ	$\dfrac{\pi}{2} \longrightarrow 0$

したがって

$$S=4\int_0^3 y\,dx=4\int_{\frac{\pi}{2}}^0 2\sin\theta(-3\sin\theta)\,d\theta$$

$$=24\int_0^{\frac{\pi}{2}}\sin^2\theta\,d\theta=12\int_0^{\frac{\pi}{2}}(1-\cos 2\theta)\,d\theta$$

$$=12\left[\theta-\frac{1}{2}\sin 2\theta\right]_0^{\frac{\pi}{2}}=\boldsymbol{6\pi}$$ 答

2 体積

まとめ

1 定積分と体積

① 平行な2つの平面 α, β に垂直な直線を x 軸にとり, x 軸と α, β との交点の座標を, それぞれ a, b とする。また, $a\leqq x\leqq b$ として, x 軸に垂直で, x 軸との交点の座標が x である平面 γ でこの立体を切ったときの断面積を $S(x)$ とすると, 次の公式が成り立つ。

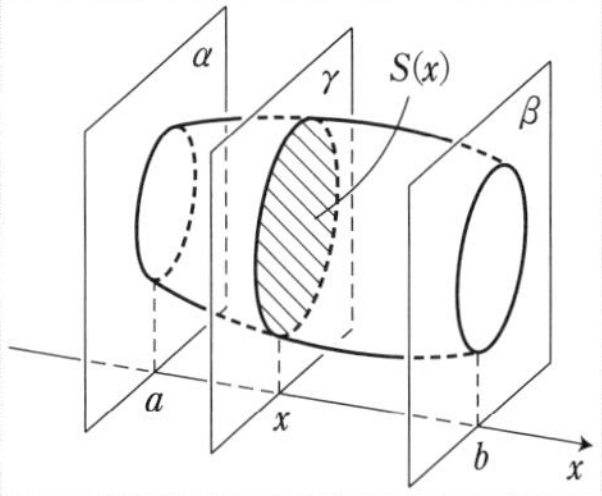

立体の断面積と体積

$$V=\int_a^b S(x)\,dx$$　　ただし, $a<b$

2　回転体の体積

①　$a<b$ のとき，曲線 $y=f(x)$ と x 軸，および 2 直線 $x=a$，$x=b$ で囲まれた部分を，x 軸の周りに 1 回転させてできる立体の体積を V とすると，次の公式が得られる。

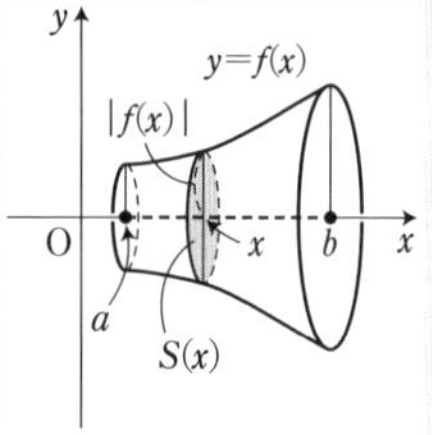

回転体の体積

$$V=\pi\int_a^b\{f(x)\}^2dx=\pi\int_a^b y^2dx$$

ただし，$a<b$

②　$c<d$ のとき，曲線 $x=g(y)$ と y 軸および 2 直線 $y=c$，$y=d$ で囲まれた部分を，y 軸の周りに 1 回転させてできる立体の体積 V は，x 軸の周りに 1 回転させた回転体の場合と同様に考えて，次の式で与えられる。

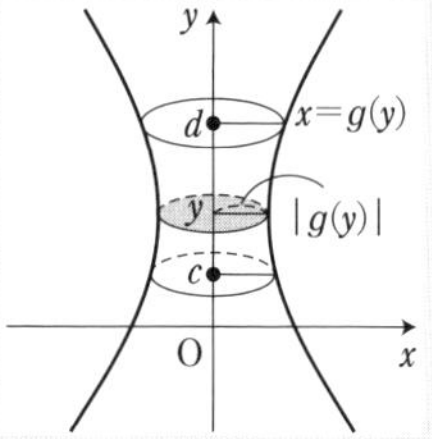

$$V=\pi\int_c^d\{g(y)\}^2dy=\pi\int_c^d x^2dy$$

注意　教科書 194 ページ応用例題 4 の回転体を **円環体** という。
この体積は，円の面積 πr^2 と，円の中心 $(0,\ b)$ が x 軸の周りに描く円の周の長さ $2\pi b$ の積に等しい。

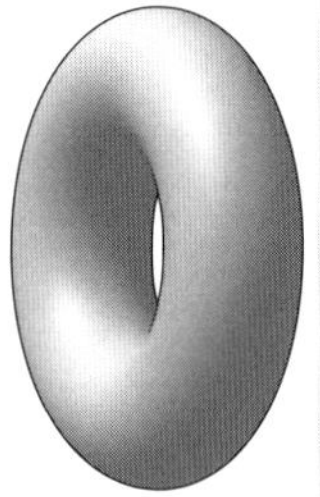

④　媒介変数表示された曲線で作られた図形の回転体の体積を求めるには，まず，体積を x についての定積分で表し，置換積分法によって，媒介変数についての定積分に変える。

A 定積分と体積

練習 6　教 p.190

底面積が S，高さが h である角錐の体積を，積分を用いて求めよ。

指針　**角錐の体積**　底面に平行な平面で切った断面積 $S(x)$ を x で表す。切断面と底面による相似な角錐の相似比から，$S(x)$ が求められる。

解答　角錐の頂点を原点 O とし，頂点から底面に下ろした垂線を x 軸にとる。
$0\leqq x\leqq h$ として，x 軸に垂直で，x 軸との交点の座標が x である平面でこの立体を切ったときの断面積を $S(x)$ で表す。断面と底面の相似比は $x:h$ であるから $S(x):S=x^2:h^2$ より　　$S(x)=\dfrac{x^2}{h^2}S$

よって，求める体積 V は

$$V=\int_0^h \frac{x^2}{h^2}S\,dx=\frac{S}{h^2}\left[\frac{x^3}{3}\right]_0^h=\frac{1}{3}Sh \quad \text{答}$$

教 p.191

練習 7

曲線 $y=\sin 2x \left(0\leqq x\leqq\frac{\pi}{2}\right)$ を C とする。曲線 C 上の点 P を通り y 軸に平行な直線と x 軸の交点を Q とし，線分 PQ を 1 辺とする正三角形 PQR を，xy 平面に対して垂直に作る。P の x 座標が 0 から $\frac{\pi}{2}$ まで変わるとき，この正三角形が通過してできる立体の体積を求めよ。

指針 **平面の移動と体積**　PQ$=y$ であることから，正三角形 PQR の面積 $S(x)$ を x の式で求め，その定積分により体積を計算する。

解答 点 P の座標を $(x,\ y)$ とすると

$$\mathrm{PQ}=y=\sin 2x$$

よって，正三角形 PQR の面積を $S(x)$ とすると

$$S(x)=\frac{\sqrt{3}}{4}\mathrm{PQ}^2=\frac{\sqrt{3}}{4}\sin^2 2x$$

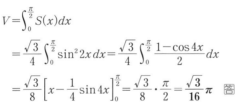

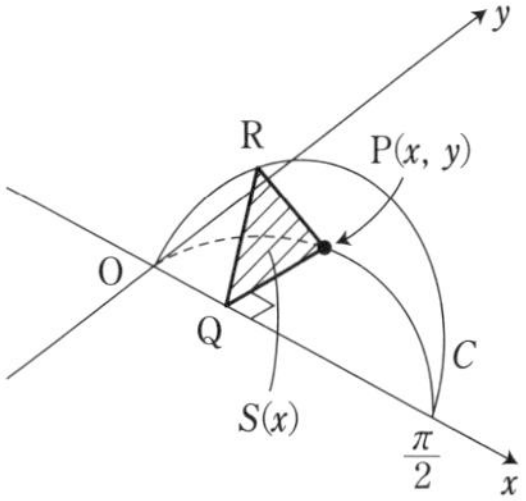

ゆえに，求める体積 V は

$$V=\int_0^{\frac{\pi}{2}} S(x)\,dx$$

$$=\frac{\sqrt{3}}{4}\int_0^{\frac{\pi}{2}}\sin^2 2x\,dx=\frac{\sqrt{3}}{4}\int_0^{\frac{\pi}{2}}\frac{1-\cos 4x}{2}\,dx$$

$$=\frac{\sqrt{3}}{8}\left[x-\frac{1}{4}\sin 4x\right]_0^{\frac{\pi}{2}}=\frac{\sqrt{3}}{8}\cdot\frac{\pi}{2}=\frac{\sqrt{3}}{16}\pi \quad \text{答}$$

B 回転体の体積

教 p.193

練習 8

次の曲線と直線で囲まれた部分を，x 軸の周りに 1 回転させてできる立体の体積を求めよ。

(1)　$y=x^2-2x$，x 軸　　　　(2)　$y=e^x-1$，x 軸，$x=1$

指針 **回転体の体積**　直線や曲線で囲まれた部分を確認して，回転体の体積の公式にあてはめる。

解答 求める立体の体積を V とする。

(1) $x^2-2x=0$ とすると　$x=0,\ 2$

$$V=\pi\int_0^2(x^2-2x)^2dx$$
$$=\pi\int_0^2(x^4-4x^3+4x^2)dx$$
$$=\pi\left[\frac{x^5}{5}-x^4+\frac{4}{3}x^3\right]_0^2=\boldsymbol{\frac{16}{15}\pi}$$ 答

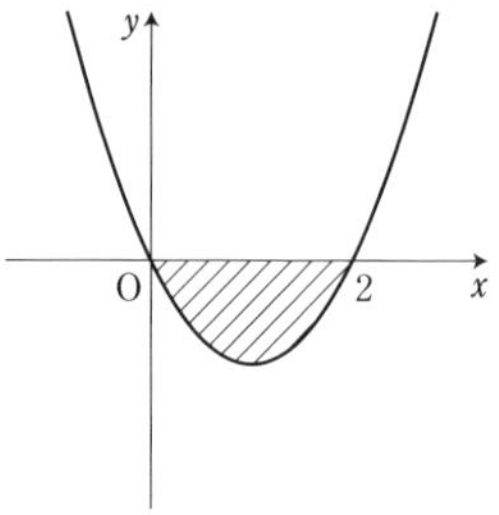

(2) $$V=\pi\int_0^1(e^x-1)^2dx$$
$$=\pi\int_0^1(e^{2x}-2e^x+1)dx$$
$$=\pi\left[\frac{e^{2x}}{2}-2e^x+x\right]_0^1$$
$$=\pi\left\{\frac{1}{2}e^2-2e+1-\left(\frac{1}{2}-2\right)\right\}$$
$$=\boldsymbol{\frac{1}{2}(e^2-4e+5)\pi}$$ 答

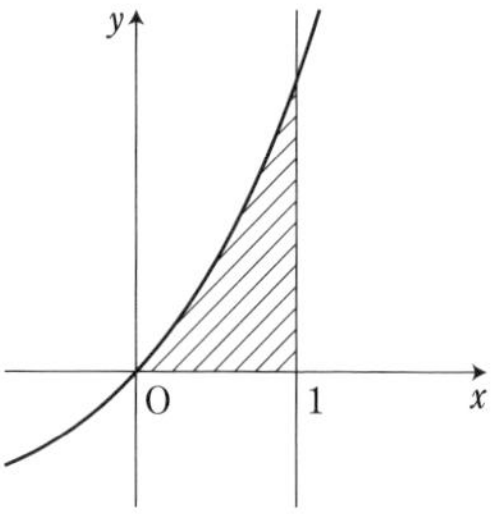

練習 9 教 p.193

$a>0,\ b>0$ とする。楕円 $\dfrac{x^2}{a^2}+\dfrac{y^2}{b^2}=1$ で囲まれた部分を x 軸の周りに1回転させてできる立体の体積を求めよ。

指針 **回転体の体積(楕円)** 与えられた楕円は x 軸と点 $(\pm a,\ 0)$ で交わり，y 軸に関して対称であるから，求める体積は $2\pi\int_0^a y^2dx$ である。

解答 図の斜線部分を x 軸の周りに1回転させると，求める立体の半分になる。

$\dfrac{x^2}{a^2}+\dfrac{y^2}{b^2}=1$ より　$y^2=\dfrac{b^2}{a^2}(a^2-x^2)$

であるから，求める体積を V とすると

$$V=2\pi\int_0^a y^2dx=2\pi\cdot\frac{b^2}{a^2}\int_0^a(a^2-x^2)dx$$
$$=\frac{2\pi b^2}{a^2}\left[a^2x-\frac{x^3}{3}\right]_0^a=\frac{2\pi b^2}{a^2}\cdot\frac{2a^3}{3}=\boldsymbol{\frac{4}{3}\pi ab^2}$$ 答

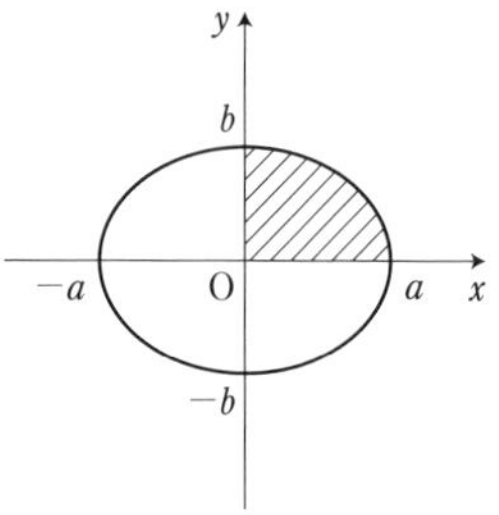

問 2 教 p.193

曲線 $y=\log x$ と y 軸，および2直線 $y=-1$，$y=1$ で囲まれた部分を，y 軸の周りに1回転させてできる立体の体積を求めよ。

教科書 p.193～194

指針 **y 軸の周りの回転体の体積**　$y=\log x$ を $x=g(y)$ の形に変形し，y 軸の周りの回転体の体積の公式にあてはめる。

解答 $y=\log x$ から　$x=e^y$

よって，求める体積 V は

$$V=\pi\int_{-1}^{1}x^2\,dy=\pi\int_{-1}^{1}(e^y)^2\,dy$$

$$=\pi\int_{-1}^{1}e^{2y}\,dy=\pi\left[\frac{e^{2y}}{2}\right]_{-1}^{1}$$

$$=\boldsymbol{\frac{1}{2}\left(e^2-\frac{1}{e^2}\right)\pi}$$　答

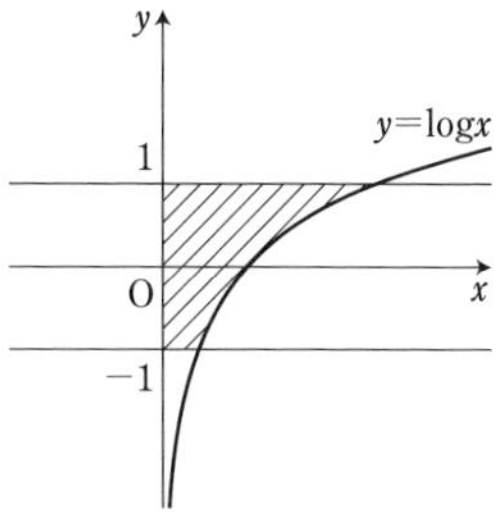

教 p.193

練習 10

曲線 $y=1-\sqrt{x}$ と x 軸，および y 軸で囲まれた部分を，y 軸の周りに 1 回転させてできる立体の体積を求めよ。

指針 **y 軸の周りの回転体の体積**　y 軸の周りに回転させてできる立体を考えるから，$x=g(y)$ の形に変形して考える。曲線や直線によって囲まれた部分を図示する。

解答 曲線 $y=1-\sqrt{x}$ と，x 軸および y 軸との共有点の座標はそれぞれ $(1,\ 0)$，$(0,\ 1)$ であるから，求める体積 V は図の斜線部分を y 軸の周りに 1 回転したものである。

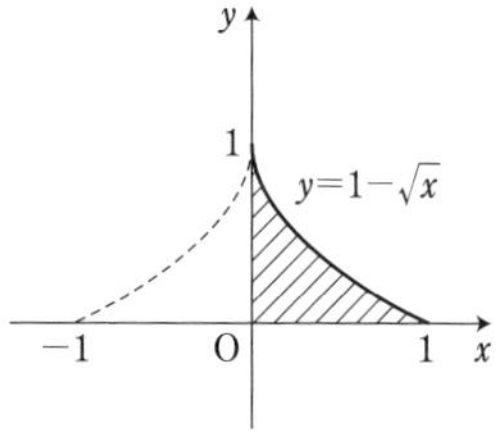

$y=1-\sqrt{x}$ から　$x=(1-y)^2$

よって，求める体積 V は

$$V=\pi\int_0^1 x^2\,dy=\pi\int_0^1(1-y)^4\,dy$$

$$=\pi\left[-\frac{1}{5}(1-y)^5\right]_0^1=\boldsymbol{\frac{\pi}{5}}$$　答

教 p.194

練習 11

次の曲線と直線で囲まれた部分を，x 軸の周りに 1 回転させてできる立体の体積を求めよ。

(1)　$y=-x^2+4x$，$y=2x$　　　(2)　$y=e^x$，$y=e$，y 軸

指針 **曲線と直線で囲まれた図形の回転体の体積**　まず曲線や直線の交点の座標を求め，図形の概形をかく。求める立体は 2 つの回転体の体積の差で求められることがわかる。$\pi\int_a^b\{f(x)\}^2\,dx-\pi\int_a^b\{g(x)\}^2\,dx$ にあてはめればよい。

解答 (1)　$2x-(-x^2+4x)=x^2-2x=x(x-2)$ であるから

$0 \leqq x \leqq 2$ で　$0 \leqq 2x \leqq -x^2+4x$

求める回転体の体積 V は

$$V=\pi\int_0^2(-x^2+4x)^2dx-\pi\int_0^2(2x)^2dx$$

$$=\pi\int_0^2(x^4-8x^3+12x^2)dx$$

$$=\pi\left[\frac{x^5}{5}-2x^4+4x^3\right]_0^2=\frac{32}{5}\pi$$ 答

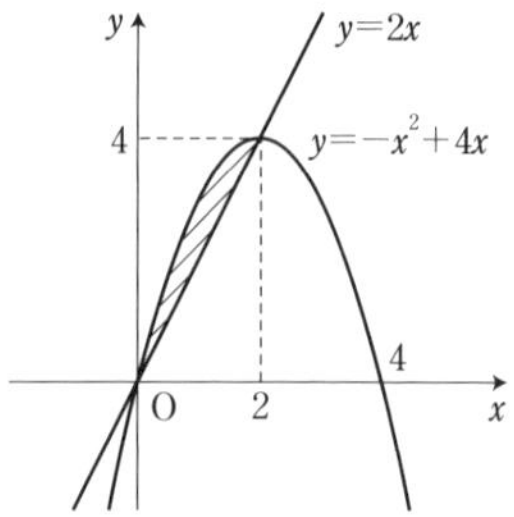

(2)　$e^x=e$ より，曲線と直線 $y=e$ の交点の x 座標は　$x=1$

$0 \leqq x \leqq 1$ で　$0<e^x \leqq e$

求める回転体の体積 V は

$$V=\pi\int_0^1 e^2dx-\pi\int_0^1(e^x)^2dx$$

$$=\pi\int_0^1 e^2dx-\pi\int_0^1 e^{2x}dx$$

$$=\pi\left[e^2x-\frac{1}{2}e^{2x}\right]_0^1=\frac{\pi}{2}(e^2+1)$$ 答

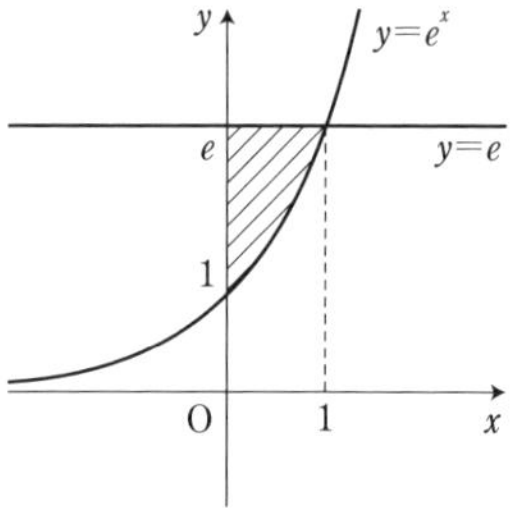

練習 12　教 p.195

次の曲線と x 軸で囲まれた部分を，x 軸の周りに1回転させてできる立体の体積を求めよ。

$$x=\sin t,\ y=\sin 2t\quad\left(0 \leqq t \leqq \frac{\pi}{2}\right)$$

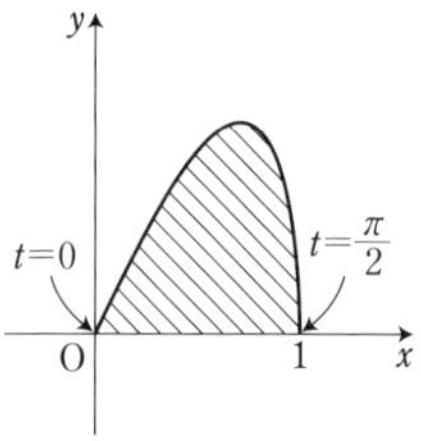

指針 **媒介変数表示された曲線と回転体の体積**　求める体積 V は，$V=\pi\int_0^1 y^2dx$ で表される。これを置換積分法によって，t についての定積分として計算する。

解答 $0 \leqq t \leqq \frac{\pi}{2}$ において，$y \geqq 0$ である。

$y=0$ とすると　$t=0,\ \frac{\pi}{2}$

ここで，$x=\sin t$，$y=\sin 2t$ であるから，x と t の対応は右のようになる。

x	$0 \longrightarrow 1$
t	$0 \longrightarrow \frac{\pi}{2}$

求める体積 V は　$V=\pi\int_0^1 y^2\,dx$

$x=\sin t$ から　$dx=\cos t\,dt$

よって，置換積分法により

$$V=\pi\int_0^1 y^2\,dx=\pi\int_0^{\frac{\pi}{2}}(\sin 2t)^2\cos t\,dt$$
$$=4\pi\int_0^{\frac{\pi}{2}}\sin^2 t\cos^2 t\cos t\,dt$$
$$=4\pi\int_0^{\frac{\pi}{2}}\sin^2 t(1-\sin^2 t)\cos t\,dt$$
$$=4\pi\int_0^{\frac{\pi}{2}}(\sin^2 t\cos t-\sin^4 t\cos t)dt$$
$$=4\pi\left[\frac{1}{3}\sin^3 t-\frac{1}{5}\sin^5 t\right]_0^{\frac{\pi}{2}}$$
$$=4\pi\left(\frac{1}{3}-\frac{1}{5}\right)=\boldsymbol{\frac{8}{15}\pi}$$ 答

研究　一般の回転体の体積

まとめ

① 空間における直線 ℓ の周りの回転体の体積を求めるには，直線 ℓ に垂直な平面で回転体を切った切り口の面積 S の定積分を考えればよい。

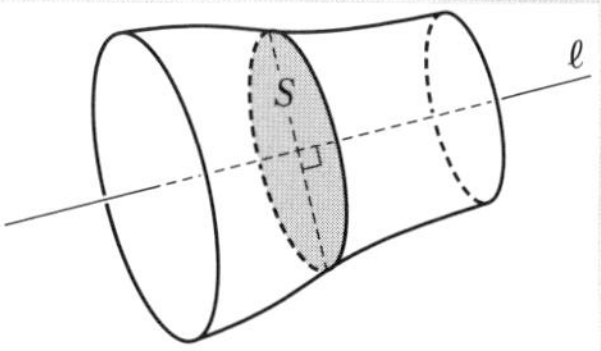

教 p.196

練習 1

曲線 $y=x+\sin x$ $(0\leqq x\leqq\pi)$ と直線 $y=x$ で囲まれた部分を，直線 $y=x$ の周りに1回転させてできる立体の体積を求めよ。

指針　**直線 $y=x$ の周りの回転体の体積**　曲線上の点 $\mathrm{P}(x,\ x+\sin x)$ から，直線 $y=x$ に垂線 PH を下ろし，点 H を通り，直線 $y=x$ に垂直な平面の切り口の面積を積分すると考える。$\mathrm{PH}=h$，$\mathrm{OH}=t$ とすると，切り口の面積 $S(t)$ は，$S(t)=\pi h^2$ である。h，t を x を用いて表し，置換積分法の要領で体積 V を x の積分の形に表して求める。

解答 曲線 $y=x+\sin x$ $(0\leqq x\leqq\pi)$ と直線 $y=x$ で囲まれた部分は，右の図の斜線の部分である。
曲線と直線の交点は，O(0, 0)，A(π, π)，
OA$=\sqrt{2}\pi$ である。
曲線上の点 P(x, $x+\sin x$) から，直線 $y=x$ に垂線 PH を下ろし，PH$=h$，OH$=t$ とする。
H を通り，直線 $y=x$ に垂直な平面で立体を切った切り口の面積を $S(t)$，体積を V とすると

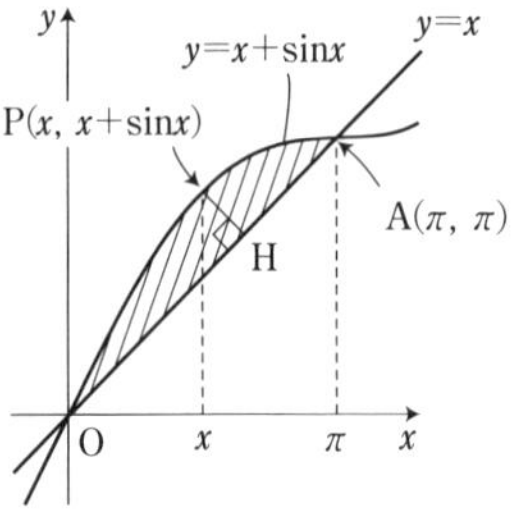

$$V=\int_0^{\sqrt{2}\pi}S(t)dt=\pi\int_0^{\sqrt{2}\pi}h^2dt$$

ここで　$h=\dfrac{x+\sin x-x}{\sqrt{2}}=\dfrac{\sin x}{\sqrt{2}}$,

$t=\sqrt{2}x+h=\dfrac{2x+\sin x}{\sqrt{2}}$,　$dt=\dfrac{2+\cos x}{\sqrt{2}}dx$

t と x の対応は右のようになる。

t	$0\longrightarrow\sqrt{2}\pi$
x	$0\longrightarrow\pi$

よって　$V=\pi\displaystyle\int_0^{\pi}\left(\frac{\sin x}{\sqrt{2}}\right)^2\cdot\frac{2+\cos x}{\sqrt{2}}dx$

$=\dfrac{\pi}{2\sqrt{2}}\displaystyle\int_0^{\pi}(2\sin^2x+\sin^2x\cos x)dx$

$=\dfrac{\pi}{2\sqrt{2}}\displaystyle\int_0^{\pi}(1-\cos 2x+\sin^2x\cos x)dx$

$=\dfrac{\pi}{2\sqrt{2}}\left[x-\dfrac{1}{2}\sin 2x+\dfrac{1}{3}\sin^3x\right]_0^{\pi}=\dfrac{\sqrt{2}}{4}\boldsymbol{\pi^2}$ 答

3 曲線の長さ

まとめ

1　媒介変数表示された曲線の長さ

①　媒介変数表示された曲線の長さ

曲線 $x=f(t)$，$y=g(t)$ $(\alpha\leqq t\leqq\beta)$ の長さ L は

$$L=\int_\alpha^\beta\sqrt{\left(\frac{dx}{dt}\right)^2+\left(\frac{dy}{dt}\right)^2}\,dt=\int_\alpha^\beta\sqrt{\{f'(t)\}^2+\{g'(t)\}^2}\,dt$$

2　曲線 $y=f(x)$ の長さ

①　曲線 $y=f(x)$ の長さ

曲線 $y=f(x)$ $(a\leqq x\leqq b)$ の長さ L は

$$L=\int_a^b\sqrt{1+\left(\frac{dy}{dx}\right)^2}\,dx=\int_a^b\sqrt{1+\{f'(x)\}^2}\,dx$$

注意 $a>0$ とするとき，$y=\dfrac{a}{2}\left(e^{\frac{x}{a}}+e^{-\frac{x}{a}}\right)$ で表される曲線を **懸垂線** または **カテナリー** という。

A 媒介変数表示された曲線の長さ

教 p.198

練習 13

次の曲線の長さを求めよ。

$$x=\cos^3 t,\ y=\sin^3 t \quad (0\leqq t\leqq 2\pi)$$

指針 **曲線の長さ（アステロイド）** x 軸，y 軸に関する対称性を考えて，第 1 象限の部分の長さだけを計算する。積分区間に注意すると，求める長さ L は

$$L=4\int_0^{\frac{\pi}{2}}\sqrt{\left(\frac{dx}{dt}\right)^2+\left(\frac{dy}{dt}\right)^2}\,dt$$

解答 $0\leqq t\leqq\dfrac{\pi}{2}$ のとき　$x\geqq 0$，$y\geqq 0$

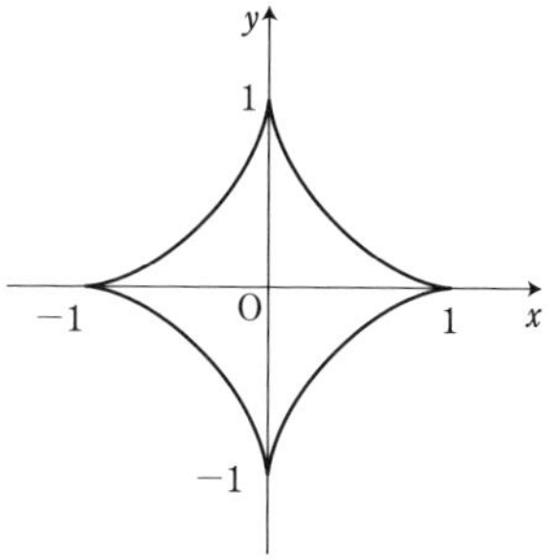

また，この曲線は x 軸および y 軸に関して対称であるから，第 1 象限の部分の長さを求めて 4 倍する。

よって，$0\leqq t\leqq\dfrac{\pi}{2}$ とする。

$\dfrac{dx}{dt}=-3\cos^2 t\sin t$，$\dfrac{dy}{dt}=3\sin^2 t\cos t$ であるから

$$\sqrt{\left(\frac{dx}{dt}\right)^2+\left(\frac{dy}{dt}\right)^2}=\sqrt{9\cos^2 t\sin^2 t(\cos^2 t+\sin^2 t)}=3\sqrt{\sin^2 t\cos^2 t}$$

$$=3\sin t\cos t=\frac{3}{2}\sin 2t$$

したがって，求める長さ L は

$$L=4\int_0^{\frac{\pi}{2}}\frac{3}{2}\sin 2t\,dt=6\int_0^{\frac{\pi}{2}}\sin 2t\,dt=6\left[-\frac{1}{2}\cos 2t\right]_0^{\frac{\pi}{2}}=\mathbf{6}$$ 答

注意 この曲線は **アステロイド** といわれ，一般に $x=a\cos^3 t$，$y=a\sin^3 t$ $(a>0,\ 0\leqq t\leqq 2\pi)$ の長さは $6a$ で与えられる。

B 曲線 $y=f(x)$ の長さ

教 p.199

練習 14

曲線 $y=x\sqrt{x}$ $\left(0\leqq x\leqq\dfrac{4}{3}\right)$ の長さを求めよ。

6章 積分法の応用

指針 **$y=f(x)$ で与えられた曲線の長さ**　長さの公式

$$L=\int_a^b\sqrt{1+\left(\frac{dy}{dx}\right)^2}\,dx$$

にそのままあてはめるとよい。

解答 $y=x\sqrt{x}=x^{\frac{3}{2}}$ より　$\dfrac{dy}{dx}=\dfrac{3}{2}x^{\frac{1}{2}}=\dfrac{3}{2}\sqrt{x}$

よって，求める長さ L は

$$L=\int_0^{\frac{4}{3}}\sqrt{1+\left(\frac{dy}{dx}\right)^2}\,dx=\int_0^{\frac{4}{3}}\sqrt{1+\left(\frac{3}{2}\sqrt{x}\right)^2}\,dx$$

$$=\int_0^{\frac{4}{3}}\sqrt{1+\frac{9}{4}x}\,dx=\int_0^{\frac{4}{3}}\left(1+\frac{9}{4}x\right)^{\frac{1}{2}}dx$$

$$=\left[\frac{4}{9}\cdot\frac{2}{3}\left(1+\frac{9}{4}x\right)^{\frac{3}{2}}\right]_0^{\frac{4}{3}}$$

$$=\frac{8}{27}\left(4^{\frac{3}{2}}-1\right)=\boldsymbol{\frac{56}{27}}$$　答

4 速度と道のり

まとめ

1　直線上を運動する点の道のり

①　速度と位置，道のり

数直線上を運動する点 P の速度を $v=f(t)$ とし，$t=a$ のときの P の座標を k とする。

1　$t=b$ における P の座標 x は　　$\boldsymbol{x=k+\int_a^b f(t)dt}$

2　$t=a$ から $t=b$ までの P の位置の変化量 s は　　$\boldsymbol{s=\int_a^b f(t)dt}$

3　$t=a$ から $t=b$ までの P の道のり l は　　$\boldsymbol{l=\int_a^b |f(t)|dt}$

2　平面上を運動する点の道のり

①　座標平面上で，時刻 t の関数として $x=f(t)$，$y=g(t)$ で表される点 P$(x,\ y)$ について，時刻 $t=\alpha$ から $t=\beta$ までの間に点 P が動く道のり l は，次の式で表される。

平面上の道のり

$$\boldsymbol{l=\int_\alpha^\beta|\vec{v}|dt=\int_\alpha^\beta\sqrt{\left(\frac{dx}{dt}\right)^2+\left(\frac{dy}{dt}\right)^2}\,dt}$$

A 直線上を運動する点の道のり

練習 15 教 p.201

数直線上を運動する点Pの時刻 t における速度 v が $\cos 2t$ であるとする。$t=0$ から $t=\pi$ までに，Pの位置はどれだけ変化するか。また，道のりを求めよ。

指針 **直線上の運動と道のり**　時刻 $t=a$ から $t=b$ までについて，位置の変化量は $\int_a^b f(t)dt$，道のりは $\int_a^b |f(t)|dt$ である。

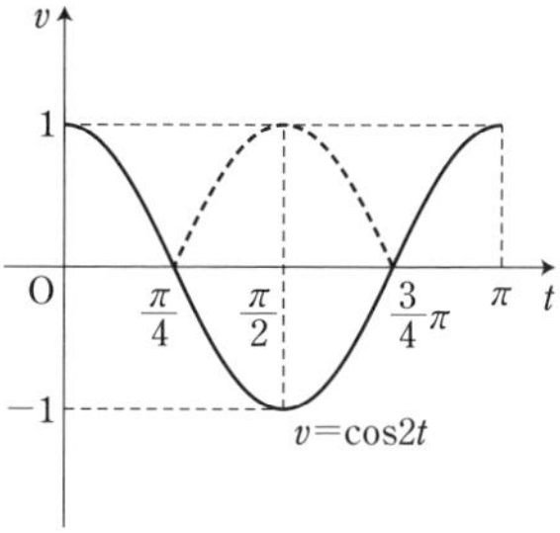

解答 求める位置の変化量 s は

$$s=\int_0^{\pi}\cos 2t\,dt=\left[\frac{1}{2}\sin 2t\right]_0^{\pi}=\mathbf{0}$$ 答

求める道のり l は，図から

$$l=\int_0^{\pi}|\cos 2t|dt=4\int_0^{\frac{\pi}{4}}\cos 2t\,dt=2\left[\sin 2t\right]_0^{\frac{\pi}{4}}$$
$$=2(1-0)=\mathbf{2}$$ 答

B 平面上を運動する点の道のり

練習 16 教 p.202

点Pの座標 $(x,\ y)$ が，正の数 t の関数として

$$x=\log t,\ y=\frac{1}{2}\left(t+\frac{1}{t}\right)$$

で表されるとき，$t=1$ から $t=3$ までの間に点Pが動く道のりを求めよ。

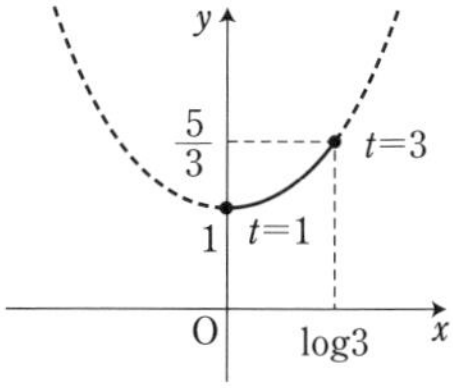

指針 **平面上の運動と道のり**　$t=\alpha$ から $t=\beta$ までの間に点Pが動く道のりは $\int_\alpha^\beta \sqrt{\left(\frac{dx}{dt}\right)^2+\left(\frac{dy}{dt}\right)^2}\,dt$ である。これは結局，曲線の長さに等しい。

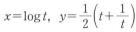

解答 $\frac{dx}{dt}=\frac{1}{t}$，$\frac{dy}{dt}=\frac{1}{2}\left(1-\frac{1}{t^2}\right)$ より

$$\left(\frac{dx}{dt}\right)^2+\left(\frac{dy}{dt}\right)^2=\left(\frac{1}{t}\right)^2+\frac{1}{4}\left(1-\frac{1}{t^2}\right)^2=\frac{1}{4}\left(1+\frac{1}{t^2}\right)^2$$

よって，求める道のり l は

$$l=\int_1^3\sqrt{\left(\frac{dx}{dt}\right)^2+\left(\frac{dy}{dt}\right)^2}\,dt=\int_1^3\sqrt{\frac{1}{4}\left(1+\frac{1}{t^2}\right)^2}\,dt$$
$$=\int_1^3\frac{1}{2}\left(1+\frac{1}{t^2}\right)dt=\frac{1}{2}\left[t-\frac{1}{t}\right]_1^3=\mathbf{\frac{4}{3}}$$ 答

6章 積分法の応用

第6章 問 題

教 p.203

1 次の曲線と直線で囲まれた部分の面積を求めよ。

(1) $y=\dfrac{1}{x^2}$, $y=x$, $x=8y$

(2) $y=\sin x$ $(0\leqq x\leqq 2\pi)$, $y=\cos 2x$ $(0\leqq x\leqq 2\pi)$, y 軸, $x=2\pi$

(3) $\sqrt{x}+\sqrt{y}=1$, x 軸, y 軸

指針 **曲線と面積**　グラフをかいて，面積を求める部分を明確にする。

解答 (1) $y=\dfrac{1}{x^2}$ …… ①,　$y=x$ …… ②,　$x=8y$ …… ③ とおく。

①と②，①と③，②と③それぞれの交点の x 座標はそれぞれ 1，2，0 であるから，グラフは右の図のようになる。求める面積を S とすると

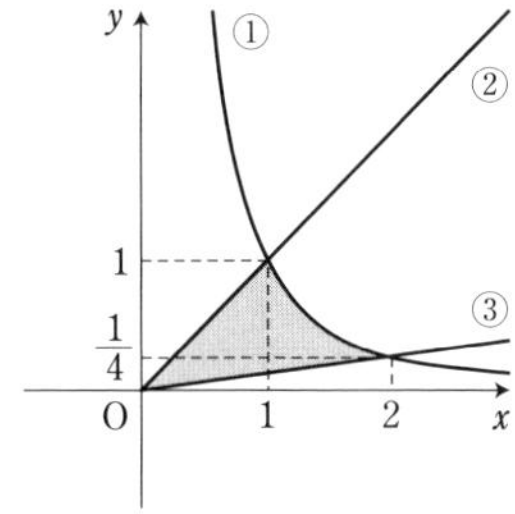

$$S=\int_0^1 x\,dx+\int_1^2\frac{dx}{x^2}-\int_0^2\frac{x}{8}dx$$

$$=\left[\frac{x^2}{2}\right]_0^1+\left[-\frac{1}{x}\right]_1^2-\left[\frac{x^2}{16}\right]_0^2$$

$$=\frac{1}{2}+\left(-\frac{1}{2}+1\right)-\frac{4}{16}=\mathbf{\frac{3}{4}}$$ 答

(2) $y=\sin x$ と $y=\cos 2x$ のグラフをかくと，右の図のようになる。

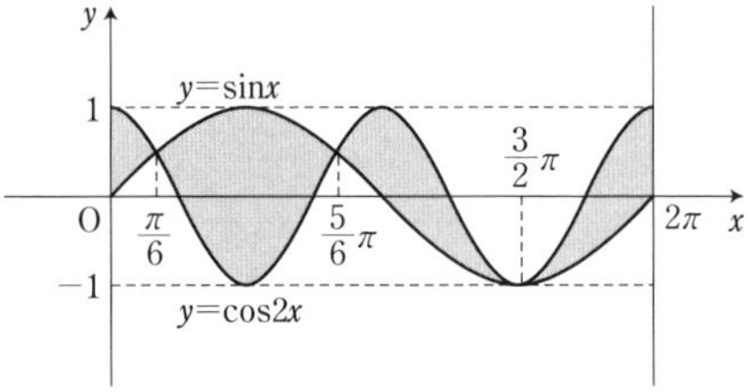

この2つのグラフの共有点の x 座標を求めるために

$\sin x-\cos 2x=0$ とすると

$2\sin^2 x+\sin x-1=0$ より

$(2\sin x-1)(\sin x+1)=0$

$0\leqq x\leqq 2\pi$ では　$x=\dfrac{\pi}{6}$, $\dfrac{5}{6}\pi$, $\dfrac{3}{2}\pi$

よって，求める面積 S は

$$S=\int_0^{\frac{\pi}{6}}(\cos 2x-\sin x)dx+\int_{\frac{\pi}{6}}^{\frac{5}{6}\pi}(\sin x-\cos 2x)dx+\int_{\frac{5}{6}\pi}^{2\pi}(\cos 2x-\sin x)dx$$

$$=\left[\frac{1}{2}\sin 2x+\cos x\right]_0^{\frac{\pi}{6}}+\left[-\cos x-\frac{1}{2}\sin 2x\right]_{\frac{\pi}{6}}^{\frac{5}{6}\pi}+\left[\frac{1}{2}\sin 2x+\cos x\right]_{\frac{5}{6}\pi}^{2\pi}$$

$$=\left(\frac{3\sqrt{3}}{4}-1\right)+\left(\frac{3\sqrt{3}}{4}+\frac{3\sqrt{3}}{4}\right)+\left(1+\frac{3\sqrt{3}}{4}\right)=\mathbf{3\sqrt{3}}$$ 答

(3) グラフは右の図のようになる。

ここで，$\sqrt{x}+\sqrt{y}=1$ より

$$y=(1-\sqrt{x})^2=1-2\sqrt{x}+x$$

よって，求める面積を S とすると

$$S=\int_0^1 y\,dx=\int_0^1(1-2\sqrt{x}+x)dx$$

$$=\left[x-2\cdot\frac{2}{3}x^{\frac{3}{2}}+\frac{x^2}{2}\right]_0^1$$

$$=1-2\cdot\frac{2}{3}+\frac{1}{2}=\mathbf{\frac{1}{6}}$$ 答

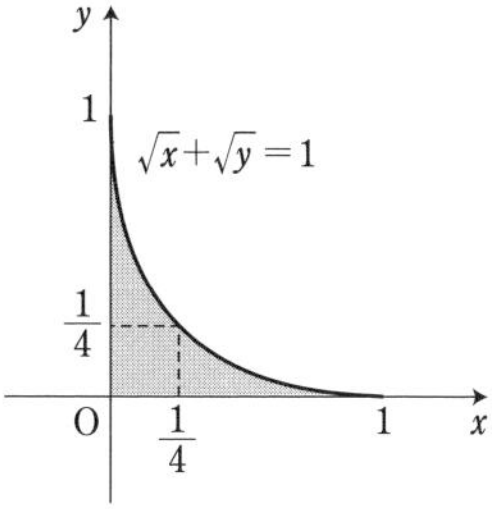

教 p.203

2 原点から曲線 $y=\log 2x$ へ引いた接線とこの曲線，および x 軸で囲まれた部分の面積を求めよ。

指針 **接線と面積**　接線は，教科書 $p.108$ 応用例題 1 にならって求める。グラフをかいて，面積を求める部分を明確にする。x 軸とで囲まれた部分であるが，y 軸に関して積分する方が計算が容易である。なお $y=\log 2x \iff 2x=e^y$ である。

解答 $y'=\dfrac{1}{x}$ であるから，$y=\log 2x$ 上の点

$(a,\ \log 2a)$ における接線の方程式は

$$y-\log 2a=\frac{1}{a}(x-a)$$

これが原点 $(0,\ 0)$ を通るから

$$-\log 2a=-1$$

よって，$2a=e$ より　$a=\dfrac{e}{2}$

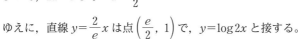

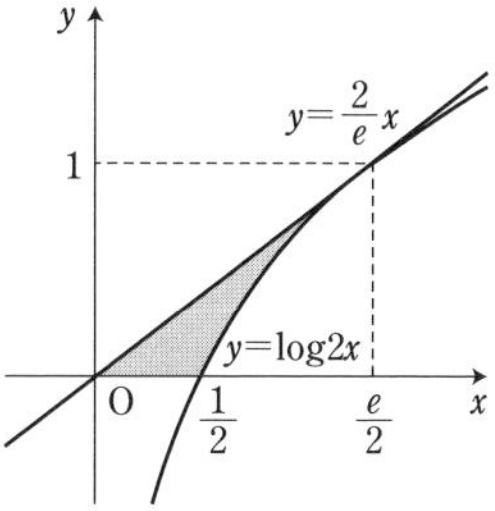

ゆえに，直線 $y=\dfrac{2}{e}x$ は点 $\left(\dfrac{e}{2},\ 1\right)$ で，$y=\log 2x$ と接する。

$y=\log 2x$ は $2x=e^y$ すなわち $x=\dfrac{1}{2}e^y$ で表されるから，求める面積 S は，

上の図から

$$S=\int_0^1\left(\frac{1}{2}e^y-\frac{e}{2}y\right)dy=\left[\frac{1}{2}e^y-\frac{e}{4}y^2\right]_0^1$$

$$=\left(\frac{e}{2}-\frac{e}{4}\right)-\frac{1}{2}=\mathbf{\frac{e-2}{4}}$$ 答

6章 積分法の応用

教 p.203

3 曲線 $x=\cos t$，$y=\cos 2t$ $(0\leqq t\leqq\pi)$ と x 軸で囲まれた部分の面積を求めよ。

指針 **媒介変数表示と面積**　まず曲線の概形をつかむ。2 倍角の公式により t を消去すると $y=2x^2-1$ で，放物線になる。

解答 $y=0$ となる t は，$\cos 2t=0$ より

$$t=\frac{\pi}{4},\ \frac{3}{4}\pi$$

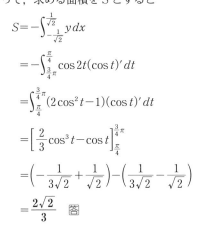

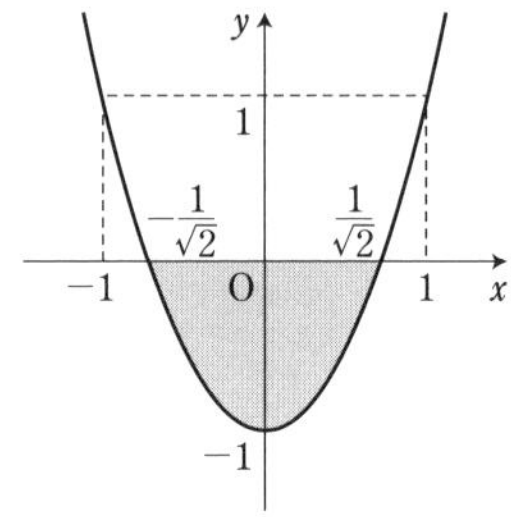

$\dfrac{\pi}{4}\leqq t\leqq\dfrac{3}{4}\pi$ のとき　　$y\leqq 0$

ここで，$x=\cos t$ より

$$dx=(\cos t)'\,dt$$

また，x と t の対応は右のようになる。

x	$-\dfrac{1}{\sqrt{2}}\ \longrightarrow\ \dfrac{1}{\sqrt{2}}$
t	$\dfrac{3}{4}\pi\ \longrightarrow\ \dfrac{\pi}{4}$

よって，求める面積を S とすると

$$S=-\int_{-\frac{1}{\sqrt{2}}}^{\frac{1}{\sqrt{2}}}y\,dx$$

$$=-\int_{\frac{3}{4}\pi}^{\frac{\pi}{4}}\cos 2t(\cos t)'\,dt$$

$$=\int_{\frac{\pi}{4}}^{\frac{3}{4}\pi}(2\cos^2 t-1)(\cos t)'\,dt$$

$$=\left[\frac{2}{3}\cos^3 t-\cos t\right]_{\frac{\pi}{4}}^{\frac{3}{4}\pi}$$

$$=\left(-\frac{1}{3\sqrt{2}}+\frac{1}{\sqrt{2}}\right)-\left(\frac{1}{3\sqrt{2}}-\frac{1}{\sqrt{2}}\right)$$

$$=\boldsymbol{\frac{2\sqrt{2}}{3}}$$ 答

教 p.203

4 $0\leqq x\leqq\dfrac{\pi}{3}$ の範囲において，2 つの曲線 $y=\sin x$，$y=\sin 2x$ で囲まれた部分を，x 軸の周りに 1 回転させてできる立体の体積を求めよ。

指針 **曲線で囲まれた図形の回転体の体積**　2 曲線の概形をかき，交点や上下関係を確認する。求める体積は 2 つの回転体の体積の差として求められる。

教科書 p.203

解答 曲線 $y=\sin x$ と曲線 $y=\sin 2x$ の交点の x 座標を求めると $\sin x=\sin 2x$ から

$$\sin x(2\cos x-1)=0$$

$0\leqq x\leqq\dfrac{\pi}{3}$ の範囲では　$x=0,\ \dfrac{\pi}{3}$

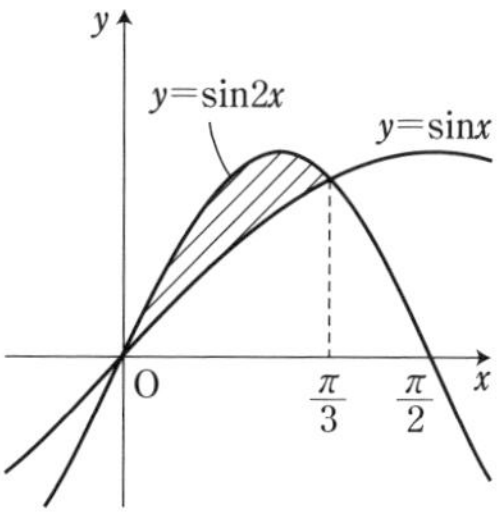

求める体積 V は

$$V=\pi\int_0^{\frac{\pi}{3}}\sin^2 2x\,dx-\pi\int_0^{\frac{\pi}{3}}\sin^2 x\,dx$$

$$=\pi\int_0^{\frac{\pi}{3}}\frac{1-\cos 4x}{2}dx-\pi\int_0^{\frac{\pi}{3}}\frac{1-\cos 2x}{2}dx$$

$$=\frac{\pi}{2}\int_0^{\frac{\pi}{3}}(\cos 2x-\cos 4x)dx$$

$$=\frac{\pi}{2}\left[\frac{1}{2}\sin 2x-\frac{1}{4}\sin 4x\right]_0^{\frac{\pi}{3}}=\boldsymbol{\frac{3\sqrt{3}}{16}\pi}$$ 答

教 p.203

5 曲線 $y=\sqrt{x}-\dfrac{x\sqrt{x}}{3}$ $(1\leqq x\leqq 4)$ の長さを求めよ。

指針 **曲線の長さ**　公式 $\displaystyle\int_a^b\sqrt{1+\{f'(x)\}^2}\,dx$ を利用する。

解答 $$y'=\frac{1}{2\sqrt{x}}-\frac{\sqrt{x}}{2}=\frac{1-x}{2\sqrt{x}}$$

よって，求める長さ L は

$$L=\int_1^4\sqrt{1+\left(\frac{1-x}{2\sqrt{x}}\right)^2}\,dx=\int_1^4\sqrt{\left(\frac{1+x}{2\sqrt{x}}\right)^2}\,dx$$

$$=\int_1^4\left(\frac{1}{2\sqrt{x}}+\frac{\sqrt{x}}{2}\right)dx$$

$$=\left[\sqrt{x}+\frac{x\sqrt{x}}{3}\right]_1^4=\boldsymbol{\frac{10}{3}}$$ 答

教 p.203

6 初速度 40 m/s で直線上を動き始めた物体の，t 秒後の速度 v m/s を $v=40-1.5t-4\sqrt{t}$ とする。速度が 0 になるまでに進む道のりを求めよ。

教科書 p.203

指針 **直線上の運動と道のり**　時刻 $t=a$ から $t=b$ までに進む道のりは $\int_a^b |v|dt$ である。まず，$v=0$ となる t の値を求める。

解答 速度が 0 になるとき，$v=0$ であるから，このときの t の値を求める。

$$v=40-1.5t-4\sqrt{t}=-\frac{1}{2}(3t+8\sqrt{t}-80)$$

$$=-\frac{1}{2}(3\sqrt{t}+20)(\sqrt{t}-4)$$

よって，$v=0$ とすると，$t>0$ であるから

$\sqrt{t}-4=0$　すなわち　$t=16$

$0\leqq t\leqq 16$ のとき，$v\geqq 0$ であるから，求める道のり l は

$$l=\int_0^{16}|v|dt=\int_0^{16}(40-1.5t-4\sqrt{t})dt$$

$$=\left[40t-\frac{3}{4}t^2-\frac{8}{3}t\sqrt{t}\right]_0^{16}=\frac{832}{3}$$　答　$\boldsymbol{\frac{832}{3}}$ **m**

教 p.203

7 水を満たした半径 a cm の半球形の容器がある。これを静かに 30° 傾けるとき，こぼれる水の量はどれだけか。

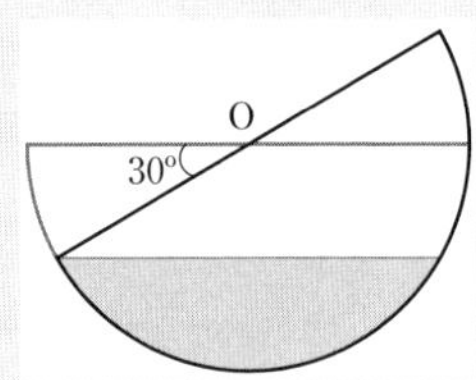

指針 **回転体の体積(球)**　容器を再びもとに戻すと，球の中心 O と残った水面までの距離は $a\sin 30°$ になる。

解答 図のように座標軸をとると，こぼれる水の量は，円 $x^2+y^2=a^2$ のうち，$0\leqq x\leqq a\sin 30°=\frac{1}{2}a$ の部分を x 軸の周りに回転させてできる立体の体積 V に等しい。

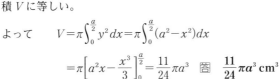

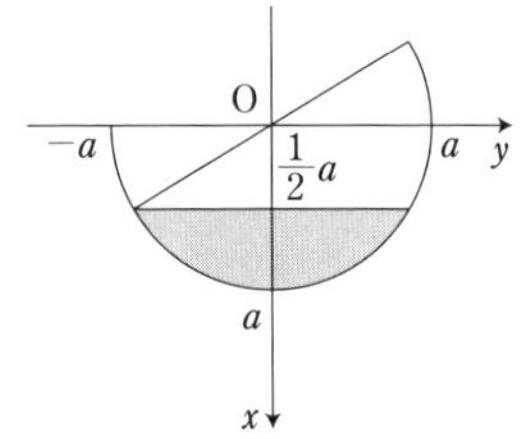

よって　$V=\pi\int_0^{\frac{a}{2}}y^2dx=\pi\int_0^{\frac{a}{2}}(a^2-x^2)dx$

$$=\pi\left[a^2x-\frac{x^3}{3}\right]_0^{\frac{a}{2}}=\frac{11}{24}\pi a^3$$　答　$\boldsymbol{\frac{11}{24}\pi a^3}$ **cm³**

教 p.203

8 $a>0$ とする。関数 $y=ae^{\frac{x}{a}}$，$y=ae^{-\frac{x}{a}}$ のグラフと，y 軸に平行な直線との交点をそれぞれ P，Q とするとき，次の問いに答えよ。

(1) 線分 PQ の中点 M の軌跡を求めよ。

(2) $x_0>0$ とする。x 座標が $0 \leqq x \leqq x_0$ の範囲内にある点 M の軌跡の長さを求めよ。

指針 **軌跡の長さ**

(1) y 軸に平行な直線を $x=t$ とすると　$\mathrm{P}\left(t,\ ae^{\frac{t}{a}}\right)$，$\mathrm{Q}\left(t,\ ae^{-\frac{t}{a}}\right)$

中点 M の座標を $(x,\ y)$ とすると　$x=t$，$y=\dfrac{ae^{\frac{t}{a}}+ae^{-\frac{t}{a}}}{2}$

これから t を消去する。

(2) (1) で求めた関数を，長さの公式 $L=\int_a^b\sqrt{1+\left(\dfrac{dy}{dx}\right)^2}\,dx$ にあてはめる。

解答 (1) y 軸に平行な直線を $x=t$ とすると

$$\mathrm{P}\left(t,\ ae^{\frac{t}{a}}\right),\ \mathrm{Q}\left(t,\ ae^{-\frac{t}{a}}\right)$$

線分 PQ の中点 M の座標を $(x,\ y)$ とすると

$$x=t,\ y=\frac{ae^{\frac{t}{a}}+ae^{-\frac{t}{a}}}{2}$$

よって　$y=\dfrac{a}{2}\left(e^{\frac{x}{a}}+e^{-\frac{x}{a}}\right)$

したがって，中点 M の軌跡は，**曲線** $\boldsymbol{y=\dfrac{a}{2}\left(e^{\frac{x}{a}}+e^{-\frac{x}{a}}\right)}$ である。 答

(2) (1) より　$\dfrac{dy}{dx}=\dfrac{1}{2}\left(e^{\frac{x}{a}}-e^{-\frac{x}{a}}\right)$

よって　$\sqrt{1+\left(\dfrac{dy}{dx}\right)^2}=\sqrt{1+\dfrac{1}{4}\left(e^{\frac{x}{a}}-e^{-\frac{x}{a}}\right)^2}$

$$=\sqrt{\frac{1}{4}\left(e^{\frac{x}{a}}+e^{-\frac{x}{a}}\right)^2}=\frac{1}{2}\left(e^{\frac{x}{a}}+e^{-\frac{x}{a}}\right)$$

したがって，点 M の軌跡の長さは

$$\int_0^{x_0}\sqrt{1+\left(\frac{dy}{dx}\right)^2}\,dx=\int_0^{x_0}\frac{1}{2}\left(e^{\frac{x}{a}}+e^{-\frac{x}{a}}\right)dx=\frac{a}{2}\left[e^{\frac{x}{a}}-e^{-\frac{x}{a}}\right]_0^{x_0}$$

$$=\boldsymbol{\frac{a}{2}\left(e^{\frac{x_0}{a}}-e^{-\frac{x_0}{a}}\right)}$$ 答

6章 積分法の応用

第6章　演習問題A

教 p.204

1. 曲線 $2x^2-2xy+y^2=4$ について，次のことを示せ。

(1) この方程式を y について解くと，
$y=x\pm\sqrt{4-x^2}$ となる。

(2) 曲線によって囲まれた部分の面積は，半径2の円の面積に等しい。

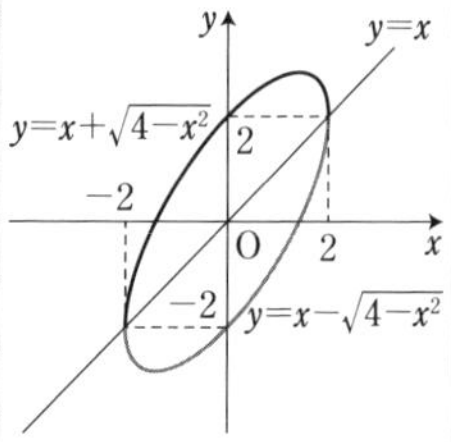

指針 **曲線で囲まれた図形の面積**

(1) x を定数とみて y の2次方程式を解の公式で解く。

(2) $y=f(x)$，$y=g(x)$ で囲まれた部分の面積は　$\int_a^b |f(x)-g(x)|dx$

解答 (1) $2x^2-2xy+y^2=4$ より　　$y^2-2x\cdot y+2x^2-4=0$

これを y について解くと，解の公式により

$$y=x\pm\sqrt{(-x)^2-1\cdot(2x^2-4)}=x\pm\sqrt{4-x^2}$$ 終

(2) 求める面積を S とすると，図から

$$S=\int_{-2}^{2}\{x+\sqrt{4-x^2}-(x-\sqrt{4-x^2})\}dx$$

$$=\int_{-2}^{2}2\sqrt{4-x^2}\,dx=4\int_0^2\sqrt{4-x^2}\,dx$$

曲線 $y=\sqrt{4-x^2}$　$(0\leqq x\leqq 2)$ は原点を中心とし，半径2の四分円であるから $\int_0^2\sqrt{4-x^2}\,dx$ は，この四分円の面積を表し，その4倍である S は半径2の円の面積を表す。 終

教 p.204

2. 半径 a の円Oの直径AB上に，点Pをとる。Pを通りABに垂直な弦QRが底辺で，高さが h である二等辺三角形を，円Oの面に対して垂直に作る。PがAからBまで移動するとき，この三角形が通過してできる立体の体積を求めよ。

指針 **三角形が通過してできる立体の体積**　　円の中心Oを原点，直線ABを x 軸にとると，立体を x 軸に垂直な平面で切ったときの断面は，高さが h の二等辺三角形になる。

また，$\int_0^a\sqrt{a^2-x^2}\,dx$ は四分円の面積 $\frac{1}{4}\pi a^2$ であることを用いる。

解答 円の中心 O を原点に，直線 AB を x 軸にとる。点 P の座標を x とすると

$$\mathrm{QR}=2\sqrt{a^2-x^2}$$

よって，線分 QR を底辺とする二等辺三角形の面積 $S(x)$ は

$$S(x)=\frac{1}{2}\times\mathrm{QR}\times h=h\sqrt{a^2-x^2}$$

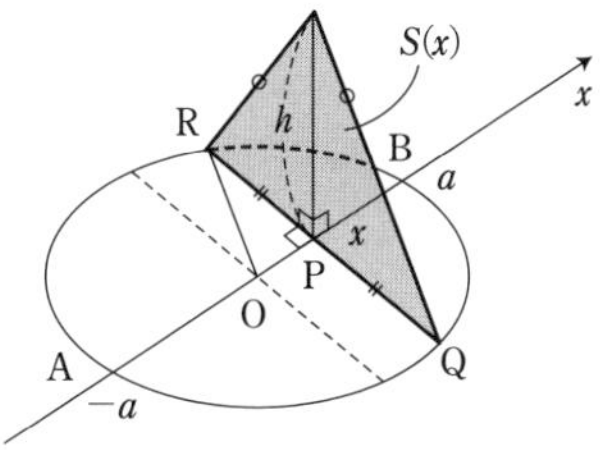

関数 $S(x)$ は x の偶関数であるから，

求める体積 V は

$$V=\int_{-a}^{a}h\sqrt{a^2-x^2}\,dx=2h\int_0^a\sqrt{a^2-x^2}\,dx=2h\cdot\frac{1}{4}\pi a^2=\boldsymbol{\frac{1}{2}\pi a^2 h}$$ 答

教 p.204

3. 曲線 $y=e^x$ とこの曲線上の点 $(1,\ e)$ における接線，および y 軸で囲まれた部分の面積 S を求めよ。また，この部分を x 軸の周りに 1 回転させてできる立体の体積 V を求めよ。

指針 **接線と面積，回転体の体積（x 軸の周り）** 曲線 $y=f(x)$ 上の点 $(a,\ f(a))$ における接線の方程式は，$y-f(a)=f'(a)(x-a)$ である。グラフをかいて，面積を求める部分（回転させる部分）を明確にする。回転体が円錐になる場合は円錐の体積の公式を用いて計算する。

解答 $y'=e^x$ であるから，点 $(1,\ e)$ における接線の方程式は

$$y-e=e(x-1)$$

すなわち $y=ex$

求める面積 S は，右の図の斜線部分の面積であるから

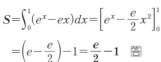

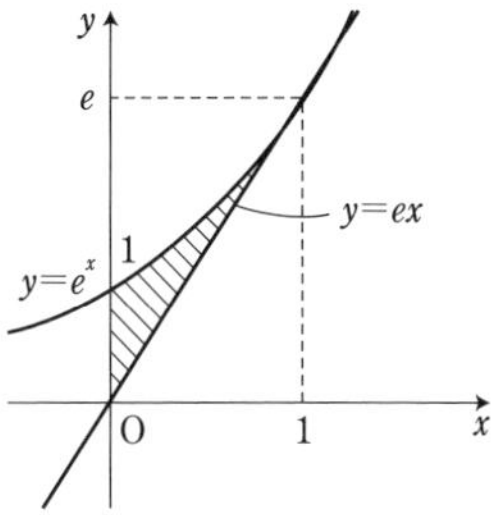

$$\boldsymbol{S}=\int_0^1(e^x-ex)dx=\left[e^x-\frac{e}{2}x^2\right]_0^1$$

$$=\left(e-\frac{e}{2}\right)-1=\boldsymbol{\frac{e}{2}-1}$$ 答

求める体積 V は

$$\boldsymbol{V}=\pi\int_0^1(e^x)^2dx-\frac{1}{3}\cdot\pi\cdot e^2\cdot 1$$

$$=\pi\left[\frac{1}{2}e^{2x}\right]_0^1-\frac{e^2}{3}\pi$$

$$=\frac{1}{2}\pi(e^2-1)-\frac{e^2}{3}\pi=\boldsymbol{\frac{e^2-3}{6}\pi}$$ 答

教 p.204

4. Oを座標平面の原点とし，$a>1$ とする。曲線 $y=\dfrac{1}{x}$ 上に2点 A(1, 1)，$\mathrm{P}\left(a,\ \dfrac{1}{a}\right)$ をとる。線分 OP，OA，および曲線の弧 AP で囲まれた部分を，x 軸の周りに1回転させてできる立体の体積を $V(a)$ とする。

(1) $V(a)$ を a で表せ。　　(2) $\displaystyle\lim_{a\to\infty}V(a)$ を求めよ。

指針 **x 軸の周りの回転体の体積と極限**　求める体積は回転体の体積の差になる。回転体が円錐になる場合は円錐の体積の公式を用いて計算する。

解答 (1) 図のように，2点 A，P から x 軸に垂線 AH，PT を下ろし，△OAH，図形 AHTP，△OPT を x 軸の周りに1回転させてできる立体の体積を，それぞれ V_1，V_2，V_3 とすると，求める体積 $V(a)$ は

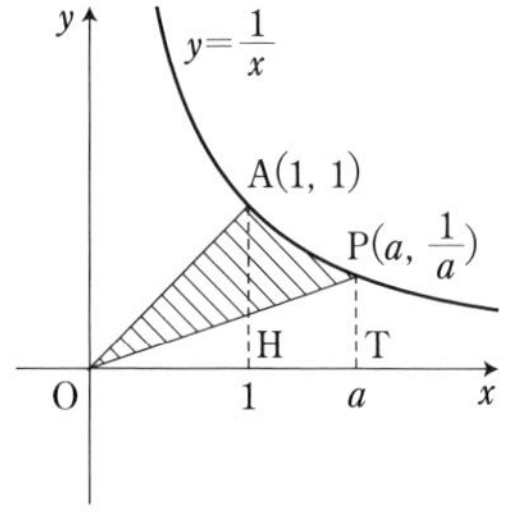

$$V(a)=V_1+V_2-V_3$$

$$V_1=\frac{1}{3}\cdot\pi\cdot1^2\cdot1=\frac{1}{3}\pi$$

$$V_2=\pi\int_1^a\left(\frac{1}{x}\right)^2dx=\pi\left[-\frac{1}{x}\right]_1^a=\pi\left(-\frac{1}{a}+1\right)=\pi\left(1-\frac{1}{a}\right)$$

$$V_3=\frac{1}{3}\pi\left(\frac{1}{a}\right)^2a=\frac{1}{3a}\pi$$

よって　$\boldsymbol{V(a)}=\dfrac{1}{3}\pi+\pi\left(1-\dfrac{1}{a}\right)-\dfrac{1}{3a}\pi=\boldsymbol{\dfrac{4}{3}\pi\left(1-\dfrac{1}{a}\right)}$ 答

(2) (1)の結果から

$\displaystyle\lim_{a\to\infty}V(a)=\lim_{a\to\infty}\frac{4}{3}\pi\left(1-\frac{1}{a}\right)=\boldsymbol{\frac{4}{3}\pi}$ 答

教 p.204

5. $a>0$ とする。曲線 $x=e^{-t}\cos t$, $y=e^{-t}\sin t$ $(0\leqq t\leqq a)$ の長さを $L(a)$ とする。

(1) $L(a)$ を a で表せ。　(2) $\lim_{a\to\infty} L(a)$ を求めよ。

指針 **媒介変数で表された曲線の長さと極限**　曲線 $x=f(t)$, $y=g(t)$ $(\alpha\leqq t\leqq\beta)$ の長さ L は，次の公式で求められる。

$$L=\int_\alpha^\beta\sqrt{\left(\frac{dx}{dt}\right)^2+\left(\frac{dy}{dt}\right)^2}\,dt=\int_\alpha^\beta\sqrt{\{f'(t)\}^2+\{g'(t)\}^2}\,dt$$

解答 (1) $\dfrac{dx}{dt}=-e^{-t}\cos t-e^{-t}\sin t$

$=-e^{-t}(\cos t+\sin t)$

$\dfrac{dy}{dt}=-e^{-t}\sin t+e^{-t}\cos t$

$=-e^{-t}(\sin t-\cos t)$

よって　$L(a)=\displaystyle\int_0^a\sqrt{\left(\frac{dx}{dt}\right)^2+\left(\frac{dy}{dt}\right)^2}\,dt$

$=\displaystyle\int_0^a\sqrt{\{-e^{-t}(\cos t+\sin t)\}^2+\{-e^{-t}(\sin t-\cos t)\}^2}\,dt$

$=\displaystyle\int_0^a\sqrt{2e^{-2t}(\cos^2 t+\sin^2 t)}\,dt$

$=\displaystyle\int_0^a\sqrt{2e^{-2t}}\,dt$

$=\sqrt{2}\displaystyle\int_0^a e^{-t}dt$

$=\sqrt{2}\Big[-e^{-t}\Big]_0^a$

$=\boldsymbol{\sqrt{2}(1-e^{-a})}$　答

(2) $\displaystyle\lim_{a\to\infty}L(a)=\lim_{a\to\infty}\sqrt{2}(1-e^{-a})=\boldsymbol{\sqrt{2}}$　答

6章 積分法の応用

第6章　演習問題B

教 p.205

6. 次の問いに答えよ。

(1) 曲線 $y=x\sin x$ $(0\leqq x\leqq 2\pi)$ の，原点O以外の点における接線のうち，Oを通るものの方程式を求めよ。

(2) (1)において，接点Pが第4象限にあるとき，線分OPと曲線で囲まれた部分の面積を求めよ。

指針 **接線と曲線間の面積**

(1) 接点の座標を $(p,\ p\sin p)$ として接線の方程式を作り，それが原点を通るように，p の値を定める。

(2) $y'=0$，$y''=0$ となる x の値をすべて求めることはできないので，曲線 $y=x\sin x$ の概形をかくことは難しいが，接線と曲線の上下関係はわかる。

解答 (1)　$y'=\sin x+x\cos x$

求める接線の接点の x 座標を p とすると，y 座標は $p\sin p$ であるから，

接線の方程式は　$y-p\sin p=(\sin p+p\cos p)(x-p)$

整理すると　$y=(\sin p+p\cos p)x-p^2\cos p$

これが原点O(0, 0)を通るから　$p^2\cos p=0$

$0<p\leqq 2\pi$ であるから　$\cos p=0$　よって　$p=\dfrac{\pi}{2},\ \dfrac{3}{2}\pi$

したがって，求める接線の方程式は

接点が $\left(\dfrac{\pi}{2},\ \dfrac{\pi}{2}\right)$ のとき　$\boldsymbol{y=x}$　答

接点が $\left(\dfrac{3}{2}\pi,\ -\dfrac{3}{2}\pi\right)$ のとき　$\boldsymbol{y=-x}$　答

(2) 接点Pは第4象限にあるから　$\mathrm{P}\left(\dfrac{3}{2}\pi,\ -\dfrac{3}{2}\pi\right)$

接線の方程式は　$y=-x$

ここで　$x\sin x-(-x)=x(1+\sin x)$

$0\leqq x\leqq \dfrac{3}{2}\pi$ では　$x(1+\sin x)\geqq 0$

よって，$x\sin x\geqq -x$ であるから，求める部分の面積 S は

$$S=\int_0^{\frac{3}{2}\pi}(x\sin x+x)dx=\Big[-x\cos x\Big]_0^{\frac{3}{2}\pi}+\int_0^{\frac{3}{2}\pi}\cos x\,dx+\left[\frac{x^2}{2}\right]_0^{\frac{3}{2}\pi}$$

$$=\Big[\sin x\Big]_0^{\frac{3}{2}\pi}+\frac{9}{8}\pi^2=\boldsymbol{\frac{9}{8}\pi^2-1}$$　答

別解 $S=\int_0^{\frac{3}{2}\pi}(x\sin x+x)dx=\int_0^{\frac{3}{2}\pi}x(-\cos x+x)'dx$

$$=\Big[x(-\cos x+x)\Big]_0^{\frac{3}{2}\pi}-\int_0^{\frac{3}{2}\pi}(-\cos x+x)dx$$

$$=\frac{9}{4}\pi^2+\left[\sin x-\frac{x^2}{2}\right]_0^{\frac{3}{2}\pi}=\boldsymbol{\frac{9}{8}\pi^2-1}$$ 答

教 p.205

7. 関数 $y=\log x$ のグラフ上の 2 点 A，B を結ぶ線分 AB の中点が，点 P(2, 0) であるという。2 点 A，B の座標，および，曲線 $y=\log x$ と線分 AB で囲まれた部分の面積を求めよ。ただし，点 A の x 座標は点 B の x 座標より小さいものとする。

指針 **曲線と面積**　まず，A，B の座標を $(x_1,\ \log x_1)$，$(x_2,\ \log x_2)$ として，その中点の座標が P(2, 0) であることから x_1，x_2 を求める。面積は，計算が簡単になるように工夫して求める。

解答 2 点 A，B の座標をそれぞれ

　$\mathrm{A}(x_1,\ \log x_1)$，$\mathrm{B}(x_2,\ \log x_2)$　　$(x_1<x_2)$

とする。線分 AB の中点が点 P(2, 0) であるから

$$\frac{x_1+x_2}{2}=2,\quad \frac{\log x_1+\log x_2}{2}=0$$

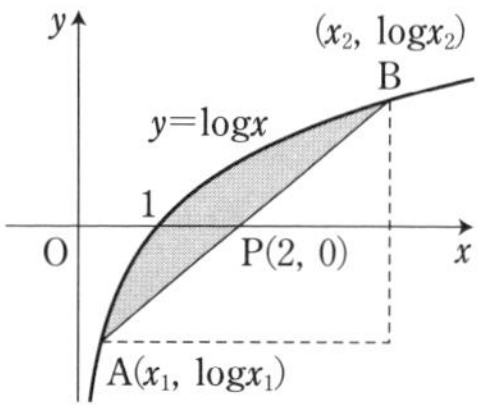

よって　$x_1+x_2=4$，$x_1x_2=1$

x_1，x_2 は 2 次方程式 $t^2-4t+1=0$ の 2 つの正の解である。

よって　$t=2\pm\sqrt{3}$

ゆえに，**2 点 A，B の座標は**

　$\boldsymbol{(2-\sqrt{3},\ \log(2-\sqrt{3}))}$，$\boldsymbol{(2+\sqrt{3},\ \log(2+\sqrt{3}))}$ 答

$y=\log x$ より，$y'=\dfrac{1}{x}$，$y''=-\dfrac{1}{x^2}<0$ であるから，曲線 $y=\log x$ は上に凸で，線分 AB の上側にある。

よって，求める面積 S は，曲線 $y=\log x$ と 2 直線 $y=\log x_1$，$x=x_2$ で囲まれた部分から，線分 AB を斜辺とする直角三角形を除いて

$$S=\int_{x_1}^{x_2}(\log x-\log x_1)dx-\frac{1}{2}(x_2-x_1)(\log x_2-\log x_1)$$

$$=\Big[x\log x-x-x\log x_1\Big]_{x_1}^{x_2}-\frac{1}{2}(x_2-x_1)\log\frac{x_2}{x_1}$$

$$=x_2\log\frac{x_2}{x_1}-(x_2-x_1)-\frac{1}{2}(x_2-x_1)\log\frac{x_2}{x_1}$$

$$=\frac{1}{2}(x_1+x_2)\log\frac{x_2}{x_1}-(x_2-x_1)$$

6章 積分法の応用

$$x_1+x_2=4,\qquad x_2-x_1=2\sqrt{3},\qquad \frac{x_2}{x_1}=\frac{2+\sqrt{3}}{2-\sqrt{3}}=(2+\sqrt{3})^2$$

であるから，求める **面積は**

$$S=\frac{1}{2}\cdot 4\log(2+\sqrt{3})^2-2\sqrt{3}=\mathbf{4\log(2+\sqrt{3})-2\sqrt{3}}\quad \text{答}$$

注意 直線 AB の方程式を求めると　$y=\dfrac{\log(2+\sqrt{3})}{\sqrt{3}}(x-2)$　となり

$S=\displaystyle\int_{2-\sqrt{3}}^{2+\sqrt{3}}\left\{\log x-\frac{\log(2+\sqrt{3})}{\sqrt{3}}(x-2)\right\}dx$ で求められるが，かなり煩雑な計算になる。x_1，x_2 のまま計算を進め，最後に数値を代入するとよい。

教 p.205

8\. 放物線 $y=x^2-1$ と直線 $y=x+1$ で囲まれた部分を，x 軸の周りに 1 回転させてできる立体の体積を求めよ。

指針 **放物線と直線で囲まれた図形の回転体の体積**　x 軸の周りに 1 回転させてできる立体について，放物線と直線の上下関係に注意する。放物線 $y=x^2-1$ を x 軸に関して折り返してできる放物線の方程式は $y=-x^2+1$ である。これと直線 $y=x+1$ の交点も考える。

解答 放物線 $y=x^2-1$ と直線 $y=x+1$ の交点の x 座標は $x^2-1=x+1$ とすると，$x^2-x-2=0$ より

$x=-1,\ 2$

また，放物線 $y=x^2-1$ の x 軸より下側の部分を，x 軸に関して対称に折り返すと右の図のようになる。

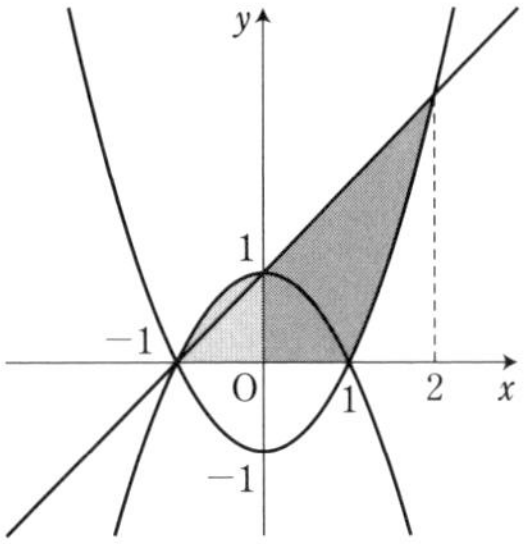

このとき，折り返してできる放物線 $y=-x^2+1$ と直線 $y=x+1$ の交点の x 座標は $-x^2+1=x+1$ とすると $x(x+1)=0$ より　　$x=0,\ -1$

よって，求める体積 V は

$$\begin{aligned}V&=\pi\int_{-1}^{0}(x^2-1)^2dx+\pi\int_{0}^{2}(x+1)^2dx-\pi\int_{1}^{2}(x^2-1)^2dx\\&=\pi\int_{-1}^{0}(x^4-2x^2+1)dx+\pi\left[\frac{(x+1)^3}{3}\right]_0^2-\pi\int_1^2(x^4-2x^2+1)dx\\&=\pi\left[\frac{x^5}{5}-\frac{2}{3}x^3+x\right]_{-1}^{0}+\pi\left(9-\frac{1}{3}\right)-\pi\left[\frac{x^5}{5}-\frac{2}{3}x^3+x\right]_1^2\\&=\boldsymbol{\frac{20}{3}\pi}\quad \text{答}\end{aligned}$$

教 p.205

9. 曲線 $y=\cos x$ $\left(0\leqq x\leqq\dfrac{\pi}{2}\right)$ と x 軸および y 軸で囲まれた部分を y 軸の周りに1回転させてできる立体の体積を求めよ。

指針 **曲線と x 軸，y 軸で囲まれた図形の回転体の体積**　y 軸の周りに1回転させてできる立体の体積 V は公式 $V=\pi\int_c^d x^2dy$ により求める。

このとき，$y=\cos x$ より　$\dfrac{dy}{dx}=-\sin x$　　$dy=-\sin x\,dx$ として，dy をおき換えることにより，定積分を計算する。

解答 曲線 $y=\cos x$ $\left(0\leqq x\leqq\dfrac{\pi}{2}\right)$ は図のようになり，求める体積 V は

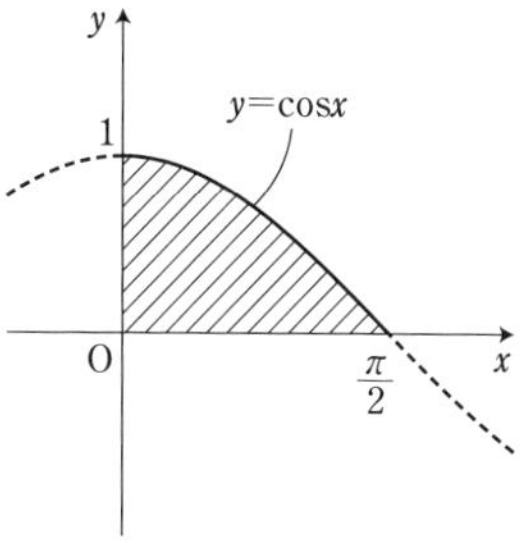

$$V=\pi\int_0^1 x^2dy$$

$y=\cos x$ より

$$dy=-\sin x\,dx$$

y と x の対応は右のようになるから

y	$0\longrightarrow 1$
x	$\dfrac{\pi}{2}\longrightarrow 0$

$$V=\pi\int_0^1 x^2dy=\pi\int_{\frac{\pi}{2}}^0 x^2\cdot(-\sin x)dx$$

$$=\pi\int_0^{\frac{\pi}{2}} x^2\sin x\,dx=\pi\left\{\Big[x^2(-\cos x)\Big]_0^{\frac{\pi}{2}}+\int_0^{\frac{\pi}{2}}2x\cos x\,dx\right\}$$

$$=\pi\left(\Big[2x\sin x\Big]_0^{\frac{\pi}{2}}-\int_0^{\frac{\pi}{2}}2\sin x\,dx\right)$$

$$=\pi\left(\pi+\Big[2\cos x\Big]_0^{\frac{\pi}{2}}\right)=\boldsymbol{\pi(\pi-2)}$$ 答

教 p.205

10. 半径 a の球の中央から，半径 b の円柱状の穴をくりぬいた立体の体積を求めよ。ただし，$a>b$ とする。

指針 **回転体の体積(球)**　半円を直径の周りに1回転させたものが球である。また，半径 b の円柱状の穴をくりぬくとき，この円柱状の立体はきちんとした円柱ではなく，底面の部分が球面の形にふくらんだ立体である。これをくりぬいたときに残った立体は，回転させる前の半円のどの部分が回転してできるものであるかを考えて，その体積を計算する。

解答 半円 $x^2+y^2=a^2$ $(y \geqq 0)$ と直線 $y=b$ で囲まれた部分を x 軸の周りに1回転させると題意の立体となる。

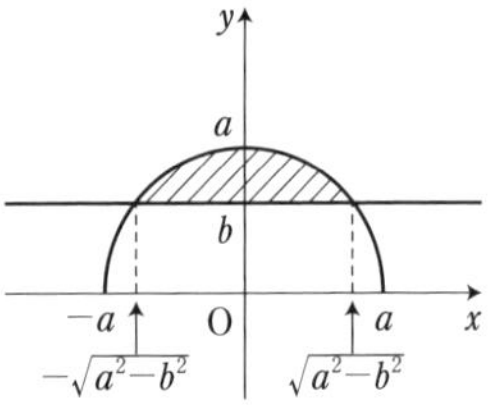

半円と直線 $y=b$ の交点の x 座標は

$x^2+b^2=a^2$ より　$x=\pm\sqrt{a^2-b^2}$

右の図より，y 軸に関して対称であるから，求める体積 V は

$$V=2\pi\int_0^{\sqrt{a^2-b^2}}(a^2-x^2)dx-2\pi\int_0^{\sqrt{a^2-b^2}}b^2dx$$

$$=2\pi\int_0^{\sqrt{a^2-b^2}}\{(a^2-b^2)-x^2\}dx=2\pi\left[(a^2-b^2)x-\frac{x^3}{3}\right]_0^{\sqrt{a^2-b^2}}$$

$$=2\pi\cdot\frac{2}{3}(a^2-b^2)\sqrt{a^2-b^2}=\boldsymbol{\frac{4}{3}\pi(a^2-b^2)\sqrt{a^2-b^2}}$$ 答

教 p.205

11. 極方程式 $r=1+\cos\theta$ $(0 \leqq \theta \leqq 2\pi)$ で表された曲線(カージオイド)上の点Pの直交座標を $(x,\ y)$ とする。

(1) x，y をそれぞれ θ の関数として表せ。

(2) この曲線の長さを求めよ。

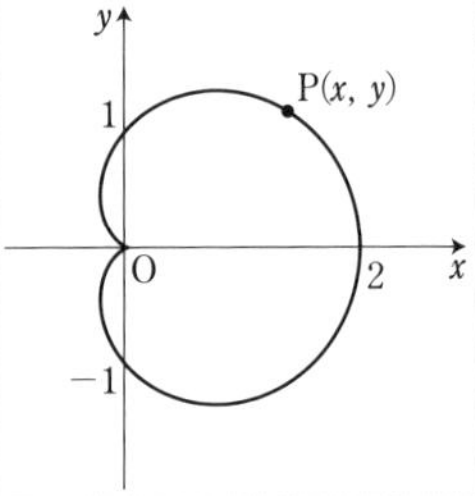

指針 **極方程式で表された曲線の長さ**

(1) $x=r\cos\theta$，$y=r\sin\theta$ にあてはめる。

(2) (1)を利用する。曲線 $x=f(\theta)$，$y=g(\theta)$ $(0 \leqq \theta \leqq 2\pi)$ の長さ L は

$$L=\int_0^{2\pi}\sqrt{\left(\frac{dx}{d\theta}\right)^2+\left(\frac{dy}{d\theta}\right)^2}\,d\theta=\int_0^{2\pi}\sqrt{\{f'(\theta)\}^2+\{g'(\theta)\}^2}\,d\theta$$

解答 (1) $x=r\cos\theta$，$y=r\sin\theta$，$r=1+\cos\theta$ より

$\boldsymbol{x=(1+\cos\theta)\cos\theta}$，$\boldsymbol{y=(1+\cos\theta)\sin\theta}$ 答

(2) $$\frac{dx}{d\theta}=-\sin\theta\cos\theta-(1+\cos\theta)\sin\theta=-(\sin\theta+2\sin\theta\cos\theta)$$

$$=-(\sin\theta+\sin 2\theta)$$

$$\frac{dy}{d\theta}=-\sin^2\theta+(1+\cos\theta)\cos\theta=\cos\theta+\cos^2\theta-\sin^2\theta$$

$$=\cos\theta+\cos 2\theta$$

であるから，求める曲線の長さ L は

$$L=\int_0^{2\pi}\sqrt{\left(\frac{dx}{d\theta}\right)^2+\left(\frac{dy}{d\theta}\right)^2}\,d\theta$$

$$=\int_0^{2\pi}\sqrt{(\sin\theta+\sin 2\theta)^2+(\cos\theta+\cos 2\theta)^2}\,d\theta$$

ここで

$(\sin\theta+\sin 2\theta)^2+(\cos\theta+\cos 2\theta)^2$

$=\sin^2\theta+\cos^2\theta+\sin^2 2\theta+\cos^2 2\theta+2(\cos\theta\cos 2\theta+\sin\theta\sin 2\theta)$

$=2+2\cos(2\theta-\theta)=2+2\cos\theta$

であるから

$$L=\int_0^{2\pi}\sqrt{2+2\cos\theta}\,d\theta=\int_0^{2\pi}\sqrt{4\cos^2\frac{\theta}{2}}\,d\theta=\int_0^{2\pi}2\left|\cos\frac{\theta}{2}\right|d\theta$$

$$=\left[4\sin\frac{\theta}{2}\right]_0^{\pi}+\left[-4\sin\frac{\theta}{2}\right]_{\pi}^{2\pi}=8$$ 答

発展 微分方程式

まとめ

① 一般に，未知の関数の導関数を含む等式を，**微分方程式** という。

例 a，g を定数とするとき，微分方程式

$$\frac{dx}{dt}=a \quad \cdots\cdots \text{Ⓐ}, \qquad \frac{d^2y}{dt^2}=-g \quad \cdots\cdots \text{Ⓑ}$$

を満たす関数 x，y をそれぞれ求めてみよう。

解説 Ⓐ の両辺を t について積分すると

$$x=at+C, \qquad C \text{ は任意の定数} \quad \cdots\cdots \text{Ⓒ}$$

定数 C がどのような値をとっても Ⓒ は微分方程式 Ⓐ を満たす。

また，Ⓑ の両辺を t について積分すると

$$\frac{dy}{dt}=-gt+C_1, \qquad C_1 \text{ は任意の定数}$$

この両辺を更に t について積分すると

$$y=-\frac{1}{2}gt^2+C_1t+C_2, \qquad C_1,\ C_2 \text{ は任意の定数} \quad \cdots\cdots \text{Ⓓ}$$

定数 C_1，C_2 がどのような値をとっても Ⓓ は微分方程式 Ⓑ を満たす。

② 一般に，与えられた微分方程式を満たす関数を，その微分方程式の **解** といい，解を求めることを，その微分方程式を **解く** という。

なお，微分方程式の解は，いくつかの任意の定数を含む関数となる。

③ 微分方程式が $f(y)\cdot\dfrac{dy}{dx}=g(x)$ の形に式変形できる場合，この式の両辺を x について積分すると $\quad \displaystyle\int f(y)dy=\int g(x)dx$

となり，微分方程式を解くことができる。

6章 積分法の応用

④ 例えば，問題「y は x の関数とする。微分方程式 $y'=4xy^2$ の解のうち，条件「$x=0$ のとき $y=-1$」を満たす関数を求めよ。」において，「$x=0$ のとき $y=-1$」のような条件が与えられると，微分方程式の解に含まれる定数の値を定めることができる。このような条件を，微分方程式の **初期条件** という。

教 p.208

練習 1

y は x の関数とする。次の微分方程式を解け。

(1) $xy'=y$　　　　(2) $y'=2xy$

指針 **微分方程式**　いずれも，両辺を y で割ると $\dfrac{y'}{y}=f(x)$ の形になる。

解答 (1) [1] 定数関数 $y=0$ は，$y'=0$ より $xy'=y$ を満たすから，解である。

[2] $y \neq 0$ のとき，方程式を変形すると　$\dfrac{y'}{y}=\dfrac{1}{x}$

両辺を x で積分すると　$\displaystyle\int\frac{y'}{y}dx=\int\frac{1}{x}dx$

ゆえに　$\log|y|=\log|x|+C$，　C は任意の定数

よって　$|y|=|x|e^c$　　すなわち　$y=\pm e^c x$

ここで，$A=\pm e^c$ とおくと，A は 0 以外の任意の値をとる。

したがって，解は　$y=Ax$，　ただし，$A \neq 0$

[1] で求めた解 $y=0$ は，[2] で求めた解 $y=Ax$ において，$A=0$ とおくと得られる。

ゆえに，求める解は　$\boldsymbol{y=Ax}$，　**A は任意の定数**　答

(2) [1] 定数関数 $y=0$ は，$y'=0$ より $y'=2xy$ を満たすから，解である。

[2] $y \neq 0$ のとき，方程式を変形すると　$\dfrac{y'}{y}=2x$

両辺を x で積分すると　$\displaystyle\int\frac{y'}{y}dx=\int 2x\,dx$

ゆえに　$\log|y|=x^2+C$，　C は任意の定数

よって　$|y|=e^C e^{x^2}$　すなわち　$y=\pm e^C e^{x^2}$

ここで，$A=\pm e^C$ とおくと　$y=Ae^{x^2}$，　$A \neq 0$

[1] で求めた解 $y=0$ は，[2] で求めた解 $y=Ae^{x^2}$ において，$A=0$ とおくと得られる。

ゆえに，求める解は　$\boldsymbol{y=Ae^{x^2}}$，**A は任意の定数**　答

教 p.208

練習 2

y は x の関数とする。次の微分方程式を，[　] 内の初期条件のもとで解け。

(1) $y'=\dfrac{x}{y}$ 　[$x=1$ のとき $y=2$]

(2) $y'=x\sqrt{y}$ 　[$x=1$ のとき $y=1$]

指針 **初期条件の与えられた微分方程式**　いずれも，y'，y が左辺に，x が右辺にくるように，与えられた式を変形し，両辺を x で積分する。そして，初期条件により定数の値を定める。

(2) $y \neq 0$ であることの確認をする。

解答 (1) 方程式を変形すると　$y\cdot\dfrac{dy}{dx}=x$

両辺を x で積分すると　$\displaystyle\int y\cdot\frac{dy}{dx}dx=\int x\,dx$

ゆえに　$\dfrac{1}{2}y^2=\dfrac{1}{2}x^2+C$，　C は任意の定数

$x=1$ のとき $y=2$ であるから　$\dfrac{1}{2}\cdot 2^2=\dfrac{1}{2}\cdot 1^2+C$

よって　$C=\dfrac{3}{2}$

したがって，求める関数は

$\dfrac{1}{2}y^2=\dfrac{1}{2}x^2+\dfrac{3}{2}$　すなわち　$\boldsymbol{x^2-y^2=-3}$ 答

(2) 定数関数 $y=0$ は与えられた条件を満たさない。

$y \neq 0$ のとき，方程式を変形すると

$$\frac{1}{\sqrt{y}}\cdot\frac{dy}{dx}=x$$

両辺を x で積分すると

$$\int\frac{1}{\sqrt{y}}\cdot\frac{dy}{dx}dx=\int x\,dx$$

ゆえに　$2\sqrt{y}=\dfrac{1}{2}x^2+C$，　C は任意の定数

$x=1$ のとき $y=1$ であるから

$2=\dfrac{1}{2}+C$　　よって　$C=\dfrac{3}{2}$

したがって，求める関数は

$2\sqrt{y}=\dfrac{1}{2}x^2+\dfrac{3}{2}$　すなわち　$\boldsymbol{y=\dfrac{1}{16}(x^2+3)^2}$ 答

教科書 $p.209\sim212$

補足 ベクトル

まとめ

■ 有向線分とベクトル

① 右の図のように，向きを指定した線分を **有向線分** という。有向線分 AB において，A をその **始点**，B をその **終点** という。
また，線分 AB の長さを，有向線分 AB の大きさ，または長さという。

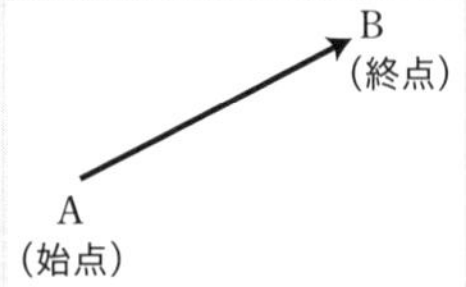

② 有向線分は位置と，向きおよび大きさで定まる。その位置を問題にしないで，向きと大きさだけで定まる量を **ベクトル** という。
したがって，右の図のように，位置は違うが，向きが同じで大きさが等しい有向線分 AB と有向線分 CD は，ベクトルとしては，同じものを表す。

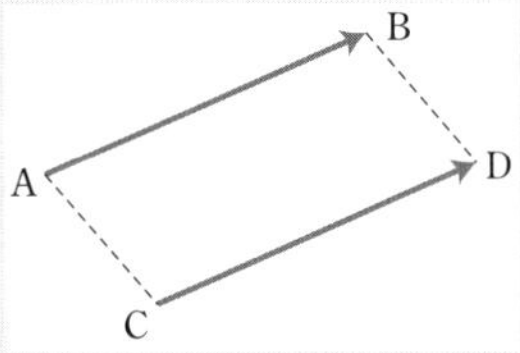

③ 1つのベクトルを有向線分を用いて表すとき，その始点は平面上のどの点にとってもよい。

④ 有向線分 AB で表されるベクトルを，$\overrightarrow{\mathbf{AB}}$ と書き表す。
また，ベクトルは，1つの文字と矢印を用いて，$\vec{\boldsymbol{a}}$，$\vec{\boldsymbol{b}}$ のように表すこともある。

⑤ ベクトル $\overrightarrow{\mathrm{AB}}$，$\vec{a}$ の大きさを，それぞれ $|\overrightarrow{\mathbf{AB}}|$，$|\vec{\boldsymbol{a}}|$ と書く。このとき，$|\overrightarrow{\mathrm{AB}}|$ は線分 AB の長さに等しい。

⑥ 有向線分 AB の始点 A と終点 B が一致すると，AB は AA となる。このとき，$\overrightarrow{\mathrm{AA}}$ を大きさが 0 のベクトルと考え，**零ベクトル** といい，$\vec{\mathbf{0}}$ で表す。

■ ベクトルの相等

① $\vec{a}$ と $\vec{b}$ の向きが同じで大きさが等しいとき，2つのベクトル $\vec{a}$，$\vec{b}$ は **等しい** といい，$\vec{\boldsymbol{a}}=\vec{\boldsymbol{b}}$ と書く。

② $\vec{a}=\vec{b}$ ならば，それらを表す有向線分を平行移動して，重ね合わせることができる。また，このことの逆も成り立つ。

■ ベクトルの加法

① 2つのベクトル $\vec{a}$, $\vec{b}$ があるとき，1点 O を任意に定めて

$$\vec{a}=\overrightarrow{OA},\ \vec{b}=\overrightarrow{AC}$$

となる点 A，C をとり，ベクトル $\vec{c}=\overrightarrow{OC}$ を考える。この $\vec{c}$ を $\vec{a}$ と $\vec{b}$ の **和** といい，$\boldsymbol{\vec{c}=\vec{a}+\vec{b}}$ で表す。

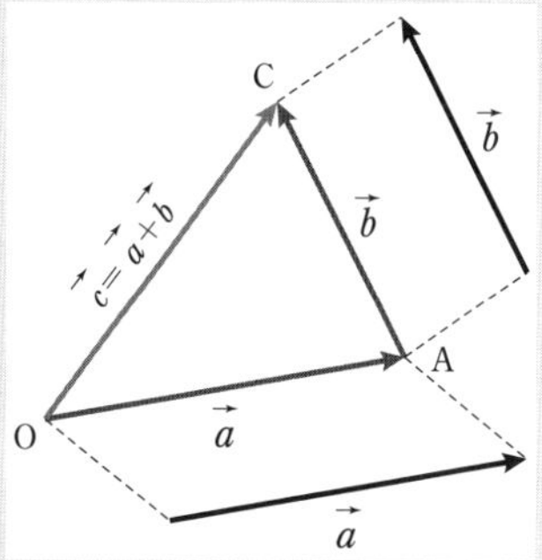

■ ベクトルの実数倍

① ベクトル $\vec{a}$ と実数 k に対して，$\vec{a}$ の k 倍 $\boldsymbol{k\vec{a}}$ を次のように定める。

[1] $\vec{a}\neq\vec{0}$ のとき

<u>$k>0$ の場合</u>

$\vec{a}$ と向きが同じで，大きさが $|\vec{a}|$ の k 倍であるベクトル。

<u>$k<0$ の場合</u>

$\vec{a}$ と向きが反対で，大きさが $|\vec{a}|$ の $|k|$ 倍であるベクトル。

<u>$k=0$ の場合</u>

零ベクトル。すなわち　$0\vec{a}=\vec{0}$

[2] $\vec{a}=\vec{0}$ のとき

任意の実数 k に対して　$k\vec{0}=\vec{0}$

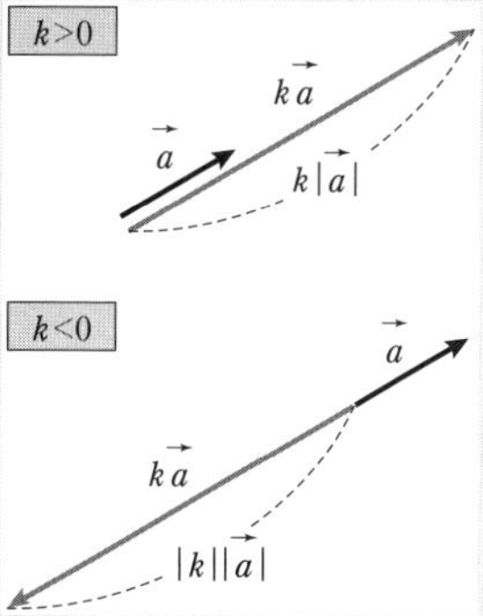

■ ベクトルの平行

① $\vec{0}$ でない2つのベクトル $\vec{a}$, $\vec{b}$ の向きが同じであるか，または反対であるとき，$\vec{a}$ と $\vec{b}$ は **平行** であるといい，$\boldsymbol{\vec{a}\,/\!/\,\vec{b}}$ と書く。

ベクトルの平行について，実数倍の定義から，次のことが成り立つ。

ベクトルの平行条件

$\vec{a}\neq\vec{0}$, $\vec{b}\neq\vec{0}$ のとき

$$\boldsymbol{\vec{a}\,/\!/\,\vec{b} \iff \vec{b}=k\vec{a}} \text{ **となる実数 k がある**}$$

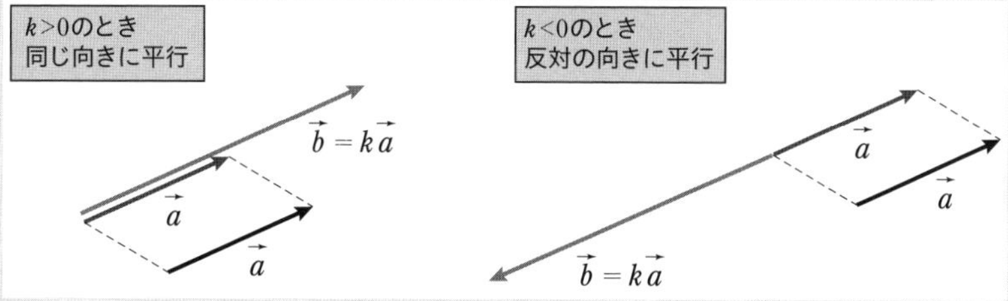

■ ベクトルの成分

① 座標平面の原点を O とし，ベクトル $\vec{a}$ に対して $\vec{a}=\overrightarrow{OA}$ となる点 A をとり，A の座標を $(a_1,\ a_2)$ とする。
A から x 軸，y 軸に，それぞれ垂線 AH，AK を下ろすと

$$\overrightarrow{OA}=\overrightarrow{OH}+\overrightarrow{OK}$$

ここで，x 軸上に点 E(1, 0)，y 軸上に点 F(0, 1) をとり，$\vec{e_1}=\overrightarrow{OE}$，$\vec{e_2}=\overrightarrow{OF}$ とする。
$\vec{e_1}$，$\vec{e_2}$ を座標軸に関する **基本ベクトル** という。

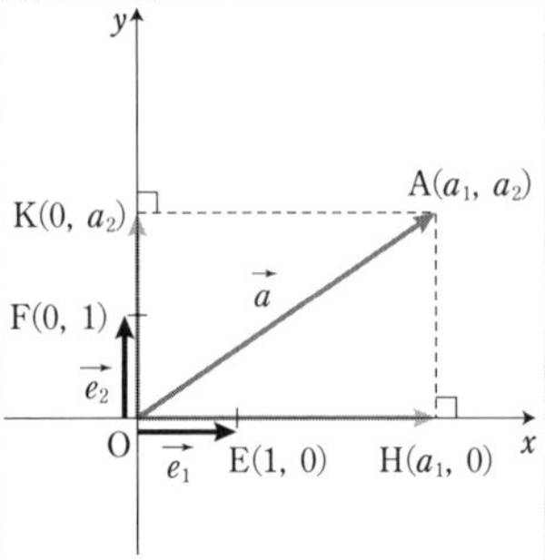

このとき　$\overrightarrow{OH}=a_1\overrightarrow{OE}=a_1\vec{e_1}$，　$\overrightarrow{OK}=a_2\overrightarrow{OF}=a_2\vec{e_2}$
となるから，ベクトル $\vec{a}$ は，基本ベクトル $\vec{e_1}$，$\vec{e_2}$ を用いて

$$\boldsymbol{\vec{a}=a_1\vec{e_1}+a_2\vec{e_2}}$$

の形にただ 1 通りに表すことができる。
この実数 a_1，a_2 をベクトル $\vec{a}$ の **成分** といい，a_1 を **x 成分**，a_2 を **y 成分** という。

■ ベクトルの内積

① $\vec{0}$ でない 2 つのベクトルを $\vec{a}$，$\vec{b}$ とする。
1 点 O を定め，$\vec{a}=\overrightarrow{OA}$，$\vec{b}=\overrightarrow{OB}$ となる点 A，B をとる。
このとき，半直線 OA，OB のなす角 θ のうち，$0°\leqq\theta\leqq180°$ であるものを，ベクトル **$\vec{a}$，$\vec{b}$ のなす角** という。

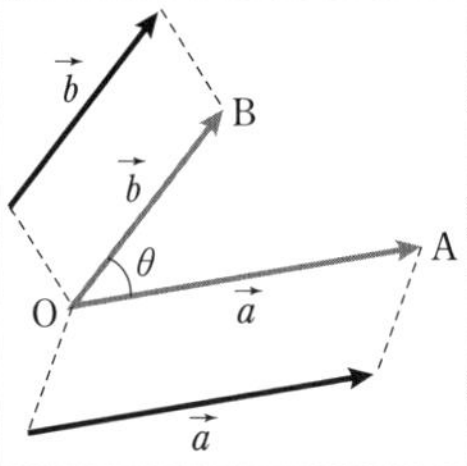

② $\vec{0}$ でない 2 つのベクトル $\vec{a}$，$\vec{b}$ のなす角を θ とする。
このとき，積 $|\vec{a}||\vec{b}|\cos\theta$ を $\vec{a}$ と $\vec{b}$ の **内積** といい，記号 $\vec{a}\cdot\vec{b}$ で表す。

$$\vec{a}\cdot\vec{b}=|\vec{a}||\vec{b}|\cos\theta \qquad \text{ただし，}\theta\text{ は }\vec{a}\text{ と }\vec{b}\text{ のなす角}$$

③ $\vec{a}=\vec{0}$ または $\vec{b}=\vec{0}$ のときは，$\vec{a}$ と $\vec{b}$ の内積を $\vec{a}\cdot\vec{b}=0$ と定める。

④ $\theta=90°$ のとき，$\vec{a}$ と $\vec{b}$ は **垂直** であるといい，$\vec{a}\perp\vec{b}$ と書く。

⑤ 次のことが成り立つ。

ベクトルの垂直と内積

$$\vec{a}\neq\vec{0},\ \vec{b}\neq\vec{0}\text{ のとき}\qquad \vec{a}\perp\vec{b} \iff \vec{a}\cdot\vec{b}=0$$

この関係は，成分を用いて表すと，次のようになる。

ベクトルの垂直条件

$\vec{a}\neq\vec{0}$，$\vec{b}\neq\vec{0}$ で，$\vec{a}=(a_1,\ a_2)$，$\vec{b}=(b_1,\ b_2)$ のとき

$$\vec{a}\perp\vec{b} \iff a_1b_1+a_2b_2=0$$

総合問題

1　※問題文は教科書 213 頁を参照

指針　逆関数

(1)　$y=-\dfrac{1}{x-1}+1$ のグラフをかく。逆関数は，まず x を y の関数で表す。

(2)　直線 $y=x$ に垂直な直線の1つを求める。

(3)　点 $(a,\ b)$ を関数 $y=f(x)$ のグラフ上の点とすると　$b=f(a)$

(⟹) このとき $a=f^{-1}(b)$　$f(x)$ と $f^{-1}(x)$ が一致するから

$f^{-1}(b)=f(b)$

ゆえに $a=f(b)$

(⟸) このとき $a=f(b)$　よって，関数 $f(x)$ の定義域と値域は値の範囲として一致する。

また，$b=f^{-1}(a)$ より $f(a)=f^{-1}(a)$

解答　(1)　$\dfrac{x-2}{x-1}=-\dfrac{1}{x-1}+1$ であるから，$y=\dfrac{x-2}{x-1}$ のグラフは右の図のようになる。

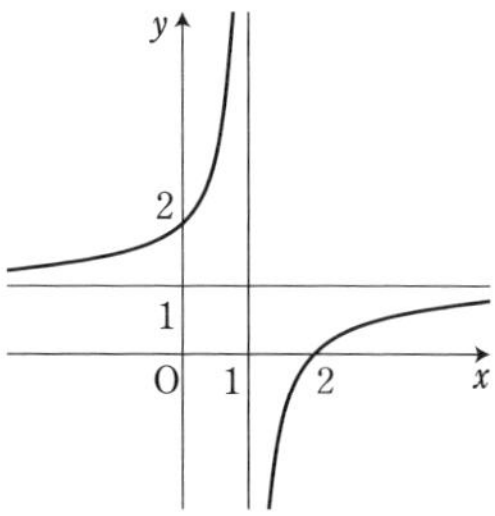

関数 $y=\dfrac{x-2}{x-1}$ の値域は $y\neq1$ である。

$y(x-1)=x-2$ より　　$(y-1)x=y-2$

$y\neq1$ であるから　　$x=\dfrac{y-2}{y-1}$

よって，求める逆関数は　　$\boldsymbol{y=\dfrac{x-2}{x-1}}$　答

(2)　直線 $y=x$ に垂直な直線は，直線 $y=x$ に関して対称である。

よって，例えば，1次関数を $y=-x$ とすると，関数 $y=-x$ のグラフは直線 $y=x$ に関して対称である。

ゆえに，求める1次関数の1つは　　$\boldsymbol{y=-x}$　答

また，関数 $y=-x$ の逆関数は　　$\boldsymbol{y=-x}$　答

(3)　正しい。

(⟹) 関数 $f(x)$ と $f^{-1}(x)$ が一致するとする。

点 $(a,\ b)$ を関数 $y=f(x)$ のグラフ上の点であるとすると　　$b=f(a)$

このとき，関数 $y=f(x)$ の逆関数 $f^{-1}(x)$ について　　$a=f^{-1}(b)$

ここで，関数 $f(x)$ と $f^{-1}(x)$ が一致することから　$f^{-1}(b)=f(b)$

ゆえに　　$a=f(b)$

よって，点 $(a,\ b)$ が関数 $y=f(x)$ のグラフ上の点であるとき，点 $(b,\ a)$ も関数 $y=f(x)$ のグラフ上の点である。

点 $(a,\ b)$ と点 $(b,\ a)$ は直線 $y=x$ に関して対称であるから，関数 $y=f(x)$ のグラフは直線 $y=x$ に関して対称である。

(⟸) 関数 $y=f(x)$ のグラフは直線 $y=x$ に関して対称であるとする。

このとき，点 $(a,\ b)$ が関数 $y=f(x)$ のグラフ上の点であるとすると，点 $(b,\ a)$ も関数 $y=f(x)$ のグラフ上の点である。

よって，$b=f(a)$ ならば $a=f(b)$ が成り立つ。

ここで，関数 $f(x)$ の定義域の任意の値 a に対して，$b=f(a)$ を満たす b が値域に存在する。

このとき，$a=f(b)$ が成り立つことから，a は値域の値でもある。

また，関数 $f(x)$ の値域の任意の値 b に対して，$b=f(a)$ を満たす a が定義域に存在する。

このとき，$a=f(b)$ が成り立つことから，b は定義域の値でもある。

よって，関数 $y=f(x)$ の定義域と値域は値の範囲として一致する。

したがって，関数 $f(x)$ と $f^{-1}(x)$ の定義域は一致する。

また，定義域の任意の値 a について　　$b=f(a)$，$a=f(b)$

$a=f(b)$ より，関数 $y=f(x)$ の逆関数 $f^{-1}(x)$ について　　$b=f^{-1}(a)$

$b=f(a)$，$b=f^{-1}(a)$ から，定義域の任意の値 a について

$$f(a)=f^{-1}(a)$$

以上より，関数 $f(x)$ と $f^{-1}(x)$ の定義域が一致し，その定義域のすべての値 a に対して $f(a)=f^{-1}(a)$ が成り立つから，関数 $f(x)$ と $f^{-1}(x)$ は一致する。 終

2 ※問題文は教科書 214 頁を参照

指針 **逆関数の利用**　$g\left(\dfrac{1}{2}\right)=\alpha$，$g\left(\dfrac{1}{3}\right)=\beta$ から　$f(\alpha)=\dfrac{1}{2}$，$f(\beta)=\dfrac{1}{3}$

すなわち $\tan\alpha=\dfrac{1}{2}$，$\tan\beta=\dfrac{1}{3}$

(1) 正接の加法定理を利用する。

(2) α，β の定義域に着目する。

解答 (1) $g\left(\dfrac{1}{2}\right)=\alpha$ から　　$\tan\alpha=f(\alpha)=\dfrac{1}{2}$

$g\left(\dfrac{1}{3}\right)=\beta$ から　　$\tan\beta=f(\beta)=\dfrac{1}{3}$

$$\tan(\alpha+\beta)=\frac{\tan\alpha+\tan\beta}{1-\tan\alpha\tan\beta}=\frac{\frac{1}{2}+\frac{1}{3}}{1-\frac{1}{2}\cdot\frac{1}{3}}=\mathbf{1}$$ 答

(2) $0<\tan\alpha<1$，$0<\tan\beta<1$ であるから

$0<\alpha<\dfrac{\pi}{4}$，$0<\beta<\dfrac{\pi}{4}$

$\tan(\alpha+\beta)=1$，$0<\alpha+\beta<\dfrac{\pi}{2}$ であるから　$\alpha+\beta=\dfrac{\pi}{4}$　答

3　※問題文は教科書 214 頁を参照

指針　確率と極限

(1)，(2)　最初のデュースから奇数ポイント目に勝者が決まることはなく，偶数ポイント目には勝者が決まるか，またはデュースになる。

(3)　$q=1-p$ である。また，A さんと B さんが 3 ポイントずつとっているから $p\neq 0$，$p\neq 1$

(4)　(2)，(3) の結果を利用する。$\lim_{n\to\infty} B_n$ についても同様に考える。

(5)　(2) より，$\{A_{2k}\}$ は初項 p^2，公比 $2pq$ の等比数列。(3) より $|2pq|<1$

よって　$A=\dfrac{p^2}{1-2pq}$　　B についても同様に考える。

解答　(1)　最初のデュースから 1 ポイント目で A さんが勝者になることはないから　$A_1=0$

A さんが 2 ポイント目で勝者となるのは，1 ポイント目と 2 ポイント目を A さんがとるときであるから　$A_2=p^2$

3 ポイント目までゲームが続くのは，2 ポイント目でデュースとなるときである。

2 ポイント目でデュースとなるのは

[1]　1 ポイント目を A さんがとり，2 ポイント目を B さんがとる

[2]　1 ポイント目を B さんがとり，2 ポイント目を A さんがとる

の 2 通りである。

よって，2 ポイント目でデュースとなる確率は　$pq+qp=2pq$

このとき，3 ポイント目で A さんが勝者となることはないから

$\boldsymbol{A_3=0}$　答

A さんが 4 ポイント目で勝者となるのは，2 ポイント目でデュースとなり，3 ポイント目と 4 ポイント目を A さんがとるときであるから

$A_4=2pq\cdot p^2=\boldsymbol{2p^3q}$　答

(2)　最初のデュースから奇数ポイント目で勝者となることはないから

$\boldsymbol{A_{2k-1}=0}$　答

A さんが $2k$ ポイント目で勝者となるのは，2，4，6，……，$(2k-2)$ ポイント目でデュースとなり，$(2k-1)$ ポイント目と $2k$ ポイント目を A さんがとるときである。

よって　$A_{2k}=(2pq)^{k-1}\cdot p^2=\boldsymbol{(2pq)^{k-1}p^2}$　答

総合問題

(3)　$q=1-p$ であるから　　$pq=p(1-p)=-p^2+p=-\left(p-\frac{1}{2}\right)^2+\frac{1}{4}$

p は A さんが 1 ポイントをとる確率で，A さんと B さんが 3 ポイントずつとっていることから，$p \neq 0$，$p \neq 1$ である。

よって，p のとりうる値の範囲は　　$0<p<1$

したがって，pq は **$p=\frac{1}{2}$，$q=\frac{1}{2}$ で最大値 $\frac{1}{4}$ をとる。** 答

(4)　(2) より，$A_{2k-1}=0$ であるから　　$\lim_{k\to\infty} A_{2k-1}=0$

また，(2) より，$A_{2k}=(2pq)^{k-1}p^2$

(3) より，pq の最大値は $\frac{1}{4}$ であるから　　$|2pq| \leqq \frac{1}{2}<1$

よって　　$\lim_{k\to\infty} A_{2k}=0$

$\lim_{k\to\infty} A_{2k-1}=\lim_{k\to\infty} A_{2k}=0$ であるから　　$\lim_{n\to\infty} A_n=0$　答

(2) と同様に考えると，$B_{2k-1}=0$，$B_{2k}=(2pq)^{k-1}q^2$ であるから

$$\lim_{n\to\infty} B_n=0$$ 答

(5)　n が奇数のとき，$A_n=0$，$B_n=0$ であるから，n が偶数の場合を考える。

数列 $\{A_{2k}\}$ は初項 p^2，公比 $2pq$ の等比数列である。

$|2pq|<1$ であるから，$\sum_{k=1}^{\infty} A_{2k}$ は収束して

$$\sum_{k=1}^{\infty} A_{2k}=\frac{p^2}{1-2pq}\qquad \text{よって}\quad A=\frac{p^2}{1-2pq}$$

数列 $\{B_{2k}\}$ は初項 q^2，公比 $2pq$ の等比数列である。

$|2pq|<1$ であるから，$\sum_{k=1}^{\infty} B_{2k}$ は収束して

$$\sum_{k=1}^{\infty} B_{2k}=\frac{q^2}{1-2pq}\qquad \text{よって}\quad B=\frac{q^2}{1-2pq}$$

したがって　　$A+B=\frac{p^2}{1-2pq}+\frac{q^2}{1-2pq}=\frac{p^2+q^2}{1-2pq}=\frac{(p+q)^2-2pq}{1-2pq}$

$$=\frac{1-2pq}{1-2pq}=1$$ 終

4　※問題文は教科書 215 頁を参照

指針　平均値の定理の利用

(1)　(i)　平均値の定理と $f'(x)$ が閉区間 $[a,\ b]$ で減少することを利用する。

(ii)　(i) の不等式に $c=\frac{a+b}{2}$ を代入する。

(2)　$\left(\frac{a+b}{2},\ \frac{f(a)+f(b)}{2}\right)$ の表す点を考える。

解答 (1) (i) 平均値の定理により

$$\frac{f(c)-f(a)}{c-a}=f'(x_1),\quad a<x_1<c$$

$$\frac{f(b)-f(c)}{b-c}=f'(x_2),\quad c<x_2<b$$

をそれぞれ満たす実数 x_1, x_2 が存在する。

ここで，閉区間 $[a,\ b]$ で $f''(x)<0$ であるから，$f'(x)$ は閉区間 $[a,\ b]$ で単調に減少する。

$x_1<x_2$ であるから　$f'(x_1)>f'(x_2)$

したがって　$\dfrac{f(c)-f(a)}{c-a}>\dfrac{f(b)-f(c)}{b-c}$ 終

(ii) $c-a=\dfrac{a+b}{2}-a=\dfrac{b-a}{2}$, $b-c=b-\dfrac{a+b}{2}=\dfrac{b-a}{2}$

よって，(i) より　$\dfrac{f\left(\dfrac{a+b}{2}\right)-f(a)}{\dfrac{b-a}{2}}>\dfrac{f(b)-f\left(\dfrac{a+b}{2}\right)}{\dfrac{b-a}{2}}$

$\dfrac{b-a}{2}>0$ であるから

$$f\left(\frac{a+b}{2}\right)-f(a)>f(b)-f\left(\frac{a+b}{2}\right)$$

したがって　$f\left(\dfrac{a+b}{2}\right)>\dfrac{f(a)+f(b)}{2}$ 終

(2) 点 Q も直線 $x=\dfrac{a+b}{2}$ 上の点であるから，その座標は

$$\left(\frac{a+b}{2},\ \frac{f(a)+f(b)}{2}\right)$$

したがって，$\boldsymbol{A(a,\ f(a))}$，$\boldsymbol{B(b,\ f(b))}$ とすると，点 Q は線分 AB の中点である。 答

5 ※問題文は教科書 215 頁を参照

指針 **無限級数の和**

(1) 初項 1，公比 $-x$，項数 n の等比数列の和。

(2) T_n, $\displaystyle\int_0^1 S_n\,dx$ を ① の形で表す。

(4) $\displaystyle\int_0^1\frac{x^n}{1+1}dx\leqq\int_0^1\frac{x^n}{1+x}dx\leqq\int_0^1\frac{x^n}{1+0}dx$ であることを利用する。

(5) (1), (2) から　$\displaystyle\lim_{n\to\infty}T_n=\lim_{n\to\infty}\int_0^1\frac{1-(-x)^n}{1+x}dx$

$$=\lim_{n\to\infty}\left\{\int_0^1\frac{dx}{1+x}-(-1)^n\int_0^1\frac{x^n}{1+x}dx\right\}$$

解答 (1) S_n は初項1，公比 $-x$，項数 n の等比数列の和である。

$x \geqq 0$ より，$-x \neq 1$ であるから

$$S_n=\frac{1-(-x)^n}{1-(-x)} \quad \text{すなわち} \quad S_n=\frac{\mathbf{1-(-x)^n}}{\mathbf{1+x}}$$ 答

(2) $T_n=1-\dfrac{1}{2}+\dfrac{1}{3}-\dfrac{1}{4}+\cdots\cdots+\dfrac{(-1)^{n-1}}{n}$

また $\displaystyle\int_0^1 S_n\,dx=\int_0^1\{1-x+x^2-x^3+\cdots\cdots+(-1)^{n-1}x^{n-1}\}dx$

$$=\left[x-\frac{1}{2}x^2+\frac{1}{3}x^3-\frac{1}{4}x^4+\cdots\cdots+\frac{(-1)^{n-1}}{n}x^n\right]_0^1$$

$$=1-\frac{1}{2}+\frac{1}{3}-\frac{1}{4}+\cdots\cdots+\frac{(-1)^{n-1}}{n}$$

したがって　$\displaystyle T_n=\int_0^1 S_n\,dx$ 終

(3) $\displaystyle\int_0^1\frac{dx}{1+x}=\Big[\log|1+x|\Big]_0^1=\mathbf{\log 2}$ 答

(4) $y=\dfrac{1}{1+x}$ は $0 \leqq x \leqq 1$ において単調に減少するから

$$\frac{1}{1+1} \leqq \frac{1}{1+x} \leqq \frac{1}{1+0} \quad \text{すなわち} \quad \frac{1}{2} \leqq \frac{1}{1+x} \leqq 1$$

$0 \leqq x \leqq 1$ において，$x^n \geqq 0$ であるから　$\dfrac{x^n}{2} \leqq \dfrac{x^n}{1+x} \leqq x^n$

よって　$\displaystyle\int_0^1\frac{x^n}{2}dx \leqq \int_0^1\frac{x^n}{1+x}dx \leqq \int_0^1 x^n\,dx$

ここで　$\displaystyle\int_0^1\frac{x^n}{2}dx=\left[\frac{x^{n+1}}{2(n+1)}\right]_0^1=\frac{1}{2(n+1)}$，$\displaystyle\int_0^1 x^n\,dx=\left[\frac{x^{n+1}}{n+1}\right]_0^1=\frac{1}{n+1}$

であるから　$\displaystyle\frac{1}{2(n+1)} \leqq \int_0^1\frac{x^n}{1+x}dx \leqq \frac{1}{n+1}$ 終

(5) (4) より　$\displaystyle\frac{1}{2(n+1)} \leqq \int_0^1\frac{x^n}{1+x}dx \leqq \frac{1}{n+1}$

ここで，$\displaystyle\lim_{n\to\infty}\frac{1}{2(n+1)}=0$，$\displaystyle\lim_{n\to\infty}\frac{1}{n+1}=0$ であるから

$$\lim_{n\to\infty}\int_0^1\frac{x^n}{1+x}dx=0$$

よって，(1)，(2)，(3) より

$$\lim_{n\to\infty}T_n=\lim_{n\to\infty}\int_0^1 S_n\,dx=\lim_{n\to\infty}\int_0^1\frac{1-(-x)^n}{1+x}dx$$

$$=\lim_{n\to\infty}\left\{\int_0^1\frac{dx}{1+x}-(-1)^n\int_0^1\frac{x^n}{1+x}dx\right\}=\log 2+0=\log 2$$

したがって　$1-\dfrac{1}{2}+\dfrac{1}{3}-\dfrac{1}{4}+\cdots\cdots=\mathbf{\log 2}$ 答

第1章 関 数

1 分数関数

1 次の関数のグラフをかけ。また，その定義域と値域を求めよ。

(1) $y=-\frac{1}{3x}$　(2) $y=\frac{2}{x}-1$　(3) $y=\frac{1}{x-2}$

(4) $y=2-\frac{1}{x+1}$　(5) $y=\frac{2x-3}{3-x}$　(6) $y=\frac{2-x}{3x-2}$

教 p.8～10 練習 1～3

2 次の 2 つの関数のグラフの共有点の座標を求めよ。

(1) $y=\frac{3-x}{x-1}$，$y=0$　(2) $y=\frac{2}{1-x}$，$y=x+2$

(3) $y=\frac{8x}{2x-1}$，$y=2x+3$

教 p.11 練習 4

3 次の方程式，不等式を解け。

教 p.11 練習 5

(1) $\frac{2x-1}{x+1}=-1$　(2) $\frac{3}{x-2}=x$　(3) $\frac{4x}{x-3}=x-3$

(4) $\frac{2x-1}{x+1}\geqq -1$　(5) $\frac{3}{x-2}>x$　(6) $\frac{4x}{x-3}\leqq x-3$

2 無理関数

4 次の関数のグラフをかけ。また，(1) と他のグラフの位置関係をいえ。

(1) $y=\sqrt{3x}$　(2) $y=-\sqrt{3x}$

(3) $y=\sqrt{-3x}$　(4) $y=-\sqrt{-3x}$

教 p.13 練習 6，7

5 次の関数のグラフをかけ。また，その関数の定義域と値域を求めよ。

(1) $y=\sqrt{2x+2}$　(2) $y=-\sqrt{x+3}$

(3) $y=2\sqrt{3-x}$　(4) $y=-\sqrt{1-\frac{1}{4}x}$

教 p.14 練習 8

6 次の関数の値域を求めよ。

教 p.14 練習 9

(1) $y=\sqrt{x+3}$　$(-1\leqq x\leqq 3)$　(2) $y=-\sqrt{5-x}$　$(0\leqq x<5)$

7 次の 2 つの関数のグラフの共有点の座標を求めよ。 ≫ 教 p.15 練習 10

(1) $y=\sqrt{1-x}$, $y=1$ (2) $y=\sqrt{x}$, $y=x$

(3) $y=\sqrt{x+3}$, $y=2x$ (4) $y=-\sqrt{x+3}$, $y=-(x+1)$

8 グラフを利用して，次の不等式を解け。 ≫ 教 p.15 練習 11

(1) $\sqrt{x+2}<2$ (2) $\sqrt{3-x}<1$ (3) $\sqrt{2x+1}\geqq 1$

(4) $\sqrt{3x+1}>2x$ (5) $-\sqrt{x}<x-2$ (6) $\sqrt{x+1}<\frac{1}{3}x+1$

3 逆関数と合成関数

9 次の関数の逆関数を求めよ。また，与えられた関数とその逆関数のグラフをかけ。

(1) $y=3x+2$ (2) $y=2-2x$ $(0\leqq x\leqq 2)$

(3) $y=x^2+1$ $(x\geqq 0)$ (4) $y=\sqrt{2x}$

≫ 教 p.17，18 練習 12〜14，p.19 練習 17

10 次の関数の逆関数を求めよ。 ≫ 教 p.18 練習 15

(1) $y=\frac{x+1}{x-1}$ (2) $y=\frac{2x-3}{x+1}$

(3) $y=\frac{1}{x+1}$ $(x\geqq 0)$ (4) $y=\frac{2-x}{x-1}$ $(x<1)$

11 関数 $f(x)=ax+b$ について $f(1)=2$，$f^{-1}(5)=2$ であるとき，定数 a，b の値を求めよ。 ≫ 教 p.19 練習 16

12 次の関数の逆関数を求めよ。 ≫ 教 p.20 練習 18

(1) $y=5^x$ (2) $y=\left(\frac{1}{4}\right)^x$ $\left(-1\leqq x\leqq \frac{1}{2}\right)$

(3) $y=\log_2(x-1)$ (4) $y=\log_3 x-2$

13 次の関数 $f(x)$，$g(x)$ について，合成関数 $(g\circ f)(x)$，$(f\circ g)(x)$ をそれぞれ求めよ。

(1) $f(x)=2x+1$，$g(x)=x(x-1)$ (2) $f(x)=3x+2$，$g(x)=x^2+1$

(3) $f(x)=\frac{2}{x}$，$g(x)=2x^2+1$ (4) $f(x)=2^x$，$g(x)=\log_4 x$

≫ 教 p.21 練習 19

定期考査対策問題

1 関数 $y=\dfrac{2x+1}{x+2}$ $(-3\leqq x\leqq 1)$ の値域を求めよ。

2 関数 $y=\dfrac{bx+2}{3x-a}$ のグラフの漸近線が 2 直線 $x=2$，$y=1$ であるとき，定数 a，b の値を求めよ。

3 次の方程式，不等式を解け。

(1) $-\dfrac{2}{x-2}=2-x$　　(2) $-\dfrac{2}{x-2}<2-x$

4 関数 $y=-\sqrt{x+3}$ $(-2\leqq x\leqq 1)$ の値域を求めよ。

5 次の方程式，不等式を解け。

(1) $\sqrt{x+3}=x+1$　　(2) $\sqrt{x+3}>x+1$

6 次の関数の逆関数を求めよ。また，(1)，(2) では，もとの関数と逆関数のグラフをかけ。

(1) $y=4x+6$　　(2) $y=\sqrt{x+2}$

(3) $y=\dfrac{3x+1}{x+1}$ $(-1<x\leqq 1)$　　(4) $y=\log_2(x-1)$

7 関数 $f(x)=\dfrac{ax+b}{x+2}$ とその逆関数 $f^{-1}(x)$ について，$f(1)=3$，$f^{-1}(2)=4$ であるとき，定数 a，b の値を求めよ。

8 次の関数について，合成関数 $(g\circ f)(x)$ を求めよ。

(1) $f(x)=2x+3$，$g(x)=x^2-3x+5$

(2) $f(x)=\log_{10}(x+2)$，$g(x)=x+1$

第2章 極　限

1 数列の極限

14 第 n 項が次の式で表される数列は収束する。その極限値を求めよ。

(1) $\dfrac{2}{n}$　(2) $-\dfrac{3}{n}$　(3) $1+\dfrac{3}{n}$　(4) $3-\dfrac{1}{n^2}$

教 p.27 練習 1

15 第 n 項が次の式で表される数列の極限を調べよ。

(1) $3n+4$　(2) $-n^2+100$　(3) n^3+1　(4) $\sqrt{2n}$

(5) $(-1)^{n+1}$　(6) $(-2)^n$　(7) $(-1)^n n^2$　(8) $4-\dfrac{n}{3}$

(9) $\sqrt{2n-1}$　(10) $1000-\sqrt{n}$　(11) $\dfrac{n}{(-1)^n}$

教 p.29 練習 2

16 次の極限を求めよ。

(1) $\displaystyle\lim_{n\to\infty}\frac{2n-3}{n+1}$　(2) $\displaystyle\lim_{n\to\infty}\frac{3n^2+4n}{2n^2-3}$

(3) $\displaystyle\lim_{n\to\infty}\frac{4n^3-2n^2+1}{3n^3+4n}$　(4) $\displaystyle\lim_{n\to\infty}\frac{3n-4}{n^2+1}$

教 p.30 練習 4

17 次の極限を求めよ。

(1) $\displaystyle\lim_{n\to\infty}(3n^2-2n)$　(2) $\displaystyle\lim_{n\to\infty}(-2n^3+5n)$　(3) $\displaystyle\lim_{n\to\infty}(2n^3-3n^2+4)$

(4) $\displaystyle\lim_{n\to\infty}\frac{n^2-3n}{5n+4}$　(5) $\displaystyle\lim_{n\to\infty}\frac{-n^3+3}{2n^2-2n+1}$　(6) $\displaystyle\lim_{n\to\infty}\frac{\sqrt{2n+1}}{\sqrt{n}}$

(7) $\displaystyle\lim_{n\to\infty}\frac{4n}{\sqrt{n^2+2n}+n}$　(8) $\displaystyle\lim_{n\to\infty}(\sqrt{n+3}-\sqrt{n})$

(9) $\displaystyle\lim_{n\to\infty}\frac{3}{\sqrt{n^2+3n}-n}$　(10) $\displaystyle\lim_{n\to\infty}(\sqrt{n^2+4n}-n)$

教 p.31 練習 5

18 次の極限を求めよ。ただし，θ は定数とする。

(1) $\displaystyle\lim_{n\to\infty}\frac{1}{n}\cos\frac{n\pi}{4}$　　(2) $\displaystyle\lim_{n\to\infty}\frac{\sin^2 n\theta}{n^2+1}$

教 p.32 練習 6

2 無限等比数列

19 第 n 項が次の式で表される数列の極限を調べよ。

(1) $\left(\frac{4}{3}\right)^n$　　(2) $\left(-\frac{3}{2}\right)^n$　　(3) $\left(\frac{3}{4}\right)^n$

(4) $\left(-\frac{2}{5}\right)^n$　　(5) $2\left(-\frac{5}{4}\right)^n$　　(6) $-3\left(-\frac{3}{5}\right)^n$

教 p.34 練習 7

20 次の極限を求めよ。

(1) $\displaystyle\lim_{n\to\infty}\frac{3\cdot 2^n-5}{2^n+3}$　　(2) $\displaystyle\lim_{n\to\infty}\frac{2^n}{3^n-4}$

(3) $\displaystyle\lim_{n\to\infty}\frac{2^{2n}-1}{3^n+5}$　　(4) $\displaystyle\lim_{n\to\infty}\frac{2^n-(-3)^{n+1}}{(-3)^n+2^n}$

(5) $\displaystyle\lim_{n\to\infty}(7^n-6^n)$　　(6) $\displaystyle\lim_{n\to\infty}\{(-3)^n-5^n\}$

教 p.35 練習 8

21 無限等比数列 $\frac{1}{3}$，x，$3x^2$，$9x^3$，…… が収束するような実数 x の値の範囲を求めよ。また，そのときの極限値を求めよ。

教 p.35 練習 9

22 r は定数とする。次の数列の極限を調べよ。

(1) $r>0$ のとき $\left\{\frac{1}{2+r^n}\right\}$　　(2) $r\neq\pm 1$ のとき $\left\{\frac{r^n+2}{r^n-1}\right\}$

(3) $r\neq 0$ のとき $\left\{\frac{1}{r^n}\right\}$

教 p.36 練習 10，11

23 次の条件によって定められる数列 $\{a_n\}$ の極限を求めよ。

(1) $a_1=1,\ a_{n+1}=\dfrac{1}{3}a_n+2\quad (n=1,\ 2,\ 3,\ \cdots\cdots)$

(2) $a_1=0,\ a_{n+1}=1-\dfrac{1}{2}a_n\quad (n=1,\ 2,\ 3,\ \cdots\cdots)$

(3) $a_1=1,\ a_{n+1}=2a_n+1\quad (n=1,\ 2,\ 3,\ \cdots\cdots)$

教 p.37 練習 12

3 無限級数

24 次の無限級数の収束，発散について調べ，収束する場合は，その和を求めよ。

(1) $\left(\dfrac{1}{2}-\dfrac{2}{3}\right)+\left(\dfrac{2}{3}-\dfrac{3}{4}\right)+\left(\dfrac{3}{4}-\dfrac{4}{5}\right)+\cdots\cdots+\left(\dfrac{n}{n+1}-\dfrac{n+1}{n+2}\right)+\cdots\cdots$

(2) $\dfrac{1}{1\cdot4}+\dfrac{1}{4\cdot7}+\dfrac{1}{7\cdot10}+\cdots\cdots+\dfrac{1}{(3n-2)(3n+1)}+\cdots\cdots$

(3) $\dfrac{1}{2\cdot4}+\dfrac{1}{3\cdot5}+\dfrac{1}{4\cdot6}+\cdots\cdots+\dfrac{1}{(n+1)(n+3)}+\cdots\cdots$

(4) $\dfrac{1}{1+2}+\dfrac{1}{2+\sqrt{7}}+\dfrac{1}{\sqrt{7}+\sqrt{10}}+\cdots\cdots+\dfrac{1}{\sqrt{3n-2}+\sqrt{3n+1}}+\cdots\cdots$

教 p.39 練習 13

25 次の無限等比級数の収束，発散について調べ，収束する場合は，その和を求めよ。

(1) $1+2+4+8+\cdots\cdots$

(2) $1-\dfrac{3}{4}+\dfrac{9}{16}-\dfrac{27}{64}+\cdots\cdots$

(3) $0.2+0.18+0.162+\cdots\cdots$

(4) $\sqrt{3}-3+3\sqrt{3}-\cdots\cdots$

(5) $4+2\sqrt{3}+3+\cdots\cdots$

(6) $-2+2-2+\cdots\cdots$

(7) $(3+\sqrt{2})+(2\sqrt{2}-1)+(5-3\sqrt{2})+\cdots\cdots$

(8) $(1+\sqrt{3})-(5+\sqrt{3})+(1+9\sqrt{3})-\cdots\cdots$

教 p.41 練習 14

26 次の無限等比級数が収束するような実数 x の値の範囲を求めよ。また，そのときの和を求めよ。

(1) $1+3x+9x^2+\cdots\cdots$

(2) $x+x(3-x)+x(3-x)^2+\cdots\cdots$

教 p.41 練習 15

27 あるボールを床に落とすと，常に落ちる高さの $\dfrac{4}{5}$ まではね返るという。このボールを 2 m の高さから落としたとき，床で静止するまでに，このボールが上下する総距離を求めよ。

≫教 p.42 **練習 16**

28 正三角形 ABC の内接円 O_1 の半径を r とする。辺 AB，AC と円 O_1 に接する円を O_2 とし，辺 AB，AC と円 O_2 に接する円を O_3 とする。このように，次々に小さくなる円を作るとき，すべての円の面積の総和を求めよ。

≫教 p.43 **練習 17**

29 次の循環小数を分数に直せ。

(1) $0.\dot{7}$　　(2) $0.\dot{3}\dot{6}$　　(3) $0.\dot{3}41\dot{2}$

≫教 p.44 **練習 18**

30 次の無限級数の和を求めよ。

(1) $\displaystyle\sum_{n=1}^{\infty}\left(\frac{1}{2^n}+\frac{1}{5^n}\right)$　　(2) $\displaystyle\sum_{n=1}^{\infty}\frac{2^n-3}{5^n}$　　(3) $\displaystyle\sum_{n=1}^{\infty}\frac{2^n-(-1)^n}{3^n}$

≫教 p.45 **練習 19**

31 次の無限級数の収束，発散を調べよ。

(1) $\displaystyle\sum_{n=1}^{\infty}(-1)^{n-1}\cdot 2n$　　(2) $\displaystyle\sum_{n=1}^{\infty}\frac{n+1}{n+2}$

≫教 p.46 **練習 20**

演習

演習編

4 関数の極限

32 次の極限を求めよ。

(1) $\displaystyle\lim_{x\to 2}(x^2+5x-8)$　　(2) $\displaystyle\lim_{t\to 0}(t+1)(2t-3)$　　(3) $\displaystyle\lim_{x\to 1}\frac{2x-1}{x+2}$

(4) $\displaystyle\lim_{x\to -2}\frac{x+3}{(x+1)(x^2-3)}$　　(5) $\displaystyle\lim_{x\to 3}\sqrt{x+1}$

(6) $\displaystyle\lim_{x\to 0}2^x$　　(7) $\displaystyle\lim_{x\to 1}\log_2 x$

≫教 p.50 **練習 21**

33 次の極限を求めよ。 教 p.51 練習 22

(1) $\displaystyle\lim_{x\to 0}\frac{x^2+3x}{x}$　(2) $\displaystyle\lim_{t\to -2}\frac{t^3+8}{t+2}$　(3) $\displaystyle\lim_{x\to \frac{1}{2}}\frac{2x^2-5x+2}{2x-1}$

(4) $\displaystyle\lim_{x\to 0}\frac{(x+2)^2-4}{x}$　(5) $\displaystyle\lim_{x\to -1}\frac{x^3+x+2}{x^2+x}$　(6) $\displaystyle\lim_{x\to 0}\frac{1}{x}\left(\frac{6}{x+3}-2\right)$

34 次の極限を求めよ。 教 p.51 練習 23

(1) $\displaystyle\lim_{x\to 3}\frac{x-\sqrt{2x+3}}{x-3}$　(2) $\displaystyle\lim_{x\to 1}\frac{x-1}{\sqrt{x+8}-3}$

(3) $\displaystyle\lim_{x\to 0}\frac{2x}{\sqrt{3+2x}-\sqrt{3-2x}}$

35 次の等式が成り立つように，定数 a，b の値を定めよ。

(1) $\displaystyle\lim_{x\to 2}\frac{ax^2+bx}{x-2}=1$　(2) $\displaystyle\lim_{x\to 1}\frac{a\sqrt{x+1}-b}{x-1}=\sqrt{2}$

(3) $\displaystyle\lim_{x\to -1}\frac{\sqrt{x^2+ax}+b}{x^2-1}=\frac{1}{2}$　(4) $\displaystyle\lim_{x\to \infty}(\sqrt{x^2-1}+ax+b)=0$

教 p.52 練習 24

36 次の極限を求めよ。

(1) $\displaystyle\lim_{x\to 1-0}\frac{2}{x-1}$　(2) $\displaystyle\lim_{x\to 2+0}\frac{x-1}{x-2}$　(3) $\displaystyle\lim_{x\to -\frac{1}{2}+0}\sqrt{2x+1}$

(4) $\displaystyle\lim_{x\to -0}\frac{2x}{|x|}$　(5) $\displaystyle\lim_{x\to -3-0}\frac{x(x+3)}{|2x+6|}$　(6) $\displaystyle\lim_{x\to 3-0}[x]$

教 p.55 練習 25，26

37 次の極限を求めよ。

(1) $\displaystyle\lim_{x\to \infty}\frac{1}{x+2}$　(2) $\displaystyle\lim_{x\to -\infty}\frac{1}{x^2-1}$　(3) $\displaystyle\lim_{x\to -\infty}\left(1-\frac{1}{x^3}\right)$

(4) $\displaystyle\lim_{x\to \infty}(2-x^2)$　(5) $\displaystyle\lim_{x\to -\infty}(1-x^3)$　教 p.56 練習 27

38 次の極限を求めよ。

(1) $\displaystyle\lim_{x\to \infty}\frac{2x+1}{x^2+3x+1}$　(2) $\displaystyle\lim_{x\to -\infty}\frac{3x^2+x}{-x^3+4x^2+2}$　(3) $\displaystyle\lim_{x\to -\infty}\frac{3x^2-5x-2}{x^2-3x+2}$

(4) $\displaystyle\lim_{x\to \infty}\frac{2x^2-4x+3}{-3x+1}$　(5) $\displaystyle\lim_{x\to -\infty}\frac{-2x^3+3x+1}{x^2+2x-1}$　教 p.57 練習 28

39 次の極限を求めよ。 ≫ 教 p.57 練習 29

(1) $\lim_{x\to\infty}(\sqrt{x+2}-\sqrt{x+1})$　(2) $\lim_{x\to\infty}(x+1-\sqrt{x^2+x})$

(3) $\lim_{x\to\infty}(\sqrt{x^2+2x}-\sqrt{x^2+1})$　(4) $\lim_{x\to-\infty}(\sqrt{x^2-3x+1}+x)$

40 次の極限を求めよ。

(1) $\lim_{x\to-\infty}3^x$　(2) $\lim_{x\to\infty}\left(\frac{1}{2}\right)^x$　(3) $\lim_{x\to\infty}\log_5 x$

(4) $\lim_{x\to\infty}\log_{\frac{1}{5}} x$　(5) $\lim_{x\to\infty}(5^x-3^x)$　(6) $\lim_{x\to\infty}(6^x-3^{2x})$

(7) $\lim_{x\to\infty}\{\log_2(8x+3)-\log_2 x\}$ ≫ 教 p.58 練習 30，31

5 三角関数と極限

41 次の極限を調べよ。 ≫ 教 p.59 練習 32

(1) $\lim_{x\to-\infty}\cos\frac{2}{x}$　(2) $\lim_{x\to\frac{\pi}{2}}\frac{1}{\tan x}$　(3) $\lim_{x\to 0}\frac{1}{\sin x}$

42 次の極限を求めよ。 ≫ 教 p.60 練習 33

(1) $\lim_{x\to 0}x^2\cos\frac{1}{x}$　(2) $\lim_{x\to-\infty}\frac{1+\sin x}{x}$

43 次の極限を求めよ。 ≫ 教 p.62 練習 34

(1) $\lim_{x\to 0}\frac{\sin 4x}{x}$　(2) $\lim_{x\to 0}\frac{\sin 2x}{\sin 5x}$　(3) $\lim_{x\to 0}\frac{\sin 3x}{\tan x}$

44 次の極限を求めよ。

(1) $\lim_{x\to 0}\frac{\tan x^\circ}{x}$　(2) $\lim_{x\to\pi}\frac{\sin(x-\pi)}{x-\pi}$　(3) $\lim_{x\to\frac{\pi}{2}}\left(x-\frac{\pi}{2}\right)\tan x$

(4) $\lim_{x\to 1}\frac{\sin\pi x}{x-1}$　(5) $\lim_{x\to 0}\frac{\sin(\sin x)}{\sin x}$　(6) $\lim_{x\to\infty}x\sin\frac{1}{2x}$

≫ 教 p.62 練習 35

45 半径 a の円 O の周上に動点 P と定点 A がある。A における接線上に AQ=AP であるような点 Q を直線 OA に関して P と同じ側にとる。P が A に限りなく近づくとき，$\dfrac{\mathrm{PQ}}{\overset{\frown}{\mathrm{AP}}^2}$ の極限値を求めよ。ただし，$\overset{\frown}{\mathrm{AP}}$ は $\angle\mathrm{AOP}$ $\left(0<\angle\mathrm{AOP}<\dfrac{\pi}{2}\right)$ に対する弧 AP の長さを表す。

» 教 p.63 練習 36

6 関数の連続性

46 次の関数 $f(x)$ が，$x=0$ で連続であるか不連続であるかを調べよ。

(1) $f(x)=\sqrt{x}+2$　　(2) $f(x)=[-x]$　　(3) $f(x)=[-|x|]$

» 教 p.65 練習 37

47 次の関数は最大値，最小値をもつか。もしもつならば，その値を求めよ。

(1) $y=|3x-2|$ $(0\leqq x\leqq 1)$　　(2) $y=3\cos 2x$ $(0<x<\pi)$

(3) $y=\dfrac{1}{x}$ $(-1\leqq x<0)$　　(4) $y=2^{1-x}$ $(0\leqq x\leqq 1)$

» 教 p.67 練習 38

48 次の方程式は与えられた範囲に少なくとも 1 つの実数解をもつことを示せ。

(1) $x-2\sin x-3=0$ $(0<x<\pi)$　　(2) $x-3^{-x}=0$ $(0<x<1)$

» 教 p.68 練習 39

定期考査対策問題

1 第 n 項が次の式で表される数列の極限を求めよ。

(1) $\dfrac{4n^2+1}{2n^2-5}$　　(2) $\dfrac{n^3-3}{n^2+4}$

(3) $\dfrac{1}{\sqrt{n^2+5n}-\sqrt{n^2+2n}}$

2 次の極限を求めよ。

(1) $\displaystyle\lim_{n\to\infty}\frac{\cos 3n\pi}{2n}$　　(2) $\displaystyle\lim_{n\to\infty}\frac{(-1)^n}{n+1}$

3 数列 $\{(x^2-2x-1)^n\}$ が収束するような x の値の範囲を求めよ。また，そのときの極限値を求めよ。

4 $a_1=3$, $na_{n+1}=(n+1)a_n+2$ で定められる数列 $\{a_n\}$ について，次の問いに答えよ。

(1) $b_n=\dfrac{a_n}{n}$ とおくとき，数列 $\{b_n\}$ の一般項を求めよ。

(2) 数列 $\{a_n\}$ の一般項とその極限を求めよ。

5 次の無限級数の収束，発散について調べ，収束する場合は，その和を求めよ。

(1) $\dfrac{1}{2\cdot5}+\dfrac{1}{5\cdot8}+\dfrac{1}{8\cdot11}+\cdots\cdots+\dfrac{1}{(3n-1)(3n+2)}+\cdots\cdots$

(2) $(2-\sqrt{3})+(\sqrt{3}-1)+\cdots\cdots$

6 $\angle A_1=90^\circ$, $A_1B=4$, $BC=5$, $CA_1=3$ の直角三角形 A_1BC がある。A_1 から対辺 BC に下ろした垂線を A_1A_2, A_2 から A_1B に下ろした垂線を A_2A_3 とし，以下これを無限に続け，点 A_2, A_3, A_4, ……, A_n, …… をとるとき，$\triangle A_1BA_2$, $\triangle A_2BA_3$, $\triangle A_3BA_4$, ……, $\triangle A_nBA_{n+1}$, …… の面積の総和 S を求めよ。

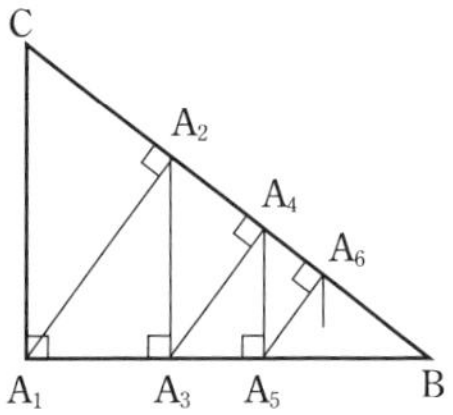

7 無限級数 $1+\dfrac{2}{3}+\dfrac{3}{5}+\dfrac{4}{7}+\cdots\cdots$ の収束，発散を調べよ。

演習
演習編

8 次の極限を求めよ。

(1) $\lim_{x\to 3}\dfrac{2x^2-x-15}{x^2-8x+15}$　(2) $\lim_{x\to 2}\dfrac{x-2}{\sqrt{x+7}-3}$　(3) $\lim_{x\to -3}\dfrac{5x^3}{(x+3)^2}$

9 次の極限を調べよ。極限が存在する場合にはその極限をいえ。

(1) $\lim_{x\to 1+0}\dfrac{|x-1|}{x-1}$　(2) $\lim_{x\to 1-0}\dfrac{|x-1|}{x-1}$　(3) $\lim_{x\to 1}\dfrac{|x-1|}{x-1}$

10 等式 $\lim_{x\to 1}\dfrac{(a+1)x+b}{\sqrt{x}-1}=4$ が成り立つように，定数 a，b の値を定めよ。

11 次の極限を求めよ。

(1) $\lim_{x\to\infty}(x-\sqrt{x^2+6x})$　(2) $\lim_{x\to-\infty}(\sqrt{x^2+2x}+x)$

12 次の 2 つの条件を満たす多項式 $f(x)$ を求めよ。

[1] $\lim_{x\to\infty}\dfrac{f(x)-x^3}{x^2-1}=2$　[2] $\lim_{x\to 1}\dfrac{f(x)}{x^2-1}=3$

13 次の極限を求めよ。

(1) $\lim_{x\to 0}\dfrac{\sin 5x}{\sin 2x}$　(2) $\lim_{x\to 0}\dfrac{x\tan x}{1-\cos x}$　(3) $\lim_{x\to\infty}(x-1)\sin\dfrac{1}{x}$

14 関数 $f(x)=\dfrac{x}{x^2+1}$ が $x=0$ で連続であるか不連続であるかを調べよ。

15 方程式 $\sin x=x\cos x$ は $\pi<x<\dfrac{3}{2}\pi$ の範囲に少なくとも 1 つの実数解をもつことを示せ。

第3章 微分法

1 微分係数と導関数

49 関数 $f(x)=|x-1|$ は $x=1$ で微分可能でないことを示せ。 教 p.75 練習2

50 次の関数を，導関数の定義に従って微分せよ。 教 p.76 練習3

(1) $f(x)=\dfrac{1}{x-2}$　(2) $f(x)=\dfrac{1}{x^2}$　(3) $f(x)=\sqrt{2x}$

2 導関数の計算

51 次の関数を微分せよ。 教 p.77 練習4

(1) $y=3x^4-2x^3+x^2+3x+5$　(2) $y=2x^5+3x^4-x^3+5x^2-8x+12$

52 次の関数を微分せよ。 教 p.79 練習5

(1) $y=(2x-3)(x-2)$　(2) $y=(2x^2-1)(x^2-3x+1)$

(3) $y=(3x^2+2)(x^2-4x+5)$　(4) $y=(x-2)(x^4+5x^2+3x+2)$

53 次の関数を微分せよ。 教 p.81 練習6

(1) $y=\dfrac{1}{x+1}$　(2) $y=\dfrac{2x}{x+3}$　(3) $y=\dfrac{1}{x^2-1}$

(4) $y=\dfrac{x-1}{x^2+1}$　(5) $y=\dfrac{x}{x^2-x+1}$　(6) $y=\dfrac{x^3-4x+1}{x-2}$

54 次の関数を微分せよ。 教 p.81 練習7

(1) $y=x^{-3}$　(2) $y=\dfrac{1}{x^4}$　(3) $y=\dfrac{x^2-x-2}{x^3}$

55 次の関数を微分せよ。 教 p.83 練習8

(1) $y=(x-1)^2$　(2) $y=(3x-1)^3$　(3) $y=(2x-1)(x-2)^2$

(4) $y=(x^2+2x+3)^2$　(5) $y=\dfrac{1}{(2x^3+3)^2}$　(6) $y=\left(x+\dfrac{1}{x}\right)^3$

56 逆関数の微分法の公式を用いて，次の関数を微分せよ。

(1) $y=x^{\frac{1}{5}}$　(2) $y=x^{\frac{1}{10}}$ 教 p.84 練習9

57 次の関数を微分せよ。 教 p.85 練習 10

(1) $y=x^{\frac{3}{5}}$　(2) $y=\dfrac{1}{\sqrt{x^5}}$　(3) $y=\dfrac{1}{\sqrt[4]{x^7}}$

(4) $y=\sqrt{x^2+2x+3}$　(5) $y=\sqrt[3]{2-x^2}$　(6) $y=\dfrac{1}{\sqrt{x^2+3}}$

3 いろいろな関数の導関数

58 次の関数を微分せよ。

(1) $y=2x-\cos x$　(2) $y=\sin x-\tan x$　(3) $y=\cos(2x-1)$

(4) $y=\tan 3x$　(5) $y=\cos(\sin x)$　(6) $y=\sin x^2$

(7) $y=\tan x^2$　(8) $y=\cos^3 x$　(9) $y=\tan^3 x$

(10) $y=\dfrac{1}{\cos x}$　(11) $y=\dfrac{1}{\sin^2 x}$　(12) $y=x\sin 2x$

(13) $y=\sin x\cos x$　(14) $y=\sin 3x\cos 5x$

教 p.88 練習 11，12

59 次の関数を微分せよ。ただし，a は定数で，$a>0$，$a\neq 1$ とする。

(1) $y=\log(x^2+2)$　(2) $y=\log\left|\dfrac{2x-1}{2x+1}\right|$　(3) $y=\log|x^2-4|$

(4) $y=\log(\sin x)$　(5) $y=(\log x)^3$　(6) $y=(x\log x-x)^2$

(7) $y=\log_4 2x$　(8) $y=\log_a(x^2-1)$

教 p.90，91 練習 13，14

60 対数微分法により，次の関数を微分せよ。ただし，a は定数とする。

(1) $y=\dfrac{(x+1)^2}{(x+2)^3(x+3)^4}$　(2) $y=\dfrac{(1+x)^3(1-2x)}{(1-x)(1+2x)^3}$

(3) $y=\sqrt[4]{(x+1)(x^2+2)}$　(4) $y=\dfrac{x}{\sqrt{(a^2+x^2)^3}}$

教 p.92 練習 15

61 次の関数を微分せよ。ただし，a は定数で，$a>0$，$a\neq 1$ とする。

(1) $y=e^{4x}$　(2) $y=(x+3)e^{-x}$　(3) $y=x^2e^x$

(4) $y=e^x\cos x$　(5) $y=e^x\tan x$　(6) $y=e^{x^2+2x}$

(7) $y=a^{-3x}$

教 p.93 練習 16

4 第 n 次導関数

62 次の関数の，与えられた n の値に対する第 n 次導関数を求めよ。

(1) $y=x^4-3x^2+2 \quad (n=3)$

(2) $y=x^3-2x^2+1 \quad (n=4)$

(3) $y=\dfrac{1}{x+2} \quad (n=3)$

(4) $y=(2x-1)^4 \quad (n=3)$

(5) $y=\sin 2x \quad (n=4)$

(6) $y=e^{-x} \quad (n=5)$

教 p.94 練習 17

63 次のことが成り立つことを証明せよ。ただし，a，b は定数とする。

(1) $y=x\sqrt{1+x^2}$ のとき　$(1+x^2)y''+xy'=4y$

(2) $y=e^{-2x}(a\cos 2x+b\sin 2x)$ のとき　$y''+4y'+8y=0$

教 p.95 練習 19

5 関数のいろいろな表し方と導関数

64 次の方程式で定められる x の関数 y について，$\dfrac{dy}{dx}$ を求めよ。ただし，y を用いて表してもよい。

(1) $y^2=8x$

(2) $x^2+y^2=2$

(3) $\dfrac{x^2}{3}-\dfrac{y^2}{2}=1$

(4) $2xy-3=0$

教 p.98 練習 20

65 x の関数 y が，t を媒介変数として，次の式で表されるとき，$\dfrac{dy}{dx}$ を t の関数として表せ。

(1) $x=t+1$，$y=2t-1$

(2) $x=\sqrt{1-t^2}$，$y=t^2+1$

(3) $x=\sin t$，$y=\cos 2t+1$

(4) $x=t+\sin t$，$y=1+\cos t$

教 p.101 練習 21

定期考査対策問題

■次の関数を微分せよ。[**1**，**2**，**4**，**5**]

1 (1) $y=(3x+1)(x^2-x+1)$　(2) $y=\dfrac{x^2+1}{x+1}$

2 (1) $y=(x^2-1)^3$　(2) $y=\dfrac{1}{(2x+3)^2}$　(3) $y=\sqrt{1-x^2}$

3 $f'(a)$ が存在するとき，$\displaystyle\lim_{h\to 0}\frac{f(a+3h)-f(a-2h)}{h}$ を $f'(a)$ で表せ。

4 (1) $y=3\cos\left(2x+\dfrac{\pi}{3}\right)$　(2) $y=\sin^3 x$

5 (1) $y=\log|x^2-5|$　(2) $y=\log_2\sqrt{x+1}$　(3) $y=x\log x$
(4) $y=(x+3)e^{2x}$　(5) $y=2^{-x^2}$

6 対数微分法により，関数 $y=x^{\sin x}$ $(x>0)$ を微分せよ。

7 (1) 関数 $y=e^x\sin 2x$ について，第 2 次導関数，第 3 次導関数を求めよ。
(2) 関数 $y=\dfrac{a}{2}\left(e^{\frac{x}{a}}+e^{-\frac{x}{a}}\right)$ は，等式 $a^2y''=y$ を満たすことを示せ。ただし，a は 0 でない定数とする。

8 (1) 方程式 $x^2+4y^2=16$ で定められる x の関数 y について，$\dfrac{dy}{dx}$ を求めよ。ただし，y を用いて表してもよい。
(2) x の関数 y が，t を媒介変数として，$x=2\cos^3 t$，$y=3\sin^3 t$ で表されるとき，$\dfrac{dy}{dx}$ を t の関数として表せ。

第4章 微分法の応用

1 接線と法線

66 次の曲線上の点Aにおける接線と法線の方程式を求めよ。

(1) $y=x^2+2x$ $\mathrm{A}(-3,\ 3)$

(2) $y=x^3-3x^2+1$ $\mathrm{A}(3,\ 1)$

(3) $y=\dfrac{x}{1+x}$ $\mathrm{A}(0,\ 0)$

(4) $y=\sqrt{4-x^2}$ $\mathrm{A}(-\sqrt{3},\ 1)$

(5) $y=\cos x$ $\mathrm{A}\left(\dfrac{\pi}{6},\ \dfrac{\sqrt{3}}{2}\right)$

(6) $y=\log x$ $\mathrm{A}(e,\ 1)$

教 p.106，107 練習 1，2

67 次の曲線について，与えられた点を通る接線の方程式を求めよ。また，その接点の座標を求めよ。

(1) $y=\sqrt{x}$ $(-2,\ 0)$

(2) $y=\dfrac{2x}{x+1}$ $(1,\ 2)$

(3) $y=\log x-1$ $(0,\ 0)$

(4) $y=e^{2x+1}$ $(0,\ 0)$

教 p.108 練習 3，4

68 曲線 $y=e^x+2e^{-x}$ において，傾きが1である接線の方程式を求めよ。

教 p.108 練習 4

69 2つの曲線 $y=ax^3$ と $y=3\log x$ が共有点をもち，その点において共通の接線をもつとき，定数 a の値を求めよ。また，その共有点における接線の方程式を求めよ。

教 p.109 練習 5

70 次の曲線上の与えられた x 座標をもつ点における接線の方程式を求めよ。

(1) $\dfrac{x^2}{4}+y^2=1$ $(x=\sqrt{3})$

(2) $y^2=8x$ $(x=3)$

(3) $x^2-y^2=2$ $(x=2)$

(4) $\sqrt{x}+\sqrt{y}=5$ $(x=4)$

教 p.110 練習 6

2 平均値の定理

71 次の関数と，示された区間について，平均値の定理の式

$$\frac{f(b)-f(a)}{b-a}=f'(c),\ a<c<b$$

を満たす c の値を求めよ。ただし，n は2以上の整数とする。

(1) $f(x)=x^3-2x^2$　$[-2,\ 2]$

(2) $f(x)=\cos x$　$[0,\ 2\pi]$

(3) $f(x)=x^3+2x+3$　$[0,\ 1]$

(4) $f(x)=x^n$　$[0,\ 1]$

(5) $f(x)=\sqrt{x}$　$[1,\ 4]$

(6) $f(x)=\log x$　$[1,\ 2]$

教 p.113 練習 8

72 平均値の定理を用いて，次のことが成り立つことを証明せよ。

(1) $\frac{1}{e^2}<a<b<1$ のとき　$a-b<b\log b-a\log a<b-a$

(2) $|\sin\alpha-\sin\beta|\leqq|\alpha-\beta|$

教 p.113 練習 9

3 関数の値の変化

73 次の関数の増減を調べよ。

(1) $y=x^4-2x^3-2x^2+3$

(2) $y=3x-2\sin x$

(3) $y=x-1+\frac{1}{x-6}$

(4) $y=\frac{2x}{x^2+1}$

(5) $y=e^x\sin x$　$(0\leqq x\leqq 2\pi)$

教 p.117 練習 10

74 次の関数の極値を求めよ。

(1) $y=\frac{2x-3}{x^2+4}$

(2) $y=\frac{x^2-5x+6}{x-1}$

(3) $y=\frac{1}{x}-\frac{4}{x-1}$

(4) $y=\frac{x}{\sqrt{x-1}}$

(5) $y=(x+1)e^x$

(6) $y=2\sin x+\cos 2x$ $(0\leqq x\leqq 2\pi)$

教 p.119 練習 11

75 次の関数の極値を求めよ。

教 p.121 練習 12

(1) $y=|x-1|\sqrt{x+3}$

(2) $y=|x^2-3x|$

(3) $y=\sqrt[5]{x^2}$

(4) $y=\frac{1}{x\sqrt[3]{x}}$

76 関数 $f(x)=\dfrac{x-a}{x^2+x+1}$ が $x=-1$ で極値をとるように，定数 a の値を定めよ。

教 p.121 練習 13

4 関数の最大と最小

77 次の関数の最大値，最小値を求めよ。

(1) $y=\dfrac{x}{4}+\dfrac{1}{x+1}\quad(0\leqq x\leqq 4)$　　(2) $y=2x-\sqrt{1-x^2}$

(3) $y=\log(x^2+1)-\log x\quad\left(\dfrac{1}{2}\leqq x\leqq 3\right)$

(4) $y=x-2\sin x\quad(0\leqq x\leqq 2\pi)$

(5) $y=\cos^3 x-\sin^3 x\quad(0\leqq x\leqq 2\pi)$

教 p.122 練習 14

78 半径 r の球に外接する直円錐について

(1) 体積の最小値を求めよ。

(2) 表面積の最小値を求めよ。

教 p.123 練習 15

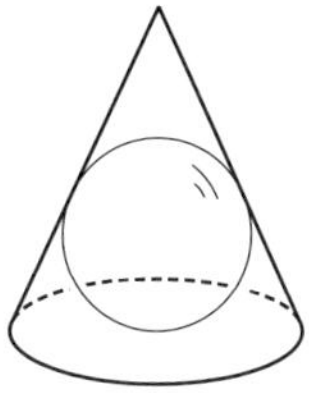

5 関数のグラフ

79 次の曲線の凹凸を調べ，変曲点を求めよ。 教 p.126 練習 16

(1) $y=x^3-3x^2-12x+1$　　(2) $y=x^4-6x^2+8x+10$

(3) $y=x+\dfrac{1}{x}$　　(4) $y=\dfrac{x^3}{x^3-1}$

(5) $y=\log(1+x^2)$　　(6) $y=(x^2-1)e^{-x}$

80 次の関数のグラフの概形をかけ。

(1) $y=-x^2(x^2-6)$　　(2) $y=x+\dfrac{4}{x}$

(3) $y=\dfrac{x^2-3}{x-2}$　　(4) $y=\dfrac{1}{x^2+1}$

(5) $y=x-\cos x\quad(0\leqq x\leqq 2\pi)$　　(6) $y=2\cos x-\cos^2 x\quad(0\leqq x\leqq 2\pi)$

(7) $y=\log(x^2+1)$　　(8) $y=e^{-x^2}$

≫教p.127，129 練習 17，18

81 第 2 次導関数を利用して，次の関数の極値を求めよ。

(1) $f(x)=x^3-9x^2+24x-7$　　(2) $f(x)=x^4-2x^2+1$

(3) $f(x)=x^3e^{-x}\quad(x>0)$　　(4) $f(x)=x+2\sin x\quad(0\leqq x\leqq 2\pi)$

≫教p.130 練習 19

6 方程式，不等式への応用

82 次のことが成り立つことを証明せよ。

(1) $x>0$ のとき　$\sqrt{1+x}<1+\dfrac{1}{2}x$

(2) $x>0$ のとき　$\log(1+x)<\dfrac{1+x}{2}$

≫教p.131 練習 20

83 次の方程式の異なる実数解の個数を求めよ。

(1) $x^4+6x^2-5=0$　　(2) $x+\cos x=0$

≫教p.132 練習 21

7 速度と加速度

84 数直線上を運動する点 P の座標 x が，時刻 t の関数として次のように表されるとき，時刻 t における点 P の速度 v と加速度 α を求めよ。

(1) $x=\cos\left(\pi t-\dfrac{\pi}{3}\right)$　　(2) $x=5\sin\left(\dfrac{\pi}{6}t+\dfrac{2}{3}\pi\right)$

≫教p.135 練習 22

85 点Pが，原点Oを中心とする半径 r の円の周上を，等速円運動している。OPが毎秒 $\dfrac{\pi}{6}$ ラジアンだけ回転するとき，Pの速さと加速度の大きさを求めよ。ただし，Pは円周上の点 $(r,\ 0)$ から出発するものとする。

≫教 p.137 練習 23

86 a，b，c は定数で，$a>0$ とする。座標平面上を運動する点Pの，時刻 t における座標 $(x,\ y)$ が次の式で表されるとき，速さと加速度の大きさを求めよ。

(1) $x=2t$，$y=t^2+3$　　(2) $x=2t$，$y=3e^t$

(3) $x=e^t+e^{-t}$，$y=e^t-e^{-t}$　　(4) $x=a\cos t+b$，$y=a\sin t+c$

≫教 p.138 練習 24

8 近似式

87 $|x|$ が十分小さいとき，次の関数の1次の近似式を作れ。

(1) $\sqrt[4]{1+x}$　　(2) $\dfrac{1}{(1+x)^3}$　　(3) $\dfrac{1}{\sqrt[3]{(1+x)^2}}$

(4) $\sin x$　　(5) $\tan\left(\dfrac{\pi}{4}+x\right)$　　(6) $\log_{10}(1+x)$

≫教 p.139 練習 25

88 次の近似値を，与えられた k の値に対して小数第 k 位まで求めよ。ただし，$\sqrt{3}=1.73205$，$\pi=3.14159$，$\log 100=4.60517$ とする。

(1) $\sqrt{100.2}$　$(k=2)$　　(2) $\dfrac{1}{\sqrt{99.8}}$　$(k=4)$　　(3) $\sqrt[3]{730}$　$(k=3)$

(4) $\sin 30.5^\circ$　$(k=4)$　　(5) $\tan 59^\circ$　$(k=4)$　　(6) $\log 100.001$　$(k=5)$

≫教 p.140 練習 26

定期考査対策問題

1 2曲線 $y=e^x$, $y=\log x+2$ に共通な接線の方程式を求めよ。

2 平均値の定理を用いて，極限 $\lim_{x\to+0}\dfrac{e^x-e^{\tan x}}{x-\tan x}$ を求めよ。

3 関数 $y=|x|\sqrt{1-x^2}$ の極値を求めよ。

4 次の関数の最大値，最小値を求めよ。

(1) $y=\sin 2x+2\sin x$ $(0\leqq x\leqq\pi)$

(2) $y=x\sqrt{2-x^2}$

5 次の関数のグラフの概形をかけ。

(1) $y=e^{\frac{1}{x}}$

(2) $y=x+\sqrt{1-x^2}$

6 関数 $f(x)=\sin^3 x$ について，$f'(0)=0$, $f''(0)=0$ であることを示せ。また，$f(x)$ は $x=0$ で極値をもつかどうかを調べよ。

7 $x>2$ のとき，不等式 $\log\dfrac{x}{2}<\dfrac{x^2-4}{4x}$ が成り立つことを証明せよ。

8 方程式 $x^3+ax+a=0$ の異なる実数解の個数を求めよ。ただし，a は定数とする。

9 数直線上を運動する点Pの座標 x が，時刻 t の関数として $x=t^3-3t^2-9t+1$ $(t\geqq 0)$ で表されるとき，運動の向きが変わる時刻を求めよ。

10 (1) $|x|$ が十分小さいとき，$\sqrt{1-x}$ の1次の近似式を作れ。

(2) (1)を用いて，$\sqrt{0.9998}$ の近似値を求めよ。

第5章 積分法

1 不定積分とその基本性質

89 次の不定積分を求めよ。

(1) $\int 2x^5\,dx$　(2) $\int \frac{5}{y^6}dy$　(3) $\int t^{\frac{2}{5}}dt$　(4) $\int x^2\sqrt{x}\,dx$

教 p.147 練習 1

90 次の不定積分を求めよ。 教 p.148 練習 2

(1) $\int\left(5x^4-\frac{1}{x^4}-2\right)dx$　(2) $\int\left(4x^{\frac{1}{3}}+3x^{\frac{1}{2}}-1\right)dx$

(3) $\int\frac{\sqrt{x}-1}{\sqrt[3]{x}}dx$　(4) $\int\frac{2x^3-x^2+3x-1}{x^2}dx$

(5) $\int(\sqrt{2x}+3)^2dx$　(6) $\int\sqrt{x}\left(1+\frac{1}{\sqrt{x}}\right)^2dx$

91 次の不定積分を求めよ。

(1) $\int(5\sin x-4\cos x)dx$　(2) $\int\left(\frac{3}{\cos^2 x}-\frac{2}{\sin^2 x}\right)dx$

(3) $\int\left(\frac{1}{\tan x}+2\right)\sin x\,dx$ 教 p.149 練習 3

92 次の不定積分を求めよ。 教 p.149 練習 4

(1) $\int(2e^x-x^2)dx$　(2) $\int(5^x-e^x)dx$　(3) $\int\left(2e^x+\frac{3}{x}\right)dx$

2 置換積分法

93 次の不定積分を求めよ。 教 p.150 練習 5

(1) $\int(x+1)^3dx$　(2) $\int\sqrt[3]{6x+7}\,dx$　(3) $\int\sin\frac{2\pi}{3}t\,dt$

(4) $\int\cos(3t+2)dt$　(5) $\int\frac{2}{1-3x}dx$　(6) $\int\frac{dx}{(5x+3)^3}$

(7) $\int e^{2x-1}dx$　(8) $\int 2^{5x+2}dx$　(9) $\int 3^{1-x}dx$

94 次の不定積分を求めよ。

(1) $\int x(3x-2)^3\,dx$　(2) $\int \frac{x+2}{(x-1)^3}\,dx$

(3) $\int x\sqrt{x+2}\,dx$　(4) $\int \frac{3x-1}{\sqrt{x+1}}\,dx$

》教 p.152 練習 6

95 次の不定積分を求めよ。

(1) $\int 3(x^3+2)x^2\,dx$　(2) $\int \sin^2 x\cos x\,dx$　(3) $\int \frac{dx}{x\log x}$

(4) $\int \frac{x^2+2x}{x^3+3x^2+1}\,dx$　(5) $\int \frac{\cos x}{1+\sin x}\,dx$　(6) $\int \frac{e^x-e^{-x}}{e^x+e^{-x}}\,dx$

》教 p.153 練習 7，8

3 部分積分法

96 次の不定積分を求めよ。　》教 p.154，155 練習 9，10

(1) $\int x\sin 2x\,dx$　(2) $\int x\cos 3x\,dx$　(3) $\int \frac{x}{\cos^2 x}\,dx$

(4) $\int x\log(x-2)\,dx$　(5) $\int x^3\log x\,dx$　(6) $\int (2x-1)e^x\,dx$

(7) $\int xe^{-3x}\,dx$　(8) $\int \log(x+2)\,dx$　(9) $\int \log(1-x)\,dx$

97 次の不定積分を求めよ。

(1) $\int x^2\cos x\,dx$　(2) $\int (x^2-1)e^x\,dx$

》教 p.155 練習 11

4 いろいろな関数の不定積分

98 次の不定積分を求めよ。　》教 p.156 練習 12

(1) $\int \frac{(x+1)^2}{x-1}\,dx$　(2) $\int \frac{x^2+3x+4}{x+2}\,dx$　(3) $\int \frac{x^3}{x-1}\,dx$

(4) $\int \frac{dx}{x(x+2)}$　(5) $\int \frac{dx}{x^2-4}$　(6) $\int \frac{x}{(x-1)(2x-1)}\,dx$

99 次の不定積分を求めよ。

(1) $\displaystyle\int\left(\sin\frac{x}{2}+\cos\frac{x}{2}\right)^2dx$　(2) $\displaystyle\int\frac{\sin^2 x}{1-\cos x}dx$

(3) $\displaystyle\int\cos 3x\sin 5x\,dx$　(4) $\displaystyle\int\sin 2x\sin 4x\,dx$

(5) $\displaystyle\int\cos^2\frac{x}{2}dx$　(6) $\displaystyle\int\sin x\cos x\cos 2x\,dx$

(7) $\displaystyle\int\left(\tan^2 x+\frac{1}{\tan^2 x}\right)dx$

» 教 p.157 練習 13，14

100 次の不定積分を求めよ。 » 教 p.158 練習 15，16

(1) $\displaystyle\int\frac{\cos x}{\sin x(\sin x+1)}dx$　(2) $\displaystyle\int\sin^2 x\cos^3 x\,dx$

(3) $\displaystyle\int\tan^4 x\,dx$　(4) $\displaystyle\int\frac{dx}{\sin 2x}$

(5) $\displaystyle\int\frac{1}{1-\sin x}dx$　(6) $\displaystyle\int(\sin^3 x-\cos^3 x)dx$

5 定積分とその基本性質

101 次の定積分を求めよ。 » 教 p.160 練習 17

(1) $\displaystyle\int_1^3 4x^3\,dx$　(2) $\displaystyle\int_1^4\sqrt{x}\,dx$　(3) $\displaystyle\int_1^4 x^{-\frac{3}{2}}dx$

(4) $\displaystyle\int_e^{e^2}\frac{dx}{x}$　(5) $\displaystyle\int_2^{e+1}\frac{dy}{1-y}$　(6) $\displaystyle\int_0^{\pi}\sin\theta\,d\theta$

(7) $\displaystyle\int_{-\frac{\pi}{2}}^{\frac{\pi}{2}}\cos t\,dt$　(8) $\displaystyle\int_0^{\log 2}e^{3x}dx$　(9) $\displaystyle\int_1^2 2^x\,dx$

102 次の定積分を求めよ。 » 教 p.161 練習 18

(1) $\displaystyle\int_0^1\left(e^{\frac{t}{2}}+e^{-\frac{t}{2}}\right)dt$　(2) $\displaystyle\int_1^2\frac{dx}{x(x-4)}$

(3) $\displaystyle\int_0^{\frac{\pi}{2}}(\sin 2x+\cos 3x)dx$　(4) $\displaystyle\int_0^{\frac{\pi}{4}}\cos^2 x\,dx$

(5) $\displaystyle\int_0^{2\pi}\sin 4x\sin 6x\,dx$　(6) $\displaystyle\int_{\frac{\pi}{6}}^{\frac{5}{6}\pi}\cos t\cos 3t\,dt$

103 次の定積分を求めよ。 » 教 p.162 練習 19

(1) $\displaystyle\int_0^6\sqrt{|x-3|}\,dx$　(2) $\displaystyle\int_{\frac{\pi}{2}}^{2\pi}|\sin x|dx$　(3) $\displaystyle\int_0^2|e^x-3|dx$

6 定積分の置換積分法

104 次の定積分を求めよ。

(1) $\int_{-1}^{0}(3x+2)^5dx$　(2) $\int_{0}^{2}\sqrt{2-x}\,dx$　(3) $\int_{-1}^{1}\frac{dx}{\sqrt{x+2}}$

(4) $\int_{0}^{\frac{\pi}{2}}\frac{\sin x}{2-\cos x}dx$　(5) $\int_{0}^{\frac{\pi}{2}}(1-\cos^2 x)\sin x\,dx$

≫ 教 p.164 練習 20

105 次の定積分を求めよ。 ≫ 教 p.165，166 練習 21，22

(1) $\int_{0}^{3}\sqrt{9-x^2}\,dx$　(2) $\int_{-2}^{2\sqrt{3}}\frac{dx}{\sqrt{16-x^2}}$　(3) $\int_{-1}^{1}\frac{dx}{x^2+1}$

(4) $\int_{1}^{\sqrt{3}}\frac{dx}{x^2+3}$　(5) $\int_{0}^{2\sqrt{3}}\frac{dx}{3x^2+12}$　(6) $\int_{0}^{\sqrt{3}}\frac{x^2}{x^2+9}dx$

106 偶関数，奇関数の性質を用いて，次の定積分を求めよ。

(1) $\int_{-e}^{e}x^3e^{x^2}dx$　(2) $\int_{-a}^{a}(e^x-e^{-x})^5dx$

(3) $\int_{-\pi}^{\pi}\sin^2 x\,dx$　(4) $\int_{-\frac{\pi}{6}}^{\frac{\pi}{6}}\cos x\sin^4 x\,dx$

≫ 教 p.167 練習 23

7 定積分の部分積分法

107 次の定積分を求めよ。

(1) $\int_{0}^{1}x(x-1)^4dx$　(2) $\int_{0}^{\frac{\pi}{2}}(x+2)\cos x\,dx$　(3) $\int_{1}^{2}x^4\log x\,dx$

≫ 教 p.168 練習 24，25

研究 $\int_{0}^{\frac{\pi}{2}}e^x\sin x\,dx$，$\int_{0}^{\frac{\pi}{2}}e^x\cos x\,dx$ の値

108 教科書 170 ページと同様の方法で，不定積分 $\int e^{-x}\sin x\,dx$，

$\int e^{-x}\cos x\,dx$ を求めよ。

≫ 教 p.170 練習 1

8 定積分の種々の問題

109 次の関数を x について微分せよ。

(1) $F(x)=\int_0^x (x+t)e^t dt$　　(2) $F(x)=\int_1^x (t-x)\log t\,dt$

(3) $F(x)=\int_0^x (x-t)\cos^2 t\,dt$　　(4) $F(x)=\int_x^{2x^2} (x+t)\sin t\,dt$

教 p.171 練習 26

110 次の関数を x について微分せよ。

(1) $y=\int_x^{2x} \cos^2 t\,dt$　　(2) $y=\int_x^{x^2} e^t \sin t\,dt$

教 p.172 練習 27

111 次の等式を満たす関数 $f(x)$ を求めよ。

(1) $f(x)=x+\int_0^2 f(t)e^t dt$　　(2) $f(x)=\log x - x\int_1^e \frac{f(t)+1}{t}dt$

(3) $f(x)=\sin x-\int_0^{\frac{\pi}{3}}\left\{f(t)-\frac{\pi}{3}\right\}\sin t\,dt$

教 p.172 練習 28

112 次の極限値を，積分を用いて求めよ。

(1) $\lim_{n\to\infty}\frac{1}{n}\sum_{k=1}^{n}\cos\frac{k\pi}{n}$　　(2) $\lim_{n\to\infty}\frac{1}{n}\sum_{k=0}^{n-1}e^{\frac{2k}{n}}$

(3) $\lim_{n\to\infty}\frac{1}{n}\left(\frac{1^3}{n^3}+\frac{2^3}{n^3}+\frac{3^3}{n^3}+\cdots\cdots+\frac{n^3}{n^3}\right)$

教 p.175 練習 29

113 次の (A) が成り立つことを証明し，(A) を用いて (B) を証明せよ。

(1) (A) $2<x<3$ のとき　$0<(x-3)^2(x-2)\leqq\frac{4}{27}$

(B) $0<\int_2^3 \sqrt[3]{2(x-3)^2(x-2)}\,dx<\frac{2}{3}$

(2) (A) $0<x<\frac{1}{2}$ のとき　$\sqrt{1-x}<\sqrt{1-x^3}<1$

(B) $\frac{1}{2}<\int_0^{\frac{1}{2}}\frac{dx}{\sqrt{1-x^3}}<2-\sqrt{2}$

教 p.177 練習 30

114 n が 2 以上の整数であるとき，次の不等式が成り立つことを証明せよ。

(1) $\frac{1}{2^2}+\frac{1}{3^2}+\frac{1}{4^2}+\cdots\cdots+\frac{1}{n^2}<1-\frac{1}{n}$

(2) $\frac{1}{2^3}+\frac{1}{3^3}+\frac{1}{4^3}+\cdots\cdots+\frac{1}{n^3}<\frac{1}{2}-\frac{1}{2n^2}$

教 p.177 練習 31

定期考査対策問題

■次の不定積分を求めよ。[**1**～**6**]

1 (1) $\displaystyle\int\frac{x^4-5x^2+2}{x^3}dx$　(2) $\displaystyle\int\frac{(\sqrt[3]{s}-2)^2}{s}ds$

(3) $\displaystyle\int\left(\frac{2}{\cos^2\theta}+\frac{3}{\sin^2\theta}\right)d\theta$　(4) $\displaystyle\int\left(\sin\frac{x}{2}+\cos\frac{x}{2}\right)^2dx$

(5) $\displaystyle\int\left\{2^x+\left(\frac{1}{2}\right)^x\right\}dx$　(6) $\displaystyle\int(10^x+e^x)dx$

2 (1) $\displaystyle\int\frac{dx}{\sqrt{3x-1}}$　(2) $\displaystyle\int(4x+2)\sqrt{x+3}\,dx$

(3) $\displaystyle\int\frac{3x}{\sqrt{2x-1}}dx$

3 (1) $\displaystyle\int 2x\sqrt{x^2+3}\,dx$　(2) $\displaystyle\int(\sin x+1)\cos x\,dx$

(3) $\displaystyle\int\frac{e^{2x}}{e^x-1}dx$　(4) $\displaystyle\frac{3x^2+1}{x^3+x}dx$

4 (1) $\displaystyle\int xe^{-3x}dx$　(2) $\displaystyle\int x^4\log x\,dx$

(3) $\displaystyle\int\log(x-2)dx$　(4) $\displaystyle\int x^2\cos 2x\,dx$

5 (1) $\displaystyle\int\frac{x^2}{x-2}dx$　(2) $\displaystyle\int\frac{3x}{(x+1)^2(x-2)}dx$

6 (1) $\displaystyle\int\cos^5x\,dx$　(2) $\displaystyle\int\sin^4x\,dx$　(3) $\displaystyle\int\frac{1-\sin x}{\cos x}dx$

7 次の定積分を求めよ。

(1) $\displaystyle\int_1^2\frac{(1-x^2)^2}{x^2}dx$　(2) $\displaystyle\int_{-1}^0\frac{dx}{x^2-4x+3}$　(3) $\displaystyle\int_0^{\pi}\cos^2 3x\,dx$

■次の定積分を求めよ。[**8**～**11**]

8 (1) $\displaystyle\int_0^2 |1-\sqrt{x}|\,dx$　　(2) $\displaystyle\int_0^{\pi} |\sin x+\sqrt{3}\cos x|\,dx$

9 (1) $\displaystyle\int_0^2 (4x-3)^2\,dx$　　(2) $\displaystyle\int_0^4 \frac{x^2}{\sqrt{x+1}}\,dx$　　(3) $\displaystyle\int_1^2 \frac{x^2-2x}{x^3-3x^2+1}\,dx$

(4) $\displaystyle\int_e^{e^2} \frac{\log x}{x}\,dx$　　(5) $\displaystyle\int_0^{\frac{\pi}{2}} (2-\cos^2 x)\sin x\,dx$

10 (1) $\displaystyle\int_0^2 \frac{dx}{\sqrt{16-x^2}}$　　(2) $\displaystyle\int_0^{\sqrt{3}} \frac{x^2}{1+x^2}\,dx$

(3) $\displaystyle\int_{-1}^1 x^3 e^{x^2}\,dx$　　(4) $\displaystyle\int_{-\pi}^{\pi} \sin^2 x\,dx$

11 (1) $\displaystyle\int_0^2 x(x-2)^3\,dx$　　(2) $\displaystyle\int_1^e \frac{\log x}{x^2}\,dx$

12 (1) 関数 $F(x)=\displaystyle\int_1^x (x-t)\log t\,dt$ を x について微分せよ。

(2) $f(x)=\displaystyle\int_0^x (\cos t+\sin 2t)\,dt$ $\left(0\leqq x\leqq \dfrac{3}{2}\pi\right)$ の最大値，最小値を求めよ。

13 等式 $f(x)=\sin x+3\displaystyle\int_0^{\frac{\pi}{2}} f(t)\cos t\,dt$ を満たす関数 $f(x)$ を求めよ。

14 極限値 $\displaystyle\lim_{n\to\infty}\left(\sqrt{\frac{n+1}{n^3}}+\sqrt{\frac{n+2}{n^3}}+\cdots\cdots+\sqrt{\frac{n+n}{n^3}}\right)$ を求めよ。

15 次の不等式を，積分を用いて証明せよ。ただし，n は自然数とする。

$$\frac{1}{\sqrt{1}}+\frac{1}{\sqrt{2}}+\frac{1}{\sqrt{3}}+\cdots\cdots+\frac{1}{\sqrt{n}}>2\sqrt{n+1}-2$$

第6章 積分法の応用

1 面積

115 次の曲線や直線および x 軸で囲まれた部分の面積を求めよ。

(1) $y=\dfrac{1}{x}$，$x=e$，$x=e^3$　　(2) $y=\sqrt[3]{x}$，$x=1$，$x=2$

(3) $y=\tan x$ $\left(0\leqq x\leqq\dfrac{\pi}{4}\right)$，$x=\dfrac{\pi}{4}$

(4) $y=\log(x-1)$，$x=2$，$x=e+1$

(5) $y=e^x$，$x=0$，$x=1$　教 p.184 練習 1

116 次の曲線や直線で囲まれた部分の面積を求めよ。

(1) $y=\sqrt{x}$，$y=x$　　(2) $y^2=4x$，$x^2=4y$

(3) $y=\cos 2x$，$y=\sin 2x$ $\left(\dfrac{\pi}{8}\leqq x\leqq\dfrac{5}{8}\pi\right)$　教 p.185 練習 2

117 次の曲線と直線で囲まれた部分の面積を求めよ。　教 p.186 練習 3

(1) $y^2=x$，$y=1$，$y=4$，y 軸　　(2) $y^2=x-1$，$y=x-1$

(3) $x=\sin y$ $(0\leqq y\leqq\pi)$，y 軸　　(4) $y=e^x$，$y=e$，y 軸

118 次の楕円によって囲まれた図形の面積を求めよ。　教 p.187 練習 4

(1) $2x^2+3y^2=6$　　(2) $3x^2+4y^2=1$

(3) $y^2=x^2(1-x)$　　(4) $|y+1|=x|x-3|$

119 次の曲線と x 軸で囲まれた部分の面積を求めよ。

(1) $x=1-t^4$，$y=t-t^3$　$(0\leqq t\leqq 1)$

(2) $x=t+\sin t$，$y=1-\cos t$　$(0\leqq t\leqq 2\pi)$　教 p.188 練習 5

2 体積

120 1 辺の長さが 3 の正方形を底面とする高さ 5 の四角錐の体積を，定積分を用いて求めよ。　教 p.190 練習 6

121 底面の半径が 2，高さが 4 の直円柱がある。この底面の直径 AB を含み，底面と 60° の傾きをなす平面で，直円柱を 2 つの部分に分けるとき，小さい方の立体の体積 V を求めよ。　教 p.191 練習 7

122 次の曲線や直線および x 軸で囲まれた部分を，x 軸の周りに1回転させてできる立体の体積 V を求めよ。 教p.193 練習8

(1) $y=x^2+3x$　　(2) $y=1-\sqrt{x}$，$x=0$

(3) $y=\tan x$，$x=\dfrac{\pi}{4}$　　(4) $y=e^x$，$x=1$，$x=2$

123 次の曲線で囲まれた部分を，x 軸の周りに1回転させてできる立体の体積 V を求めよ。 教p.193 練習9

(1) $x^2+y^2-4x=0$　　(2) $9x^2+4y^2=36$

124 次の曲線や直線および y 軸で囲まれた部分を，y 軸の周りに1回転させてできる立体の体積 V を求めよ。 教p.193 練習10

(1) $y=\sqrt{x-1}$，$y=0$，$y=1$　　(2) $x=y^2-y$

125 次の曲線や直線で囲まれた部分を，x 軸の周りに1回転させてできる立体の体積 V を求めよ。 教p.194 練習11

(1) $y=\dfrac{1}{\sqrt{1+x^2}}$，$y=\dfrac{1}{\sqrt{2}}$　　(2) $y=x^2+3x-1$，$y=-x^2-x-1$

126 曲線 $x=\tan\theta$，$y=\cos 2\theta$ $\left(-\dfrac{\pi}{4}\leqq\theta\leqq\dfrac{\pi}{4}\right)$ と x 軸で囲まれた部分を，x 軸の周りに1回転させてできる立体の体積 V を求めよ。

教p.195 練習12

研究 一般の回転体の体積

127 放物線 $y=\dfrac{x^2}{\sqrt{2}}-x$ と直線 $y=x$ で囲まれた部分を，直線 $y=x$ の周りに1回転させてできる立体の体積 V を求めよ。 教p.196 練習1

3 曲線の長さ

128 次の曲線の長さ L を求めよ。ただし，t，θ は媒介変数である。

(1) $x=\dfrac{2}{3}t^3$，$y=t^2$　$(0\leqq t\leqq 1)$

(2) $x=3t^2$，$y=3t-t^3$　$(0\leqq t\leqq\sqrt{3})$

(3) $x=e^\theta\cos\theta$，$y=e^\theta\sin\theta$　$(0\leqq\theta\leqq\pi)$ 教p.198 練習13

129 次の曲線の長さ L を求めよ。

(1) $y=\dfrac{x^3}{3}+\dfrac{1}{4x}$ $(2\leqq x\leqq 3)$　　(2) $y=\sqrt{4-x^2}$ $(-1\leqq x\leqq 1)$

(3) $y=\log(1-x^2)$ $\left(0\leqq x\leqq \dfrac{1}{2}\right)$

》教 p.199 練習 14

4 速度と道のり

130 数直線上を運動する点 P の，時刻 t における速度 v が $t^2-2\sqrt{t}$ であるとする。$t=0$ から $t=4$ までに，P の位置はどれだけ変化するか。また，道のり l を求めよ。

》教 p.201 練習 15

131 点 P の座標 $(x,\ y)$ が，時刻 t の関数として次のように表されている。

$$x=e^{\sqrt{3}t}\cos t,\ \ y=e^{\sqrt{3}t}\sin t$$

時刻 t における P の速度を $\vec{v}$ とする。

(1) $|\vec{v}|$ を求めよ。

(2) $t=0$ から $t=2\pi$ までに P が通過する道のり l を求めよ。

》教 p.202 練習 16

発展 微分方程式

132 y は x の関数とする。次の微分方程式を解け。

(1) $\dfrac{dy}{dx}=\dfrac{y}{x}$　　(2) $xy'+1=y$

(3) $(x-1)\dfrac{dy}{dx}+(y-1)=0$　　(4) $(1-x^2)y'+xy=0$

》教 p.208 練習 1

133 y は x の関数とする。次の微分方程式を，[　] 内の初期条件のもとで解け。

(1) $y'=(2x-1)^3$　　[$x=0$ のとき $y=1$]

(2) $(2-x)y'=1$　　[$x=1$ のとき $y=0$]

(3) $y'=\dfrac{y^2\cos x}{(\sin x+1)^2}$　　[$x=0$ のとき $y=1$]

》教 p.208 練習 2

定期考査対策問題

1 次の曲線や直線で囲まれた部分の面積 S を求めよ。

(1) $y=(x-1)^2e^x$，x 軸，y 軸　　　(2) $y=ex$，$y=xe^x$

2 曲線 $y=\log ax$ と，原点からこの曲線に引いた接線と x 軸とで囲まれた部分の面積が e であるとき，正の定数 a の値を求めよ。

3 曲線 $y^2=x^2(x+3)$ で囲まれた部分の面積 S を求めよ。

4 曲線 $x=\cos^4\theta$，$y=\sin^4\theta$ $\left(0\leqq\theta\leqq\dfrac{\pi}{2}\right)$ と x 軸および y 軸とで囲まれた部分の面積 S を求めよ。

5 座標平面上の 2 点 $\mathrm{P}(x,\ 0)$，$\mathrm{Q}(x,\ \sin x)$ を結ぶ線分を 1 辺とし，この平面に垂直な正方形を作る。P が原点 O から $\mathrm{C}(\pi,\ 0)$ まで動くとき，この正方形が通過してできる立体の体積 V を求めよ。

6 楕円 $\dfrac{x^2}{4}+(y-2)^2=1$ を次の直線の周りに 1 回転させてできる立体の体積を求めよ。

(1) x 軸　　　(2) y 軸

7 次の曲線の長さ L を求めよ。

(1) $x=e^{-t}\cos t$，$y=e^{-t}\sin t$ $(0\leqq t\leqq\pi)$

(2) $y=\log(x^2-1)$ $(2\leqq x\leqq 3)$

8 点 P の座標 $(x,\ y)$ が，時刻 t の関数として $x=\dfrac{t^3+6t^2}{3}$，$y=\dfrac{2t^3-3t^2}{3}$ で表されるとき，次の問いに答えよ。

(1) P が点 $(27,\ 9)$ を通過するときの速度 $\vec{v}$ を求めよ。

(2) P が時刻 0 から a $(a>0)$ までに通過する道のり l を求めよ。

演習

演習編

演習編の答と略解

原則として，問題の要求している答の数値・図などをあげ，［　］には略解やヒントを付した。

第1章　関　数

1　(1)〔図〕，定義域 $x \neq 0$，値域 $y \neq 0$

(2)〔図〕，定義域 $x \neq 0$，値域 $y \neq -1$

(3)〔図〕，定義域 $x \neq 2$，値域 $y \neq 0$

(4)〔図〕，定義域 $x \neq -1$，値域 $y \neq 2$

(5)〔図〕，定義域 $x \neq 3$，値域 $y \neq -2$

(6)〔図〕，定義域 $x \neq \frac{2}{3}$，値域 $y \neq -\frac{1}{3}$

(1)

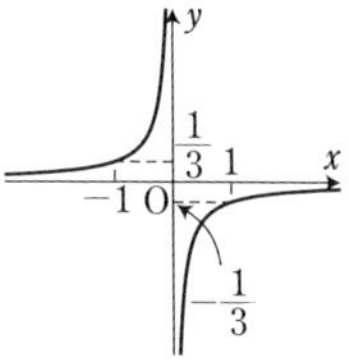

(2)

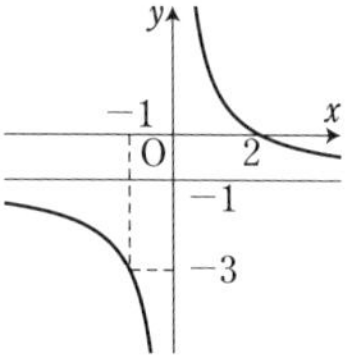

(3)

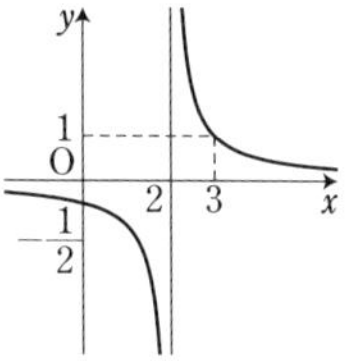

(4)

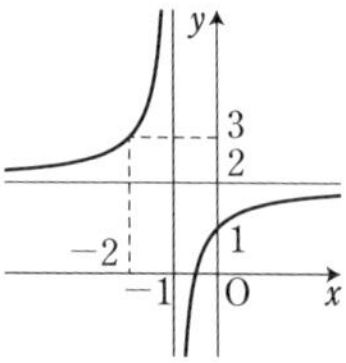

(5)

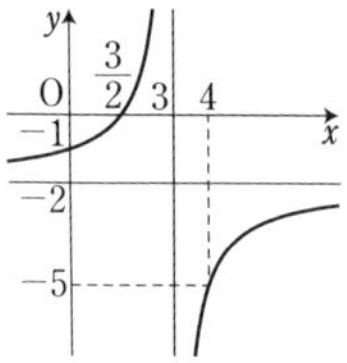

(6)

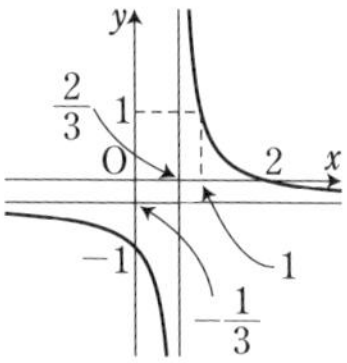

2　(1) (3, 0)　(2) (0, 2)，(−1, 1)

(3) $\left(-\frac{1}{2},\ 2\right)$，$\left(\frac{3}{2},\ 6\right)$

3　(1) $x=0$　(2) $x=-1,\ 3$　(3) $x=1,\ 9$

(4) $x<-1,\ 0 \leqq x$　(5) $x<-1,\ 2<x<3$

(6) $1 \leqq x < 3,\ 9 \leqq x$

4　(1)〔図〕　(2)〔図〕，(1)と x 軸に関して対称

(3)〔図〕，(1)と y 軸に関して対称

(4)〔図〕，(1)と原点に関して対称

(1)

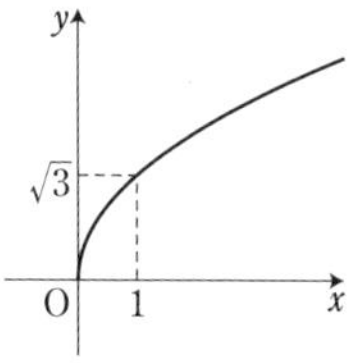

(2)

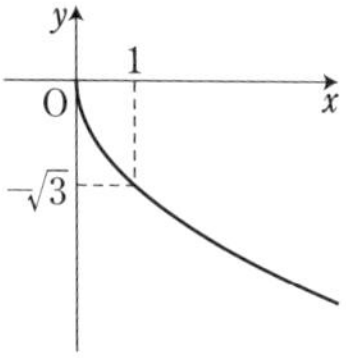

(3)

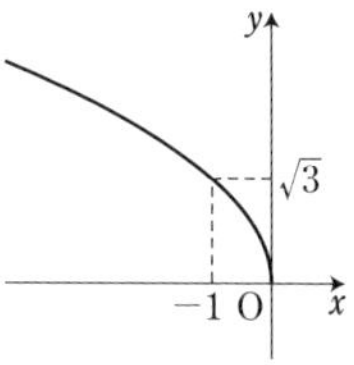

(4)

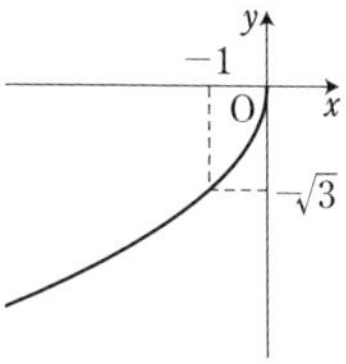

5　(1)〔図〕，定義域 $x \geqq -1$，値域 $y \geqq 0$

(2)〔図〕，定義域 $x \geqq -3$，値域 $y \leqq 0$

(3)〔図〕，定義域 $x \leqq 3$，値域 $y \geqq 0$

(4)〔図〕，定義域 $x \leqq 4$，値域 $y \leqq 0$

(1)

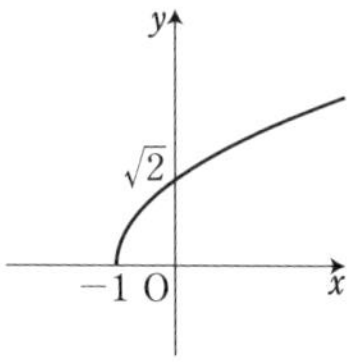

(2)

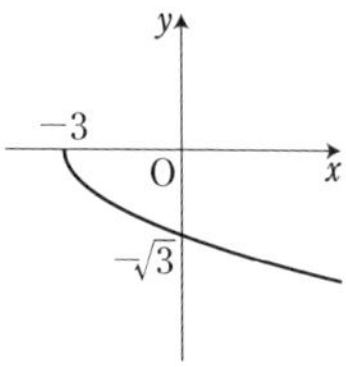

(3)

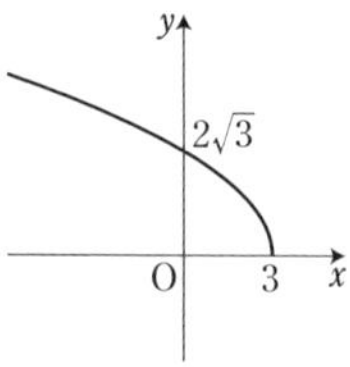

(4)

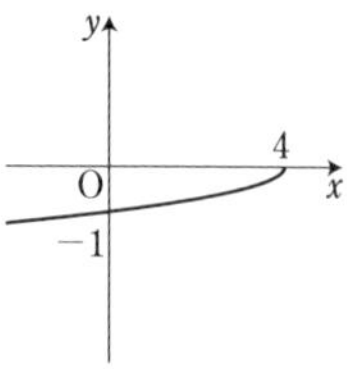

6　(1) $\sqrt{2} \leqq y \leqq \sqrt{6}$　(2) $-\sqrt{5} \leqq y < 0$

7　(1) (0, 1)　(2) (0, 0)，(1, 1)　(3) (1, 2)

(4) (1, −2)

8 (1) $-2 \leqq x < 2$ (2) $2 < x \leqq 3$ (3) $x \geqq 0$

(4) $-\frac{1}{3} \leqq x < 1$ (5) $x > 1$

(6) $-1 \leqq x < 0,\ 3 < x$

9 (1) $y = \frac{1}{3}x - \frac{2}{3}$, 〔図〕

(2) $y = -\frac{1}{2}x + 1\ (-2 \leqq x \leqq 2)$, 〔図〕

(3) $y = \sqrt{x-1}$, 〔図〕

(4) $y = \frac{1}{2}x^2\ (x \geqq 0)$, 〔図〕

(1)

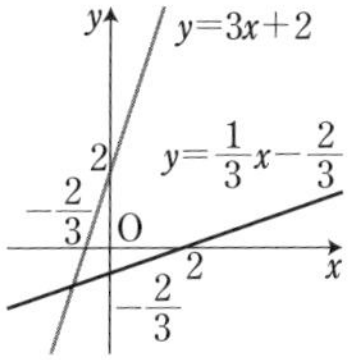

(2)

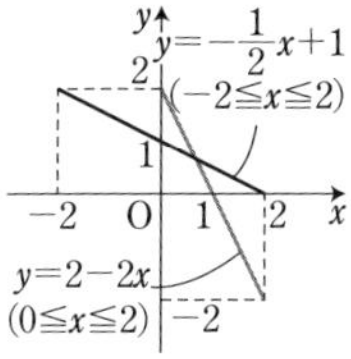

(3)

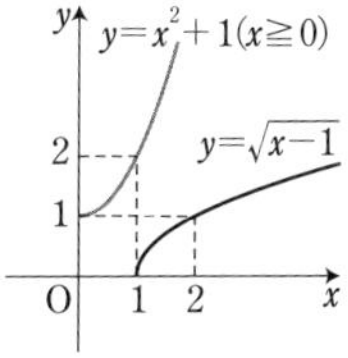

(4)

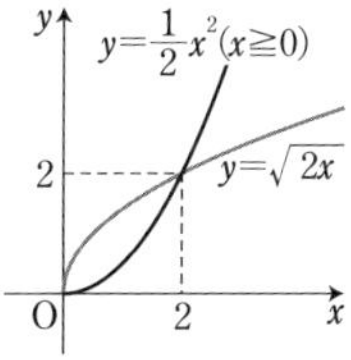

10 (1) $y = \frac{x+1}{x-1}$ (2) $y = -\frac{x+3}{x-2}$

(3) $y = \frac{1-x}{x}\ (0 < x \leqq 1)$

(4) $y = \frac{x+2}{x+1}\ (x < -1)$

11 $a=3,\ b=-1$

12 (1) $y = \log_5 x$ (2) $y = \log_{\frac{1}{4}} x\ \left(\frac{1}{2} \leqq x \leqq 4\right)$

(3) $y = 2^x + 1$ (4) $y = 3^{x+2}$

13 (1) $(g \circ f)(x) = 4x^2 + 2x$,

$(f \circ g)(x) = 2x^2 - 2x + 1$

(2) $(g \circ f)(x) = 9x^2 + 12x + 5$,

$(f \circ g)(x) = 3x^2 + 5$

(3) $(g \circ f)(x) = \frac{8}{x^2} + 1$, $(f \circ g)(x) = \frac{2}{2x^2+1}$

(4) $(g \circ f)(x) = \frac{x}{2}$, $(f \circ g)(x) = \sqrt{x}\ (x > 0)$

第2章　極　限

14 (1) 0 (2) 0 (3) 1 (4) 3

15 (1) 正の無限大に発散

(2) 負の無限大に発散 (3) 正の無限大に発散

(4) 正の無限大に発散

(5) 振動して，極限はない

(6) 振動して，極限はない

(7) 振動して，極限はない

(8) 負の無限大に発散 (9) 正の無限大に発散

(10) 負の無限大に発散

(11) 振動して，極限はない

16 (1) 2 (2) $\frac{3}{2}$ (3) $\frac{4}{3}$ (4) 0

17 (1) ∞ (2) $-\infty$ (3) ∞ (4) ∞ (5) $-\infty$

(6) $\sqrt{2}$ (7) 2 (8) 0 (9) 2 (10) 2

18 (1) 0 (2) 0

19 (1) 正の無限大に発散

(2) 振動して，極限はない (3) 0 に収束

(4) 0 に収束 (5) 振動して，極限はない

(6) 0 に収束

20 (1) 3 (2) 0 (3) ∞ (4) 3 (5) ∞

(6) $-\infty$

21 $-\frac{1}{3} < x \leqq \frac{1}{3}$；極限値は，$-\frac{1}{3} < x < \frac{1}{3}$

のとき 0，$x = \frac{1}{3}$ のとき $\frac{1}{3}$

22 (1) $0 < r < 1$ のとき $\frac{1}{2}$ に収束，

$r = 1$ のとき $\frac{1}{3}$ に収束，$r > 1$ のとき 0 に収束

(2) $r < -1,\ 1 < r$ のとき 1 に収束；

$-1 < r < 1$ のとき -2 に収束

(3) $r < -1,\ 1 < r$ のとき 0 に収束；

$r = 1$ のとき 1 に収束；

$0 < r < 1$ のとき正の無限大に発散；

$-1 \leqq r < 0$ のとき振動して，極限はない

23 (1) 3 (2) $\frac{2}{3}$ (3) ∞

24 (1) 収束，$-\frac{1}{2}$ (2) 収束，$\frac{1}{3}$

(3) 収束，$\frac{5}{12}$ (4) 発散

25 (1) 発散 (2) 収束，$\frac{4}{7}$ (3) 収束，2

(4) 発散 (5) 収束，$8(2+\sqrt{3})$ (6) 発散

(7) 収束，$\dfrac{8+5\sqrt{2}}{2}$　(8) 発散

26　(1) $-\dfrac{1}{3}<x<\dfrac{1}{3}$，和 $\dfrac{1}{1-3x}$

(2) $x=0$，$2<x<4$；和 $\dfrac{x}{x-2}$

27　18 m

28　$\dfrac{9}{8}\pi r^2$

29　(1) $\dfrac{7}{9}$　(2) $\dfrac{4}{11}$　(3) $\dfrac{3409}{9990}$

30　(1) $\dfrac{5}{4}$　(2) $-\dfrac{1}{12}$　(3) $\dfrac{9}{4}$

31　(1) 発散　(2) 発散

32　(1) 6　(2) -3　(3) $\dfrac{1}{3}$　(4) -1　(5) 2

(6) 1　(7) 0

33　(1) 3　(2) 12　(3) $-\dfrac{3}{2}$　(4) 4　(5) -4

(6) $-\dfrac{2}{3}$

34　(1) $\dfrac{2}{3}$　(2) 6　(3) $\sqrt{3}$

35　(1) $a=\dfrac{1}{2}$，$b=-1$　(2) $a=4$，$b=4\sqrt{2}$

(3) $a=0$，$b=-1$　(4) $a=-1$，$b=0$

36　(1) $-\infty$　(2) ∞　(3) 0　(4) -2　(5) $\dfrac{3}{2}$

(6) 2

37　(1) 0　(2) 0　(3) 1　(4) $-\infty$　(5) ∞

38　(1) 0　(2) 0　(3) 3　(4) $-\infty$　(5) ∞

39　(1) 0　(2) $\dfrac{1}{2}$　(3) 1　(4) $\dfrac{3}{2}$

40　(1) 0　(2) 0　(3) ∞　(4) $-\infty$　(5) ∞

(6) $-\infty$　(7) 3

41　(1) 1　(2) 0　(3) 極限はない

42　(1) 0　(2) 0

43　(1) 4　(2) $\dfrac{2}{5}$　(3) 3

44　(1) $\dfrac{\pi}{180}$　(2) 1　(3) -1　(4) $-\pi$　(5) 1

(6) $\dfrac{1}{2}$

45　$\dfrac{1}{2a}$

46　(1) 連続　(2) 不連続　(3) 不連続

47　(1) $x=0$ のとき最大値 2，

$x=\dfrac{2}{3}$ のとき最小値 0

(2) $x=\dfrac{\pi}{2}$ のとき最小値 -3，最大値はない

(3) $x=-1$ のとき最大値 -1，最小値はない

(4) $x=0$ のとき最大値 2，$x=1$ のとき最小値 1

48　[左辺を $f(x)$ とおく。(1) $f(0)f(\pi)<0$

(2) $f(0)f(1)<0$]

第 3 章　微分法

49　$\left[\lim_{h\to+0}\dfrac{f(1+h)-f(1)}{h}=1,\right.$

$\left.\lim_{h\to-0}\dfrac{f(1+h)-f(1)}{h}=-1\right]$

50　(1) $f'(x)=-\dfrac{1}{(x-2)^2}$　(2) $f'(x)=-\dfrac{2}{x^3}$

(3) $f'(x)=\dfrac{1}{\sqrt{2x}}$

51　(1) $y'=12x^3-6x^2+2x+3$

(2) $y'=10x^4+12x^3-3x^2+10x-8$

52　(1) $y'=4x-7$　(2) $y'=8x^3-18x^2+2x+3$

(3) $y'=12x^3-36x^2+34x-8$

(4) $y'=5x^4-8x^3+15x^2-14x-4$

53　(1) $y'=-\dfrac{1}{(x+1)^2}$　(2) $y'=\dfrac{6}{(x+3)^2}$

(3) $y'=-\dfrac{2x}{(x^2-1)^2}$　(4) $y'=\dfrac{-x^2+2x+1}{(x^2+1)^2}$

(5) $y'=\dfrac{-x^2+1}{(x^2-x+1)^2}$　(6) $y'=\dfrac{2x^3-6x^2+7}{(x-2)^2}$

54　(1) $y'=-3x^{-4}\ \left(=-\dfrac{3}{x^4}\right)$　(2) $y'=-\dfrac{4}{x^5}$

(3) $y'=-\dfrac{x^2-2x-6}{x^4}$

55　(1) $y'=2(x-1)$　(2) $y'=9(3x-1)^2$

(3) $y'=6(x-2)(x-1)$

(4) $y'=4(x+1)(x^2+2x+3)$

(5) $y'=-\dfrac{12x^2}{(2x^3+3)^3}$

(6) $y'=3\left(x+\dfrac{1}{x}\right)^2\left(1-\dfrac{1}{x^2}\right)$

56　(1) $y'=\dfrac{1}{5}x^{-\frac{4}{5}}$　(2) $y'=\dfrac{1}{10}x^{-\frac{9}{10}}$

57　(1) $y'=\dfrac{3}{5}x^{-\frac{2}{5}}\ \left(=\dfrac{3}{5\sqrt[5]{x^2}}\right)$

(2) $y'=-\dfrac{5}{2\sqrt{x^7}}$　(3) $y'=-\dfrac{7}{4\sqrt[4]{x^{11}}}$

(4) $y'=\dfrac{x+1}{\sqrt{x^2+2x+3}}$ (5) $y'=-\dfrac{2x}{3\sqrt[3]{(2-x^2)^2}}$

(6) $y'=-\dfrac{x}{\sqrt{(x^2+3)^3}}$

58 (1) $y'=2+\sin x$ (2) $y'=\cos x-\dfrac{1}{\cos^2 x}$

(3) $y'=-2\sin(2x-1)$ (4) $y'=\dfrac{3}{\cos^2 3x}$

(5) $y'=-\cos x\sin(\sin x)$ (6) $y'=2x\cos x^2$

(7) $y'=\dfrac{2x}{\cos^2 x^2}$ (8) $y'=-3\cos^2 x\sin x$

(9) $y'=\dfrac{3\tan^2 x}{\cos^2 x}$ (10) $y'=\dfrac{\sin x}{\cos^2 x}$

(11) $y'=-\dfrac{2\cos x}{\sin^3 x}$ (12) $y'=\sin 2x+2x\cos 2x$

(13) $y'=\cos 2x$

(14) $y'=3\cos 3x\cos 5x-5\sin 3x\sin 5x$

59 (1) $y'=\dfrac{2x}{x^2+2}$ (2) $y'=\dfrac{4}{4x^2-1}$

(3) $y'=\dfrac{2x}{x^2-4}$ (4) $y'=\dfrac{\cos x}{\sin x}$

(5) $y'=\dfrac{3(\log x)^2}{x}$ (6) $y'=2(x\log x-x)\log x$

(7) $y'=\dfrac{1}{2x\log 2}$ (8) $y'=\dfrac{2x}{(x^2-1)\log a}$

60 (1) $y'=-\dfrac{(x+1)(5x^2+14x+5)}{(x+2)^4(x+3)^5}$

(2) $y'=-\dfrac{2(1+x)^2(4x^2-3x+2)}{(1-x)^2(1+2x)^4}$

(3) $y'=\dfrac{3x^2+2x+2}{4\sqrt[4]{(x+1)^3(x^2+2)^3}}$

(4) $y'=\dfrac{a^2-2x^2}{\sqrt{(a^2+x^2)^5}}$

61 (1) $y'=4e^{4x}$ (2) $y'=-(x+2)e^{-x}$

(3) $y'=x(2+x)e^x$ (4) $y'=e^x(\cos x-\sin x)$

(5) $y'=e^x\left(\tan x+\dfrac{1}{\cos^2 x}\right)$

(6) $y'=2(x+1)e^{x^2+2x}$ (7) $y'=-3a^{-3x}\log a$

62 (1) $y'''=24x$ (2) $y^{(4)}=0$

(3) $y'''=-\dfrac{6}{(x+2)^4}$ (4) $y'''=192(2x-1)$

(5) $y^{(4)}=16\sin 2x$ (6) $y^{(5)}=-e^{-x}$

63 [(1) $y'=\dfrac{2x^2+1}{\sqrt{1+x^2}}$, $y''=\dfrac{2x^3+3x}{\sqrt{(1+x^2)^3}}$

(2) $y'=2e^{-2x}\{(b-a)\cos 2x-(a+b)\sin 2x\}$,

$y''=8x^{-2x}(-b\cos 2x+a\sin 2x)$]

64 (1) $\dfrac{dy}{dx}=\dfrac{4}{y}$ (2) $\dfrac{dy}{dx}=-\dfrac{x}{y}$

(3) $\dfrac{dy}{dx}=\dfrac{2x}{3y}$ (4) $\dfrac{dy}{dx}=-\dfrac{y}{x}$

65 (1) $\dfrac{dy}{dx}=2$ (2) $\dfrac{dy}{dx}=-2\sqrt{1-t^2}$

(3) $\dfrac{dy}{dx}=-4\sin t$ (4) $\dfrac{dy}{dx}=-\dfrac{\sin t}{1+\cos t}$

第4章　微分法の応用

66 接線，法線の順に

(1) $y=-4x-9$, $y=\dfrac{1}{4}x+\dfrac{15}{4}$

(2) $y=9x-26$, $y=-\dfrac{1}{9}x+\dfrac{4}{3}$

(3) $y=x$, $y=-x$

(4) $y=\sqrt{3}x+4$, $y=-\dfrac{1}{\sqrt{3}}x$

(5) $y=-\dfrac{1}{2}x+\dfrac{\pi}{12}+\dfrac{\sqrt{3}}{2}$, $y=2x-\dfrac{\pi}{3}+\dfrac{\sqrt{3}}{2}$

(6) $y=\dfrac{1}{e}x$, $y=-ex+1+e^2$

67 接線の方程式，接点の順に

(1) $y=\dfrac{\sqrt{2}}{4}x+\dfrac{\sqrt{2}}{2}$, $(2,\ \sqrt{2})$

(2) $y=2x$, $(0,\ 0)$ (3) $y=\dfrac{1}{e^2}x$, $(e^2,\ 1)$

(4) $y=2e^2x$, $\left(\dfrac{1}{2},\ e^2\right)$

68 $y=x+3-\log 2$

69 $a=\dfrac{1}{e}$, $y=\dfrac{3}{\sqrt[3]{e}}x-2$

70 (1) $y=-\dfrac{\sqrt{3}}{2}x+2$, $y=\dfrac{\sqrt{3}}{2}x-2$

(2) $y=\dfrac{\sqrt{6}}{3}x+\sqrt{6}$, $y=-\dfrac{\sqrt{6}}{3}x-\sqrt{6}$

(3) $y=\sqrt{2}x-\sqrt{2}$, $y=-\sqrt{2}x+\sqrt{2}$

(4) $y=-\dfrac{3}{2}x+15$

71 (1) $-\dfrac{2}{3}$ (2) π (3) $\dfrac{\sqrt{3}}{3}$ (4) $\left(\dfrac{1}{n}\right)^{\frac{1}{n-1}}$

(5) $\dfrac{9}{4}$ (6) $\dfrac{1}{\log 2}$

72 [(1) $\log a<\log c<\log b$,

$-2<\log a<\log b<0$ から $-2<\log c<0$

(2) $\alpha=\beta$ のとき $\sin\alpha-\sin\beta=0$, $\alpha\neq\beta$ のとき

$\left|\dfrac{\sin\alpha-\sin\beta}{\alpha-\beta}\right|=|\cos\theta|\Big]$

73 (1) 区間 $x\leqq-\dfrac{1}{2}$，$0\leqq x\leqq 2$ で単調に減少，

区間 $-\dfrac{1}{2}\leqq x\leqq 0$，$2\leqq x$ で単調に増加

(2) 単調に増加

(3) 区間 $x\leqq 5$，$7\leqq x$ で単調に増加，

区間 $5\leqq x<6$，$6<x\leqq 7$ で単調に減少

(4) 区間 $x\leqq -1$，$1\leqq x$ で単調に減少，

区間 $-1\leqq x\leqq 1$ で単調に増加

(5) 区間 $0\leqq x\leqq\dfrac{3}{4}\pi$，$\dfrac{7}{4}\pi\leqq x\leqq 2\pi$ で単調に増加，区間 $\dfrac{3}{4}\pi\leqq x\leqq\dfrac{7}{4}\pi$ で単調に減少

74 (1) $x=-1$ で極小値 -1，

$x=4$ で極大値 $\dfrac{1}{4}$

(2) $x=1-\sqrt{2}$ で極大値 $-3-2\sqrt{2}$，

$x=1+\sqrt{2}$ で極小値 $-3+2\sqrt{2}$

(3) $x=-1$ で極大値 1，$x=\dfrac{1}{3}$ で極小値 9

(4) $x=2$ で極小値 2

(5) $x=-2$ で極小値 $-\dfrac{1}{e^2}$

(6) $x=\dfrac{\pi}{6}$，$\dfrac{5}{6}\pi$ で極大値 $\dfrac{3}{2}$；

$x=\dfrac{\pi}{2}$ で極小値 1；$x=\dfrac{3}{2}\pi$ で極小値 -3

75 (1) $x=-\dfrac{5}{3}$ で極大値 $\dfrac{16\sqrt{3}}{9}$，

$x=1$ で極小値 0

(2) $x=0$ で極大値 0，$x=\dfrac{3}{2}$ で極大値 $\dfrac{9}{4}$，

$x=3$ で極小値 0

(3) $x=0$ で極小値 0 (4) 極値はない

76 $a=0$

77 (1) $x=4$ で最大値 $\dfrac{6}{5}$，$x=1$ で最小値 $\dfrac{3}{4}$

(2) $x=1$ で最大値 2，

$x=-\dfrac{2}{\sqrt{5}}$ で最小値 $-\sqrt{5}$

(3) $x=3$ で最大値 $\log\dfrac{10}{3}$，$x=1$ で最小値 $\log 2$

(4) $x=\dfrac{5}{3}\pi$ で最大値 $\dfrac{5}{3}\pi+\sqrt{3}$，

$x=\dfrac{\pi}{3}$ で最小値 $\dfrac{\pi}{3}-\sqrt{3}$

(5) $x=0$，$\dfrac{3}{2}\pi$，2π で最大値 1；

$x=\dfrac{\pi}{2}$，π で最小値 -1

78 (1) $\dfrac{8}{3}\pi r^3$ (2) $8\pi r^2$

79 (1) $x<1$ で上に凸，$x>1$ で下に凸，

変曲点 $(1,\ -13)$

(2) $x<-1$，$1<x$ で下に凸；

$-1<x<1$ で上に凸；

変曲点 $(-1,\ -3)$，$(1,\ 13)$

(3) $x<0$ で上に凸，$x>0$ で下に凸，

変曲点はない

(4) $x<-\dfrac{1}{\sqrt[3]{2}}$，$0<x<1$ で上に凸；

$-\dfrac{1}{\sqrt[3]{2}}<x<0$，$1<x$ で下に凸；

変曲点 $\left(-\dfrac{1}{\sqrt[3]{2}},\ \dfrac{1}{3}\right)$，$(0,\ 0)$

(5) $x<-1$，$1<x$ で上に凸；

$-1<x<1$ で下に凸；

変曲点 $(-1,\ \log 2)$，$(1,\ \log 2)$

(6) $x<2-\sqrt{3}$，$2+\sqrt{3}<x$ で下に凸；

$2-\sqrt{3}<x<2+\sqrt{3}$ で上に凸；

変曲点 $(2-\sqrt{3},\ (6-4\sqrt{3})e^{-2+\sqrt{3}})$，

$(2+\sqrt{3},\ (6+4\sqrt{3})e^{-2-\sqrt{3}})$

80 (1)～(8)〔図〕

(1)

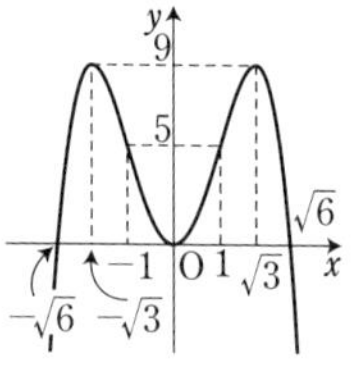

(2)

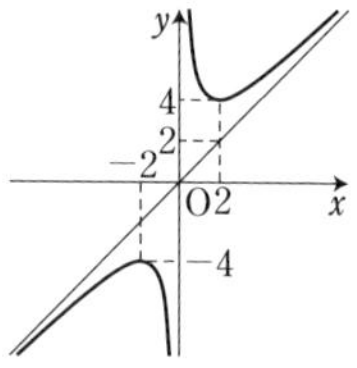

(3)

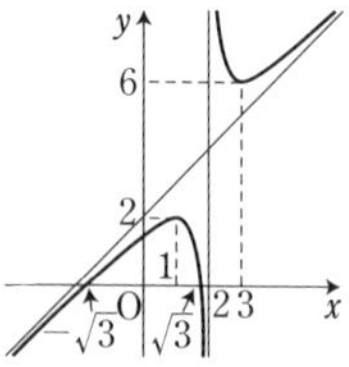

(4)

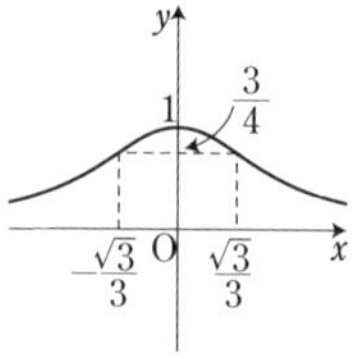

(5)

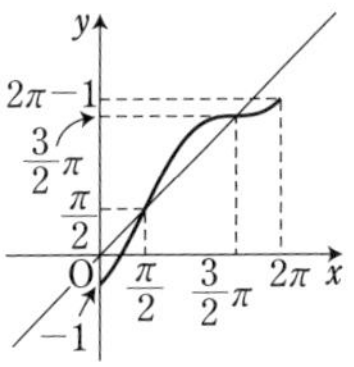

(6)

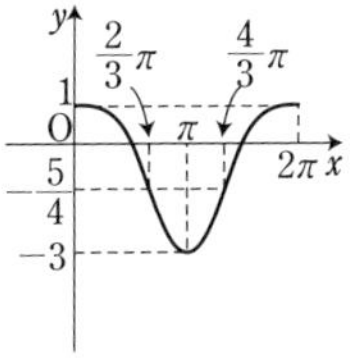

(7)

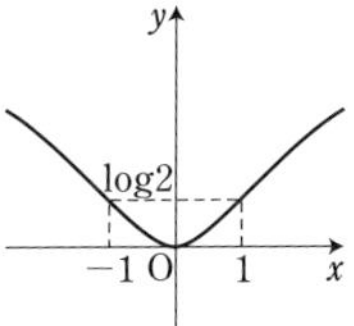

(8)

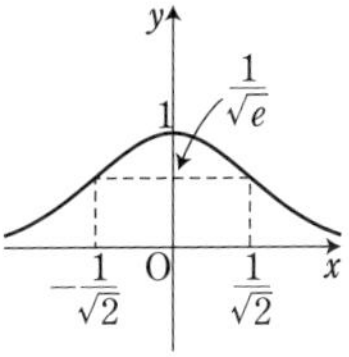

81 (1) $x=2$ で極大値 13，$x=4$ で極小値 9
(2) $x=0$ で極大値 1；$x=-1$，1 で極小値 0
(3) $x=3$ で極大値 $\frac{27}{e^3}$
(4) $x=\frac{2}{3}\pi$ で極大値 $\frac{2}{3}\pi+\sqrt{3}$，
$x=\frac{4}{3}\pi$ で極小値 $\frac{4}{3}\pi-\sqrt{3}$

82 [(1) $f(x)=\left(1+\frac{1}{2}x\right)-\sqrt{1+x}$ とおくと，
$x>0$ のとき，$f'(x)>0$
(2) $f(x)=\frac{1+x}{2}-\log(1+x)$ とおくと，
$x>0$ のとき，$f(x)\geqq f(1)>0$]

83 (1) 2 個 (2) 1 個

84 (1) $v=-\pi\sin\left(\pi t-\frac{\pi}{3}\right)$，
$\alpha=-\pi^2\cos\left(\pi t-\frac{\pi}{3}\right)$
(2) $v=\frac{5}{6}\pi\cos\left(\frac{\pi}{6}t+\frac{2}{3}\pi\right)$，
$\alpha=-\frac{5}{36}\pi^2\sin\left(\frac{\pi}{6}t+\frac{2}{3}\pi\right)$

85 速さ $\frac{\pi}{6}r$，加速度の大きさ $\frac{\pi^2}{36}r$

86 速さ，加速度の大きさの順に
(1) $2\sqrt{1+t^2}$，2 (2) $\sqrt{4+9e^{2t}}$，$3e^t$
(3) $\sqrt{2(e^{2t}+e^{-2t})}$，$\sqrt{2(e^{2t}+e^{-2t})}$ (4) a，a

87 (1) $1+\frac{1}{4}x$ (2) $1-3x$ (3) $1-\frac{2}{3}x$
(4) x (5) $1+2x$ (6) $\frac{x}{\log 10}$

88 (1) 10.01 (2) 0.1001 (3) 9.004
(4) 0.5076 (5) 1.6622 (6) 4.60518

第５章　積分法

89 C は積分定数とする。(以下，この断り書きを省略する)
(1) $\frac{1}{3}x^6+C$ (2) $-\frac{1}{y^5}+C$ (3) $\frac{5}{7}t^{\frac{7}{5}}+C$
(4) $\frac{2}{7}x^3\sqrt{x}+C$

90 (1) $x^5+\frac{1}{3x^3}-2x+C$
(2) $3x^{\frac{4}{3}}+2x^{\frac{3}{2}}-x+C$
(3) $\frac{6}{7}x\sqrt[6]{x}-\frac{3}{2}\sqrt[3]{x^2}+C$
(4) $x^2-x+3\log|x|+\frac{1}{x}+C$
(5) $x^2+4x\sqrt{2x}+9x+C$
(6) $\frac{2}{3}x\sqrt{x}+2x+2\sqrt{x}+C$

91 (1) $-5\cos x-4\sin x+C$
(2) $3\tan x+\frac{2}{\tan x}+C$ (3) $\sin x-2\cos x+C$

92 (1) $2e^x-\frac{1}{3}x^3+C$ (2) $\frac{5^x}{\log 5}-e^x+C$
(3) $2e^x+3\log|x|+C$

93 (1) $\frac{1}{4}(x+1)^4+C$
(2) $\frac{1}{8}(6x+7)\sqrt[3]{6x+7}+C$
(3) $-\frac{3}{2\pi}\cos\frac{2\pi}{3}t+C$
(4) $\frac{1}{3}\sin(3t+2)+C$ (5) $-\frac{2}{3}\log|1-3x|+C$
(6) $-\frac{1}{10(5x+3)^2}+C$ (7) $\frac{1}{2}e^{2x-1}+C$
(8) $\frac{2^{5x+2}}{5\log 2}+C$ (9) $-\frac{3^{1-x}}{\log 3}+C$

94 (1) $\frac{1}{90}(3x-2)^4(6x+1)+C$
(2) $-\frac{2x+1}{2(x-1)^2}+C$
(3) $\frac{2}{15}(3x-4)(x+2)\sqrt{x+2}+C$
(4) $2(x-3)\sqrt{x+1}+C$

95 (1) $\frac{1}{2}(x^3+2)^2+C$ (2) $\frac{1}{3}\sin^3 x+C$

(3) $\log|\log x|+C$　(4) $\frac{1}{3}\log|x^3+3x^2+1|+C$

(5) $\log(1+\sin x)+C$　(6) $\log(e^x+e^{-x})+C$

96　(1) $-\frac{1}{2}x\cos 2x+\frac{1}{4}\sin 2x+C$

(2) $\frac{1}{3}x\sin 3x+\frac{1}{9}\cos 3x+C$

(3) $x\tan x+\log|\cos x|+C$

(4) $\frac{1}{2}(x^2-4)\log(x-2)-\frac{1}{4}x^2-x+C$

(5) $\frac{1}{16}x^4(4\log x-1)+C$　(6) $(2x-3)e^x+C$

(7) $-\frac{1}{9}(3x+1)e^{-3x}+C$

(8) $(x+2)\log(x+2)-x+C$

(9) $(x-1)\log(1-x)-x+C$

97　(1) $x^2\sin x+2x\cos x-2\sin x+C$

(2) $(x^2-2x+1)e^x+C$

98　(1) $\frac{1}{2}x^2+3x+4\log|x-1|+C$

(2) $\frac{1}{2}x^2+x+2\log|x+2|+C$

(3) $\frac{1}{3}x^3+\frac{1}{2}x^2+x+\log|x-1|+C$

(4) $\frac{1}{2}\log\left|\frac{x}{x+2}\right|+C$　(5) $\frac{1}{4}\log\left|\frac{x-2}{x+2}\right|+C$

(6) $\frac{1}{2}\log\frac{(x-1)^2}{|2x-1|}+C$

99　(1) $x-\cos x+C$　(2) $x+\sin x+C$

(3) $-\frac{1}{16}\cos 8x-\frac{1}{4}\cos 2x+C$

(4) $-\frac{1}{12}\sin 6x+\frac{1}{4}\sin 2x+C$

(5) $\frac{1}{2}x+\frac{1}{2}\sin x+C$　(6) $-\frac{1}{16}\cos 4x+C$

(7) $\tan x-\frac{1}{\tan x}-2x+C$

100　(1) $\log\frac{|\sin x|}{\sin x+1}+C$

(2) $\frac{1}{3}\sin^3 x-\frac{1}{5}\sin^5 x+C$

(3) $\frac{1}{3}\tan^3 x-\tan x+x+C$

(4) $\frac{1}{4}\log\frac{1-\cos 2x}{1+\cos 2x}+C$

(5) $\tan x+\frac{1}{\cos x}+C$

(6) $-\frac{1}{12}(\sin 3x-\cos 3x)-\frac{3}{4}(\sin x+\cos x)+C$

101　(1) 80　(2) $\frac{14}{3}$　(3) 1　(4) 1　(5) -1

(6) 2　(7) 2　(8) $\frac{7}{3}$　(9) $\frac{2}{\log 2}$

102　(1) $2\sqrt{e}\left(1-\frac{1}{e}\right)$　(2) $-\frac{1}{4}\log 3$　(3) $\frac{2}{3}$

(4) $\frac{\pi}{8}+\frac{1}{4}$　(5) 0　(6) $-\frac{3\sqrt{3}}{8}$

103　(1) $4\sqrt{3}$　(2) 3　(3) $e^2+6\log 3-11$

104　(1) $\frac{7}{2}$　(2) $\frac{4\sqrt{2}}{3}$　(3) $2(\sqrt{3}-1)$

(4) $\log 2$　(5) $\frac{2}{3}$

105　(1) $\frac{9}{4}\pi$　(2) $\frac{\pi}{2}$　(3) $\frac{\pi}{2}$　(4) $\frac{\sqrt{3}}{36}\pi$

(5) $\frac{\pi}{18}$　(6) $\sqrt{3}-\frac{\pi}{2}$

106　(1) 0　(2) 0　(3) π　(4) $\frac{1}{80}$

107　(1) $\frac{1}{30}$　(2) $\frac{\pi}{2}+1$　(3) $\frac{32}{5}\log 2-\frac{31}{25}$

108　順に，$-\frac{1}{2}e^{-x}(\sin x+\cos x)+C$,

$\frac{1}{2}e^{-x}(\sin x-\cos x)+C$

109　(1) $2xe^x+e^x-1$　(2) $-x\log x+x-1$

(3) $\frac{1}{2}x+\frac{1}{4}\sin 2x$

(4) $-\cos 2x^2+\cos x+4x^2(1+2x)\sin 2x^2-2x\sin x$

110　(1) $2\cos^2 2x-\cos^2 x$

(2) $2xe^{x^2}\sin x^2-e^x\sin x$

111　(1) $f(x)=x+\frac{1+e^2}{2-e^2}$

(2) $f(x)=\log x-\frac{3}{2e}x$　(3) $f(x)=\sin x+\frac{\sqrt{3}}{12}$

112　(1) 0　(2) $\frac{1}{2}(e^2-1)$　(3) $\frac{1}{4}$

113　[(1) (A) $f(x)=(x-3)^2(x-2)$ とおくと，

$f(2)=f(3)=0$,　$f\left(\frac{7}{3}\right)=\frac{4}{27}$

(B) $\int_2^3 0\,dx<\int_2^3\sqrt[3]{2(x-3)^2(x-2)}\,dx<\int_2^3\frac{2}{3}dx$

(2) (A) $0<x<\frac{1}{2}$ から　$0<x^3<x$

よって　$1-x<1-x^3<1$

(B) $\int_0^{\frac{1}{2}}dx<\int_0^{\frac{1}{2}}\frac{dx}{\sqrt{1-x^3}}<\int_0^{\frac{1}{2}}\frac{dx}{\sqrt{1-x}}$]

114 $\left[(1)\ \int_k^{k+1}\frac{dx}{(k+1)^2}<\int_k^{k+1}\frac{dx}{x^2}\right.$

$(2)\ \left.\int_k^{k+1}\frac{dx}{(k+1)^3}<\int_k^{k+1}\frac{dx}{x^3}\right]$

第 6 章　積分法の応用

115 (1) 2　(2) $\frac{3}{4}(2\sqrt[3]{2}-1)$　(3) $\frac{1}{2}\log 2$

(4) 1　(5) $e-1$

116 (1) $\frac{1}{6}$　(2) $\frac{16}{3}$　(3) $\sqrt{2}$

117 (1) 21　(2) $\frac{1}{6}$　(3) 2　(4) 1

118 (1) $\sqrt{6}\pi$　(2) $\frac{\sqrt{3}}{6}\pi$　(3) $\frac{8}{15}$　(4) 9

119 (1) $\frac{8}{35}$　(2) π

120 15

121 $\frac{16\sqrt{3}}{3}$

122 (1) $\frac{81}{10}\pi$　(2) $\frac{\pi}{6}$　(3) $\pi-\frac{\pi^2}{4}$

(4) $\frac{\pi}{2}(e^4-e^2)$

123 (1) $\frac{32}{3}\pi$　(2) 24π

124 (1) $\frac{28}{15}\pi$　(2) $\frac{\pi}{30}$

125 (1) $\frac{\pi^2}{2}-\pi$　(2) $\frac{32}{3}\pi$

126 $\pi(4-\pi)$

127 $\frac{32}{15}\pi$

128 (1) $\frac{2}{3}(2\sqrt{2}-1)$　(2) $6\sqrt{3}$

(3) $\sqrt{2}(e^{\pi}-1)$

129 (1) $\frac{51}{8}$　(2) $\frac{2}{3}\pi$　(3) $-\frac{1}{2}+\log 3$

130 順に $\frac{32}{3}$，$\frac{40}{3}$

131 (1) $2e^{\sqrt{3}t}$　(2) $\frac{2\sqrt{3}}{3}(e^{2\sqrt{3}\pi}-1)$

132 A は任意の定数とする。

(1) $y=Ax$　(2) $y=Ax+1$　(3) $y=\frac{A}{x-1}+1$

(4) $y=A\sqrt{|x^2-1|}$

133 (1) $y=\frac{1}{8}(2x-1)^4+\frac{7}{8}$

(2) $y=-\log|x-2|$　(3) $y=\sin x+1$

定期考査対策問題（第 1 章）

1 $y\leqq 1$，$5\leqq y$

2 $a=6$，$b=3$

3 (1) $x=2\pm\sqrt{2}$

(2) $x<2-\sqrt{2}$，$2<x<2+\sqrt{2}$

4 $-2\leqq y\leqq -1$

5 (1) $x=1$　(2) $-3\leqq x<1$

6 (1) $y=\frac{1}{4}x-\frac{3}{2}$，［図］

(2) $y=x^2-2$ $(x\geqq 0)$，［図］

(3) $y=\frac{1-x}{x-3}$ $(x\leqq 2)$

(4) $y=2^x+1$

(1)　　　　　　　　(2)

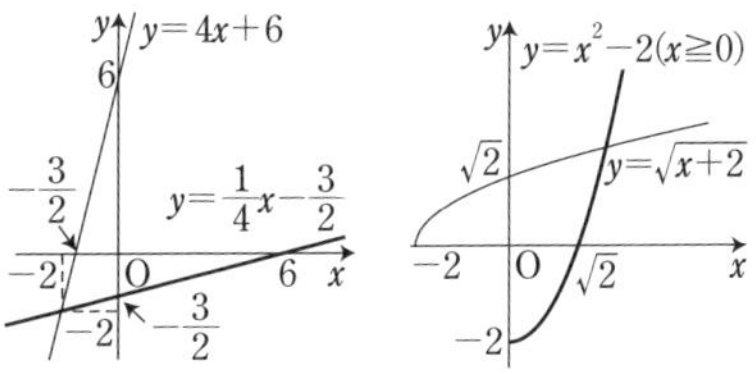

7 $a=1$，$b=8$

8 (1) $(g\circ f)(x)=4x^2+6x+5$

(2) $(g\circ f)(x)=\log_{10}(x+2)+1$

定期考査対策問題（第 2 章）

1 (1) 2　(2) ∞　(3) $\frac{2}{3}$

2 (1) 0　(2) 0

3 $1-\sqrt{3}\leqq x<0$，$2<x\leqq 1+\sqrt{3}$

極限値は　$x=1\pm\sqrt{3}$ のとき 1，

$1-\sqrt{3}<x<0$，$2<x<1+\sqrt{3}$ のとき 0

4 (1) $b_n=\frac{5n-2}{n}$　(2) $a_n=5n-2$，∞

5 (1) 収束，$\frac{1}{6}$　(2) 発散

6 $S=\frac{32}{3}$

7 発散

8 (1) $-\frac{11}{2}$　(2) 6　(3) $-\infty$

9 (1) 1　(2) -1　(3) 極限はない

10 $a=1$，$b=-2$

11 (1) -3 (2) -1

12 $f(x)=x^3+2x^2-x-2$

13 (1) $\dfrac{5}{2}$ (2) 2 (3) 1

14 連続

15 $\left[f(x)=\sin x - x\cos x\right.$ とおくと，
$\left.f(\pi)f\left(\dfrac{3}{2}\pi\right)<0\right]$

定期考査対策問題（第 3 章）

1 (1) $y'=9x^2-4x+2$ (2) $y'=\dfrac{x^2+2x-1}{(x+1)^2}$

2 (1) $y'=6x(x^2-1)^2$ (2) $y'=-\dfrac{4}{(2x+3)^3}$
(3) $y'=-\dfrac{x}{\sqrt{1-x^2}}$

3 $5f'(a)$

4 (1) $y'=-6\sin\left(2x+\dfrac{\pi}{3}\right)$
(2) $y'=3\sin^2 x\cos x$

5 (1) $y'=\dfrac{2x}{x^2-5}$ (2) $y'=\dfrac{1}{2(x+1)\log 2}$
(3) $y'=\log x+1$ (4) $y'=(2x+7)e^{2x}$
(5) $y'=-2^{1-x^2}x\log 2$

6 $y'=\left(\cos x\log x+\dfrac{\sin x}{x}\right)x^{\sin x}$

7 (1) $y''=e^x(4\cos 2x-3\sin 2x)$,
$y'''=-e^x(2\cos 2x+11\sin 2x)$
$\left[(2)\ y'=\dfrac{1}{2}\left(e^{\frac{x}{a}}-e^{-\frac{x}{a}}\right),\ y''=\dfrac{1}{2a}\left(e^{\frac{x}{a}}+e^{-\frac{x}{a}}\right)\right]$

8 (1) $\dfrac{dy}{dx}=-\dfrac{x}{4y}$ (2) $\dfrac{dy}{dx}=-\dfrac{3}{2}\tan t$

定期考査対策問題（第 4 章）

1 $y=x+1$，$y=ex$

2 1

3 $x=\pm\dfrac{1}{\sqrt{2}}$ で極大値 $\dfrac{1}{2}$，$x=0$ で極小値 0

4 (1) $x=\dfrac{\pi}{3}$ で最大値 $\dfrac{3\sqrt{3}}{2}$，
$x=0,\ \pi$ で最小値 0
(2) $x=1$ で最大値 1，$x=-1$ で最小値 -1

5 (1)，(2)〔図〕

(1) (2)

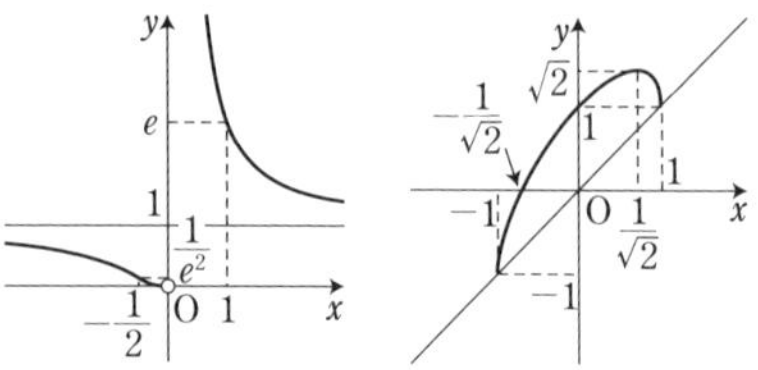

6 極値をもたない

7 $\left[f(x)=\dfrac{x^2-4}{4x}-\log\dfrac{x}{2}\right.$ とおくと，
$x>2$ のとき $\left.f'(x)>0\right]$

8 $a<-\dfrac{27}{4}$ のとき 3 個，
$a=-\dfrac{27}{4}$ のとき 2 個，$a>-\dfrac{27}{4}$ のとき 1 個

9 3

10 (1) $1-\dfrac{1}{2}x$ (2) 0.9999

定期考査対策問題（第 5 章）

1 C は積分定数。（以下，この断り書きを省略する）
(1) $\dfrac{1}{2}x^2-5\log|x|-\dfrac{1}{x^2}+C$
(2) $\dfrac{3}{2}\sqrt[3]{s^2}-12\sqrt[3]{s}+4\log|s|+C$
(3) $2\tan\theta-\dfrac{3}{\tan\theta}+C$ (4) $x-\cos x+C$
(5) $\dfrac{1}{\log 2}\left\{2^x-\left(\dfrac{1}{2}\right)^x\right\}+C$ (6) $\dfrac{10^x}{\log 10}+e^x+C$

2 (1) $\dfrac{2}{3}\sqrt{3x-1}+C$
(2) $\dfrac{4}{15}(x+3)(6x-7)\sqrt{x+3}+C$
(3) $(x+1)\sqrt{2x-1}+C$

3 (1) $\dfrac{2}{3}(x^2+3)\sqrt{x^2+3}+C$
(2) $\dfrac{1}{2}(\sin x+1)^2+C$ (3) $e^x+\log|e^x-1|+C$
(4) $\log|x^3+x|+C$

4 (1) $-\dfrac{3x+1}{9}e^{-3x}+C$
(2) $\dfrac{x^5}{5}\log x-\dfrac{1}{25}x^5+C$
(3) $(x-2)\log(x-2)-x+C$

(4) $\frac{2x^2-1}{4}\sin 2x+\frac{x}{2}\cos 2x+C$

5 (1) $\frac{1}{2}x^2+2x+4\log|x-2|+C$

(2) $-\frac{1}{x+1}+\frac{2}{3}\log\left|\frac{x-2}{x+1}\right|+C$

6 (1) $\frac{1}{5}\sin^5 x-\frac{2}{3}\sin^3 x+\sin x+C$

(2) $\frac{1}{32}\sin 4x-\frac{1}{4}\sin 2x+\frac{3}{8}x+C$

(3) $\log(1+\sin x)+C$

7 (1) $\frac{5}{6}$ (2) $\frac{1}{2}\log\frac{3}{2}$ (3) $\frac{\pi}{2}$

8 (1) $\frac{4(\sqrt{2}-1)}{3}$ (2) 4

9 (1) $\frac{38}{3}$ (2) $\frac{16(5\sqrt{5}-1)}{15}$ (3) $\frac{1}{3}\log 3$

(4) $\frac{3}{2}$ (5) $\frac{5}{3}$

10 (1) $\frac{\pi}{6}$ (2) $\sqrt{3}-\frac{\pi}{3}$ (3) 0 (4) π

11 (1) $-\frac{8}{5}$ (2) $1-\frac{2}{e}$

12 (1) $F'(x)=x\log x-x+1$

(2) $x=\frac{\pi}{2}$ で最大値 2, $x=\frac{7}{6}\pi$ で最小値 $-\frac{1}{4}$

13 $f(x)=\sin x-\frac{3}{4}$

14 $\frac{2(2\sqrt{2}-1)}{3}$

15 $\Big[k \leqq x \leqq k+1$ のとき, $\frac{1}{\sqrt{k}} \geqq \frac{1}{\sqrt{x}}$

等号は常には成り立たないから

$\int_k^{k+1}\frac{1}{\sqrt{k}}dx>\int_k^{k+1}\frac{1}{\sqrt{x}}dx\Big]$

定期考査対策問題(第6章)

1 (1) $2e-5$ (2) $\frac{e}{2}-1$

2 $a=\frac{e-2}{2e}$

3 $\frac{24\sqrt{3}}{5}$ $\left[-2\int_{-3}^{0}x\sqrt{x+3}\,dx\right]$

4 $\frac{1}{6}$

5 $\frac{\pi}{2}$

6 (1) $8\pi^2$ (2) $\frac{16}{3}\pi$

7 (1) $\sqrt{2}\left(1-\frac{1}{e^{\pi}}\right)$ (2) $\log\frac{3}{2}+1$

8 (1) (21, 12) (2) $\frac{\sqrt{5}}{3}\{\sqrt{(a^2+4)^3}-8\}$

●表紙デザイン
株式会社リーブルテック

初版
第1刷　2023年 5 月 1 日　発行

教科書ガイド
数研出版 版
数学Ⅲ

ISBN978-4-87740-158-0

制　作　株式会社チャート研究所
発行所　数研図書株式会社
〒604-0861　京都市中京区烏丸通竹屋町上る
大倉町205番地
〔電話〕 075-254-3001